北京市高等教育精品教材立项项目

地理信息系统

Dili Xinxi Xitong

（第2版）

陆守一　　陈飞翔　　主编

高等教育出版社·北京

内容提要

本书全面、系统地讲述了地理信息系统的原理与应用。全书共分15章，内容涵盖地理信息系统的基本理论、地理信息系统的数据处理流程、地理信息系统的新技术以及地理信息系统的应用四个部分。其中，地理信息系统的基本理论主要包括地理信息系统概论、地理信息系统的地理基础以及空间数据模型和空间数据结构；地理信息系统的数据处理流程包括空间数据的获取和质量控制、空间数据处理、空间数据管理、空间分析和分析模型、空间信息的可视化和制图；地理信息系统的新技术包括网络地理信息系统、移动地理信息系统、云地理信息系统、三维地理信息系统和时态地理信息系统；地理信息系统的应用包括GIS应用系统的分析与设计以及地理信息系统在现代社会中的应用。本书内容丰富，并将原理和应用有机地结合起来。

本书可作为高等学校相关专业地理信息系统课程教材，也可供地理信息系统应用和开发人员阅读。

图书在版编目（ＣＩＰ）数据

地理信息系统 / 陆守一，陈飞翔主编. -- 2版. --
北京 ： 高等教育出版社，2017.1（2023.8重印）
　　ISBN 978-7-04-046631-7

　Ⅰ．①地… Ⅱ．①陆… ②陈… Ⅲ．①地理信息系统-
高等学校-教材　Ⅳ．①P208

中国版本图书馆CIP数据核字（2016）第254599号

| 策划编辑 | 刘 艳 | 责任编辑 | 刘 艳 | 特约编辑 | 刘亚军 | 封面设计 | 于文燕 |
| 版式设计 | 徐艳妮 | 插图绘制 | 杜晓丹 | 责任校对 | 刘 莉 | 责任印制 | 田 甜 |

出版发行	高等教育出版社		网　　址	http://www.hep.edu.cn
社　　址	北京市西城区德外大街4号			http://www.hep.com.cn
邮政编码	100120		网上订购	http://www.hepmall.com.cn
印　　刷	涿州市京南印刷厂			http://www.hepmall.com
开　　本	787 mm×1092 mm　1/16			http://www.hepmall.cn
印　　张	24.5		版　　次	2004年8月第1版
字　　数	510千字			2017年1月第2版
购书热线	010-58581118		印　　次	2023年8月第3次印刷
咨询电话	400-810-0598		定　　价	43.50元

本书如有缺页、倒页、脱页等质量问题，请到所购图书销售部门联系调换
版权所有　侵权必究
物料号　46631-00

第 2 版前言

　　在信息化浪潮席卷全球的时代,以地理信息系统为代表的空间信息技术日新月异,地理信息系统的应用逐步渗透到国民经济建设和社会生活的方方面面,发挥着越来越重要的作用。

　　为了适应形势的需要,加速人才培养,我们编写了本书。本书第 1 版得到了广大读者的支持和好评,也收到了部分读者的建设性意见。

　　随着信息技术的迅猛发展,在当前互联网和分布式网络环境下,地理信息系统提供的空间数据已成为整个社会的共享数据,地理信息系统和通信技术相结合已进入地理空间信息服务领域,尤其是三维技术应用于地理信息系统,使移动地理信息系统、云地理信息系统、三维地理信息系统、时态地理信息系统等成为研究热点。为了适应信息技术的高速发展,体现地理信息系统发展中的新理论、新方法和新应用,本书在第 1 版的基础上主要做了如下修改。

　　1. 增加了移动地理信息系统、云地理信息系统、三维地理信息系统、时态地理信息系统等章节,使全书的体系更加完整。

　　2. 对网络地理信息系统一章做了较大修改。

　　3. 对与地理信息系统应用有关的章节进行了调整。

　　在上述修改中,有关网络地理信息系统、移动地理信息系统、云地理信息系统、三维地理信息系统的部分主要由陈飞翔、马啸编写,有关时态地理信息系统的部分主要由高金萍编写。

　　全书由陆守一、陈飞翔统稿。陈玥璐、朱声荣、刘佳星、刘云飞、陈星涵、高文灵、尹俊飞等参与了本书的部分修改工作。

　　地理信息系统发展迅速,作者水平有限,难免出现错误和不成熟之处,敬请读者批评指正。

编　者
2016 年 4 月

第1版前言

随着地理信息技术的发展和应用领域的不断拓展,地理信息系统正在融入信息技术的主流,成为信息技术的重要组成部分。

目前,人类正在步入以知识经济为特征的信息社会,世界各国都把发展信息产业、信息基础建设和培养信息建设人才作为重要的发展战略。面对信息技术的快速发展,以及地理信息系统充满生机与活力的发展前景,近几年来,我国很多高等学校都设立了地理信息系统专业,很多与地理信息系统相关的专业,都纷纷开设了地理信息系统课程。在研究生教学中,很多学科把地理信息系统课程作为学位课或选修课。由于地理信息系统的实用性很强,很多相关学科的硕士、博士学位论文也把地理信息系统作为研究、分析、解决问题的重要技术手段。在这种形势下,如何加速地理信息系统理论研究和应用技术人才的培养,以及如何抓住机遇,探索规律,不断开拓地理信息系统的应用领域,已成为有识之士广为关注的问题。

本书在多年教学实践的基础上编写而成,由北京林业大学陆守一主编。长期从事地理信息系统教学和应用系统开发的北京林业大学、浙江林学院、西北农林科技大学、福建农林科技大学、西安科技大学等单位的多位教师参加了本书的编写工作。

全书分为11章,由陆守一确定本书的结构和大纲,并编写了其中的第1章、第2章、第4章、第5章、第6章的大部分内容及11.1节;史民昌参编了第10章和11.4节;唐丽华参编了第8章及附录;赵鹏祥参编了第9章;赖日文参编了第3章;贾建华参编了第7章;程燕妮参编了11.2节和11.3节;张青编写了6.8节。全书由陆守一统稿。

本书在编写过程中得到了很多同行专家和朋友的帮助,中国农业大学的严泰来教授、张晓东博士,北京大学的秦其明教授审阅了全稿,并提出了许多宝贵的意见。在此表示衷心的感谢。

由于地理信息系统发展迅速,作者水平有限,难免出现错误和不成熟之处。敬请读者批评指正。

编　者
2004 年 6 月

目录

第1章 概论

1.1 基本概念

1.1.1 信息和地理信息

1. 信息

信息(Information)是经过加工的数据,是用数字、文字、符号、语言、图形图像等介质来表示事件、事物、现象等的内容、数量或特征,以向人们(或系统)提供关于现实世界新的知识,并作为生产、管理、经营、分析和决策的依据。

狭义信息论把信息定义为人们获取信息前后(人、生物和机器等)与外部客体(环境、他人、生物和机械等)之间相互联系的一种形式,是主体和客体之间一切有用的消息和知识,是表征事物的一种普遍形式。

一般认为,信息是数据、消息中所包含的意义,它不随载体的物理形式的改变而改变。例如,某一棵树的高度数据用十进制表示为 11(m),而以十六进制的形式存储其值为 B。但是,不管它的存储形式如何改变,其向人们所传达的信息都是"这棵树是大树"。

从信息科学的角度看,信息具有客观性、适用性、可传输性和共享性等特征。

- 客观性是指信息都与客观事实相关。这是信息正确性和精确度的保证。
- 适用性是指信息是从大量的数据中收集,且经过组织和管理,具有实用性。
- 可传输性是指信息可以在系统内或用户之间以一定形式或格式传送和交换。
- 共享性是指信息的可传输性所带来的结果,也就是信息可为多个用户共享。

信息来自数据,数据是未加工的原始资料,是客观对象的表示;信息则是数据内涵的意义,是数据的内容和解释。例如,从遥感卫星图像数据中抽取各种图形和专题信息。

2. 地理信息

地理信息(Geographic Information)是表征地理圈或地理环境固有要素或物质的数量、质量、性质、关系、分布特征,以及有规律的数字、文字、图像、图形信息的总称。地理信息是一种空间信息,是与空间地理分布有关的信息。它具有空间性、专题性和动态性。

据国际资料文献中心(International Documentation Center, IDC)统计报道:人类活动所接触到的信息中,约有 80% 的信息与地理位置和空间分布有关;在政府部门所接触到的信息中,有 85% 的信息与地理位置和空间分布有关。这意味着地理信息系统(Geographic Information System, GIS)在国家信息化中扮演着非常重要的角色。

1.1.2 信息系统和地理信息系统

1. 信息系统

信息系统(Information System)是具有采集、处理、管理和分析数据能力的计算机系统。它能为单一的或有组织的决策过程提供各种有用信息。

(1) 信息系统的组成

从计算机的角度看,信息系统是由计算机硬件、软件、数据和用户四大要素组成的系统。其中,数据包括一般数据和经数据挖掘获得的知识;用户包括一般用户和从事系统建立、维护、管理和更新的高级用户。

从管理的角度看,信息系统涉及战略层、用户层和操作层。其中,战略层是决定信息系统方向的战略决策者;用户层是使用信息系统的高层和中层的管理人员;操作层主要是操作人员。

(2) 信息系统的分类

① 从功能角度分类,可以分为以下四类。

管理信息系统(Management Information System, MIS)。它是一种基于数据库的信息系统,往往在数据级上支持管理者,如人事管理信息系统、财务管理信息系统、产品销售信息系统等。

决策支持系统(Decision Support System, DSS)。它是在管理信息系统基础上发展起来的一种信息系统。它不仅为管理者提供数据支持,还提供方法和模型级的支持,并对问题进行仿真和模拟,从而辅助决策者进行决策。

智能决策支持系统(Intelligent Decision Support System, IDSS)。它是在决策支持系统中进一步引入人工智能(Artificial Intelligence, AI)技术。例如,用专家系统(Expert System, ES)解决非结构化问题,提高系统决策自动化程度。

空间信息系统(Spatial Information System, SIS)。它是对空间数据进行采集、处理、管理和分析的信息系统。由于空间数据的特殊性,使空间信息系统的组织结构及处理方法有别于一般信息系统。空间信息系统包括的内容很广,主要由地理信息系统、全球导航卫星系统(Global Navigation Satellite System,GNSS)、遥感(Remote Sensing,RS)、地球观测系统(Earth Observation System,EOS)、数据摄影测量系统(Data Photogrammetric System,DPS)、数字地球(Digital Earth,DE)等组成。

② 从系统结构角度分类,可以分为以下两类。

单机信息系统。该系统分为 PC(Personal Computer,个人计算机)平台和工作站平台两种,其各自依托不同的操作系统。

网络信息系统。该系统分为客户 – 服务器(Client / Server,C/S)结构、浏览器 – 服务器(Browser / Server,B/S)结构。

2. 地理信息系统

地理信息系统是由计算机硬件、软件和不同的方法组成的,具有支持空间数据的获取、管理、分析、建模和显示功能,并可以解决复杂的规划和管理问题的信息系统。它是一种特定的、重要的空间信息系统,从不同的角度看有不同的强调点。

① 从技术角度看,地理信息系统是在计算机软件和硬件的支持下,管理、分析和显示空间数据的技术系统。这里的空间数据是指与地理空间位置相关的数据;管理是指获取、存储、查询、处理空间数据;分析是指为用户提供分析空间数据的方法;显示是指用图文等方式为用户显示多维数据的处理过程和结果。

② 从学科角度看,地理信息系统是一门快速发展的交叉学科,属于空间信息科学。它依赖于地理学、测绘学、统计学等基础性学科,又取决于计算机硬件与软件技术、航天技术、遥感技术以及人工智能与专家系统技术的进步和成就。其核心是计算机科学,基本技术是数据库、地图可视化及空间分析。此外,地理信息系统又是一个技术系统,它以空间数据库为基础,通过各种时空分析模型完成其功能。

③ 从应用角度看,地理信息系统是一门以应用为目的的信息产业,其应用可深入各行各业。随着地理信息系统的逐步应用,产生了许多行业地理信息系统,如城市地理信息系统、政府地理信息系统、土地资源信息系统等。这些系统研究的对象不同,但研究方法基本相似。随着互联网时代的到来,又出现了一批使用网络空间数据的用户群。

④ 从发展角度看,地理信息系统起源于实际应用,开始是一门技术,之后进一步发展成一门交叉性边缘科学。由于地理信息系统的理论、技术和应用一直在不断发展,地理信息系统的含义也在不断变化和发展。起初,注重地理信息系统提供的空间数据的管理、查询和分析功能;之后,开始注重地理信息系统通过共享的地理信息数据库提供协同工作的平台;当前更注重地理信息系统在互联网和分布式网络环境下提供的整个社会共享空间数据、相互合作和协同工作的平台。

地理信息系统研究的对象是地理空间数据;其研究内容包括地理信息系统基础理论、地理信息系统技术系统和地理信息系统应用方法,这三个方面互相联系,相互促进。

1.1.3　地理信息系统及其相关学科

地理信息系统属于交叉学科,它既包含传统学科,又包括现代科学的技术和方法。因此,正确地了解地理信息系统与其相关学科的关系,可以更好地理解地理信息系统的概念。

1. 地理信息系统的相关学科

地理信息系统的相关学科如图 1-1 所示。其中,测绘学和地理学是地理信息系统的理论基础;地图和遥感影像是地理信息系统的主要数据源;计算机科学为地理信息系统的建立提供了技术手段;开发地理信息系统的基本技术是信息技术,包括数据结构、数据库技术、可视化技术、空间分析技术及网络技术等。

图 1-1　地理信息系统的相关学科

当代计算机技术的进步有力地推动了地理信息系统的发展。例如,网络技术的发展带动了网络地理信息系统的发展;软件复用技术的出现促使了组件地理信息系统的迅速发展;信息集成业的发展又促使地理信息系统同其他信息技术的集成,使地理信息系统的应用涉及各种行业。

2. 地理信息系统的相关技术系统

(1) 地理信息系统与数字地图

数字地图是模拟地图在计算机中的表示形式。它将地形、地貌和其他专题要素在图上表示,并以数字形式将地图进行存储、管理和输出。数字地图制图系统强调的是图的表示,通常只对图形数据进行管理,缺少对非图形数据的管理能力。

地理信息系统强调的是空间数据的结构和分析,因此它不仅有图形数据库,还有非图形数据库,并把两者结合起来进行深层次分析。

实际上,数字地图及其制图系统应该是地理信息系统的重要组成部分。首先,表现在数字地图是地理信息系统重要的数据源,数字地图制图系统中存储和管理的信息往往是地理信息系统所需要的;其次,地理信息系统的处理和分析结果通常以数字地图形式来表现和输出。例如,对某区域进行土地利用规划后输出土地利用规划图,其内容包括数字地图的制图。

(2) 地理信息系统与计算机辅助设计

计算机辅助设计(Computer Aided Design,CAD)主要是利用计算机代替或辅助工程设计人员进行各种设计。它处理的对象是规则的几何图形及其组合。因此,CAD 的图形处理功能极强,属性功能很弱。地理信息系统处理的对象往往是自然目标(如某一区域的土壤类型、地形等高线等),因此图形处理难度大,属性功能十分重要,图形和属性之间紧密联系,通常具有丰富的属性库和符号库。它强调空间数据分析功能,且数据源及输入数据方法种类繁多,数据结构复杂。一个功能很强的 CAD 软件,并不能代替地理信息系统工作,反之亦然。但是由于 CAD 软件具有很强的图形数据采集和编辑功能,有些地理信息系统将 CAD 软件作为数据采集的辅助工具,通过设置接口实现数据在地理信息系统和计算机辅助设计之间的转换。

(3) 地理信息系统与管理信息系统

地理信息系统同一般管理信息系统的主要区别在于,地理信息系统处理的数据是空间数据,其不仅要管理反映空间属性的一般数字、文字数据,还要管理反映地理分布特征及其之间拓扑关系的空间位置数据,而且要把两者有机结合起来进行协调管理和分析;而管理信息系统处理的只是属性数据,即使使用了图形,图形要素不能分解、查询,更没有拓扑关系。例如,电话管理信息系统主要为用户提供其所询问的电话号码以及用户住址、通信地址等文字信息。

此外,地理信息系统对计算机硬件和软件资源的要求比一般管理信息系统高。例如,地理信息系统必须具有处理空间数据的输入输出设备,如数字化仪、扫描仪、绘图仪等。再有,由于地理信息系统处理数据量大,运算复杂,对计算机的存储量、运算速度等的要求也相对较高。

1.1.4 地理信息系统的类型

1. 传统地理信息系统的分类

(1) 从功能角度分类

① 空间管理型地理信息系统。其具有地理信息系统的基础功能,强调空间数据的管理。

② 空间分析型地理信息系统。其具有地理信息系统的分析功能,强调空间数据分析模型及功能。

③ 空间决策型地理信息系统。其具有辅助决策功能,强调知识库。

(2) 从用户角度分类

① 最终用户用地理信息系统。该类地理信息系统的用户将地理信息系统作为最终工具,强调处理结果,不关心过程。

② 专业人士用地理信息系统。该类地理信息系统具有较强的空间分析功能,能扩充成各种专业应用系统。

③ 软件开发者 / 系统集成者用地理信息系统。该类地理信息系统以组件为核心,为软件开发者 / 系统集成者提供技术手段。

(3) 从系统结构角度分类

① 单机结构地理信息系统。该类地理信息系统不支持网络环境,只能在独立的计算机

上完成地理信息系统的各种功能。

②　网络结构地理信息系统。该类地理信息系统可以在局域网或 Internet 环境的支持下完成地理信息系统的各种功能。

（4）从研究对象的分布范围分类

①　全球性地理信息系统。该类地理信息系统的研究往往涉及全球范围，如全球人口资源地理信息系统。

②　区域性地理信息系统。该类地理信息系统是指以某种区域（如行政区）为对象建立的地理信息系统，如我国黄土高原地理信息系统。

2. 地理信息系统软件平台

随着技术的发展，地理信息系统已经成为信息技术的重要组成部分，形成地理信息系统软件平台，从而淡化了上述分类。通常，在地理信息系统软件平台上有桌面软件、开发软件及利用平台开发的各种应用系统。

美国 ESRI 公司把原有的地理信息系统产品 Arc/Info、ArcView 与地理信息系统数据库技术、网络技术、人工智能技术等进行整合，推出了地理信息系统软件平台，即 ArcGIS 系列。这是一个统一的地理信息系统软件平台。我国北京超图地理信息技术有限公司推出的 SuperMap 地理信息系统软件平台、中国地质大学推出的 MapGIS 基础地理信息系统平台，都为用户提供了完整的软件产品及各类应用系统，因此应用范围广泛。

随着地理信息系统应用的深入和普及，以及计算机网络技术的发展，地理信息系统将进一步向跨平台互操作地理信息系统方向发展，以便保护现有的和迅速增长的空间资源，实现空间信息的有效共享和互操作。其中，组件技术、XML 技术的发展为实现跨平台互操作地理信息系统奠定了技术基础。

1.2　地理信息系统的组成和功能

1.2.1　地理信息系统的基本组成

从信息系统论角度看，一个完整的地理信息系统主要由计算机硬件系统、计算机软件系统、空间数据、应用模型和用户组成，如图 1-2 所示。其中，计算机硬件系统和计算机软件系统提供工作环境；空间数据是地理信息系统应用的核心；应用模型提供了解决专门问题的理论和方法；用户决定了系统的工作方式。地理信息系统是一个复杂的系统，必须配备相应的系统开发、使用和管理人员，其中包括具有地理信息系统知识和专业知识的高级应用人才、具有计算机知识和专业知识的软件应用人才，以及具有较强实际操作能力的硬件和软件维护人

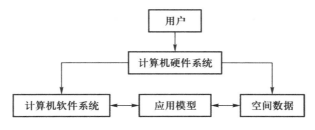

图 1-2 地理信息系统的基本组成

才。同时,随着互联网的发展,地理信息系统的应用已经深入各行各业,成为一种开放性的技术和应用,用户范围也逐渐扩大。

1.2.2 地理信息系统的硬件系统

地理信息系统的硬件系统是计算机系统中实际物理设备的总称,主要包括计算机主机、输入设备、存储设备、输出设备和网络设备。地理信息系统的硬件配置随工作模式的不同而不同,其基本类型如图 1-3 所示。

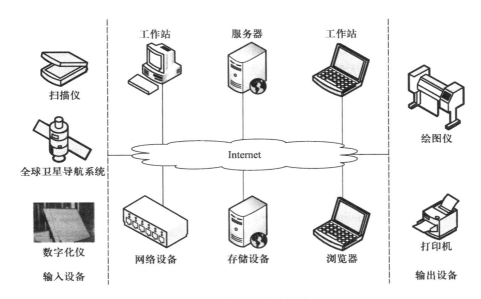

图 1-3 地理信息系统的硬件配置

1. 计算机主机
计算机主机是地理信息系统硬件系统的核心,其种类较多,包括大型机、中型机、小型机和微型机等。可以是工作站或服务器。UNIX 和 Windows NT 曾经是地理信息系统工作站和服务器主要使用的操作系统,随着近年来操作系统性能的不断提升,计算机主机对操作系统的依赖性减弱。

2. 输入输出设备和主机的接口

① 串行口(Serial Port,SP)。在单根数据线上以比特为单位串联发送和接收数据。

② 标准并行口(Standard Parallel Port,SPP)。以字节为单位发送和接收数据。

③ 增强型并行口(Enhanced Parallel Port,EPP)。它是向下兼容的标准并行口,由 Intel 公司提出,并在 1994 年被 IEEE 接受。

④ IEEE1394 接口。它是一种串行接口。由于其在数据视频捕捉方面的优势,目前广泛用于局域网多媒体的互联。但随着 USB 3.0 的诞生,它在成本、传输速率、易用性方面的优势明显,这使得 IEEE 1394 接口略显弱势。

⑤ HDMI(High Definition Multimedia Interface,HDMI)接口。它是一种数字化视频 / 音频接口,是适合影像传输的专用数字化接口,可以同时传送音频和影像信号。

⑥ USB(Universal Serial Bus)接口。它由世界上 7 家著名公司(IBM、Microsoft、NEC、Intel 等)于 1995 年提出,1998 年大量进入市场,以解决外部设备接口规格不一致的问题。其最大优点是速度快、可连接设备多、可热插拔,目前已成为地理信息系统输入输出设备与计算机连接的主要接口。从 USB 1.0 到 USB 3.1,每一次版本的革新都带来了更高的数据传输速率(USB 1.0 的数据传输速率为 1.5 Mb/s,USB 2.0 的数据传输速率为 480 Mb/s,USB 3.0 的数据传输速率为 5 Gb/s,目前可以达到的最大数据传输速率为 10 Gb/s);同时,每一代 USB 接口类型也随之发展(USBType–A 即最广泛使用的 USB A 型接口,用于与计算机的连接;USBType–B 即 Micro B 型接口,主要应用于智能手机和平板电脑等设备;USBType–C 伴随最新的 USB 3.1 标准的面世,主要面向更轻薄、更纤细的设备)。

⑦ RJ–45 接口。它是最常见的网络设备接口,俗称"水晶头",专业术语为 RJ–45 连接器,属于双绞线以太网接口类型。该接口在 10Base–T、100Base–TX、1000Base–TX 以太网中都可以使用。

⑧ Wi–Fi(Wireless Fidelity)。这是一种可以将个人计算机、手持设备(如 PAD 和手机)等终端以无线方式互相连接的无线联网技术。使用 Wi–Fi 时,无须用网线连接终端,通过无线电波即可联网,无线信号的转发通过路由器实现。通常,在一个无线路由器电波覆盖的有效范围内都可以采用 Wi–Fi 连接方式进行联网。

3. 地理信息系统的主要输入设备

(1) 手扶跟踪数字化仪

手扶跟踪数字化仪(简称数字化仪)是一种用来记录和跟踪地图点、线位置的手工数字化设备。它是地理信息系统中的一种重要的图形数据采集装置,主要用于获取矢量坐标数据。目前常见的数字化仪是电磁感应式设备。

① 数字化仪的主要部件为图形感应板、定标器和内部的电子处理器。用它采集数据时需要人工干预,所以数据采集速度慢,称为慢速数据采集装置。它同计算机的接口可以是低速的串行口,目前主要用 USB 接口。图 1-4 所示的为数字化仪。

② 数字化仪的主要性能指标为幅面、分辨率、精度等。

图 1-4　数字化仪

幅面。根据尺寸和使用条件的不同,通常小型数字化仪(Tablet)的幅面为 A4、A3、A2;大型数字化仪(Digitizer)的幅面为 A1、A0、A00 等。

分辨率。分辨率是用于记录数据的最小度量单位,一般用来描述显示设备上所能够显示的点(行、列)的数量,或在影像中一个像元点所表示的面积。数字化仪的最高分辨率取决于电磁技术,即对电磁感应信号的处理方法,一般为每毫米几十线到几百线。例如,100 线 /mm,即 2 540 线 / 英寸。分辨率也可以用标定值表示,如标定值为 0.01 mm。实际分辨率一般比标定值低。

精度。数字化仪的精度受数字化仪的分辨率、数字化的方式、操作者的经验和技术等因素的影响。由于数字化仪是人工操作的设备,通常操作者可以获取的跟踪精度为 0.25 mm 左右。

③ 软件由地理信息系统软件平台提供,并由所用的软件决定数据存储格式。

(2) 扫描数字化仪

扫描数字化仪(简称扫描仪)是地理信息系统中快速获取图形、图像、文字、数据的数据采集装置,主要用来获取栅格数据。利用它可以将地图或图像按照一定的分辨率转换成栅格格式数据。

① 扫描仪的种类。按照分辨率可以将其分为二值扫描仪、灰度扫描仪和彩色扫描仪;按照结构可以将其分为滚筒扫描仪、平台扫描仪和电荷耦合元件(Charge-Couple Device, CCD)摄像机。

② 扫描仪的主要部件。包括扫描头、光学系统、光电转换系统(CCD,将光信号转换为模拟电信号)、模 / 数转换器(A/D 转换器,将模拟电信号转换为数字电信号)。

③ 扫描仪的主要性能指标,包括光学分辨率、最大分辨率、辐射分辨率、接口方式等。

光学分辨率(物理分辨率)。光学分辨率指扫描仪的光学系统可以采集的实际信息量,如扫描仪的 CCD 的分辨率。例如,A4 扫描仪可以扫描的最大宽度为 216 mm(8.5 英寸),它的 CCD 含有 5 100 个单元,其光学分辨率为 5 100 点 /8.5 英寸 =600 dpi。分辨率常以 dpi 或像素为单位,

dpi 与像素有对应关系。

最大分辨率。最大分辨率相当于插值分辨率,并不代表扫描仪的真实分辨率,它是求出相邻像素之间颜色或者灰度的平均值而增加像素数的办法。内插算法虽然可以增加像素数,但不能增添真正的图像细节,因此应更重视光学分辨率。

辐射分辨率。辐射分辨率是表示扫描仪分辨彩色或灰度细腻程度的指标,用彩色位来表示。彩色位确切的含义是用多少个位(bit)来表示扫描得到的一个像素。彩色位有 24(3×8)彩色位、36(3×12)彩色位等。24 彩色位相当于 2^{24}=1 677 万种彩色。

接口方式。接口方式又称为连接界面,是指扫描仪与计算机之间采用的接口类型。常用的有 USB 接口,早期产品有 SCSI 接口和标准并行接口。

④ 软件通常用标准软件,采用标准图像格式存储数据。

(3) 数字摄影测量仪(工作站)

摄影测量由 20 世纪 30 年代的模拟测量,到 20 世纪 70 年代的解析测量,发展到今天的数字摄影测量,已形成了数字摄影测量系统。目前,数字摄影测量系统已成为城市测量和地理信息系统数据获取的重要手段。同时,遥感影像也为数字摄影测量提供了多种数据来源,成为地理信息系统空间数据海量增长的重要方面。数字摄影测量和遥感技术的结合是利用数字摄影测量原理和计算机技术,从遥感影像中获取以数字形式表示的地面目标的几何信息。

① 主要部件包括数字影像获取装置及输出设备;计算机及外部设备,如立体显示卡、立体观察眼镜等。

② 软件包括解析摄影测量软件和数字图形、图像处理软件。

(4) GNSS 接收机

GNSS 接收机利用 GNSS 卫星发送的信号确定卫星在太空中的位置,并根据无线电波传送的时间来计算它们间的距离。在计算出至少 3 个卫星的相对位置后,GNSS 接收机就用三角学来计算目标的位置。

4. 地理信息系统的主要输出设备

(1) 图形终端

图形终端(显示器)是地理信息系统最主要的输出设备。CRT(Cathode Ray Tube,阴极射线显像管)显示器和 LCD(Liquid Crystal Display,液晶显示)显示器曾经一度占据地理信息系统图形终端的主流市场。虽然 CRT 显示器具有成本低、分辨率高、色阶丰富等优点,但因其费电、体积大、不环保等特性,目前已经逐步退出市场;LCD 显示器因具有体积小、耗电少、无闪烁、无辐射等特性,被长期使用。目前,随着显示器技术和性能价格比的提高,不同产品的选择日益广泛。

LCD 显示器的主要性能指标为点距、最高分辨率、观赏角度(140°~160°)、亮度与对比度、显示范围等。

（2）绘图仪

绘图仪作为一种输出图形的硬拷贝设备，是地理信息系统不可缺少的图形和影像输出工具。

早期的笔式矢量绘图仪分为平板绘图仪和滚筒绘图仪、单色绘图仪和彩色绘图仪，其质量与笔的步进电动机的步进量关系很大，其绘图速度与软件关系很大。栅格绘图仪有笔式、喷墨、静电等绘图方式，其中以类似于喷墨打印机原理的喷墨绘图仪为主流。

现代绘图仪（如图1-5所示）具有智能化功能，自身带有微处理器，可以使用绘图命令，具有直线和字符演算处理以及自检测等功能；一般可以选配多种与计算机连接的标准接口。

现代绘图仪的主要性能指标包括墨盒数量、图纸尺寸、分辨率、接口形式及绘图语言等。

图1-5　现代绘图仪（图片来源：百度图片）

墨盒数量。目前市面上常见的墨盒包括单色墨盒、四色墨盒、六色墨盒等。

图纸尺寸。现代绘图仪多为大幅面绘图仪，打印幅面除了以往小型绘图仪可以打印的A1、A2、A3等之外，还包括有A0、B0、B0+等更大尺寸的幅面。

分辨率。喷墨绘图仪常用分辨率来表示，常见分辨率为2 400×1 200 dpi，目前最大分辨率可达到2 880×1 440 dpi。

接口形式。目前，常使用USB接口作为设备连接接口，用RJ-45接口作为网络连接接口。

绘图语言。不同的设备采用不同的绘图语言，目前常用的有HP-GL、RTL等。

（3）打印机

打印机有以下几种，其具有不同的特点。

喷墨打印机。其价低，质量较好，噪声小。

激光打印机。其质量好，速度快，噪声小。

针式打印机。其速度慢，噪声大，便于复写。现在多用于打印多联票据。

3D打印机。其以数字模型文件为基础，运用特殊蜡材、粉末状金属或塑料等可黏合材料，通过逐层打印模型实体和黏合材料来制造三维物体。用户把数据和原料放进3D打印机中，3D打印机会按照程序把产品逐层构造出来。3D打印机与传统打印机的最大区别在于，它使用的"墨水"是实实在在的原材料，堆叠薄层的形式多种多样，可以用于打印的介质的种类很多（如塑料、金属、陶瓷、橡胶类物质等）。

由于3D打印机是近几年兴起并开始发展的新技术，尚未大范围地用于地理信息系统领域，目前常用的是集复印、扫描、打印于一体的多功能一体机。

5. 地理信息系统的主要存储设备

空间信息的特点之一是数据量大,因此在地理信息系统工作环境中,经常需要大容量的存储设备。从设备的角度看,计算机中的主要存储设备有半导体存储器、硬磁盘、光盘和磁带等。通常,存储容量和存储速度是一对矛盾,形成信息存储的金字塔结构(如图 1–6 所示),即存储量小的设备,存储速度快;存储量大的设备,存储速度慢。

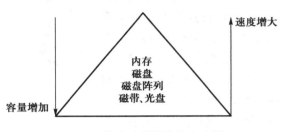

图 1–6　信息存储设备的金字塔

内存为半导体存储器,磁盘和磁带属于磁记录设备,光盘属于激光记录设备。

磁盘是目前主要的存储设备,且随着技术的发展,硬盘的存储容量不断增加。

磁盘阵列是将多块独立的、相对廉价的硬盘(物理硬盘)按不同的方式组合起来,形成一个硬盘组(逻辑硬盘)。它将单个硬盘通过 RAID(Redundant Array of Independent Disks,磁盘冗余阵列)技术,按 RAID 等级组合成大容量硬盘。由于它使相互连接的多个硬盘同步读写,因而有效地减少了错误,提升了效率和可靠性,解决了单个磁盘的容量限制。

磁带是计算机很早使用的存储设备,目前只有一些比较老的空间数据存储在磁带中。

光盘可以分为只读光盘(CD-ROM)(一次写,多次读)和可擦写光盘(CD-RW)(多次写,多次读)。目前,光盘的使用已越来越少。

6. 地理信息系统的网络设备

计算机网络是计算机技术和通信技术结合的产物。计算机网络是以共享硬件、软件和数据等资源为目的而连接起来的具有独立功能的计算机系统的集合。更具体地说,它是在网络协议的控制下,通过通信线路(有线或无线)将多台地理上分散且独立工作的计算机互联起来,以达到相互通信和共享各种资源的目的。

从资源的观点看,计算机网络可以共享各种资源;从用户的观点看,计算机网络把个人和集体联结起来;从管理的观点看,计算机网络具有集中数据共享的管理能力。在网络中,应用软件以及存储数据文件的空间通常由一台或多台网络服务器提供。网络服务器是连接在网络上的一台计算机,它为网络用户提供服务和分配资源。网络上的每一台设备,包含工作站、服务器以及打印机,都称为一个结点。

随着信息技术的迅速发展以及网络地理信息系统的出现,网络设备及计算机通信线路的设计已成为地理信息系统硬件系统的重要组成部分。

地理信息系统的网络设备与一般网络信息系统要求的网络设备基本相同,主要包括网卡、集线器、交换机、路由器等。但是,在网络地理信息系统中由于传送数据量大,对于网络设备更应该考虑其网络数据传输速率和传输效率。

（1）网卡

网卡也称为网络适配器或网络接口卡（Network Interface Card,NIC）。当计算机要在网络上发送数据时,将数据从内存中传送给网卡,网卡对数据进行处理,主要包括把这些数据分割成数据块,并对数据块进行检验,同时加上包含了目标网卡地址及自己网卡的地址信息,使计算机知道数据来自哪里,要发送到哪里,然后观察网络是否允许自己发送这些数据,如果允许则发出,否则就等待时机再发送。

当网卡接收到网络上传送来的数据时,它分析该数据块中的目标网卡地址信息,如果正好是自己网卡的地址,它就把数据取出来传送到计算机的内存中,供相应的程序处理。

按照网络的类型,可以将网卡分为以太网卡、令牌环网卡、ARCnet 网卡等;按照网络的传输速率,可以将网卡分为 10 Mb/s 的网卡、100 Mb/s 的网卡和 1 000 Mb/s 的网卡。

网卡尾部常见的接口为 RJ-45 接口、ST 接口、BNC 接口等,其中用得最多的是 RJ-45 接口和 ST 接口。RJ-45 接口在星形网络中用于连接双绞线;ST 接口用于连接光纤。

（2）集线器

使用网络结构化布线和集线器（Hub）可以逐步地扩充网络。集线器能够适应不同类型的网络,如以太网、令牌环网等。集线器提供了集中管理和自动收集网络信息的功能,还提供了容错功能,从而保证了网络系统的正常工作。集线器上提供有多个 RJ-45 的端口。

（3）交换机

交换机（Switcher）在外形上与集线器一样,连接网络的方式也一样,但是性能上却大不相同。集线器是共享式的,当它的任意两个端口之间进行通信时,其他所有端口之间都不能进行通信。也就是说,如果集线器上所连接的任意两台计算机在通信,那么其他计算机就只能等候。

交换机则不同,它的工作原理类似于电话交换机,它的任意两个端口之间进行通信时不会干扰其他端口。也就是说,连接到交换机上的各台计算机,可以同时进行两两之间的通信。

（4）路由器

如果想把两个不同类型的网络（如以太网和令牌环网）连接在一起,就必须使用路由器（Router）。路由器是处在 ISO/OSI-RM 模型网络层位置的交换设备。

路由器可以互联局域网和广域网,并且当网络中任意两台计算机之间的通信都可以通过多条路径实现时,路由器还可以提供交通控制和筛选最佳路径的功能。

1.2.3　地理信息系统的软件系统

地理信息系统的软件系统主要有三个部分,即地理信息系统软件平台、应用系统和空间数据库,其层次关系如图 1-7 所示。其中,计算机硬件和软件为地理信息系统软件系统的运行提供了基本工作环境。

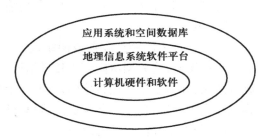

图 1-7　地理信息系统的软件系统各部分层次关系

1. 地理信息系统软件平台

地理信息系统软件平台是地理信息系统的核心软件,用于完成对空间数据的管理、分析和显示等。

2. 应用系统

它是面向应用问题的,与地理信息系统的核心软件紧密相连,是地理信息系统基本功能的扩充和延伸,用于完成特定的应用任务。一个优秀的地理信息系统软件平台,对地理信息应用系统应该是透明的。应用系统作用于各类空间数据上,构成地理信息系统的各种应用。

3. 空间数据库

空间数据库是地理信息系统的重要组成部分。它是系统分析和加工的对象,是地理信息系统表达现实世界的内容。

1.2.4　地理信息系统软件的主要功能

地理信息系统软件的主要功能是实现空间数据的输入管理、空间数据库管理、空间数据处理和分析、应用模型以及空间数据的输出管理等,如图 1-8 所示。

1. 空间数据输入管理功能

空间数据输入管理的目的是获取地理信息系统中的各种数据源,并将其转换成计算机所要求的数字格式进行存储。随着数据源种类的不同、输入设备的不同及系统选用数据结构与数据编码的不同,在数据输入部分配有不同的软件,以确保原始数据按照要求存入空间数据库。

通常,在空间数据输入的同时伴随着对输入数据的处理,以实现对数据的检验和编辑。空间数据输入管理如图 1-9 所示。

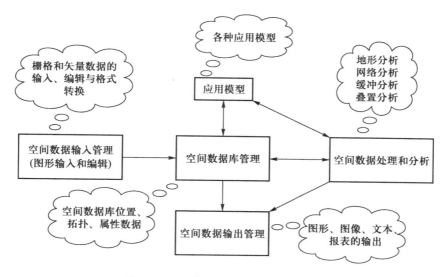

图 1-8　地理信息系统软件的主要功能

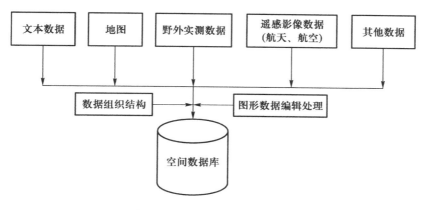

图 1-9　空间数据输入管理

2. 空间数据库管理功能

地理信息系统数据库是空间数据库。空间数据库不仅涉及的数据类型多,内容多,而且数据量大。这些特点决定了它既要遵循常规关系数据库管理系统管理数据,又要采用一些特殊的技术和方法,以管理常规数据库无法管理的空间数据。

3. 空间数据处理和分析功能

空间数据处理和分析功能,通常为地理信息系统提供一些基本和常用的处理和分析能力,其功能的强弱直接影响地理信息系统的应用范围。因此,这个部分是体现地理信息系统功能强弱的关键部分。

4. 空间数据输出功能

地理信息系统中输出数据的类型很多,输出方式可以是图形、报表、文字、图像等,输出介质可以是纸、光盘、磁盘、显示终端等。输出数据类型和输出介质不同,配备的硬件和软件也不同,最终向用户报告分析结果。空间数据输出管理如图 1–10 所示。

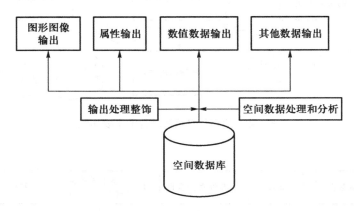

图 1–10　空间数据输出管理功能

5. 应用模型和应用系统开发

由于地理信息系统的应用范围越来越广,地理信息系统软件平台提供的基本处理和分析功能很难满足所有用户的要求。因此,用户可以根据各类应用模型,基于组件技术及相关的二次开发接口开发各种地理信息系统应用系统。

1.3　地理信息系统的发展和展望

1.3.1　地理信息系统的发展史

1. 国外地理信息系统的发展回顾

1963 年,加拿大测量学家 R. F. Tomlinson 博士首先提出了地理信息系统这一概念,并开发出了世界上第一个地理信息系统——加拿大地理信息系统(CGIS)。计算机科学的兴起和它在航空摄影测量与地图制图学中的应用,使人们开始用计算机来收集、存储和处理各种与空间及地理分布有关的图形和属性数据,并希望通过计算机对数据的分析来直接为管理和决策服务,这是地理信息系统概念产生的原因。

从时间来看,在国外20世纪60年代是地理信息系统的摇篮时期,20世纪70年代是蓬勃发展时期,20世纪80年代是普及和应用推广时期,20世纪90年代是产业化时期,进入21世纪地理信息系统发展有了更大的开放性和共享性。

（1）20世纪60年代是地理信息系统的摇篮时期

1963年,世界上第一个地理信息系统——加拿大地理信息系统,用于自然资源的管理和规划。美国哈佛大学也开发出SyMAP系统软件。但因受当时计算机技术水平的限制,地理信息系统带有更多的机助制图色彩,功能比较简单。这一时期,地理信息系统的相关组织机构,如1966年美国成立的城市和区域信息系统协会（URISA）、1969年美国成立的州信息系统全国协会（NASIS）、国际地理联合会（IGU）于1968年设立的地理数据收集和处理委员会（CGDSP）等,对地理信息系统的发展起了重要的指导作用。

（2）20世纪70年代是地理信息系统的蓬勃发展时期

在这期间,由于计算机硬件和软件技术的发展,地理信息系统向实用化方向迅速发展。地理信息系统技术受到政府部门、商业公司和大学的普遍重视,成为引人注目的领域。一些商业公司也开始活跃起来,地理信息系统软件在市场上受到欢迎。许多大学和研究机构开始重视地理信息系统软件设计及应用研究,一些发达国家先后建立了许多专业性的土地信息系统和地理信息系统。据统计,在20世纪70年代有300多个系统投入使用。

（3）20世纪80年代是地理信息系统的普及和应用推广时期

这期间,微型计算机等的性能价格比提高,地理信息系统的数据处理能力、空间分析功能、人机交互、地图输入、编辑和输出技术均有了较大的发展,使地理信息系统逐渐走向成熟。计算机和空间信息系统全面推广,被许多部门广泛应用。大量商业软件,如Arc/Info、Mapinfo、Erdas、Sicad等纷纷出现。

（4）20世纪90年代是地理信息系统的产业化时期

进入20世纪90年代,随着微型计算机的发展和数字化信息产品在全世界的普及,地理信息系统的应用已扩大到商业决策及政府部门的管理中。一方面,地理信息系统成为许多机构必备的工作系统,尤其是政府决策部门由于在一定程度上受地理信息系统的影响而改变了原有机构的运行方式、设置与工作计划等。另一方面,社会对地理信息系统的认识普遍提高,需求大幅度增加,从而导致地理信息系统应用的扩大与深化。例如,地理信息系统被美国政府列入"信息高速公路"计划,美国前副总统戈尔提出"数字地球"战略等,都表明地理信息系统已发展成现代社会的基本服务系统。

（5）21世纪是地理信息系统向开放性、共享性快速发展的时期

随着全球信息化的发展,人类社会生活的各个方面因为网络而缩小了距离,空间信息成为人们生活中不可或缺的一种资源。人们可以通过无线网络,利用网络地理信息系统

(WebGIS)和移动地理信息系统等技术,随时随地上传空间信息以补充全球空间数据库,下载和共享所需的空间信息应用于生活、应急、出行等方面。地理信息系统从以往专业、高端的技术,发展成为一种更加开放的、全民共享的社会资源和服务。随着网络技术、三维技术、虚拟现实等的发展,地理信息系统将提供更加直观、便捷的服务方式,推动社会的进一步发展。

2. 我国地理信息系统的发展

我国地理信息系统的发展始于20世纪80年代初,至今已有30多年的历史,经历了从无到有,从研究到实用,并走向产业化的过程。总的来说,我国地理信息系统的发展特点是起步晚、发展快。

(1) 20世纪70年代是技术上的准备阶段

20世纪70年代数据库技术等的起步为地理信息系统的应用和研究在技术上做了准备。

(2) 20世纪80年代是应用试验年代

20世纪80年代地理信息系统被学术界重视,许多大学开设了地理信息系统课程,开始培养研究生,出现了地理信息系统应用试验的专题研究,如水资源估算、土地资源清查等。

(3) 20世纪90年代开始出现国产地理信息系统商品

20世纪90年代以后,我国的地理信息系统走上了全面发展阶段。"九五"期间国家将地理信息系统开发和产业列入"重中之重"的科技攻关计划,提出"引入竞争机制,坚持滚动发展,加强科技攻关,落实产业结构"的原则,并提出竞争的实质是人才竞争。我国的地理信息系统获得了飞速的发展,出现了国产地理信息系统商品,如 MapGIS、GeoStar、CityStar 等,标志着我国地理信息系统产业进入了一个新的发展阶段,集中表现在以下几个方面。

① 商业地理信息系统软件大量出现。

② 地理信息系统专业机构及其活动十分活跃。

③ 高校中地理信息系统专业迅速发展。

(4) 21世纪是快速发展阶段

进入21世纪,随着我国在计算机、网络等相关方面技术的巨大进步以及对地理信息系统和空间信息的重视不断加强、航天遥感等方面事业的长足进步,地理信息系统得到了快速的发展,许多产品、技术正在逐步与国际接轨。大数据、物联网、云计算等新型主流技术与地理信息系统相结合形成了空间信息新技术产业,使地理信息系统在各个领域的应用不断得到推广。

1.3.2 地理信息系统的发展动态

近年来,地理信息系统发展迅速,其内涵和外延也在不断变化。最初的地理信息系统只是一些具体的应用系统,称为一门技术。随着几十年的发展,地理信息系统现在已成为一个独立的、充满活力的新兴交叉学科。

1. 从地理信息系统的含义看其发展

如图1-11所示,在前期的30年间,地理信息系统从一种软件发展为地理信息科学;随着网络时代的到来,地理信息系统以地理信息服务方式走进千家万户;进入21世纪,地理信息系统的作用越来越大,随着信息技术的发展,发展起物联网地理信息系统、云地理信息系统,并向CyberGIS等方向发展。

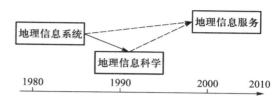

图1-11 地理信息系统的发展

2. 从理论、技术和方法看地理信息系统的发展

（1）三维地理信息系统理论和技术

从数据结构来看,三维空间数据和三维地理信息系统的技术与应用已成为当前的研究热点。

空间数据的本质是三维连续分布的,随着研究的不断深化,平面的空间信息展示已不能满足用户的需求,空间数据从二维向三维的过渡已成为一种必然。在地理信息系统中,三维地理信息系统与二维地理信息系统的基本要求是相似的,但是在数据采集、数据模型、数据结构、系统维护和界面设计等方面,三维地理信息系统比二维地理信息系统要复杂得多。

目前商业地理信息系统提供的三维功能,虽然已经可以实现三维模型的构建和可视化,但往往只是一些简单的三维显示和操作功能。这与真三维表示和分析还有一定的差距。真三维地理信息系统必须支持真三维的矢量和栅格数据模型,支持以数据模型为基础的三维空间数据库,并在此基础上对三维数据实现空间操作和空间分析。

三维地理信息系统理论和技术主要是指三维数据结构、三维地质模型的构建、三维数据的管理和操作以及三维数据的显示。

（2）针对海量空间数据的技术和方法

空间数据包括空间位置、拓扑关系等元素,本身复杂的数据结构导致其比简单的二维关系数据占据更大的存储空间。随着地理信息系统的不断发展,地理信息系统空间数据海量化的原因还包括以下几点。

① 三维空间数据具有更加复杂的数据结构,数据模型多样,导致空间数据量增加。

② 随着各国航空航天技术的发展,产生了大量卫星遥感影像数据,并用于地理信息系统领域。遥感影像是通过航空拍摄或卫星拍摄的照片,包括空间分辨率、光谱分辨率、辐射分辨率等特性,是直观反映地物地貌的一类栅格数据。通常,遥感影像从获取到使用需要经过数据格式转换（从模拟图像到数字图像)、图像增强、配准、校正等预处理操作,图像变换、分类等

处理工作,最后显示并使用。遥感影像多用于不同类型的土地覆盖监测、森林覆盖监测等工作。由于遥感影像的数据类型多样,数据量较大,针对其显示问题,目前常用的解决方案包括瓦片金字塔技术、帧缓存技术、分块格式转换(根据需求将图像分块转为位数较小的图像),或综合使用以上方法等。

③ 随着时态地理信息系统在近几年的发展,以时间轴为基础积累了大量的空间数据。传统的地理信息系统只考虑地物的空间特性,忽略了其时间特性。从本质上讲,现实中的地理信息是随时间变化的,地理时间特性是对地理实体的时间尺度和时态关系性的描述。空间地物除了具有三维空间中的空间性质外,如何刻画时间维的变化也十分重要。为了观测和分析空间信息随时间的变化,有效地管理历史变化数据、重建历史、监测变化状态及预测未来,需要在地理信息系统中引入时间维度,从而形成了时态地理信息系统(Temporal GIS,TGIS)。时态地理信息系统的理论和技术,主要研究能够组织、管理、操作时空数据的高效时空数据模型,以便快速存取时空数据,表达时空数据的语义,实现时空数据的一体化管理。目前,时态地理信息系统的研究已成为地理信息系统的研究热点之一。

④ 时间和空间维度的数据积累,以及当前互联网领域内大数据的发展,促进了空间数据仓库等技术的发展。

(3) 地理信息系统的构建技术

① 面向对象理论和技术。面向对象理论和技术为人们在计算机上直接描述物理世界提供了一种适合人类思维模式的方法。它在地理信息系统中的应用,即面向对象的地理信息系统,已成为地理信息系统的发展方向。这是因为空间信息与传统数据库处理的一维信息相比更为复杂、琐碎。而面向对象理论和技术为描述复杂的空间信息提供了一种直观、结构清晰、组织有序的方法,因而备受重视。

② 组件式技术。由于完整的地理信息系统功能复杂,完全的底层开发难度较大、成本较高,而组件式技术可以对功能进行分类,作为不同的模块组合到系统中去,实现用户的特定需求,提高地理信息系统集成和二次开发的效率。

组件式地理信息系统的发展为其他信息系统与地理信息系统的集成提供了新的技术解决方案,而分布式数据库系统和开放数据库互联(Open Database Connectivity,ODBC)为关系属性数据的集成提供了有效的技术途径。

3. 从应用角度看地理信息系统的发展趋势

从应用角度看,地理信息系统将向数据标准化、平台网络化、接口标准化、系统集成化的方向发展;从系统的内部看,地理信息系统将向数据采集自动化、空间数据和属性数据组织的一体化、空间分析功能的多样化方向发展。

(1) 数据标准化

数据标准化意味着地理信息系统数据结构及数据交换格式的标准化、地理信息系统基础数据接口的标准化、元数据的标准化等。它包括建立开放式地理数据互操作规范(Open GIS),寻求地理信息系统数据和空间数据处理服务的标准方法等,使地理信息系统市场从单纯的系统驱动转向数据驱动。

(2) 平台网络化

平台网络化意味着地理信息系统的工作平台将逐步从单机转入网络工作环境,进而转入云端。地理信息系统与网络技术相融合,形成一个网络化的地理空间集成平台,尤其是云地理信息系统的提出,有利于充分利用计算机资源,增强协同处理业务的能力,进行业务监控,方便查询和统计。地理信息系统引入互联网,使地理信息系统可以实现随时随地网上发布、浏览、下载,实现基于 Web 的地理信息系统查询和分析。作为网络地理信息系统的延伸,云地理信息系统将得到快速的发展。

(3) 接口标准化

由于地理信息系统发展初期,对软件标准化的要求没有制定统一规则,各种地理信息系统软件采用了不同的数据格式和接口,使数据转换比较麻烦。随着对地理信息系统共享性需求的提高,要求空间数据和操作结果不能仅在某一个系统中运行,这就推进了地理信息系统标准化的建立和实施。许多软件在更新版本的过程中开始提供标准化的二次开发接口。

(4) 系统集成化

系统集成是为了实现某个应用目标而进行的,将计算机硬件平台、网络设备、系统软件及应用软件等组合成具有良好性能价格比的计算机应用系统的全过程。地理信息系统作为一种边缘性、交叉性的学科和应用,需要被广泛地应用到不同的系统中去。

地理信息系统的集成主要包括数据集成和功能集成两个方面。面向对象理论和技术以及组件式对象模型(Component Object Model,COM)为地理信息系统软件功能集成奠定了技术基础。

 思考题

1. 初步理解名词:信息、地理信息、信息系统、地理信息系统。
2. 简述地理信息系统同一般计算机信息系统的主要不同点。
3. 简述地理信息系统与其相关学科间的关系。
4. 简述地理信息系统中常用的空间数据输入设备及特点,以及它们通常如何同计算机连接。
5. 简述地理信息系统中常用的空间数据输出设备及特点,以及它们通常如何同计算机连接。
6. 简述信息系统的组成要素。
7. 简述地理信息系统的基本功能和基本组成部分。

第2章　地理信息系统的地理基础

2.1　空间数据的坐标系

地球表面是一个高低不平的复杂表面,为了方便表示,需要采用一个尽可能符合地球基本信息的数学模型来描述。

假设将"完全静止"状态的海水平铺到地球表面,延伸到所有大陆下部,形成包围整个地球的连续表面,称为大地水准面,将被包围的球体称为大地体。大地测量中的"海拔"高度就是根据大地水准面来确定的,而且大地水准面上任意一点的法线与大地水准面正交(相交为90°)。大地水准面不是完全平滑、规则的。

为了满足制图和计算的需要,选用一个大小、形状和大地体最接近的、可以用数学方法表示的旋转椭球来代表地球。旋转椭球是以椭圆的短轴(代表地轴)为轴旋转而成的,其形状和大小以长半径 a(赤道半径)、短半径 b(极轴半径)、椭球扁率 α、偏心率 e 等椭球元素来表示。与一定区域(一个或几个国家)的大地水准面最吻合的旋转椭球,称为参考椭球。随着地理学的不断发展与进步,地球椭球经历了不断的修正和完善。由于不同的国家使用的参考椭球不同,同一位置的测量结果也不尽相同。

根据以上基本信息,地球上某点的位置信息可以通过地理空间坐标、平面坐标系、高程坐标系等方式来表达。

2.1.1　地理空间坐标

1. 地理空间坐标系

地理空间坐标系,也称为真实世界的坐标系,是用于确定地物在地球上位置的坐标系。地理空间坐标是一个球面坐标,用经纬度来表示。

在地球上,地球自转轴线与地面相交于两点,这两点就是地球的北极和南极。垂直于地轴,并通过地心的平面称为赤道平面。通过地轴的面称为子午面。

（1）纬线和纬度

赤道平面与地球表面相交的大圆圈(交线)称为赤道。赤道面的平行面同地球椭球面相交所截的圈称为纬圈(纬线)。 纬度(Latitude)是地球上点的法线与赤道面的交角。赤道上的纬度为0°,离赤道越远,纬度越大,在极点的纬度为90°。赤道以北叫北纬,用正值表示;赤道以南叫南纬,用负值表示。

（2）经线和经度

子午面和椭球面相交所截的圈为子午圈,称为经线。经度(Longitude)是两条经线所在平面的夹角。经过格林尼治天文台的子午线的经度为0°,并称为起始经线,向东0°~180°称为东经,用正值表示;向西0°~180°称为西经,用负值表示。经度1°的弧长随着纬度的增高而逐渐变短,直到最后达到两极时为零。

（3）地面上点位的确定

地面上任一点的位置,通常由经度和纬度来决定。经线和纬线是地面上两组正交的曲线,这两组正交的曲线构成的坐标称为地理坐标系,也称为大地坐标系。地面某两点经度值之差称为经差,某两点纬度值之差称为纬差。例如,北京在地球上的位置为北纬39°56′和东经116°24′。

2. 几种常见的大地坐标系

为了符合特定区域的精度要求,不同的国家和地区会采用不同的参考椭球和大地原点。大地坐标系根据原点的位置不同,分为地心坐标系和参心坐标系:地心坐标系的原点与地球质心重合,参心坐标系的原点与某一地区或国家所采用的参考椭球中心重合,两者通常不相同。

我国先后建立的1954北京坐标系和1980西安坐标系,都是参心坐标系。随着现代科技的发展,特别是全球卫星定位技术的发展,我国和世界上其他许多国家也开始使用地心坐标系,如我国的国家2000大地坐标系(CGCS2000)、国际上的WGS-84坐标系等。

（1）1954北京坐标系

1954北京坐标系,即北京54坐标系(BJZ54)。北京54坐标系是以克拉索夫斯基椭球为基础,经局部平差产生的坐标系,大地上的一点可以用经度L54、纬度M54和大地高H54定位。随着我国大地测量工作的深入发展,克拉索夫斯基椭球不能很好地满足需求,我国于1978年决定建立国家大地坐标系。

（2）1980西安坐标系

1980西安坐标系,即西安80坐标系,又称为1980国家大地坐标系,采用1975年国际大地测量与地球物理联合会(International Union of Geodesy and Geophysics,IUGG)推荐的地球椭球,以JYD1968.0系统为椭球定向基准,大地原点选在西安附近的泾阳县永乐镇,是综合利用天文、大地与重力测量成果,以地球椭球面在中国境内与大地水准面能够达到最佳吻合为条件,利用多点定位方法建立的国家大地坐标系。

(3) 国家 2000 大地坐标系

CGCS2000 坐标系是通过中国全球定位系统连续运行基准站、空间大地控制网以及天文大地网与空间大地网联合平差建立的地心大地坐标系,以 ITRF97(其中,ITRF 表示国际地球参考框架)为基准,参考框架历元为 2000.0。经国务院批准于 2008 年 7 月 1 日启用。

(4) WGS–84 坐标系

WGS–84 坐标系(World Geodetic System–1984 Coordinate System)是一种国际上采用的地心坐标系。坐标原点为地球质心,其地心空间直角坐标系的 z 轴指向 BIH(国际时间服务机构)1984.0 定义的协议地球极(Conventional Terrestrial Pole,CTP)方向,x 轴指向 BIH 1984.0 的零子午面和 CTP 赤道的交点,y 轴与 z 轴、x 轴垂直构成右手坐标系,称为 1984 年世界大地坐标系。WGS–84 椭球采用国际大地测量与地球物理联合会第 17 届大会测量常数推荐值。

2.1.2　平面坐标系

地理空间坐标是一种球面坐标。由于球面坐标难以对距离、方向、面积等参数进行计算,需要将地球椭球面上的点投影到平面上,形成平面坐标系。平面坐标系分为平面直角坐标系和平面极坐标系。其中,平面直角坐标系用直角坐标法(也称为笛卡儿坐标法)来表示地面点的平面位置;平面极坐标系用极坐标法,即用某点到极点的距离和方向来表示地面点的平面位置。

在地理信息系统实际应用中主要用平面直角坐标系,平面极坐标系主要用在地图投影理论研究中。

2.1.3　高程系

由于地球表面形态的复杂性,人们为了准确描述地面的形态,采用等高线地形图来表达地形表面的起伏。这里的高程是指由基准面算起的地面点高度,高程基准面是基于多年观测的平均海水面。因此,高程是指地面点到平均海水面间的垂直高度,也称为海拔高度或绝对高度。

2.2　地　图　投　影

2.2.1　地图投影简介

1. 投影变换

地理信息系统中的空间数据是指地球表层的数据。地球用椭球面表示。在地理信息系统中,空间现象的空间表征通常用平面图形表示。为了用平面坐标来表示球面上目标的空间位置,必须将椭球面上的点映射变换到平面坐标系上,这就是投影变换。

在数学中,投影是指建立两个点集之间一一对应的映射关系。地图投影是按照一定的数学法则,将地球椭球面上的经纬网转换到平面上,使地球椭球面上点的地理空间坐标(φ,λ)与地图上对应的点的平面直角坐标(x,y)之间建立起一一对应的函数关系。投影通式可以表达为

$$x=f_1(\varphi,\lambda)$$
$$y=f_2(\varphi,\lambda)$$

这里的φ,λ是点在地球椭球面上的地理空间坐标,即经纬度;x,y是点在投影平面上的投影平面坐标。

2. 地图投影的分类

地图投影的种类繁多,通常按照地图投影的构成方法和地图投影的变形性质进行分类。

（1）按照地图投影的构成方法分类

地图投影的构成方法可以按照投影面的不同形状和投影面的不同位置来划分。常见的是几何投影,它源于透视几何学原理,并以几何特征为依据,将地球椭球面上的经纬网,按照不同的方向,投影到平面上或可以展成平面的圆柱表面和圆锥表面等几何面上,从而构成方位投影、圆柱投影和圆锥投影,如图 2-1 所示。图 2-1 中的 PP_1 为地轴示意线。

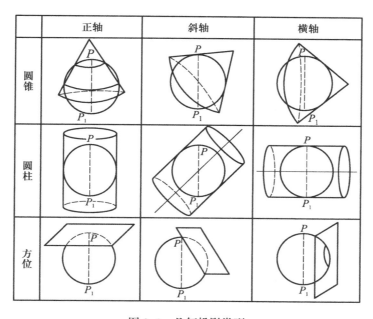

图 2-1 几何投影类型

① 按照投影面的形状分类,地图投影分为方位投影、圆柱投影、圆锥投影。

方位投影。方位投影以平面作为辅助投影面,使球体与平面相切或相割,再将球面上的经纬网投影到平面上。

圆柱投影。圆柱投影以圆柱表面作为辅助投影面,使球体与圆柱表面相切或相割,将球面上的经纬网投影到圆柱表面上,再将圆柱表面展成平面。

圆锥投影。圆锥投影以圆锥表面作为辅助投影面,使球体与圆锥表面相切或相割,将球面上的经纬网投影到圆锥表面上,再将圆锥表面展成平面。

② 按照投影面的位置分类,地图投影分为正轴投影、斜轴投影、横轴投影。

正轴投影。正轴投影是投影面的轴与地轴一致的一类投影。通常,投影面与一条纬线相切或与两条纬线相割。正轴方位投影是投影面与地球相切于极地或相割于一条纬线。

斜轴投影。斜轴投影是投影面的轴与地轴斜交的一类投影。投影面为平面时,其法线与地轴斜交;投影面为圆柱或圆锥面时,其中心轴与地轴斜交。

横轴投影。横轴投影以投影面的轴与地轴相垂直。由于横轴圆锥投影是圆锥投影面与某一小圆相切,所构成的经纬线网很复杂,故较少使用。

(2) 按照地图投影的变形性质分类

① 等角投影。投影面上两条方向线间的夹角与球面上对应的两条方向线间的夹角相等。换句话说,球面上小范围的地物轮廓经投影仍保持形状不变。若用变形椭圆解释,保持等角条件必须是,球面上任一处的微分圆投影到平面上之后仍为正圆而不是椭圆。

② 等积投影。地面上的面状地物轮廓经投影仍保持面积不变。也就是说,投影平面上的地物轮廓图形面积与球面上相对应的地物占地面积相等。

③ 任意投影。这是根据一般参考图或中小学教学用图要求而设计的一种投影。它既不等角也不等积,长度、角度、面积三种变形同时存在。其角度变形小于等积投影,而面积变形小于等角投影。在任意投影中有一种比较常见的投影,即等距投影。所谓等距投影,是只保持变形椭圆主方向中某一个长度比等于 1。任意投影多用于对面积精度和角度精度没有什么特殊要求的,或者也可以是对面积变形和角度变形都不希望太大的一般参考图和中小学教学用图。

2.2.2　地理信息系统中常用的地图投影

在我国,地理信息系统中常用的地图投影与我国基本比例尺地形图采用的投影系统基本相同,其中大比例尺(1∶1 000 000 以上)地图用高斯 – 克吕格投影,小比例尺(1∶1 000 000 及以下)地图用 Lambert 投影。网络地理信息系统(WebGIS)中的瓦片地图常用 Web 墨卡托投影。

1. 高斯 – 克吕格投影

高斯 – 克吕格投影以椭圆柱面作为投影面,并与地球椭球相切于一条经线上,该经线即为投影带的中央经线,按等角条件将中央经线东西一定范围内的区域投影到椭圆柱面上,再展成平面,便构成了横轴等角切圆柱投影。在高斯 – 克吕格投影上,规定中央经线为 x 轴,赤道为 y 轴,两轴的交点为坐标原点。其他经线均为凹向并对称于中央经线的曲线,其他纬线均为以赤道为对称轴向两极弯曲的曲线,经线和纬线成直角相交,如图 2–2 所示。

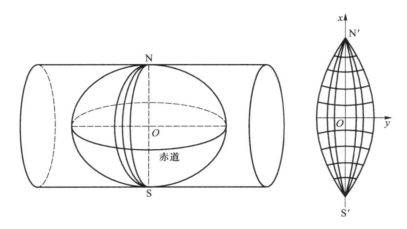

图 2–2 高斯 – 克吕格投影示意

在这个投影上,角度没有变形。中央经线长度比等于 1,没有长度变形,其余经线长度比均大于 1,长度变形为正,距中央经线越远,变形越大,最大变形在边缘经线与赤道的交点上;面积变形也是距中央经线越远,变形越大。为了保证地图的精度,采用分带投影方法,即将投影范围的东西界加以限制,使其变形不超过一定的限度,这样把许多带结合起来,成为整个区域的投影。

我国规定 1∶10 000、1∶25 000、1∶50 000、1∶100 000、1∶250 000、1∶500 000 比例尺地形图,均采用高斯 – 克吕格投影。其中 1∶25 000~1∶500 000 比例尺地形图采用经差 6°分带,1∶10 000 比例尺地形图采用经差 3°分带。

6°带从 0°子午线起,自西向东每隔经差 6°为一个投影带,全球分为 60 带,各带的带号用自然数 1,2,3,…,60 表示,即以东经 0°~6°为第 1 带,其中央经线为东经 3°,东经 6°~12°为第 2 带,其中央经线为东经 9°,其余类推。

3°带从东经 1°30′的经线开始,每隔 3°为一带,全球分为 120 个投影带。图 2–3 表示的是 6°带与 3°带的中央经线与带号的关系。其中,L_0 为 6°带中央经线经度,L 为 6°分带中央经线经度,n 为 6°带带号,n' 为 3°带带号。

高斯 – 克吕格投影的主要优点如下。

① 具有等角性质,适用于系列比例尺地图的使用与编制。

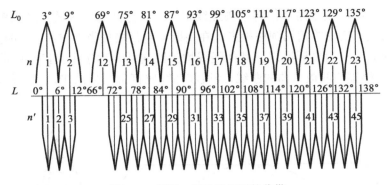

图 2-3 高斯－克吕格投影的分带

② 经纬网与直角坐标的偏差不大,全球阅读使用。

③ 计算工作量小,直角坐标和子午收敛角值只需计算一个带,全球可以通用。

2. Lambert 投影

我国 1:1 000 000 地形图采用了 Lambert 投影,其分幅原则与国际地理联合会规定的全球统一使用的国际百万分之一地图投影保持一致。我国大部分省区图以及大多数这一比例尺的地图也多采用 Lambert 投影和属于同一投影系统的 Albers 投影。

在 Lambert 投影中,地球表面上两点间的最短距离接近直线,这有利于地理信息系统中的空间分析和信息量度的正确实施。

3. 墨卡托投影

墨卡托投影是一种等角正切圆柱投影,由荷兰地图学家墨卡托(Gerardus Mercator, 1512—1594)在 1569 年拟定。假设地球被围在一个中空的圆柱里,其基准纬线(赤道)与圆柱相切,然后再假想地球中心有一盏灯,把球面上的图形投影到圆柱体上,再把圆柱体展开,这就是一幅由选定基准纬线上的"墨卡托投影"绘制出的地图。

墨卡托投影没有角度变形,由每一点向各方向的长度比相等,它的经纬线都是平行直线,且相交成直角,经线间隔相等。从基准纬线处向两极,纬线间隔逐渐增大,且长度和面积变形明显(基准纬线处无变形)。但因为它具有各个方向均等扩大的特性,保持了方向和相互位置关系的正确。

在地图上保持方向和角度的正确是墨卡托投影的优点,所以墨卡托投影地图常被用作航海图和航空图。如果循着墨卡托投影图上两点间的直线航行,方向不变可以一直到达目的地,因此它对船舰在航行中定位、确定航向都具有有利条件,给航海者带来很大方便。中华人民共和国国家标准《海底地形图编绘规范》(GB/T 17834—1999)中 5.1.3.1 条规定 1:250 000 及更小比例尺图采用墨卡托投影,基本比例尺图(即 1:50 000,1:250 000,1:1 000 000)采用统一基准纬线 30°,非基本比例尺图以制图区域中纬线为基准纬线,基准纬线取至整度或整分。

Web 墨卡托投影被认为是常规墨卡托投影的一种简化版本。它将地球近似模拟为球体(而非椭球体),与常规墨卡托投影相比有计算更加简便和快速的优点,然而它也有因此而带来的变形加大的缺点。在实际应用中,Google Maps 使用 EPSG:900913 标准的 Web 墨卡托投影,将两极 85° 以上形变较大的部分切除,形成东西和南北相等的正方形,便于之后形成瓦片进行四叉树计算。

Web 墨卡托投影原理如图 2-4 所示。

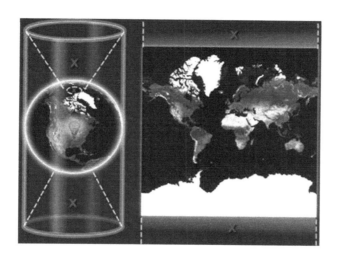

图 2-4　Web 墨卡托投影原理

2.2.3　地形图的分幅和编号

国家基本比例尺地形图分 1∶10 000、1∶25 000、1∶50 000、1∶100 000、1∶200 000、1∶500 000 和 1∶1 000 000 七种。从一个国家或世界范围来讲,在测制成套的各种比例尺地形图时,分幅和编号尤其必要。通常,由国家主管部门统一制定的图幅分幅和编号系统。

1. 地形图的分幅

① 地形图分幅以 1∶1 000 000 地形图为基准,按照相同的经差和纬差定义更大比例尺地形图的分幅。各幅百万分之一地图都是以经差 6°、纬差 4° 分幅。

② 1∶500 000、1∶200 000、1∶100 000 三种比例尺地形图,以百万分之一地图为基础分幅。将一幅百万分之一地形图划分为四幅 1∶500 000 地形图,每幅为经差 3°、纬差 2°;将一幅百万分之一地图划分为 36 幅 1∶200 000 地形图,每幅为经差 1°、纬差 40′;将一幅百万分

之一地图划分为 144 幅 1:100 000 地形图,每幅为经差 30′、纬差 20′。

③ 1:50 000、1:25 000、1:10 000 三种比例尺地形图,以 1:100 000 图为基础分幅。将一幅 1:100 000 地形图划分为四幅 1:50 000 地形图;将一幅 1:50 000 地形图划分为四幅 1:25 000 地形图;将一幅 1:100 000 图划分为 64 幅 1:10 000 地形图。

基本比例尺地形图的图幅及图幅间的数量关系如表 2-1 所示。

表 2-1 基本比例尺地形图的图幅及图幅间的数量关系

比例尺	图幅		图幅间的数量关系					
	经度	纬度						
1:1 000 000	6°	4°	1					
1:500 000	3°	2°	4	1				
1:200 000	1°	40′	36	9	1			
1:100 000	30′	20′	144	36	4	1		
1:50 000	15′	10′	576	144	16	4	1	
1:25 000	7.5′	5′	2 304	576	64	16	4	1
1:1	3′45″	2.5′	9 216	2 304	256	64	16	4

2. 地形图的编号

地形图的编号是根据各种比例尺地形图的分幅,对每一幅地图给予一固定的行列号码。

(1) 1:1 000 000 地形图的编号

该种地形图的编号为全球统一分幅和编号,如图 2-5 所示。

① 列数。由赤道起向南、北两极每隔纬差 4° 为一列,直到南、北纬 88°(南、北纬 88° 至南、北两极地区,采用极方位投影单独成图),将南、北半球各划分为 22 列,分别用拉丁字母 A,B,C,D,…,V 表示。

② 行数。从经度 180° 起向东每隔 6° 为一行,绕地球一周共有 60 行,分别以数字 1,2,…,60 表示。

由于南、北两半球的经度相同,规定在南半球的图号前加一个 S,在北半球的图号前不加任何符号。一般来讲,把列数的字母写在前,把行数的数字写在后,中间用一条短线连接。例如,北京所在的一幅百万分之一地形图的编号为 J-50。

由于地球的经线向两极收敛,随着纬度的增加,同是 6° 的经差但其纬线弧长逐渐缩小,因此规定在纬度 60°~76° 间的图幅采用双幅合并(经差为 12°,纬差为 4°);在纬度 76°~88° 间的图幅采用四幅合并(经差为 24°,纬差为 4°)。这些合并图幅的编号,列数不变,行数(无论包含两个或四个)并列写在其后。例如,北纬 80°~84°、西经 48°~72° 的一幅百万分之一的地形图编号应该为 U-19、20、21、22。

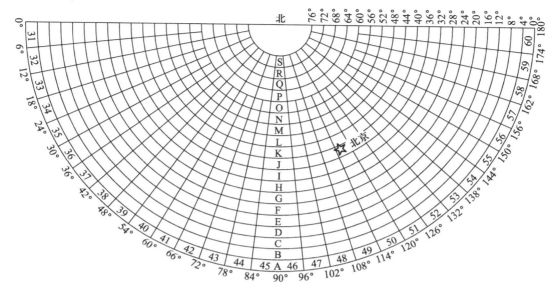

图 2-5 1：1 000 000 地形图的分幅和编号(北半球)

(2) 1：500 000、1：200 000、1：100 000 地形图的编号

将一幅 1：1 000 000 地形图划分为四幅 1：500 000 地形图，分别用 A,B,C,D 表示，其编号是在 1：1 000 000 地形图的编号后加上它本身的序号，如 J-50-B。

将一幅 1：1 000 000 地形图划分为 36 幅 1：200 000 地形图，分别用带括号的数字(1)~(36)表示，其编号是在 1：1 000 000 地形图的编号后加上它本身的序号，如 J-50-(28)。

将一幅 1：1 000 000 地形图划分为 144 幅 1：100 000 地形图，分别用数字 1~144 表示，其编号是在 1：1 000 000 地形图的编号后加上它本身的序号，如 J-50-32。

(3) 1：50 000、1：25 000、1：10 000 地形图的编号

以 1：100 000 地形图的编号为基础，将一幅 1：100 000 地形图划分为四幅 1：50 000 地形图，分别用 A,B,C,D 表示，其编号是在 1：100 000 地形图的编号后加上它本身的序号，如 J-50-32-A。再将一幅 1：50 000 地形图划分为四幅 1：25 000 地形图，分别用 1,2,3,4 表示，其编号是在 1：50 000 地形图的编号后加上它本身的序号，如 J-50-32-A-1。

1：10 000 地形图的编号，是将一幅 1：100 000 地形图划分为 64 幅 1：10 000 地形图，分别用带括号的(1)~(64)表示，其编号是在 1：100 000 地形图的编号后加上 1：10 000 地形图的序号，如 J-50-32-(10)。

将一幅 1：10 000 地形图划分为 4 幅 1：5 000 地形图，分别用小写拉丁字母 a,b,c,d 表示，其编号是在 1：10 000 地形图的编号后加上它本身的序号，如 J-50-32-(10)-a。

2.3　地　图　简　介

地图是遵循一定的数学法则,将客体(一般指地球,也包括其他星体)上的地理信息,通过科学的概括,并运用符号系统表示在一定载体上的图形,以传递它们在时间与空间上的分布规律和发展变化。地图在地理信息系统中占有十分重要的地位,它既是地理信息系统的主要数据源,又是地理信息系统的中间产品和主要输出形式。

地图具有丰富的表现形式,而且随着应用领域的扩展及科学技术的进步,新颖的地图成果层出不穷,因此可以从不同的视角对地图进行分类。

1. 按照地图内容分类

按照地图内容分类,地图有普通地图与专题地图。

(1) 普通地图

普通地图是表示自然地理和社会经济一般特征的地图,它并不偏重说明某个要素。普通地图主要表示水文、地形、交通网、居民点、行政境界线、土质及植被,也表示一些常用的社会、经济、文化要素。普通地图按照内容的概括程度、区域及图幅的划分状况等可以分为地形图和普通地理图(简称为地理图)。

① 地形图。地形图是详细表示地表上居民点、道路、水系、境界、土质、植被等基本地理要素,且用等高线表示地面起伏、按统一规范生产的普通地图,是地表起伏形态和地理位置、形状在水平面上的投影图,由地形测量或航摄资料绘制而成。其绘制要素通常包括图幅编号、出版日期、坐标系、比例尺、图例、测绘单位、公里网格/经纬网格、等高线、高程控制点、交通、水系等主要图层。只有地物而不表示地面起伏的地形图称为平面地形图(简称为平面图)。平面地形图又分为等高线地形图和分层设色地形图。地形图的比例尺通常大于 1：1 000 000。

② 普通地理图。普通地理图反映了制图区域内居民点、交通网、国家等地理要素的总特征及分布规律,可以用作一个大区域环境的参考用图,或者用来编汇地图集等。普通地理图的比例尺通常小于 1：1 000 000。

(2) 专题地图

专题地图所涉及的专业十分广泛。专题地图是表示各专业部门的某个专业要素或者普通地图上某种要素的专题化地图,如人口分布图、雨量分布图、林相图等。它着重表示一种或几种主题要素以及它们之间的相互关系。

2. 按照比例尺分类

按照比例尺的大小,可以将地图分为大、中、小三类。

大于 1∶100 000(包括 1∶100 000)比例尺的地图,称为大比例尺地图。

小于 1∶100 000 而大于 1∶1 000 000 比例尺的地图,称为中比例尺地图。

小于 1∶1 000 000(包括 1∶1 000 000)比例尺的地图,称为小比例尺地图。

3. 按照地图维数分类

按照地图维数分类,可以将地图分为平面地图(二维地图)和立体地图(三维地图)。平面地图是常见的地图类型。立体地图是利用立体视差原理制作而成的立体视觉图,如互补色地图、光栅地图等。近年来,计算机技术和三维技术得到迅速发展,特别是在军事应用领域,在三维地图基础上,利用虚拟现实(Virtual Reality,VR)技术,通过头盔、数据套等工具,形成了一种称为"可进入"地图的产品,使用者能够产生身临其境的感觉。

此外,按照地图的结构分类,可以将地图分为普通地图和影像地图,其中影像地图中的像元用来记录准确的投影位置,其分辨率是像元所覆盖的地表面积;按照用途分类,可以将地图分为国民经济与管理地图(如各种自然资源及其评价、人口、劳动力等),教育与科学技术地图,文化地图等。

 思考题

1. 地球上某点的位置信息可以通过几种方式来表达?

2. 什么是地图投影?常见地图投影的类型有哪些?

3. 如何对我国基本比例尺地形图进行分幅和编号?

第3章 空间数据模型和空间数据结构

3.1 地理空间概述

1. 空间和地理空间

空间（Space）的概念在不同的学科有不同的解释。从物理学的角度看，空间是指宇宙在三个相互垂直的方向上所具有的广延性。从天文学的角度看，空间是指时空连续体系的一部分。在地理学上，空间指的是地理空间（Geographic Space），它是指物质、能量、信息的存在形式在形态、结构过程、功能关系上的分布方式、格局及其在时间上的延续。

地理空间是地球上大气圈、水圈、生物圈、岩石圈和土壤圈交互作用的区域。地球上最复杂的物理过程、化学过程、生物过程和生物地球化学过程就发生在地理空间中。因此，地理空间是人类活动频繁发生的区域，是人地关系中最为复杂、紧密的区域。

为了深入研究地理空间，需要对地球表面建立几何模型，确定地理空间坐标系，实现对地理空间数据的量度和表达。在表示地球表面的几何模型中，第2章中提到的椭球模型，即以大地水准面为基础的地球椭球模型是地球表面数学模型中最为简单、应用最为广泛的一种模型。

2. 地理信息系统中的地理空间和地理空间数据

地理信息系统中的空间概念常用地理空间（Geo-Spatial）来表述。地理信息系统中的地理空间是指经过投影变换，在笛卡儿坐标系中的地球表面特征空间。它是定义在地球表面目标集上的关系，即地理世界以实体为单位进行组织，每一个实体不仅具有空间位置属性和空间上的联系，更重要的是它与其他实体还具有逻辑上的语义联系。此外，它还具有时间属性。一般来说，地理空间被定义为绝对空间和相对空间两种形式。绝对空间是具有属性描述的空间位置的集合，它由一系列不同位置的坐标值组成；相对空间是具有空间属性特征的实体的集合，它由不同实体之间的空间关系构成。

地理信息系统中的地理空间一般包括地理空间定位框架及其所联结的地理空间特征

实体。

地理空间定位框架即大地测量控制,由平面控制网和高程控制网组成。大地测量控制为建立所有的地理数据的坐标位置提供了通用参考系,将所有地理要素与平面坐标系及高程坐标系相连接。大地测量控制信息的要素就是大地测量控制点,这些控制点的平面位置和高程被精确地测量。

地理空间特征实体表示地理空间信息的几何形态、时空分布规律及其相互之间的关系,是指具有形状、属性和时序的空间对象或地理实体,包括点、线、面、曲面和体,它们构成地球圈层间复杂的地理综合体,也是地理信息系统表示和建库的主要对象。

地理空间数据就是以地球表面作为基本定位框架的空间数据。地理信息系统提供了对地理空间数据进行分析和实现地理空间数据可视化的机制。

由于计算机中处理和操作的数据是离散数据,因而在地理信息系统中,地理空间数据是进行离散化表达的空间数据,其表达方式根据不同的应用目的由空间数据模型决定。

3.2 空间数据的特点

在地理信息系统中,通常把地理空间数据称为空间数据(Spatial Data)。这里的空间数据是指用来描述空间实体的位置、形状、大小及其分布特征等方面信息的数据,以表示地球表面一定范围的地理事物及其关系。

空间实体是空间数据中不可再分的最小单元,是对存在于这个自然世界中地理实体的抽象,主要包括点、线、面、体等基本类型。例如,把一个气象站抽象成为一个点,它具有所处位置、气象站设施等相关信息;把一条道路抽象为一条线,它具有所处位置、起点、终点、长度、宽度、道路等级等相关信息;把一片林地抽象为一个面,它具有所处位置、面积、林种、树种、土壤等相关信息。

在地理信息系统中,空间数据代表着现实世界地理实体或现象在信息世界中的映射,它应该包括自然界地理实体向人类传递的基本信息。空间数据描述的是所有呈现二维、三维甚至多维分布的区域现象,它不仅包括表示空间实体本身的位置及形态信息,还包括表示空间实体属性和空间关系的信息。空间数据的基本特征如图 3–1 所示。

1. 空间性

空间性是空间数据最主要的特性,是区别于其他数据的一个显著标志。空间性表示了空间实体的位置或所处的地理位置、空间实体的几何特征以及空间实体间的拓扑关系,形成了空间实体的位置、形态以及由此产生的一系列特性。空间性不仅导致对空间实体位置和形态的分析和处理,还导致对空间相互关系的分析和处理。如果不考虑空间实体的空间性,空间分析就会失去意义。

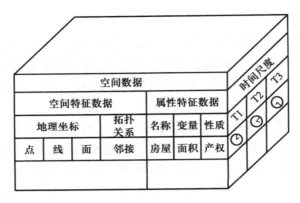

图 3-1　空间数据的基本特征

2. 专题性（属性）

专题性是指在一个坐标位置上地理信息具有专题属性信息。例如，在一个地面点上，可以取得高程、污染、交通等多种专题信息。

属性是空间数据中的重要数据成分，它同空间数据相结合，才能表达空间实体的全貌。在地理信息系统中，专题性通常用数字、文本等常规数据来表达。

3. 时间性

空间和时间是客观事物存在的形式，两者往往是紧密互联的。空间数据的时间性是指空间数据的空间特征和属性特征随时间变化的动态变化特征，即时序特性。它们可以同时随时间变化，也可以分别独立随时间变化，如空间位置不变，在不同的时间属性数据可能发生变化，或者相反。例如，某地区种植业的变化表示属性数据独立随时间的变化；行政边界的变更表示空间位置数据的变化；土壤侵蚀而引起的地形变化，不仅改变了空间位置数据，也改变了属性数据。

空间数据的时间性反映了空间数据的动态性。在空间数据表示中，如果加上时间轴，会大大增加空间数据处理的难度。现有的大量地理信息系统，通常在空间属性中加以时间标注，以表示空间数据的时间性，也就是将时间特征隐含在空间数据中，也称为静态地理信息系统；而加上时间轴的地理信息系统称为时态地理信息系统。

总之，空间数据的特征可以概括为空间特征和属性特征。其中，空间特征数据包括地理实体或现象的定位数据和空间关系数据；属性特征数据包括地理实体或现象的专题性（名称、分类、数量等）数据和时间数据。空间特征数据和属性特征数据统称为空间数据，在地理信息系统中实质上是指地理空间数据。

3.3 空间数据模型基础

3.3.1 数据模型

模型（Model）是现实世界某些特征的模拟和抽象。模型可以分为实物模型与抽象模型。

实物模型通常是对客观事物某些外观特征或功能的模拟与表示；抽象模型是对现实世界某些特征的抽象描述。数学模型和数据模型都是抽象模型。

数据模型是数据特征的抽象，是对客观事物及其联系的描述。这种描述包括数据内容和各类数据之间的联系。数据模型的建立应尽可能自然地反映现实世界和接近人对现实世界的观察和理解，也就是要面向现实世界，面向用户。为了实现数据模型的计算机管理，数据模型应面向计算机系统，解决数据在计算机中的物理表示问题。为了使数据模型既要面向用户，又要面向计算机系统，需要根据不同的使用对象和应用目的，由高级到低级，从多层次上进行抽象，这就形成了多级（层）数据模型。

1. 数据模型的层次

人们把现实世界的数据转换到信息世界时，需要对数据特征进行抽象，以描述和模拟客观事物的静态特征、动态行为和约束条件，并使它尽可能真实地模拟现实世界，易为人所理解，且便于在计算机上实现。数据模型抽象在三个层次上，分别形成了概念数据模型、逻辑数据模型和物理数据模型。

（1）概念数据模型

概念数据模型（Conceptual Data Model）是面向用户的数据模型，它是用户易于理解的现实世界特征的数据抽象。概念数据模型是独立于计算机的数据模型，面向现实世界。为了便于用户理解，要求概念数据模型简单易学，语义表达力强。实体–联系模型（Entity–Relationship Model）是最著名的概念数据模型。

（2）逻辑数据模型

逻辑数据模型（Logic Data Model）又称为结构数据模型，简称为数据模型，用于表达概念数据模型中数据实体（记录）之间的关系。它是既面向用户，又面向系统，是用户看到的数据模型。其作用之一是与用户进行沟通，明确需求，同时又是数据库物理设计的基础，以保证物理数据模型充分满足应用要求，并保证数据的一致性、完整性。逻辑数据模型的建立由用户需求驱动，建立逻辑数据模型的过程首先是分析信息需求，明确业务规则，是人脑对现实世界进行抽象和加工的过程。

（3）物理数据模型

物理数据模型(Physical Data Model)是描述数据在物理存储介质上的组织结构,它与具体的应用软件、操作系统和硬件有关,是物理层次上的数据模型。它是逻辑数据模型在计算机中的具体实现。

2. 数据模型的建立

从概念数据模型到逻辑数据模型,最后转换为物理数据模型的过程称为建模过程。它是把现实世界的数据组织成信息世界中计算机所能接受的数据集的过程。

(1) 建模过程

建模过程主要包括:

① 选择数据模型,对现实世界数据进行组织。

② 选择数据结构,表达数据模型。

③ 选择适合的存储方式,记录数据结构。

实现数据建模通常可以选择多种数据模型,一种数据模型可以用多种数据结构来表达,而一种数据结构又可以用多种文件格式来存储。

(2) 建模工具

计算机中实现建模过程有很多建模工具,如高端数据建模工具 Sybase Power Designer、高端统一建模语言(UML)工具 Rational Rose Enterprise 等。

3.3.2 空间数据模型

空间数据模型是地理信息系统的基础。地理信息系统软件平台的研制需要将空间数据模型作为其理论基础。地理信息应用系统(GIS 应用系统)的设计首先需要确定空间数据模型。

在地理信息系统研究领域,从现实世界到地理信息系统的抽象过程同样分为三个层次,即空间概念数据模型、空间逻辑数据模型和空间物理数据模型,如图 3-2 所示。

在地理信息系统中,空间概念数据模型可以分为基于实体(对象)的数据模型和基于场的数据模型。在系统中,这两种模型通常分别用矢量和栅格数据模型来实现。矢量数据模型可以由多种数据结构来实现,如 Spaghetti 结构和拓扑结构。同样,栅格数据模型也可以由多种数据结构实现。例如,栅格数据模型可以按照网格数组、四叉树或游程编码方式实现。

空间数据模型是在实体概念的基础上发展起来的,它包含两个基本内容,即实体组和实体之间的相互关系。实体和实体之间的相互关系可以通过性质和属性来说明。空间数据模型可以被定义为一组相关的、联系在一起的实体集。

空间数据建模过程分为三步:首先,选择一种空间数据模型来对现实世界的空间数据进行组织;然后,选择一种空间数据结构来表达该空间数据模型;最后,选择一种适合于记录该空间数据结构的组织格式在计算机中实现。

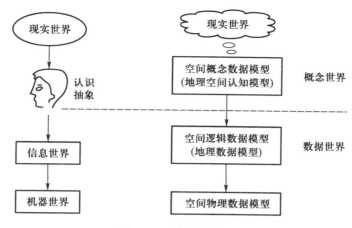

图 3-2 空间数据模型

1. 空间概念数据模型

空间概念数据模型是有关地理空间的认知模型,反映了人们对客观地理空间世界的认知与理解,是从现实世界到人们大脑世界的映射,是人们对客观地理空间世界的第一次抽象。由于空间概念数据模型反映的是人们对空间数据的认知,因此对后期地理信息系统的建设起着先导性的作用。

根据不同的应用目标,空间概念数据模型可以归纳成以下三种类型。

(1)域(场)模型

该模型强调空间要素的连续性,用来描述空间内连续分布的现象。例如,对地表的温度,水域的污染度、土壤的含水量等空间现象的描述。

(2)实体模型(也称为要素模型)

该模型强调空间要素的离散性,用来描述空间内分离的个体现象,这是基于空间实体的模型。例如,对空间的湖泊、房屋、公园等空间现象的描述。

(3)要素模型的派生模型

这类模型虽然强调空间要素的离散性,属于要素模型,但由于空间数据的复杂性,因而具有特殊性,需要用特殊的处理方法。它主要包括网格模型和不规则三角网模型。

① 网络模型强调空间要素的交叉性。网络模型实质是要素模型,用来描述空间内离散的现象,但它更强调多要素及要素之间的交叉,以描述空间内多对多的关系。例如,对城市中交通线、电力线、自来水管道等空间现象的描述。

② 不规则三角网模型(TIN 模型)用不规则多边形来描述数字地形表面,在空间分析,尤其是地形分析中大量使用这种数据模型,它属于三维数据模型。

空间概念数据模型对空间数据的表达方式可以分为矢量数据模型和栅格数据模型两大

类,矢量数据模型主要针对空间概念数据模型中的实体(要素)模型;栅格数据模型主要针对空间概念数据模型中的域(场)模型。前者是把现实世界的地理实体抽象地看成点、线、面、体空间目标,显式地表达这些目标及部分空间关系(如相邻、包含、连通等),而后者是把整个空间用规则或不规则的铺盖(如方格、三角形、六角形、Voronoi 图等)覆盖,用一组铺盖单元记录或表达每一个地理实体的空间分布,并隐含地表达地理实体间的空间关系。这两种模型表达的空间概念不同,其表达数据的方式和采用的数据结构也不同,从而形成了地理信息系统中两大类数据结构。

2. 空间逻辑数据模型

空间概念数据模型和空间逻辑数据模型是人们对客观地理空间世界的两次抽象,是地理信息系统用户关心的空间数据模型。人们根据空间概念数据模型确定空间数据的组织结构,落实空间数据的表达方式,生成空间逻辑数据模型。由于同一空间概念数据模型可以用不同方法来实现空间数据的表达,因此在地理信息系统中形成了各种空间数据结构。

空间逻辑数据模型的设计是地理信息系统的关键,主要是对真实世界进行抽象提取,构建一个代表该真实世界的模型。它与计算机硬件、系统软件和工具软件密切相关。

空间逻辑数据模型主要描述系统中数据的结构、对数据的操作以及操作后数据的完整性问题。这类模型通常有严格的形式化定义,而且常常会加上一些限制和规定,以便在计算机上的实现。空间逻辑数据模型与数据库管理系统(Data Base Management System,DBMS)有关,数据库管理系统的设计完全依赖于这类数据模型,数据库管理系统通常以其所用的逻辑数据模型,如层次数据模型、网络数据模型、关系数据模型、对象关系模型和面向对象的数据模型等来分类。

空间逻辑数据模型设计体现在空间数据库的设计上,其中关系数据模型及其扩展形成了当今主要的空间逻辑数据模型,为空间数据的物理实现提供了逻辑框架。

3. 空间物理数据模型

空间物理数据模型是数据抽象的最底层。它描述空间数据在计算机物理存储介质上的组织结构、空间存取方法和数据库总体存储结构等。

空间物理数据模型实质上是解决如何把设计的空间逻辑数据模型在计算机上实现的问题,通常要考虑对空间数据的操作效率,如存取时间、系统开销等。要提高存取效率通常会涉及索引文件。常规的索引方法有 B 树、四叉树、R 树等。为了确定空间数据的物理组织结构,要解决计算机技术中的物理数据结构、文件结构等问题。

空间数据的复杂性,使得空间数据模型错综复杂。目前,在地理信息系统中,二维静态空间数据的模型比较成熟,三维数据模型、时空数据模型和面向对象数据模型还处于研究发展阶段。随着地理信息系统应用的不断深入及信息技术的发展,三维数据模型、时空数据模型和面向对象数据模型研究越来越得到业界的重视,发展极其迅速,尤其在三维数据模型的构建和可视化方面有了长足的进展。

3.3.3 时空数据模型

空间、时间和属性是构成空间信息的三种基本成分,然而现今的大多数地理信息系统是静态地理信息系统,仅考虑和研究数据的空间性和属性,未考虑或隐含了数据的动态变化即时间性,因而不能很好地处理空间信息的时态性。

为了观测和分析空间信息随时间的变化,有效地管理历史变化数据、重建历史、监测变化状态及预测未来,需要在地理信息系统中引入时间维,从而形成了时态地理信息系统。

研究时态地理信息系统的核心问题是如何有效地表达、记录和管理空间实体及其关系随时间的变化,即确定时空数据管理模型,并在此基础上建立时空数据库。

1. 从语义层面看时空数据模型类型

（1）时空立方体模型

时空立方体模型（Space–Time Cube Model）用概念化二维图形加上第三维即时间维,以表达现实世界平面位置随时间的演变。当给定一时间值时,即可从三维立方体中获得相应截面立方体的状态。

（2）序列快照模型

序列快照模型（Sequent Snapshot Model）是时间片段的一系列快照。它将一系列时间片段快照保存起来,以反映整个空间特征的状态,适用于外边界几乎不变的图。图 3–3 所示的为序列快照模型。

图 3–3　序列快照模型

（3）基态修正模型

为了避免序列快照模型中将未发生变化部分重复记录的问题,提出了基态修正模型（Base State with Amendments Model）,按事先设定的时间间隔,对某个时间的数据状态（基态）和不同时间相对于基态的变化量进行采样和存储。基态修正有矢量更新式和栅格更新式模型。图 3–4 所示的为基态修正模型。

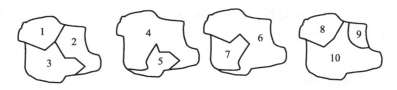

图 3-4　基态修正模型

（4）时空复合模型

时空复合模型（Space-Time Composite Model）是序列快照模型和基态修正模型的折中模型。

2. 从处理时间层面看时空系统的类型

根据处理时间和有效时间，可以把时空系统分为四类。

（1）静态时空系统

静态（Static）时空系统既不支持处理时间，也不支持有效时间，系统只保留应用领域的一种状态，如当前状态。

（2）历史时空系统

历史（Historical）时空系统只支持有效时间。这种系统适用于事件实际发生的历史对问题求解十分重要的应用领域。

（3）回溯时空系统

回溯（Rollback）时空系统只支持处理时间。这种系统适用于信息系统的历史对问题求解十分重要的应用领域。

（4）双时态时空系统

双时态（Bitemporal）时空系统同时支持处理时间和有效时间。其处理时间记录了信息系统的历史，有效时间记录了事件发生的历史。

时空系统主要研究时空模型，时空数据的表示、存储、操作、查询和时空分析。比较流行的做法是在现有数据模型的基础上进行扩充。例如，在关系模型的元组中加入时间，在对象模型中引入时间属性。

3.3.4　三维空间数据模型

地理空间在本质上是三维连续分布的。常用的地理信息系统中，人们将地理空间简化为二维平面的概念。也就是说，将具有起伏的地球表面信息看作椭球表面投影到二维平面上，而后以二维平面为基础对空间数据进行处理、分析和显示。随着应用的深入和实际的需要，人们开始感到二维地理信息系统的缺陷，于是国内外开始使用地理空间的三维特征及相应的三维空间数据模型和三维空间数据结构。显然,三维地理信息系统比二维地理信息系统要复杂得多。

三维空间数据模型是人们对三维客观世界的理解和抽象,是建立三维空间数据库的理论基础。三维空间数据库是三维地理信息系统的核心,它直接关系到三维数据的输入、存储、处理、分析和输出,其好坏直接影响整个地理信息系统的性能。三维空间数据结构是三维空间数据模型的具体实现,是客观对象在计算机中的底层表达,是对客观对象进行可视化表现的基础。

三维地理信息系统的研究主要涉及三维空间数据模型、三维数据结构、三维数据库的生成和管理、三维空间数据的分析、三维空间数据的显示等。

三维地理信息系统的数据结构也存在矢量数据结构和栅格数据结构两种形式。其中,三维栅格数据结构以八叉树编码为代表,三维矢量数据结构以三维边界表示法为代表。目前,三维地理信息系统的数据模型和数据结构主要分为基于面结构的三维模型、基于体的三维模型和基于混合结构的三维模型。

总之,具有三维特征和功能的三维地理信息系统明显不同于二维地理信息系统,其功能更加强大,相应的数据模型更加复杂。目前,数字地球的发展实现了地理信息系统从二维到三维的跨越,三维地理信息系统在空间数据模型、数据结构、数据集成管理、可视化等方面取得了系统性的突破:以 GoogleEarth、ArcGIS10 等为代表的地理信息系统工具较好地实现了地理信息系统的三维特性;三维地理信息系统也实现了某些特定领域的建模、数据管理、可视化应用。但在三维空间数据模型方面尚未形成统一的理论与模式,针对三维空间数据的准确分析、针对海量数据的高效存储管理等方面仍有很大的研究空间。

3.3.5 面向对象空间数据模型

用面向对象(Object-Oriented,OO)的表达方法来构建空间数据模型,就是对各种地理空间实体都用对象来表示。实际上,矢量表达方法中的点、线、面是简单对象(Object),而与简单对象相对的是复杂对象,复杂对象是由多个简单对象组成的。

1. 面向对象概述

面向对象数据模型的最大优点是便于表达复杂的目标。其实质是把复杂的目标模型化为一个对象,其中每个对象都包含了状态(数据集)和行为(操作集)。所以说,面向对象的数据模型具有封装性。例如,一片林地可以被看作一个对象,它有地理位置、面积、树种、蓄积等状态;对林地可以进行采伐、造林等操作行为(森林数据的建立、删除、分割、合并)。所以,对象是数据和行为的统一体。数据描述了对象的状态,对象的状态可被看作对象的属性,行为是对对象的操作或运算。

对象提供了分类、概括、联合、聚集四种操作处理技术,提供了继承和传播两种工具,实现不同级别或不同层次空间数据之间的传递或继承。

(1) 分类(Classification)

类是对象的集合。一组具有相同属性和操作的对象组织在一起归纳成类(Class)。同一类的对象共享相同的属性和操作方法。例如,对于地图,无论是等高线,还是等值线,都可以将其定义为等值线类。

(2) 概括(Generalization)

在定义类型时,将几种类中某些具有公共特性的属性和操作方法抽象出来,归纳成为一个更高层次、更具一般性的类称为超类。相对超类来说,前者称为子类。例如,无论是何种林地,都可以形成以面积、树种、蓄积等数据为基础的超类。超类实际是一种概括。一个类可能是某个或某几个超类的子类,又可能同时是某几个子类的超类。超类和子类的这种表示方法,使得在获取了子类的状态和操作的同时,就获取了超类的状态和操作。这就是面向对象中的继承。

(3) 联合(Association)

把一组类似的对象集合起来,形成一个更高级别的集合对象(Set-Object),集合中的每个对象称为它的成员对象(Member-Object),成员和集合对象间的关系是隶属于(Member-of)的关系。例如,无论是线状地物,还是面状地物,都可以看作弧段类的有序集合。

(4) 聚集(Aggregation)

在定义类型时,把一组不同类型的对象中具有相同属性的对象组合起来,形成一个更高级的复合对象,每个不同类型的对象是该复合对象的一部分,称为组件对象(Component-Object)。例如,某一小流域中有很多空间实体类型,如道路、小溪、居民点、农地等,但可以把它们聚集起来,成为一个复杂对象小流域。

在联合和聚集两种操作中可以利用传递,把子对象的属性传给复杂对象,所以复杂对象的某些属性不必存入数据库。

2. 面向对象的空间数据模型

面向对象的空间数据模型将地理空间按照人的思维方式,理解为基于目标的空间。它以独立、完整、具有地理意义的实体为基本单位,对地理空间进行表达。为了有效地描述复杂的事物或现象,需要在更高层次上综合利用和管理多种数据结构和数据模型,并用面向对象的方法进行统一的抽象。其具体实现就是面向对象的数据结构。

面向对象模型最适合于空间数据的表达和管理。它不仅支持变长记录,而且支持对象的嵌套、信息的继承和聚集,还允许用户定义对象和对象的数据结构以及操作。可以根据地理信息系统的需要,为空间对象定义合适的数据结构和操作。这种空间数据结构可以带或不带拓扑,若带拓扑,则涉及对象的嵌套、对象的连接和对象与信息聚集。

总之,面向对象的数据库模型在关系数据库管理系统的基础上,增加了面向对象的封装、继承、聚集、信息传播等功能,使语义更加丰富,层次更加清楚。例如,在进行小流域综合治理时,首先按照行业标准建立立地因子数据库,每个地块具有地貌类型、利用现状、植被组成、土壤类型、林草覆盖率、侵蚀类型、侵蚀程度、侵蚀强度、侵蚀面积等几大因子。每一个大类可分为若干个子类,如侵蚀类型可分为面蚀、沟蚀、重力侵蚀、山洪泥石流等子类。经过对地块的分析和评价,对不同地块采用不同的治理措施。这时可以将具有相同属性和操作的类型综合为超类。例如,将打谷坊、拦沙坝、建立梯田等治理措施聚集为超类,作为独立类,并称之为工程措施类。

在传统的空间数据模型中,数据模型和数据结构是分离的;而在面向对象空间数据模型中,数据模型和数据结构是一致的。在具体实现时面向对象空间数据模型采用的是完全面向对象的软件开发方法,每个对象(独立的地理实体)不仅具有自己独立的属性(含坐标数据),还具有自己的行为(操作),能够自己完成一些操作。在内部组织上也可以按照拓扑关系进行,但这种拓扑关系是指对象间的拓扑关系,而不是几何元素间的拓扑关系。

面向对象的方法作为一种框架,不仅可以描述基于对象的模型,也可以描述基于场的模型。

3. 面向对象空间数据模型的特点

面向对象空间数据模型符合人们看待客观世界的思维习惯,能够方便地构造用户需要的复杂地理实体,便于用户理解和接受。它以对象为基础,消除了分层的概念,是许多地理信息系统软件所采用的数据模型。

(1) 面向对象空间数据模型的优点

① 所有的地物都以对象形式封装,而不以复杂的关系形式存储,使系统组织结构良好、清晰。

② 面向对象的分类结构和组装结构,使地理信息系统可以直接定义和处理复杂的地物类型,模拟和操纵复杂对象。传统的数据模型是面向简单对象的,无法直接模拟和操纵复杂实体。

③ 便于系统维护和扩充。由于对象是相对独立的,因此可以很自然和容易地增加新的对象,并且对不同类型的对象具有统一的管理机制。

④ 使用实体管理办法,具有修改方便、查询检索清楚、空间分析容易等优点,可以很好地克服拓扑关系数据模型的缺点。

(2) 面向对象空间数据模型的缺点

① 面向对象的数据模型以地理实体为中心,以地理实体为基本单位进行数据组织和空间表达,实体间的公共点和公共边重复存储,拓扑关系需要临时构建,使拓扑查询和分析的效率降低。

② 面向对象的数据模型中同一实体的几何要素属性相同,因而忽略了几何要素间的属性差异,导致在系统存储和处理机制上难以定位到几何要素一级的管理、分析和处理。

③ 面向对象的数据模型难以实现跨图层的拓扑查询和分析。对于面向实体的数据模型,若临时生成拓扑关系,其中的几何要素一般属于同一层,不可能自动生成跨图层的地理属性,因此难以实现跨图层的拓扑查询和分析。

目前,建立面向对象的地理信息系统数据模型时,对于对象的确定还没有统一的标准,但是对象的建立应该符合人们对客观世界的理解,并且要完整地表达各种地理对象及其相互关系。

3.3.6　空间数据的表达和空间数据结构

空间数据结构是研究空间数据在计算机中的组织和表示方法,以便于计算机存储、管理。如果说空间数据模型较为抽象,那么空间数据结构就是一些具体的东西。空间数据结构是指计算机系统中存储和管理的空间数据的逻辑结构,用来抽象描述地理实体数据在空间的排列及关系。没有数据结构的数据,计算机是无法表达的,用户也是无法理解的。空间数据的结构是地理信息系统中用户了解数据的桥梁。

数据模型和数据结构之间的区别在于:数据模型强调数据的表达概念,而数据结构强调数据表达的实现;数据模型是数据结构的基础,而数据结构是数据模型的具体实现。

1. 表达地理空间的元素

现实世界中组成空间对象的基本空间元素为点、线、面、体四种,其中点元素为基础元素。地理实体由点、线、面、体四种空间元素中的一种或多种组成。为了使基于计算机的地理信息系统软件识别地理实体,必须用数字来表达地理实体。而用数字来表达地理实体的关键是如何表达具有空间特征的基本元素,尤其是空间点实体的表达。

2. 表达地理空间的方法

表达地理空间的方法主要有栅格表达法和矢量表达法两大类,分别形成了栅格数据结构和矢量数据结构。矢量表达法描述了地理实体的形状特征以及不同地理实体之间的空间关系分布;栅格表达法则描述了地理实体的级别分布特征及其位置。

地理空间的栅格表达法用离散的量化的格网值来表示和描述空间实体;地理空间的矢量表达法用离散的点、线、面来表示和描述连续地理空间中的实体,其中,点实体为最基础的地理空间元素。因此,当采用一个 0 维的坐标点表达空间点实体时,称为矢量表达法;当采用一个具有固定大小的点表达空间点实体时,称为栅格表达法。这同上面讲的数据模型和下面讲的数据结构相一致。在地理信息系统中,栅格数据结构和矢量数据结构组成了空间数据结构的两大类,这两种地理空间表达法对地理信息系统所具有的功能、采用的技术与方法、应用的场合都有一定影响,同时也反映了地理信息系统表示与现实世界的概念差异,这是人类概念思维的结果。

总之,矢量数据结构用点、线、面表达地理实体,其空间位置由所在坐标参考系中的坐标定义。栅格数据结构将空间规则地划分为栅格(通常为正方形),地理实体的位置用它们占据的栅格行、列号来定义。栅格的值代表该位置的属性,栅格的大小反映了空间分辨能力。

3.4 矢量数据结构及其表达

矢量数据结构能直观地表达地理空间,它能精确地表示地理实体的空间位置及其属性。矢量数据结构处理的空间元素是点、线、面和体,它能够方便地进行比例尺变换、投影变换以及图形的输入和输出。

3.4.1 矢量数据的位置和形状表达

空间数据具有一定的位置,矢量数据在表达空间位置时根据其特征具有不同的维数,不同维数的矢量数据形状表达也不同。

1. 0 维矢量

0 维矢量在空间呈点状分布特征,在二维、三维欧几里得空间中具有特定坐标位置,分别用 (x,y) 及 (x,y,z) 来表示,它没有大小和方向,如城镇、气象站、火山口等。0 维矢量主要包括以下要素。

实体点(Entity Point):用来代表一个实体。

注记点(Text Point):用于定位注记。

内点(Label Point):用于负载多边形的属性,存在于多边形内。

结点(Node):表示线的起点和终点。

角点(Vertex):表示线和弧段的内部点等。

2. 一维矢量

一维矢量在空间呈线状分布特征,在二维、三维欧几里得空间中分别用离散化的实数点集 $(x_1,y_1)(x_2,y_2)\cdots(x_n,y_n)$ 及 $(x_1,y_1,z_1)(x_2,y_2,z_2)\cdots(x_n,y_n,z_n)$ 来表示。它具有长度、曲率、方向,其长度随比例尺变化。一维实体如河流、海岸线、铁路、公路、地下管线、行政边界等。一维矢量主要包括以下要素。

直线:它由起点坐标、终点坐标、属性、显示符等组成。

弧、链、网络：它是 n 个坐标对的有序集合,附有属性、指针系统、显示符号等。

3. 二维矢量

二维矢量在空间呈面状分布特征,在二维、三维欧几里得空间中是一组闭合弧段所包围的空间区域,有特定坐标位置,分别用 (x_1,y_1) (x_2,y_2) $\cdots$ (x_n,y_n) (x_1,y_1) 及 (x_1,y_1,z_1) (x_2,y_2,z_2) $\cdots$ (x_n,y_n,z_n) (x_1,y_1,z_1) 来表示。它具有面积、周长、凹凸性(凸多边形是指多边形内所有边之间的夹角小于 $180°$,反之为凹多边形)、走向、倾角和倾向等几何特征,其面积、周长等随比例尺变化。二维矢量又称为多边形或图斑,在数据库中由一封闭曲线加内点来表示面实体。二维矢量用来表示岛、湖泊、地块、行政区域等,当用等高线和剖面法表示时可以表达空间曲面。

4. 三维矢量

三维矢量在空间呈体状分布特征,有表面积、体积、长度、高度等,含有孤立块或相邻块、断面图与剖面图等。三维体状物体一般具有体积、长度、宽度、高度、空间曲面的面积、空间曲面的周长等属性。

在地理信息系统中,空间数据代表着现实世界地理实体或现象。图 3-5 所示的是具有一个观察站、一条河和一片林地的区域图,以及该区域位置和形状的矢量数据表达图。其中：

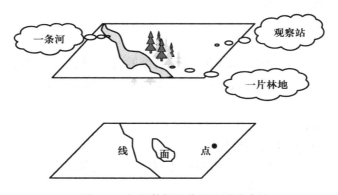

图 3-5　矢量数据的位置和形状表达

观察站。在空间呈点状分布特征,具有特定坐标位置,在欧几里得平面上用 0 维实体 (x,y) 表示,其属性信息表示它是一个观察站。

河流。在空间呈线状分布特征,在欧几里得平面上用一维矢量表示,由离散化的实数点集 (x_1,y_1) (x_2,y_2) $\cdots$ (x_n,y_n) 组成。它具有长度、曲率、水质等属性信息。

林地。在空间呈面状分布特征,在欧几里得平面上是一组闭合弧段所包围的空间区域,用 (x_1,y_1) (x_2,y_2) $\cdots$ (x_n,y_n) (x_1,y_1) 来表示。它具有面积、林种组成、蓄积等属性信息。

3.4.2 矢量数据的空间关系表达

地理空间信息不仅包含空间几何信息,还包含空间关系信息。空间关系信息主要有空间度量关系、空间方位关系和空间拓扑关系。其中,空间拓扑关系是最主要的空间关系信息,在地理信息系统数据模型研究中占有十分重要的位置。

1. 空间度量关系的表达

空间度量关系描述空间实体之间的距离(定量的值,定性的远近),可以通过对点、线、面元素的数学表达式进行计算得到。

2. 空间方位关系的表达

空间方位关系分为绝对方位、相对方位和基于观测者的方位。其中,绝对方位以地球参照系统为标准,如东、西、北、东南等;相对方位以所给目标为参照方向,如左、右、前、后、上、下等。

3. 空间拓扑关系的表达

在地理空间信息中,几何信息的理论基础是几何学(Geometry),它常用空间坐标的位置、方向、角度、距离、面积等描述物体的几何形状和数量特征,而拓扑信息是空间关系信息,其理论基础是拓扑学(Topology)。拓扑学是几何学的一个分支,其研究的不是具体几何体的面积、周长、边长、角度,而是将几何体抽象成点、线、面等元素,再研究它们之间的关系,其表达方式比较复杂。

拓扑只关心空间点、线、面之间的逻辑关系,而不关心其几何形状。因此,拓扑信息是一种性能比较稳定的信息,它不受投影关系、比例尺变化的影响。

(1) 拓扑学中的空间基本元素

结点(Node)。弧段的交点,岛结点是特殊结点。

弧段(Arc)。相邻两结点之间的坐标链,岛边界弧段是特殊弧段。

多边形(Polygon)(图斑或面)。由有限弧段组成的封闭区。

(2) 拓扑学中空间基本元素的关系及性质

拓扑学中空间基本元素为点、线、面三类,它们之间可以归纳为六种关系,关系的性质为关联、邻接、相交、相离、相重、包含等。

点-点间关系。主要指两点间的相重关系和相离关系。

点-线间关系。主要指点和线之间的关联、相交、相离、包含等关系。

点-面间关系。主要指点和面之间的关联、相交、相离、包含等关系。

线 – 线间关系。主要指两条线间的邻接、相交、相离、相重、包含等关系。

线 – 面间关系。主要指线和面之间的关联、相交、相离、相重、包含等关系。

面 – 面间关系。主要指面和面之间的邻接、相交、相离、相重、包含等关系。

从拓扑角度看，几何形状不同的事物其拓扑关系可能相同。图 3–6(a) 和 (b) 描述了两个几何形状不同，但各点之间邻接性关系(点之间的邻接性也称为连通性)相同的实体，可以通过点邻接矩阵(连通矩阵)表示。图 3–6(c) 中的值 1 表示相对应的两点是连通的。

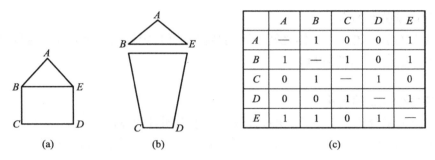

图 3–6　点之间拓扑关系(连通性)的描述及连通矩阵

图 3–7(a) 和图 3–7(b) 描述了两个几何形状不同，但各面之间邻接性关系相同的实体，可以通过面邻接矩阵表示。图 3–8(c) 中的值 1 表示相对应的两个面是邻接的。

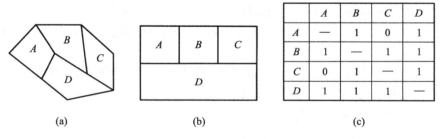

图 3–7　面之间拓扑关系(邻接性)的描述及邻接矩阵

(3) 空间数据主要拓扑关系的应用

① 拓扑的关联性。拓扑的关联性表示不同类型元素(结点、弧段、多边形)之间的关系。表 3–1 和表 3–2 描述了图 3–8 所示地块图的拓扑的关联性。通常，在存储拓扑关系时拓扑关联性最为重要。

表 3-1 多边形和弧段的关联性

多边形	弧段	多边形	弧段
P_1	a_1 a_5 a_6	P_3	a_3 a_4 a_5
P_2	a_2 a_4 a_6	P_4	a_7

表 3-2 弧段和结点的关联性

弧段	起结点	终结点
a_1	N_2	N_1
a_2	N_2	N_3
a_3	N_3	N_1
a_4	N_3	N_4
a_5	N_1	N_4
a_6	N_4	N_2
a_7	N_5	N_5

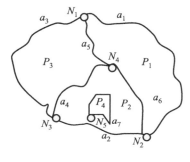

图 3-8 地块图

② 拓扑的邻接性和连通性。拓扑的邻接性和连通性表示同类型元素(结点、弧段、多边形)之间的关系,主要表示多边形之间的邻接性、弧段之间的邻接性、结点之间的连通性。表 3-3~表 3-5 分别描述了图 3-8 所示地块图的拓扑邻接性和连通性。

表 3-3 多边形邻接矩阵

	P_1	P_2	P_3	P_4
P_1	—	1	1	0
P_2	1	—	1	1
P_3	1	1	—	0
P_4	0	1	0	—

表 3-4 弧段邻接矩阵

	a_1	a_2	a_3	a_4	a_5	a_6	a_7
a_1	—	1	1	0	1	1	0
a_2	1	—	1	1	0	1	0
a_3	1	1	—	1	1	0	0
a_4	0	1	1	—	1	1	0
a_5	1	0	1	1	—	1	0
a_6	1	1	0	1	1	—	0
a_7	0	0	0	0	0	0	—

表 3-5　结点连通矩阵

	N_1	N_2	N_3	N_5	N_4
N_1	—	1	1	1	0
N_2	1	—	1	1	0
N_3	1	1	—	1	0
N_4	1	1	1	—	0
N_5	0	0	0	0	—

③ 拓扑的包含性。拓扑的包含性主要包括面同点、线、面的包含,指一个点、线或面被另一面包含;也包括点和线被另一线包含。图 3-9 描述了元素之间的拓扑的包含性。

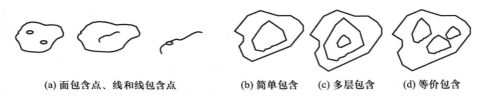

(a) 面包含点、线和线包含点　　(b) 简单包含　(c) 多层包含　(d) 等价包含

图 3-9　拓扑的包含性

(4) 拓扑关系的存储

空间数据的拓扑关系是比较复杂的,现有的地理信息系统有存储拓扑关系的系统,也有不存储拓扑关系的系统。对于不存储拓扑关系的系统,应用时通过实时运算,求解某些拓扑关系。由于求解拓扑关系的运算复杂,计算工作量较大,花费时间长,因此通常存储拓扑关系的地理信息系统具有较强的空间分析功能;而不存储拓扑关系的系统,拓扑分析功能往往偏弱。

在空间数据库查询中,空间数据拓扑关系中的相邻性、包含性和重叠性被大量应用,如查询一个国家的邻国、查询与废弃物场相邻的地区、查询预测的洪水淹没区内是否有居民点、找出某区域内土厚大于 50 cm 的地区等。

3.4.3　矢量数据的属性表达

矢量数据的属性用来描述地理实体的专题特性,常用数值或字符描述,这一点与常规数据库系统一致。它与常规数据库系统的不同之处在于,矢量数据的属性始终与地理实体的图形数据紧密联系在一起。也就是说,矢量数据中的属性都对应于某一特定的地理位置。

3.5　矢量数据结构及其编码

基于矢量模型的数据结构称为矢量数据结构。

1. 矢量数据结构的特点

矢量数据结构具有如下特点。

① 用由离散的点、线、面组成的边界或表面来表达地理实体，用以标识符表达的内容描述地理实体的属性。

② 矢量数据之间的关系表示了空间数据的拓扑关系。

③ 描述的空间对象位置明确，属性隐含。

2. 矢量数据的获取

矢量数据的获取方式有以下几种。

① 通过数字化仪获取数据。

② 将扫描数据矢量化。

③ 通过数字摄影测量获取数据。

④ 通过全球导航卫星系统（GNSS）获取数据。

⑤ 将其他栅格数据转换成矢量数据。

3.5.1　无拓扑关系的矢量数据结构

1. 无拓扑关系的矢量数据结构

无拓扑关系的 Spaghetti 矢量数据结构是面向实体的一种数据结构。它以单个的空间实体数据作为组织和存储的基本单位，采用面向对象的软件开发方式，每个对象都有自己的特性和行为。这种数据结构只记录空间目标的位置坐标和属性信息，不记录空间拓扑关系。常用坐标编码模式，点目标用一个坐标点 (x,y) 表示，线目标用一系列有序的坐标点 (x_1,y_1) (x_2,y_2) $\cdots$ (x_n,y_n) 表示；面目标用一系列有序的且头尾相接的坐标点 (x_1,y_1) (x_2,y_2) $\cdots$ (x_n,y_n) (x_1,y_1) 表示。无拓扑关系的矢量数据结构如图 3–10 所示，其中有一个点、一条线、两个面。

2. 无拓扑关系的矢量数据结构的优缺点

（1）优点

① 数据结构简单、直观，便于用户接受。

② 便于系统的维护和更新。

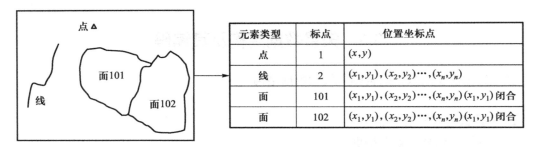

元素类型	标点	位置坐标点
点	1	(x,y)
线	2	$(x_1,y_1),(x_2,y_2)\cdots,(x_n,y_n)$
面	101	$(x_1,y_1),(x_2,y_2)\cdots,(x_n,y_n)(x_1,y_1)$ 闭合
面	102	$(x_1,y_1),(x_2,y_2)\cdots,(x_n,y_n)(x_1,y_1)$ 闭合

图 3-10　无拓扑关系的矢量数据结构

（2）缺点

① 数据冗余度大，如多边形公共边重复存储，但却没有存储多边形之间的关系。相邻多边形的公共边不完全重复时易产生伪多边形。解决的办法是建立多边形边界表。

② 缺乏拓扑信息，如邻域信息等，不便于拓扑分析（临时建立拓扑关系）。

③ 对岛处理能力差，难以建立内外多边形的关系。

3.5.2　有拓扑关系的矢量数据结构

矢量数据结构中拓扑关系的核心是如何确定存储及组织存储的拓扑关系。

1. 拓扑关系的关联表达

拓扑关系的关联表达的两种方式是从下到上的关联表达和从上到下的关联表达。

从下到上的拓扑关系关联表达的次序是：

结点集 ——→ 弧段（集）——→ 多边形

从上到下的拓扑关系关联表达的次序是：

多边形 ——→ 弧段（集）——→ 结点集

（1）显式表示

拓扑关系的显式表示指直接、全面地表示出多边形、弧段、结点之间的关系，主要包括自上到下的表示（多边形、弧段、结点）和自下到上的表示（结点、弧段、多边形）。

图 3-11 所示的地块图的显式表示如表 3-6 和表 3-7 所示。

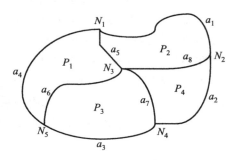

图 3-11　地块图

表 3–6 自上到下的拓扑关联表

（a）多边形与弧段关系表

多边形	弧段
P_1	a_4 a_5 a_6
P_2	a_1 a_8 a_5
P_3	a_3 a_6 a_7
P_4	a_2 a_7 a_8

（b）弧段与结点关系表

弧段	起结点	终结点
a_1	N_1	N_2
a_2	N_2	N_4
a_3	N_4	N_5
a_4	N_1	N_5
a_5	N_1	N_3
a_6	N_3	N_5
a_7	N_3	N_4
a_8	N_2	N_3

表 3–7 自下到上的拓扑关联表

（a）结点与弧段关系表

结点	弧段
N_1	a_1 a_4 a_5
N_2	a_1 a_2 a_8
N_3	a_5 a_6 a_7 a_8
N_4	a_2 a_3 a_7
N_5	a_3 a_4 a_6

（b）弧段与多边形关系表

弧段	左多边形	右多边形
a_1	0	P_2
a_2	0	P_4
a_3	0	P_3
a_4	P_1	0
a_5	P_2	P_1
a_6	P_3	P_1
a_7	P_4	P_3
a_8	P_4	P_2

（2）半显式表示

由于在表 3–6(b) 和表 3–7(a) 以及表 3–6(a) 和表 3–7(b) 中可以从一个表推出另一个表，因此可以根据需要对四张表进行简化。半显式表示是对显式表示的一种简化。表 3–8 所示的拓扑关系就是一种半显式表示法，表中的外接矩形坐标点通常表示构建地理实体外接矩形的两个坐标点，即 (x_{min}, y_{min}) (x_{max}, y_{max})。

总之，拓扑数据可以清楚地反映出地理实体间的逻辑结构关系，因此根据拓扑关系，不利用坐标和距离就可以确定一种地理实体相对于另一种地理实体的空间位置关系，而且这种关系与几何数据相比有更大的稳定性。

表 3-8　拓扑关系的半显式表示

弧段	起结点	终结点	左多边形	右多边形	外接矩形坐标点
a_1	N_1	N_2	0	P_2	
a_2	N_2	N_4	0	P_4	
a_3	N_4	N_5	0	P_3	
a_4	N_1	N_5	P_1	0	$(x_{1min}, y_{1min})\,(x_{1max}, y_{1max})$
a_5	N_1	N_3	P_2	P_1	
a_6	N_3	N_6	P_3	P_1	
a_7	N_3	N_4	P_4	P_3	
a_8	N_2	N_3	P_4	P_2	

2. 地理信息系统中建立拓扑关系的优点和缺点

（1）优点

① 数据结构紧密，拓扑关系明确，有利于空间数据的拓扑查询和拓扑分析。例如，判别某区域与哪些区域邻接；某条河流能为哪些居民区提供水源；某行政区域包括哪些土地利用类型；利用拓扑数据进行道路的选取，进行最佳路径的计算等。

② 便于系统内数据共享，减少了数据的冗余，如因共享公共边界减少了坐标点数据。

（2）缺点

由于拓扑关系面向不被分割的几何元素，而不面向地理实体，而且强调的是各几何元素之间的连接关系，不重视地理实体的完整、独立意义，由此引起一系列缺点。

① 难以表达复杂的地理实体，使对地理实体的操作（如增加地理实体、删除地理实体、修改地理实体）效率低，同时影响对地理实体的快速查询和复杂空间的分析效率，尤其在大区域的复杂空间分析方面影响尤为明显。

② 数据结构复杂，不便于系统的维护和更新，如局部实体的变化要重建拓扑，增加数据处理的时间。

3. 有拓扑关系的矢量数据结构

信息系统开发前必须确定其数据结构，因为数据结构对软件的功能、数据处理的效率、算法模式都将产生很大的影响，甚至是决定性的影响。

（1）点数据结构示例（如表 3-9 和表 3-10 所示）

表 3-9　一般点的数据结构

点标识符	坐标点	属性编码	归属区域
1	(x_1, y_1)	气象站 1	
2	(x_2, y_2)	气象站 2	

表 3-10　结点数据结构

结点标识符	坐标点	相连接的弧段
N_1	(x_1, y_1)	a_3, a_4

（2）线数据结构示例（如表 3-11 和表 3-12 所示）

表 3-11　一般线段的数据结构

线标识符	坐标点	属性
a_1	(x_0, y_0), (x_1, y_1)	

表 3-12　弧段的数据结构

弧段标识符	起结点坐标	终结点坐标	x_{min}	x_{max}	y_{min}	y_{max}
a_4	(x_0, y_0)	(x_n, y_n)	x_1	x_r	y_1	y_r

（3）面数据结构示例（如表 3-13 所示）

面数据结构的表达有很多方法，如链状双重独立编码（DIME）、多边形转换器（POLYVRT）、地理编码和参考系统的拓扑集成（TIGER）等。这些数据结构的表达方法大同小异，其共同点是构

表 3-13　图 3-12 所示的面的拓扑文件

（a）面拓扑文件

多边形	弧段号		
P_1	a_1	a_5	a_6
P_2	a_2	a_4	a_6
P_3	a_3	a_4	a_5
P_4	a_7		

（b）弧段拓扑文件

弧段号	起结点	终结点	左多边形	右多边形	x_{min}	y_{min}	x_{max}	y_{max}
a_1	N_2	N_1	P_1	0				
a_2	N_2	N_3	0	P_2				
a_3	N_3	N_1	0	P_3				

（c）点拓扑文件

结点	弧段号		
N_1	a_1	a_3	a_5
N_2	a_1	a_2	a_6
N_3	a_2	a_3	a_4
N_4	a_4	a_5	a_6
N_5	a_7		

（d）弧段拓扑文件

弧段号	起结点坐标	中间结点坐标	终结点坐标
a_1	(x_{11}, y_{11})	—	—
a_2	(x_{21}, y_{21})	—	—
a_3	(x_{31}, y_{31})	—	—
a_4	(x_{41}, y_{41})	—	—
a_5	(x_{51}, y_{51})	—	—
a_6	(x_{61}, y_{61})	—	—
a_7	(x_{71}, y_{71})	—	—

成多边形的边称为弧段,弧段由起结点、终结点、左多边形、右多边形、外接多边形边界等组成;岛多边形由一条弧段组成;弧段的交点称为结点,每个结点和多边形都作为一个对象记录;多边形是单连通的区域,含岛的多边形为复杂多边形,复杂多边形由外边界和内边界组成,内边界即为岛的多边形边界。图 3-12 所示的为典型的有拓扑关系的面数据结构。

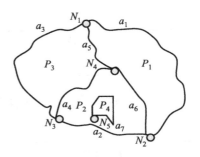

图 3-12　有拓扑关系的面数据结构

（4）曲面数据结构

地理信息系统中曲面是连续分布的地理表面,用来表示地形或覆盖在地面上的地理要素分布。

3.6　栅格数据结构及其表达

栅格数据是表示成有规则的空间阵列的数据。栅格数据与矢量数据一样能够表达空间的离散点、线、面,但栅格数据更适合描述地理实体的级别分布特征及其位置。

3.6.1　栅格数据的位置和形状表达

1. 栅格数据位置和形状表达

（1）0 维矢量

0 维矢量表现为具有一定数值的一个栅格单元,每个栅格单元也称为点单元,在矩阵中称为栅格。该栅格有一定大小,其大小反映了数据的分辨率。

（2）一维矢量

一维矢量表现为按照线性特征连接的一组相邻栅格单元的集合。

（3）二维矢量

二维矢量表现为按照二维形状特征连续分布的一组栅格单元的集合。每个栅格单元的数值表示空间地理现象,如森林、湖泊、居民区等。图 3-13 所示的分别为一个点、一条线、一个面的栅格表示。

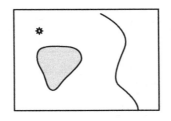 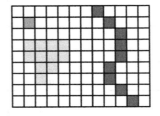

图 3-13　栅格数据位置和形状的表达

2. 栅格单元的位置坐标的确定

栅格描述的空间对象属性明确,位置隐含,其位置坐标按以下方法确定。

① 直接记录栅格单元的行列号。栅格单元的行列号通常以左上角为坐标原点。

② 在给定分辨率参数(指行数和列数)的前提下,将栅格单元按顺序编号,编号顺序左上角为起点,右下角为终点。

假设当前栅格单元行列号为 (i,j),$i=1,2,\cdots,n$,$j=1,2,3,\cdots,m$,一个栅格单元所代表的空间区域大小为 $\Delta x,\Delta y$,栅格区域的坐标原点为 (x_0,y_0),那么当前栅格单元的位置坐标 (x,y) 为

$$x=x_0+j\times\Delta x$$
$$y=y_0+i\times\Delta y$$

3.6.2　栅格数据的空间关系表达

栅格数据表达中通常不存储空间关系,空间关系的确定通过计算求得。对栅格数据进行空间关系分析和计算时,常用 4 邻域、8 邻域、24 邻域(如图 3–14 所示)作为算法的基础。

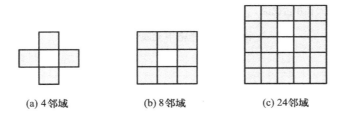

    (a) 4 邻域　　　　　　　(b) 8 邻域　　　　　　　(c) 24 邻域

图 3–14　栅格数据的邻域

3.6.3　栅格数据的属性表达

栅格数据将空间划分为规则的格网,地理实体的位置用所占据的栅格行列号来确定。栅格单元的大小代表空间分辨率,其数值代表该位置的属性。这种表达方式属性明确,位置隐含。

1. 栅格单元属性的表示

① 每个栅格单元具有一个属性,这是栅格数据结构通常的表示方法。

② 每个栅格单元具有多个属性,这是把栅格单元和数据库系统连接起来,在数据库管理系统中实现数据的存储和管理。当每个栅格单元具有多个属性时,表示该栅格单元在不同图层有不同属性,但在每个图层中的属性相同。

在空间数据的栅格表达中栅格的精度和分辨率十分重要。分辨率与用户要求有关,也受

存储栅格数据的硬件设备性能极限影响,分辨率越高越能表达地理现象的细微特征。

2. 栅格单元属性的确定

在栅格单元中,通常一个栅格用一种属性表示。当栅格单元分辨率较低或属性所表示的空间现象很细微时,常出现一个栅格单元中具有多个属性的现象,这时需对栅格进行属性归属。栅格单元属性归属常用以下方法。

① 面积占优法。如图 3-15(a)所示,按面积大小确定该栅格单元的属性为 A。

② 中心点占优法。如图 3-15(b)所示,按中心点确定该栅格单元的属性为 B。

③ 长度占优法。如图 3-15(c)所示,按中心线长度确定该栅格单元的属性为 B。

④ 重要性占优法。根据属性 A、B 的重要性确定栅格单元的属性属于 A 或 B。

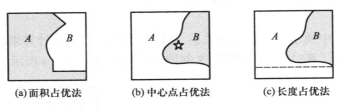

　　(a)面积占优法　　　　　(b)中心点占优法　　　　(c)长度占优法

图 3-15　栅格单元属性的确定

3.7　栅格数据结构及其编码

基于栅格模型的数据结构称为栅格数据结构,又称为格网数据结构。它把区域分成大小相等、均匀且紧密相连的网格阵列,其中每个单元都具有行列号,以及相应的数值、属性或指向其他属性的指针。栅格数据结构用面域或空域直接描述对象。

1. 栅格数据的特点

用离散的量化的格网值来表示和描述空间目标所具有的属性明显、位置隐含的特点。其中,属性明显指栅格的数值直接记录属性指针或属性本身;位置隐含指栅格的位置用行列号表示,要知道其坐标需要进行坐标转换。

2. 栅格数据的获取

① 从扫描仪获取栅格数据。

② 从遥感获取栅格数据。

③ 由矢量数据转换成栅格数据。

3. 栅格数据的组织

数据组织的目的是使数据在计算机内具有最少的存储空间、最优的数据存取速度以及最短的处理时间。

栅格数据的结构实质是用行列号表示每个栅格单元（又称为像元）的位置；栅格单元的数值表示属性值。栅格数据常用的组织方式如下。

① 以栅格单元为记录序号，用数组来存储不同图层上同位置栅格单元的属性值。同一栅格单元的属性无论有多少，其坐标只被记录一次，以节省存储空间。

② 以层为基础，每层以栅格单元为序记录栅格单元的坐标及属性值，形式简单，数据量大。

③ 以层为单位，每层以目标区域为序记录栅格单元的坐标及属性值。因为同一属性的目标区域中几个栅格单元只记录一次属性值，节省存储空间。

3.7.1　直接栅格数据编码

直接栅格数据编码将栅格数据看成一个数据矩阵，它从左到右、从上到下记录栅格单元的数值。在记录栅格单元的数值前，要先存储该栅格数据的行列数。这种记录方法的优点是直观，缺点是数据量大。例如，一幅 50 cm×60 cm 的图（即 19.6 英寸×23.6 英寸的图），取分辨率为 600 dpi 的 24 彩色位图，其存储量为 19.6×23.6×600×600×3 MB=500 MB。

3.7.2　费尔曼链码

费尔曼链码（Freeman Chain Code）也称为边界编码，适用于对曲线和边界编码。它基于栅格的邻域思想，将任一条曲线或边界线用某一起点开始的矢量链来表示。

假定栅格中有一点 (i,j)，则可以用图 3-16 所示的 8 邻域来表示其相邻的下一个栅格。8 邻域栅格的坐标增量如图 3-17 所示。

费尔曼链码实质上是根据图 3-16 的 8 方向图和图 3-17 的方向增量表进行曲线和边界

NW (5)	N (6)	NE (7)
W (4)	i,j	E (0)
NW (3)	S (2)	SE (1)

图 3-16　8 邻域

方向	E	SE	S	SW	W	NW	N	NE
编号	0	1	2	3	4	5	6	7
i坐标	0	1	1	1	0	-1	-1	-1
j坐标	1	1	0	-1	-1	-1	0	1

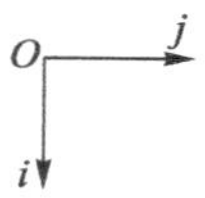

图 3-17　费尔曼链码的坐标增量表取值

编码。

　　图 3-18(a)用费尔曼链码对栅格数据的等值线图进行编码。其中,两条线的高程分别为
100 m 和 200 m,其费尔曼链码表如图 3-18(b)所示。

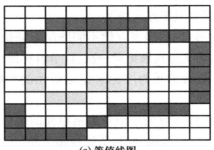

(a) 等值线图

标号	高程/m	起始行列	链码																	
1	100	4　1	7	7	0	0	0	0	1	0	1	2	2	2	2	3	4	4	4	
			3	3	4	4	4	6	6											
2	200	5　3	7	0	0	1	2	2	4	4	3	4	5	6						

(b) 等值线的费尔曼链码表

图 3-18　费尔曼链码编码

　　费尔曼链码的优点是具有较高的数据压缩率,便于长度、面积计算和数据存储;其缺点是
不便于合并和插入操作,不便于叠置分析,存储区域边界时会重复存储相邻边界,使数据冗余。

3.7.3　游程编码

　　游程编码是应用较多的一种栅格数据编码,用于对面状栅格数据进行压缩。考虑到直接
栅格数据结构数据量大,而在用直接栅格数据结构描述面状栅格数据时,实际上存在大量连
续相同属性的栅格单元,游程编码把具有相同属性的邻近栅格单元逐行合并在一起,从而对
面状栅格数据进行压缩。游程用一对数字(g_k, l_k)表达,其中第一个值表示属性值,第二个值
表示游程长度。每一行都以一个新的游程开始。游程的最大长度等于栅格区域的列数,游程
属性值取决于栅格区域属性的最大类别数(分类的级别数)。通常用 2 字节表示游程长度(行
数可达 65 536),1 字节表示游程属性值(256 级)。

1. 游程编码表

　　在实际使用中,游程编码可以分为游程长度编码和游程终止编码。每个游程用(g_k, l_k)表示。

在游程长度编码中，g_k 表示栅格单元的属性值；l_k 表示游程的连续长度；在游程终止编码中，g_k 表示栅格单元的属性值；l_k 表示游程的终止列号。图 3–19 所示的为游程编码图及游程编码表。

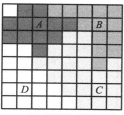

(a) 游程编码图

	1	2	3	4	5	6	7	8	游程长度编码	游程终止编码
1	D	A	A	B	B	B	B	B	(D,1)(A,2)(B,5)	(D,1) (A,3) (B,8)
2	A	A	A	A	A	B	B	B	(A,5)(B,3)	(A,5) (B,8)
3	A	A	A	A	C	C	B	B	(A,4)(C,2)(B,2)	(A,4) (C,6) (B,8)
4	D	D	A	C	C	C	C	B	(D,2)(A,1)(C,3)(B,2)	(D,2) (A,3) (C,6) (B,8)
5	D	D	C	C	C	C	B	C	(D,2)(C,4)(B,1)(C,1)	(D,2) (C,6) (B,7) (C,8)
6	D	D	D	C	C	C	C	C	(D,3)(C,5)	(D,3) (C,8)
7	D	D	D	D	C	C	C	C	(D,4)(C,4)	(D,4) (C,8)
8	D	D	D	D	D	C	C	C	(D,5)(C,3)	(D,5) (C,8)

(b) 游程编码表

图 3–19　游程编码图及编码表

2. 游程编码的组织

游程编码的组织主要是讨论如何对游程编码实现快速访问。通常将游程编码按顺序组成游程序列表，并对它建立顺序表索引，从而可以快速找到游程编码的逻辑地址和栅格单元的编码值；反之，如果要由编码值找游程位置并显示，只需对游程序列表进行遍历扫描。图 3–20 显示了图 3–19 中的游程索引文件和游程数据文件。

3.7.4　四叉树编码

游程编码实际上只在一个方向对栅格数据进行了压缩，在另一个方向上并没有对数据进

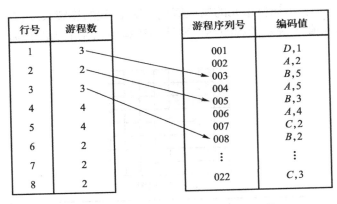

图 3-20　游程索引文件和游程数据文件

行压缩,因此游程编码实质上是对一维数据的压缩编码。为了在两个方向上对栅格数据进行压缩,引入四叉树编码。

四叉树编码的基本思想是把一幅图像或一幅栅格地图等分成四部分(子区),然后不断检查每个子区的所有栅格单元数值,如果该子区都含有相同的栅格单元数值(属性值),则这个子区域就不再往下分割;否则,把该子区域再分割成四个子区,这样递归地分割,直至每个子区都只含有相同的属性值为止。

1. 常规四叉树

在数据结构中,四叉树是指树中的每个结点最多只有四棵子树,即树中任一结点的度数不大于 4。

常规四叉树是非线性数据结构,当它自上到下递归地分割时,除了存储叶结点外,还要存储中间结点,通常用指针来联系结点。为了表示结点位置及结点之间的联系,每个结点除存储本身的位置外,还要存储前趋结点、后续结点(最多四个)和结点的属性值,以反映结点间的联系。也就是说,每个结点通常需要存储六个变量,其中一个变量表示父结点指针,四个变量代表四个子结点指针,一个变量代表结点的属性值,这样占用的存储空间较大。

一幅 $2^n \times 2^n$ 栅格阵列的图用四叉树分割时具有的最大深度为 n,即可以分为 $0,1,2,3,\cdots,n$ 层。如图 3-21 所示,当 $n=3$ 时,具有的最大深度为 3。

第 0 层,边长上的最大栅格单元数为 $2^n=8$;

第 1 层,边长上的最大栅格单元数为 $2^{n-1}=4$;

第 2 层,边长上的最大栅格单元数为 $2^{n-2}=2$;

第 3 层,边长上的最大栅格单元数为 $2^{n-n}=1$。

用常规四叉树描述二维图很直观,但在对栅格数据进行运算时还要做遍历树结点的运

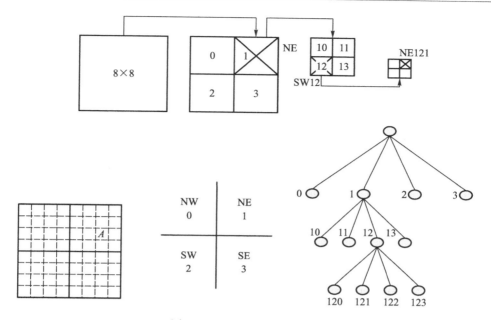

图 3-21 四叉树的分解过程

算,增加了操作复杂性,因而在地理信息系统中或在图像处理中不用常规四叉树,而用线性四叉树。

四叉树的分解过程如图 3-21 所示,分解过程是查找属性为 A 的单元。从四叉树的分解过程可以看出,被分解的图必须为 $2^n \times 2^n$ 个栅格单元,对于不满足 $2^n \times 2^n$ 的图,在分解前需用 0 补足。

2. 线性四叉树

线性四叉树具有四叉树的形式。它用常规四叉树方式组织数据,但不用常规四叉树方式存储数据。它不存储树中结点间的关系,只是通过对四叉树的叶结点进行编码,表示数据块的层次和空间关系。每个叶结点都有一个反映位置的关键字,该关键字的码也称为位置码,以表示它所处的位置。线性四叉树编码分为四进制编码和十进制编码两种,分别称为 M_Q 码和 M_D 码。叶结点的大小用结点的深度或层次表示。

线性四叉树编码可以采用自上而下分割或自下而上合并的方法。设有一个 $n \times n$ 的栅格图,其第一层图的分割公式为

$$P_0 \supset \{P[i,j] : 1 \leq i \leq \frac{1}{2}n, 1 \leq j \leq \frac{1}{2}n\}$$

$$P_1 \supset \{P[i,j] : 1 \leq i \leq \frac{1}{2}n, \frac{1}{2}n+1 \leq j \leq n\}$$

$$P_2 \supset \{P[i,j]: \frac{1}{2}n+1 \leqslant i \leqslant n, 1 \leqslant j \leqslant \frac{1}{2}n\}$$

$$P_3 \supset \{P[i,j]: \frac{1}{2}n+1 \leqslant i \leqslant n, \frac{1}{2}n+1 \leqslant j \leqslant n\}$$

第二层子区的分割为

$$P_{00} \supset \{P[i,j]: 1 \leqslant i \leqslant \frac{1}{4}n, 1 \leqslant j \leqslant \frac{1}{4}n\}$$

$$P_{10} \supset \{P[i,j]: 1 \leqslant i \leqslant \frac{1}{4}n, \frac{1}{2}n+1 \leqslant j \leqslant \frac{3}{4}n\}$$

$$P_{20} \supset \{P[i,j]: \frac{1}{2}n+1 \leqslant i \leqslant \frac{3}{4}n, 1 \leqslant j \leqslant \frac{1}{4}n\}$$

$$P_{30} \supset \{P[i,j]: \frac{1}{2}n+1 \leqslant i \leqslant \frac{3}{4}n, \frac{1}{2}n+1 \leqslant j \leqslant \frac{3}{4}n\}$$

图 3-22 所示的是线性四叉树叶结点编码图。其中,图 3-22(b)中的四叉树标注了叶结

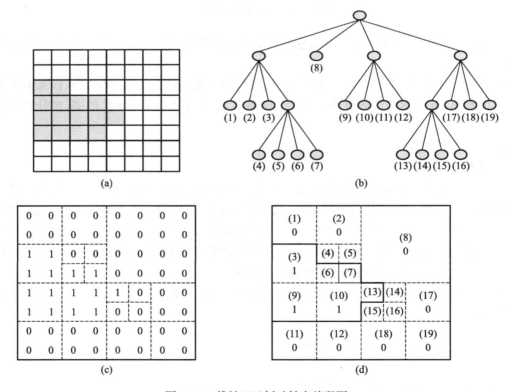

图 3-22　线性四叉树叶结点编码图

点的位置码。

3. 线性四叉树的四进制编码（M_Q 码）

　　线性四叉树的四进制编码中，叶结点位置用基于四进制的 Morton 码表示。这种编码由加拿大学者 Morton 于 1966 年提出，故称为 Morton 码。四进制的 Morton 码又称为 M_Q 码，由一串数字组成，每分割一次增加一位数，其中每位数字都是不大于 3 的四进制数。

　　四进制线性四叉树编码生成的方法有两种：一种是用自顶向下（Top–Down）的分割方法，其过程如常规四叉树进行分割；另一种是从底向上（Down–Top）的合并方法。这种方法首先将行列号生成 M_Q 码，再检查每四个相邻 M_Q 码对应的属性值，如果相同则合并为一个大块，否则存储四个栅格单元的参数值（M_Q 码、深度、属性值）。第一轮合并完成后，再依次检查四个大块的值（此时，仅需检查每个大块中的第一个值），若其中有一个值不同或某个块已存储，则不做合并。重复上述过程，直到没有能够合并的块为止。

　　M_Q 码的计算公式为

$$M_Q = 2I_b + J_b$$

式中，I_b，J_b 分别为栅格单元行列号的二进制数。

　　图 3–22 所示的区域为 8 行 8 列图，即栅格单元数为 $2^3 \times 2^3$，其位置码的最长位数是 3 位。对图 3–22（a）按 M_Q 码的计算公式进行编码，得到如图 3–23（a）所示的编码表，最后进行排序归并得到如图 3–23（b）所示的 M_Q 码。

M_Q	000	001	010	011	100	101	110	111
000	000	001	010	011	100	101	110	111
001	002	003	012	013	102	103	110	111
010	020	021	030	031	120	121	130	131
011	022	023	032	033	122	123	132	133
100	200	201	210	211	300	301	310	311
101	202	203	212	213	302	303	312	313
110	220	221	230	231	320	321	330	331
111	222	223	232	233	322	323	332	333

(a) 编码表

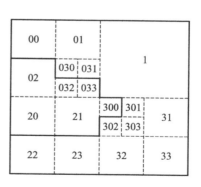

(b) M_Q 码表

图 3–23　四进制线性四叉树

　　例如，已知十进制第 1 行、第 5 列的栅格单元，要求它的 M_Q 码。首先要将十进制第 1 行、第 5 列转成二进制，使得到二进制行号 $I_b = (001)_2$，二进制列号 $J_b = (101)_2$，其位置码即

$$M_Q = 2I_b + J_b = 2 \times 001 + 101 = 103$$

要对线性四叉树四进制编码进行解码,即已知 M_Q 码求其行列号,可以按照如下方法进行。

如上已知 $M_Q=103$ 可以算出行列号,二进制行号为 001,二进制列号为 101,算法如下:

若该位编码值为 0,1,对行号贡献值为 0;

若该位编码值为 2,3,对行号贡献值为 1;

若该位编码值为 0,2,对列号贡献值为 0;

若该位编码值为 1,3,对列号贡献值为 1。

M_Q	1	0	3	表示 M_Q 码为 103 的栅格单元
二进制行号	0	0	1	表示第 1 行
二进制列号	1	0	1	表示第 5 列

这表示 M_Q 码为 103 的单元处于第 1 行、第 5 列。

最后,线性四叉树的每个叶结点都可以用三元组的线性表来表示。

三元组结构为

$$(M, D, V)$$

其中,M 为叶结点的位置码;

D 为叶结点的深度,以表示叶结点的大小;

V 为叶结点的栅格单元属性值。

4. 线性四叉树的十进制编码(M_D 码)

线性四叉树的十进制编码简称 M_D 码。它与线性四叉树的四进制编码的主要不同在于编码值是十进制的自然数,其合并过程可以直接按自然数顺序进行。

现对图 3-22(a)按 M_D 码的计算公式进行编码,得到如图 3-24(a)所示的编码表,最后进

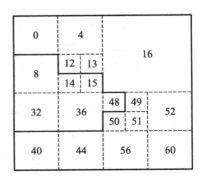

M_D	000	001	010	011	100	101	110	111
000	0	1	4	5	16	17	20	21
001	2	3	6	7	18	19	22	23
010	8	9	12	13	24	25	28	29
011	10	11	14	15	26	27	30	31
100	32	33	36	37	48	49	52	53
101	34	35	38	39	50	51	54	55
110	40	41	44	45	56	57	60	61
111	42	43	46	47	58	59	62	63

(a) 编码表　　　　　　　　(b) M_D 码表

图 3-24　十进制线性四叉树编码图

行归并得到如图 3-24(b) 所示的 M_D 码表。

M_D 码的计算可以由二进制行列号数字交叉结合得到。

例如,已知十进制第 3 行、第 2 列的栅格单元,求它的 M_D 码。

首先将十进制第 3 行、第 2 列转换成二进制,使其成为 $(011)_2$ 行、$(010)_2$ 列,其和对应的 M_D 码的关系如图 3-25 所示。反之,已知 M_D 码,只要将其转换成二进制,然后按图 3-25 进行隔行抽取,即可得到二进制行列号,进而得到十进制行列号。

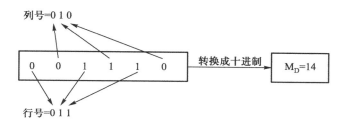

图 3-25 行列号和 M_D 码间的关系

5. 线性四叉树的二维游程编码

线性四叉树的二维游程编码是在线性四叉树编码的基础上进行的,主要考虑线性四叉树编码表中还存在前后叶结点值相同的情况,因而可以进一步压缩,将属性值相同的前后结点合并成一个游程编码;前后两个位置码之差表示前一个游程属性值所占的栅格单元数。这种线性四叉树的二维游程编码实际上已失去了四叉树的概念。

表 3-14 是图 3-24 所示的十进制线性四叉树编码图对应的二维游程编码表。

表 3-14 二维游程编码表

位置码	属性值	位置码	属性值	位置码	属性值
0	0	16	0	50	0
4	0	32	1	51	0
8	1	36	1	52	0
12	0	40	0	56	0
13	0	44	0	60	0
14	1	48	1		
15	1	49	0		

四叉树编码的优点如下。

① 四叉树编码实质上是一种可变分辨率编码,对边界复杂部分分级多,分辨率高;对边

界简单部分分级少,分辨率低,因此可以用较少的存储量精确地表示复杂的图形。

② 四叉树编码便于实现四叉树与简单栅格数据结构之间的转换。

③ 便于在多边形中嵌套多边形,如表示"岛"。

四叉树编码的缺点是数据结构较复杂,同时由于经常提供多种四叉树结构,不利于分析。

3.8 栅格和矢量数据结构比较

在地理信息系统中,概念模型层可以分为场模型和实体模型。对一个空间应用建模来说,选择场模型还是实体模型,主要取决于应用要求。例如,对火灾、洪水、辐射泄漏、温度变化、土壤侵蚀变化等具有连续变化的现象,以场模型为主导;对土地分类、道路建设、人口分布等应用,常以实体模型为主导。这两种模型通常分别用栅格数据模型和矢量数据模型来实现。栅格数据模型和矢量数据模型又分别对应逻辑模型层的多种数据结构,形成栅格数据结构和矢量数据结构。

栅格数据结构和矢量数据结构的优缺点如表 3-15 所示。在计算机辅助制图和地理信息系统发展早期,大部分地理信息系统软件以矢量数据结构为主导。随着栅格数据结构的产生和发展,栅格数据结构在很多地方得到了应用,两者的性能和适用范围互相补充,互相促进。在资源环境领域中,由于描述地理空间的数据常常是连续变化的,数据源涉及遥感数据,分析中涉及地形数据,因此经常同时使用栅格数据结构和矢量数据结构。

表 3-15 栅格数据结构和矢量数据结构比较

结构	优点	缺点
矢量数据	① 数据结构紧凑,精度高; ② 便于表示空间实体及拓扑关系; ③ 便于表示网络关系,进行网络分析; ④ 图形显示质量好,精度高; ⑤ 便于面向对象实现空间查询和分析	① 数据结构复杂; ② 叠加分析算法复杂; ③ 不易同遥感结合; ④ 表达空间变化的能力差; ⑤ 不易实现数学模拟
栅格数据	① 数据结构简单,定位存取性能好; ② 易实现数据共享; ③ 便于地形分析和数学模拟; ④ 易同遥感结合; ⑤ 能有效表达空间可变性	① 数据量大; ② 投影转换复杂; ③ 图形质量差; ④ 难于表达空间实体和拓扑关系; ⑤ 难于表示网络关系

3.9 矢量栅格一体化数据结构

矢量数据结构和栅格数据结构在处理空间数据时,其优缺点常常是互补的。为了能够更有效地利用各种空间数据,实现各种空间分析处理功能,能否同时使用两种数据结构,将两者统一起来,建立矢量栅格一体化数据结构,是近些年地理信息系统界研究的重点之一。

1. 矢量栅格数据的混合数据结构

矢量栅格数据的混合数据结构是指为了解决某个问题,同时用矢量和栅格两种数据结构,使其中的每种数据结构发挥各自的特长。在这种混合数据结构中,矢量数据结构和栅格数据结构分别保持了各自的特点,各自进行存储,但可以进行统一的显示、查询和某些分析。这种混合数据结构在资源环境领域中已被使用。例如,在土地资源的外业调查中,以航空影像为背景在其上勾画矢量地块图;在遥感影像分析中,在遥感影像上叠置数字地形模型,帮助遥感分类和查询的实施。

2. 矢量栅格一体化数据结构

目前采用的矢量栅格一体化数据结构的典型方法是将用矢量方法表示的线性实体,在记录原始取样点的同时还记录其包含的栅格单元,如图 3–26 所示。这样既保存了矢量特性,又具有了栅格性质。由于栅格数据结构的精度低,通常用细分格网的方法来提高点、线、面状目标边界线数据的表达精度。显然,这种用矢量栅格一体化数据结构表示的图,其存储的数据量大大超过原始矢量数据结构的数据量,它所带来的优点是给运算和分析带来方便。以空间数据处理和分析中常用的弧段求交运算来说,在矢量数据结构中弧段求交运算要涉及大量直线求交和判断问题,而用矢量栅格一体化数据结构可以将弧段求交运算变成对栅格单元的搜索问题。其过程是对于栅格弧段数据中每

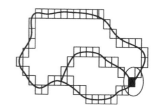

图 3–26 矢量栅格一体化
数据结构

一个栅格单元的编号,在矢量栅格一体化数据结构中查是否存在该编号的数据,如存在,则该编号的数据就是弧段的交点。同理,矢量栅格一体化数据结构也大大方便了结点拟合。

 思考题

1. 举例说明空间数据与非空间数据的不同点。
2. 简述空间数据模型的层次及其功能。
3. 栅格数据和矢量数据分别是如何表达地理空间的?

4. 什么是地理信息系统中的矢量数据结构？矢量数据的特点是什么？如何获取矢量数据？

5. 什么是地理信息系统中的栅格数据结构？栅格数据的特点是什么？如何获取栅格数据？

6. 什么是栅格单元的数值？

7. 什么是栅格数据的编码？主要有哪些栅格数据编码方法？各自的优缺点是什么？

8. 什么是空间数据的拓扑关系？空间数据的拓扑关系的种类有哪些？

9. 举例说明地理信息系统中拓扑关系生成的基本步骤。

10. 计算机中存储矢量数据的方法主要有哪几种？各自的优缺点是什么？

11. 地理信息系统中栅格数据结构和矢量数据结构的区别是什么？

12. 简述栅格数据结构和矢量数据结构相结合的概念。

13. 地理信息系统中栅格数据和矢量数据是如何与属性数据相结合的？

第4章 空间数据的获取和质量控制

4.1 地理信息系统的数据源

地理空间是人类赖以生存的地球表层具有一定厚度的连续空间域,它是一个椭球体。空间数据是描述地球表层一定范围的地理事物及其关系的数据。空间数据的获取是建立和使用地理信息系统的基础和关键。地理信息系统的整个工作过程就是围绕对空间数据的采集、存储、管理、分析和显示进行的。空间数据的质量直接影响着地理信息系统应用的作用、效率和成本。

地理信息系统中的数据来源和数据类型繁多,随着信息技术的进步,空间数据的类型更加复杂多样,形成了空间数据的多源性。

1. 图形图像数据

(1) 地图数据

地图是地理信息系统的重要信息源,来源于各种类型的普通地图和专题地图。这些地图的内容丰富,地图上实体间的空间关系直观,实体的类别或属性清晰,实测地形图还具有很高的精度,如各类普通地图和专题地图中的行政区域界线、行政单元、多边形的中心点、道路交点、街道和街区、气象站、环境污染监测点等。

(2) 影像数据

地理信息系统中的影像数据主要来源于卫星遥感和航空遥感,包括多平台、多层面、多种传感器、多时相、多光谱、多角度和多种分辨率的遥感影像数据。它们构成了多源海量数据,也是地理信息系统有效的数据源之一。

(3) 地形数据

地理信息系统中的地形数据包括地形图、实测地形数据、已建立的数字高程模型(Digital Elevation Model,DEM)数据。

(4) 测量数据及 GPS 数据

测量数据及 GPS 数据必须有确定的地理坐标基础,可以是非数字化的数据,也可以是数字化数据。对于前者,需要进行数字化;而对于后者,则需要进行各种必要的转换才可以为系统所识别、处理和应用。

2. 文字符号数据

文字符号数据主要是用数字、文字、符号表示的数据,包括空间要素数据(如环境污染类型数据、土地类型数据、城市规划分类数据、地名、河流名称和区域名称等)、测量数据、统计数据、调查数据、法律文档数据、社会经济数据、元数据等各种形式的电子数据。文字符号数据可以手工录入或从其他地方转换而来。一般需要对获取的文字符号数据进行编码、分类以及标准化等处理。

3. 多媒体数据

由于多媒体技术的迅速崛起和高速发展,越来越多的应用软件使用多媒体技术,地理信息系统中引入多媒体数据可以大大增强地理信息系统信息的表现能力,扩大地理信息系统的应用领域。多媒体数据主要是音频数据和视频数据,一般以数字化形式提供,通过数据转换或解释等方法获得,如电话录音、运动中的汽车产生的噪声、交通路口的违章摄影、工矿企业大量使用的工业电视等。

4.2　空间数据的获取

空间数据的获取是建立地理信息应用系统必不可少的基础工作,也是长期以来制约地理信息系统建设的瓶颈。因此,地理信息系统领域中研究的热点之一是如何快速获取和更新空间数据。

4.2.1　地图数据的获取

地图数据是地理信息系统的主要数据源。地图数字化是获取地图数据最基本的方法,它将传统的纸质或其他材料上的地图(模拟信号)转换成计算机可识别的图形数据,并将数字化数据存储在计算机中,以便分析和输出。目前主要有两种方法可以实现地图数字化,即直接数字化(数字化仪)输入和扫描(扫描仪)输入。

1. 直接数字化输入

直接数字化输入就是手扶跟踪数字化(Manual Digitizing)输入,在地理信息系统中主要用于获取矢量数据。例如,利用它输入点地物、线地物以及多边形边界的坐标。其具体的输入方式与数据的组织形式和地理信息系统软件有关。尽管这种输入方式的工作量非常大,但它仍然是目前广泛采用的地图数字化手段之一。直接数字化输入工作的要点如下。

(1) 数字化仪的初始化

直接数字化输入需要连接数字化仪并对其进行初始化,主要包括数字化仪与计算机连接、数字化仪驱动程序的安装、数字化方式的设置、数字化仪坐标系的设置、坐标数据文件输出格式的确定等。

数字化仪是通过接口与计算机连接的。为了能够正确地发送和接收数字化的数据,需要设置通信参数,包括波特率、数据位、检验位、停止位等。为了保证数据录入的正确性,还需要设置坐标原点、分辨率、采点方式、数据格式等参数。参数设置通常可以利用数字化仪上的开关和菜单确定。

数字化方式指数字化仪的采点方式,包括点方式和流方式。点方式是指操作员每按一次键,就获取并向计算机发送一个点的坐标数据。流方式是指操作员按下键,沿曲线移动游标时,能自动记录经过点的坐标。显然,流方式能够加快线或多边形地物的录入速度,但采集点的数目常多于点方式,造成数据量过大。解决的办法有两种:一种是在整个曲线录入完毕后,使用描述曲线离散化算法去掉一些非特征点数据;另一种是用距离流和时间流方式进行实时采点。距离流方式是当前接收的点与上一点距离超过一定阈值,才记录该点;时间流方式是按照一定时间间隔对接收的点进行采样。当时间流方式录入的曲线比较平滑时,操作员可以较快地移动游标,以减少记录点的数目。当曲线曲率比较大时,只要较慢移动游标,记录点的数目就多。而采用距离流方式时容易遗漏曲线拐点,从而使曲线形状失真。因此,在保证曲线的形状方面,时间流方式要优于距离流方式。

(2) 输入控制点及图幅范围

数字化数据输入前必须输入控制点和图幅范围。

数字化仪中采集的点的坐标是设备坐标,坐标值取决于图在数字化平面上所处的位置、设备坐标原点和数字化仪精度。这些点并没有实际的地理位置的意义。为了使数字化的点具有地理位置的意义,必须将置于数字化仪中的地图上的点转换成实际地理坐标。排除图纸变形等非线性因素后,通常采用线性多项式拟合法进行转换。

为了实现转换,必须在地图上输入若干控制点。在知道了控制点的数字化仪平面坐标值(从数字化仪上采集)和它的实际地理坐标值(从给定地图上获取)后,用最小二乘法就可以求出多项式的系数。然后,利用该线性多项式实现坐标转换,使数字化所得各点值具有实际地理坐标值。控制点数量一般应大于等于四个,控制点应均匀分散在图面上,其中三点不应在一直线上。要注意选取的控制点精度,控制点精度直接影响所获取的数字化坐标的精度。

需要指出的是,当获取地图不必要求绝对地理坐标值时,考虑到复杂地图的数字化过程不可能一次完成,而两次或多次数字化输入之间地图的位置可能相对于数字化仪发生错动,这样前后两次或两次以上输入的坐标就会偏移或旋转。因此,在每次录入之前应该先输入至少三个定位点(Tick Marks),或称为注册点(Register Points),这些点相对于地图的位置是固定的。这样,两次或两次以上输入的内容就可以根据定位点坐标之间的关系进行匹配。

(3) 数字化数据录入

数字化数据录入之前,首先要明确录入哪些数据以及在逻辑概念上如何组织这些数据。目前,由于大多数地理信息系统软件对空间数据采用分层管理,所以要确定输入哪些图层,以及每个图层包含的具体内容。

在实际的录入过程中,可以根据不同的录入对象选择不同的录入方式。例如,当录入地块图、交通线时,因为要保证某些特征点位置的准确性,可以用点方式;而录入等高线时,可以采用流方式以加快录入速度。

2. 扫描输入

随着扫描仪性能价格比的不断提高和栅格到矢量格式转换软件的日趋成熟,用扫描仪获取数字地图数据越来越方便。

除了少数特殊产品外,绝大多数通过扫描仪得到的是栅格图像数据,其存储的栅格图像格式标准化程度较高,如 JPEG、BMP、GIF、PCX 等。每种格式的栅格图像数据都定义了一个包含图像高、宽、每点位数、分辨率和颜色的文件头,另加图像数据文件体。这意味着支持扫描仪工作的软件比较成熟。

(1) 扫描仪获取地图数据的种类

① 栅格数据。用扫描仪获取的图像数据,经增强、分类处理,以栅格数据存入栅格空间数据库(如遥感照片)。也可以不对它们进行处理,仅用于显示,并在显示时叠加矢量图形。例如,很多地理信息系统用户经常把扫描后的航空照片作为矢量地图的背景图来显示。

② 屏幕矢量数据。将扫描仪获取的图像数据显示在计算机屏幕上并进行屏幕矢量化,获取矢量数据。屏幕矢量化方式分为完全手工跟踪和半自动跟踪。完全手工跟踪把通过扫描获得的图像作为底图显示,操作人员用鼠标器在屏幕上操作,这和手扶跟踪数字化仪输入很相似。由于扫描仪的分辨率一般高于手扶跟踪数字化仪操作的分辨率,而被跟踪的图像又可在屏幕上无级放大,因而这种方式得到的地图精度高于手扶跟踪数字化仪输入,但工作效率不一定提高。半自动跟踪是由操作人员用鼠标器单击屏幕上需要矢量化的线条,软件自动数字化该线条,并沿着栅格线条找到线的另一个端点或在与其他线条的相交处停下来,提示操作人员控制需要进一步矢量化的方向或下一个点,计算机则自动地记录下有关的关键点并连成线。这种方法比完全手工跟踪的效率高,也容易保证精度,但只能处理线划地图,不能处理遥感相片。实际上,完全手工跟踪和半自动手工跟踪屏幕矢量化对点信息、注记、符号的输入与手扶跟踪数字化仪一样。

③ 栅格地图向矢量地图的自动转换。通过栅格矢量转换软件可以实现栅格地图向矢量

地图的自动转换。为了实现全自动转换,要求栅格地图质量高而简洁,如将普通线划地图扫描后矢量化。

由软件将栅格数据转换成矢量(线化)数据,同时进行灰度、颜色、符号、线型、注记的识别,这一处理过程(特别是符号、注记的识别)往往要花费较多的计算时间,而且难免出现一些错误识别。因此,最后需要手工对转换后的矢量图形进行编辑,使之符合 GIS 数据库的要求。

(2) 扫描仪获取地图数据的过程

这里以使用得最多的线划地图为例进行说明,其处理过程大致如图 4-1 所示。

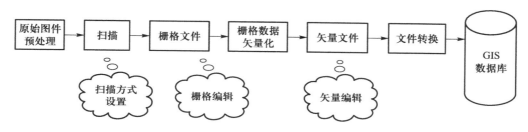

图 4-1　扫描图矢量化的过程

① 原始图件的预处理。对被扫描的原始图件(即地图原件)进行预处理。预处理的内容视图件的性质和质量而定,其目的是使原始图件更有利于栅格数据矢量化和矢量化图的后处理。

预处理包括对图件进行编辑、修补、清除污点、去掉不需要的要素等处理。对线划地图处理后要使原图色彩分明,线条细实,有明确的数字化区域范围、原点等。预处理方法除了使用目视法外,还使用图像处理软件实现噪声处理、二值化处理、细化处理等。

② 扫描方式的设置及图件的扫描。扫描方式的设置包括设置扫描分辨率、选择数据记录格式等,以为获取数字栅格图像做准备。之后对图件进行扫描,获取栅格地图。

③ 栅格数据矢量化。栅格数据矢量化分为半自动矢量化和自动矢量化两种。在地理信息系统中主要使用半自动矢量化。目前,半自动矢量化采用人机交互的方法进行。当线划状态较好时,系统自动跟踪;自动跟踪有困难时人工介入,使自动跟踪继续。自动矢量化通常适用于线条质量高、图形比较简洁的场合。自动矢量化是目前栅格数据矢量化的研究重点。

④ 矢量化图的后处理。矢量化图的后处理是对矢量化图做最后的编辑处理,并通过文件转换等方式使得处理后的地图按照要求的格式存入 GIS 数据库。

3. 两种方法的比较

手扶跟踪数字仪是记录和跟踪地图点、线位置的手工数字化设备。直接数字化输入直接获取矢量数据,数据结构比较简单,数据量较小,但工作量较大。其精度主要受控制点的数量和精度、操作人员的技术及工作态度、原始地图质量等影响。

扫描输入可以大大减轻人工劳动强度,提高工作效率,但矢量化后的数据量一般高于完全手工跟踪或半自动跟踪获得的数据,因为大多数矢量化软件为了减少原始信息的丢失,对地图上所有稍有变化的线条都用很短的直线来拟合,这就造成了矢量化后的地图数据量过大的问题。

总之,直接数字化输入适用于原图中包含大量冗余信息,需要有选择地数字化地图及处理少量地图的情况,如从区域行政区图中获取该地区的交通图。扫描输入适用于数据量大、数据类型较单一的情况,如地形图等。今后扫描输入,尤其是自动化操作将越来越普及,但扫描输入不能绝对代替直接数字化输入。

4.2.2　遥感数据的获取

遥感是利用航空、航天技术获取地球资源和环境信息的重要途径。它能够获取动态的宏观信息,并能够直接以数字方式记录和传送,因此在宏观决策中经常用它来获取和更新信息系统中的数据库,并直接用于模型综合分析。例如,利用航空照片和卫星图像获取地形高程信息、自动提取专题信息等。

1. 遥感数据的特点和质量指标

从地理信息系统的角度看,遥感是地理信息系统的数据源。遥感是指从不同高度的平台(Platform)上,用各种传感器(Sensor)接收来自地球表层的各种电磁波信息,并对这些信息进行加工处理,从而对具有不同波谱特性的地物及其特性进行远距离探测和识别的综合技术。

(1) 遥感数据的特点

① 观测范围大,如陆地卫星图片,包括的面积可达 30 000 km²。

② 获取信息速度快,能够提供大范围的瞬间静态图像。

③ 条件限制少,能够进行大面积重复性观测,即使是人类难以到达的偏远地区也能够做到这一点,大大扩大了人眼所能观察的光谱范围。

(2) 遥感数据的质量指标

① 空间分辨率。该指标反映传感器能测量的最小物体的量度。它表示地面尺寸的最小单位,即影像可以区分的最小单位,可以理解为 1 像素代表的地面面积。例如,SPOT 空间分辨率为 10 m 或 20 m;早期发布的高分辨率的 IKONOS 的空间分辨率为 1 m;2008 年 9 月由美国发射的 GeoEye-1 的分辨率可达 0.41 m 黑白(全色)分辨率。

② 时间分辨率。该指标反映传感器对同一目标重复探测,相邻两次时间的间隔。例如,

SPOT 卫星为 26 天,Landsat 4,5 卫星为 16 天,GeoEye-1 的重访周期为 3 天左右。

③ 光谱分辨率。该指标反映传感器所能记录的电磁辐射波谱中特定的波长范围,即选择的通道数及每个通道的波长及波长宽度。例如,TM 波段 1 记录的是可见光波长 0.45~0.52 μm。记录的波长范围越广,分辨率越低。

④ 温度分辨率。该指标反映热红外传感器分辨地表热辐射(温度)最小差异的能力。

⑤ 辐射分辨率(传感器探测能力)。该指标反映传感器能够区分两种辐射强度最小差别的能力。当信号功率大于等效噪声功率时才能显示出信号;当信号功率大于等于 2 倍等效噪声功率时才能分辨出信号。对于热红外图像,以等效噪声温度替代等效噪声功率。

2. 目视法获取遥感影像数据

目视法即通过对航空航天影像进行目视判读,编制出各种专题地图。目视判读过程如图 4-2 所示。其实质是用遥感形成专题系列图提供给地理信息系统。这些专题系列图的各专题要素来自同一信息源,保证了时相和图幅位置配准,因而很适合地理信息系统进行多重信息的综合分析,从而派生出综合性数据及图件。例如,在流域综合治理中,根据单要素的坡度图、土壤类型图、地貌类型图及植被类型图,经地理信息系统中的模型派生出土地利用评价图及土地利用规划图。对于没有做过资源清查、缺乏数据源或数据需要更新的地方,遥感数据源十分重要。

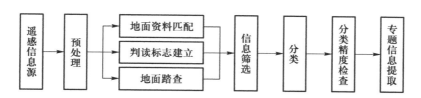

图 4-2 目视判读过程

用目视判读、人工转绘的方法获取专题地图的工作烦琐、费时。随着各种图像分析处理系统和地理信息系统集成的发展,人们希望将遥感信息直接输入地理信息系统。

3. 遥感影像数据经识别直接进入地理信息系统数据库

遥感影像数据经识别直接进入地理信息系统数据库是获取空间数据的理想方式,但必须有遥感影像数据处理及相关技术的支持。

遥感影像处理过程如图 4-3 所示。影像数据处理分析技术主要涉及影像信息特征分析、影像增强、特征提取、分类、精度分析等技术。

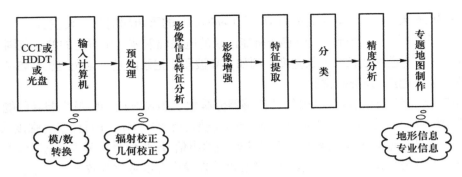

图 4-3　遥感图像处理过程

4.2.3　摄影测量数据

1. 摄影测量的概念

摄影测量与遥感都是通过对非接触传感器系统获得的影像及其数字表达进行记录、测量和解译,来获取有关自然对象和环境的可靠的艺术、科学和技术。摄影测量在我国的基本比例尺测图生产中起关键作用。我国的大部分 1∶10 000、1∶50 000 地形图都使用摄影测量方法。随着数字摄影测量技术的发展及推广,摄影测量在地理信息系统空间数据采集中的地位越来越重要。

2. 摄影测量数据的获取

(1) 地面摄影测量和航空摄影测量

摄影测量包括倾斜的地面摄影测量和垂直的航空摄影测量。在同一地区同时拍摄两张或多张重叠的相片,然后通过数字摄影测量工作站,获取空间数据,作为地理信息系统数据源,并在计算机上重构目标。

(2) 解析摄影测量

解析摄影测量是获取高精度数字地图、数字高程模型的重要手段。例如,在栅格数字高程模型中设定了 x,y 方向的步距后,可直接获得数字高程模型。解析测图仪可用于数字测图。第三代解析测图仪是作为地理信息系统图形数据采集站而设计的,它模拟立体测图仪,通过软件与计算机连接后成为机助和机控测图系统。测图仪测量的结果可以直接存入计算机,然后由计算机编图和绘图。

(3) 数字摄影测量

数字摄影测量主要指全数字摄影测量,是完全数字化的新型摄影测量方法,用于产生数字高程模型、数字正射影像。在前面所说的解析摄影测量中,操作测图仪由计算机完成,但观测系统是机械和光学的,其中的相片是模拟的。全数字摄影测量中的所有数据处理过程,包括存储和处理数字影像,建立立体数字高程模型,输出数字地图、数字正射影像等都在计算机中进行。由于它是全数字化的测量方法,因此便于在处理中加入人工智能算法及模式识别功能,从而可以自动识别和提取数字影像上的地物目标,并将自动获取的数据与遥感和地理信息系统集成起来。

4.2.4 属性数据的获取

1. 属性数据源

属性数据是空间数据的重要组成部分。它主要指地理实体的特征数据,也称为专题数据或统计数据,它是对目标空间特征以外的目标特性的详细描述。属性数据包含了对目标类型的描述和对目标的具体说明与描述。属性数据源包括遥感数据、统计数据、现场调查资料、社会调查资料及已有的其他资料。它们共同组成空间特定位置上的社会、环境、资源、经济、人口等数据。

2. 属性数据的输入

属性数据的输入主要通过键盘输入,有时也可以借助字符识别软件。属性数据的输入方式主要有两种:一种是对照图件直接输入;另一种是通过预先建立属性表输入属性,或者从其他统计数据库中导入属性,然后通过关键字与图形数据自动连接。采集的属性数据需要存入空间数据库。

当属性数据的数据量较小时,通常可以直接用键盘在地理信息系统的支持下对照图件直接输入。当属性数据量较大时,可以先用独立的通用数据库软件输入属性数据,在检查无误后再转入地理信息系统。此外,可以从其他系统转入属性数据。

由于地理信息系统中空间位置数据(几何数据)和属性数据始终关联,因此必须对两者建立联系,以便对空间数据进行统一的管理,其关联方式随地理信息系统而定。

3. 属性数据的获取

属性数据的获取主要通过资料的收集。在建立地理信息系统之前,首先要进行详细的用户调查,确定需要存储哪些属性数据,这些属性数据在什么单位收集和处理。

通过现场专题调查所采集的样本资料,获取土壤成分、道路交通量、房屋质量、土地使用、降雨量等专题信息。有时还需要将局部的样本资料和遥感信息进行对照,以检验信息的正确性及验证遥感信息解译的准确性,从中归纳解译的规律。

通过社会调查与统计获取与人口有关的年龄、性别、教育程度、收入与消费,工业生产,商业经营,医疗保健等专题信息。

任何一个信息系统都应该尽量利用已有的资料,以减少工作成本,缩短工作周期。例如,现有地图、历史遥感资料,以及政府统计部门的各种调查、统计报表等,都是常用的属性数据来源。一些发达国家已公开提供多种计算机化的数据资料,如标准、通用的数字化地图、自然资源数据、政府统计部门的数据,以及将社会调查和地图结合在一起的地理数据等,这就简化了各种地理信息系统的数据收集工作,也为不同地理信息系统之间的数据沟通和共享带来了方便。

4.3 空间数据的质量

4.3.1 空间数据质量的概念

1. 空间数据的质量

空间性、专题性和时间性是空间数据的三个基本要素。而空间数据质量则是空间数据在表达这三个基本要素时所能达到的准确性、一致性、完整性。

空间数据是对现实世界中空间特征和过程的抽象表达。由于现实的复杂和模糊性,以及人类认识和表达能力的局限性,这种抽象表达总是不可能完全达到真值,只能在一定程度上接近真值。从这种意义上讲,数据质量发生问题是不可避免的。此外,对空间数据的处理也会导致某些质量问题。

因此,空间数据质量的好坏是一个相对概念,并具有一定程度的针对性。这里不考虑具体的应用,从空间数据的客观规律性出发,说明空间数据质量的评价和控制。

2. 与数据质量相关的几个概念

(1) 误差

误差(Error)反映了数据与真值或者公认的真值之间的差异。它是一种常用的数据准确性的表达方式。

(2) 数据的准确度

数据的准确度(Accuracy)是指结果值、计算值或估计值与真值或公认的真值的接近程度。

(3) 数据的精密度

数据的精密度(Resolution)表示数据的精密程度,即数据表示的有效位数。它表现了数据本身的离散程度。由于精密度主要体现在它对数据准确度的影响,同时在很多情况下它可以通过准确度得到体现,因此通常把两者结合在一起称为精确度,亦称精度。

(4) 不确定性

不确定性(Uncertainty)是关于空间过程和特征不能被准确确定的程度,是自然界各种空间现象自身固有的属性。在内容上,它是以真值为中心的一个范围,这个范围越大,数据的不确定性也越大。

(5) 分辨率

分辨率(Resolution)是指最小的可分离单元或最小的可表达单元。对于栅格数据,是指图像像元大小;对于矢量数据,是指坐标点。

4.3.2 空间数据质量的评价和控制

1. 空间数据质量的评价

空间数据质量的评价,就是用空间数据要素对数据所描述的空间特征、时间特征和专题特征进行评价。表4-1给出了空间数据质量评价矩阵。

表 4-1 空间数据质量评价矩阵表

空间数据要素	空间数据描述		
	空间特征	时间特征	专题特征
继承性	√	√	√
位置精度	√	—	√
属性精度	—	√	√
逻辑一致性	√	√	√
完整性	√	√	√
表现形式准确性	√	√	√

2. 空间数据质量的控制

空间数据质量控制是一个复杂的过程。要控制空间数据质量应该从数据质量产生和扩散的所有过程和环节入手,以减少误差。

(1) 空间数据质量控制的常见方法

① 传统的手工方法。质量控制的手工方法主要是将数字化数据与数据源进行比较。图形部分的检查通常包括目视方法、绘制到透明图上与原图叠加比较的方法;属性部分的检查通常采用与原属性逐个对比的方法或其他比较方法。

② 元数据方法。数据集的元数据中包含了大量的有关数据质量的信息,通过它可以检查数据质量。同时,元数据也记录了数据处理过程中数据质量的变化,通过跟踪元数据可以了解数据质量的状况和变化。

③ 地理相关法。该法是用空间数据地理特征要素自身的相关性来分析数据的质量。例

如,如果从自然特征的分布分析,发现山区河流在山脊线上,则说明存在数据质量问题。为了帮助分析,可以建立有关地理特征要素相关关系的知识库,以便对地理特征要素进行相关分析。

(2) 数字化过程中空间数据的质量控制

空间数据质量控制应该体现在数据生产和处理的各个环节。下面以地图数字化过程为例,说明空间数据质量控制的方法。

地图数字化过程的质量控制主要包括数据预处理、数字化设备的选用、数字化,采点精度、数字化限差和数据精度检查等。

① 数据预处理工作。数据预处理工作主要包括对原始地图、表格等的整理、誊清或清绘。对于质量不高的数据源,如散乱的文档和图面不清晰的地图,通过预处理工作不但可以减少数字化误差,还可以提高数字化工作的效率。对于扫描数字化的原始图形或图像,还可以采用分版扫描的方法来减少矢量化误差。

② 数字化设备的选用。数字化设备主要根据手扶跟踪数字化仪、扫描仪等设备的分辨率和精度等有关参数进行挑选,这些参数应不低于设计的数据精度要求。一般要求数字化仪的分辨率达到 0.025 mm,精度达到 0.2 mm;扫描仪的分辨率则不低于 0.083 mm。

③ 数字化采点精度(准确性)。数字化采点精度是指数字化时数据采样点与原始点的重合程度。一般要求数字化采点误差小于 0.1 mm。

④ 数字化限差。数字化限差的最大值分别规定如下:采点密度(0.2 mm)、接边误差(0.02 mm)、接合距离(0.02 mm)、悬挂距离(0.007 mm)、细化距离(0.007 mm)和纹理距离(0.01 mm)。其中,接边误差控制是指当相邻图幅对应要素间的距离小于 0.3 mm 时,可以移动其中一个要素以使两者接合;当这一距离在 0.3 mm 与 0.6 mm 之间时,两要素各自移动一半距离;若距离大于 0.6 mm,则按照一般制图原则接边,并做记录。

⑤ 数据精度检查。数据精度检查主要检查输出图与原始图之间的点位误差。一般要求对直线地物和独立地物,这一误差应小于 0.2 mm;对曲线地物和水系,这一误差应小于 0.3 mm;对边界模糊的要素,这一误差应小于 0.5 mm。

4.3.3　空间数据的误差分析

1. 地图数据的质量

地图数据是现有地图经过数字化或扫描生成的数据。在地图数据的质量问题中,不仅含有地图固有的误差,还包括图纸变形、图形数字化等误差。

(1) 地图固有的误差

这类误差是指用于数字化的地图本身所带有的误差,包括控制点误差、投影误差等。由于这些误差间的关系很难确定,所以很难对综合误差做出准确评价。

(2) 材料变形产生的误差

这类误差是由于图纸受湿度和温度变化的影响而产生的尺寸改变。在温度不变的情况下,若湿度由 0% 增至 25%,则纸的尺寸可能改变 1.6%;纸的膨胀率和收缩度并不相同,即使温度又恢复到原来的大小,图纸也不能恢复原有的尺寸。基于聚酯薄膜的底图与纸质地图相比,材料变形产生的误差相对较小。

(3) 图形数字化误差

利用数字化仪进行数字化时,由于数字化操作人员的技术与经验不同,经常引入不同量的数字化误差。这些数字化误差主要产生在最佳采点位的选择、十字丝与目标重叠程度的判断能力等方面。另外,数字化操作人员的疲劳程度和数字化操作的速度、数字化仪操作中的采点方式和采点密度,以及数字化仪分辨率和精度等也会影响数字化数据的质量。其中,数字化仪的实际分辨率和精度比标称的分辨率和精度都要低一些。

利用扫描仪进行数字化时,影响数字化质量的因素有原图质量(如清晰度)、扫描精度、扫描分辨率、配准精度、校正精度等。

2. 遥感数据的质量

遥感数据的质量问题,一部分来自遥感仪器的观测过程,另一部分来自遥感影像处理和解译过程。遥感观测过程本身也存在着精确度和准确度问题,其产生的误差主要表现为空间分辨率、几何畸变和辐射误差。这些误差将影响遥感数据的位置和属性精度。

遥感影像处理和解译过程,主要会产生空间位置和属性方面的误差。这是由影像处理中的影像校正、匹配、遥感解译与判读以及分类引入,其中包括混合像元的解译与判读所带来的属性误差。

3. 测量数据的质量

测量数据主要是指使用大地测量、全球定位系统、城市测量、摄影测量和其他一些测量方法直接量测所得到的测量对象的空间位置信息。这部分数据的质量问题主要表现为空间数据的位置误差,通常考虑的是系统误差、操作误差和偶然误差。

(1) 系统误差

系统误差的发生与一个确定的系统有关,它受环境因素(如温度、湿度和气压等)、仪器结构与性能以及操作人员技能等方面的因素影响。系统误差不能通过重复观测加以检查或消除,只能用数字模型模拟和估计。

(2) 操作误差

操作误差是操作人员在使用设备、读数或记录观测值时,因粗心或操作不当而产生的,应采用各种方法检查和消除操作误差。操作误差一般可以通过简单的几何关系或代数检查验证其一致性,或通过重复观测进行检查并消除操作误差。

（3）偶然误差

偶然误差是一种随机误差，由一些不可预料和不可控制的因素引入。这种误差具有一定的特征，如正负误差出现频率相同、大误差少、小误差多等。偶然误差可以采用随机模型进行估计和处理。

4.4　空间数据的元数据

对空间数据的有效生产和利用，要求空间数据规范化和标准化。同时信息社会的发展，导致社会各行各业对各种翔实、准确的数据的需求量迅速增加，也使得数据库大量出现。这就要求不同类型的数据的内容、格式、说明等要符合一定的规范和标准，以便于数据的交换、更新、检索、数据库集成以及数据的二次开发利用等，这一切都离不开元数据（Metadata）。例如，应用于地学领域的数据库不但要提供空间和属性数据，还要提供大量的引导信息以及由纯数据得到的分析、综述和索引等，这些都是由空间数据的元数据系统实现的。

4.4.1　空间元数据标准概述

空间数据的复杂性，带来了空间数据元数据标准建立的复杂性，并且由于种种原因，某些数据组织或数据用户开发出来的空间数据元数据标准很难为各部门广泛接受。但空间数据元数据标准的建立是空间数据规范化和标准化的前提和保证，只有建立起规范的空间数据元数据才能有效利用空间数据。目前，空间数据元数据已形成了一些区域性或部门性的标准。

当前国际上对空间元数据标准内容进行研究的组织主要有三个，分别是欧洲标准化委员会/地理信息技术委员会（CEN/TC 287）、美国联邦地理数据委员会（FGDC）和国际标准化组织地理信息技术委员会（ISO/TC 211）。

美国联邦地理数据委员会的空间数据元数据标准影响较大，它确定了地学空间数据集的元数据内容。该标准于 1992 年 7 月开始起草，于 1994 年 7 月 8 日正式确认。它将地学领域中应用的空间数据元数据分为 7 个部分，分别是数据标识信息、数据质量信息、空间数据生产者描述信息、数据空间参考消息、地理实体及属性信息、数据传播及共享信息和元数据参考信息。

4.4.2　空间数据元数据的概念

1. 元数据的概念

简要地说，元数据就是关于数据的数据，是一种说明性数据，在地理空间信息中用于描述地理数据采集的内容、质量、状况、表示方式、空间参考、管理方式及其他特征。建立空间数据的元数据库并对其进行有效管理,使数据获取更加容易,这已成为对信息资源实现有效管理和应用的重要手段。空间数据的元数据是实现地理空间信息共享的核心标准之一。

2. 元数据的类型

不同性质、不同领域的数据所需要的元数据的内容通常会有差异,即使同一领域不同应用目的的元数据的内容也会有很大的差异。进行元数据分类研究的目的在于充分了解和更好地使用元数据。分类的原则不同,元数据的分类体系和内容也会有很大的差异。

（1）根据元数据的体系分类

① 科研型元数据。其主要目标是帮助用户获取各种来源的数据及其相关信息。它不仅包括诸如数据源名称、作者、主体内容等传统的、图书管理式的元数据,还包括数据拓扑关系等。这类元数据的任务是帮助科研工作者高效获取所需的数据。

② 评估型元数据。其主要目标是服务于数据利用的评价,内容包括数据的最初收集情况、收集数据所用的仪器、数据获取的方法和依据、数据处理的过程和算法、数据质量控制、采样方法、数据精度、数据的可信度、数据潜在的应用领域等。

③ 模型元数据。其用于描述数据模型的元数据与用于描述数据的元数据在结构上大致相同,其内容包括模型名称、模型类型、建模过程、模型参数、边界条件、作者、引用模型描述、建模型使用软件、模型输出等。

（2）根据元数据描述的对象分类

① 数据层元数据。指描述数据集中每个数据的元数据,内容包括日期邮戳（指最近更新日期）、位置戳（指示实体的物理地址）、量纲、注释（如关于某项的说明见附录）、误差标识（可通过计算机消除）、缩略标识、存在问题标识（如数据缺失原因）、数据处理过程等。

② 属性元数据。包括为表达数据及其含义所建立的数据字典、数据处理规则（协议）,如采样说明、数据传输线路及代数编码等。

③ 实体元数据。指描述整个数据集的元数据,内容包括数据集区域采样原则、数据库的有效期、数据时间跨度等。

3. 空间元数据的表达

目前,很多地理信息系统软件商都提供元数据管理工具或提供一些一般性的空间元数据管理系统。例如,ArcGIS 从较早的版本开始,就在 ArcCatalog 中直接支持多种常用的元数据,并提供输入元数据存储方案的编辑器和浏览功能。但对空间元数据的表达大都采用文本性描述语言,它实际上相当于建立了空间数据的索引信息。

用文本性描述语言来描述空间元数据具有通俗易懂、便于编辑等优点,但存在如下缺点:元数据描述文本和被描述数据联系不够紧密,表达方式不够简洁明了,易产生语义分歧,不利于空间元数据的标准化管理等。因此,也出现了基于 XML 的空间元数据表达方式,及其元语言标准（Resource Description Framework，RDF）等。

基于 XML 的空间元数据表达方式克服了文本性描述语言描述空间元数据的缺点，使不同元数据标准描述的空间元数据交换和集成成为可能。

4.4.3　空间数据元数据的应用

1. 帮助用户获取数据

通过元数据，用户可以对空间数据库进行浏览、检索和研究等。一个完整的地学数据库除提供空间数据和属性数据外，还应提供丰富的引导信息，以及由纯数据得到的分析、综述和索引等。通过这些信息，用户可以明白"这些数据是什么数据""这个数据库对是否用""这些数据是否为我所需"等一系列问题。

2. 空间数据质量控制中的应用

空间数据存在数据精度问题，影响空间数据精度的主要原因是源数据的精度和数据加工处理工程中精度质量的控制情况。空间数据质量控制的内容包括以下几个方面。

① 准确定义的数据字典，用来说明数据的组成、各部分的名称、表征的内容等。

② 保证数据被逻辑科学地集成，如植被数据库中不同亚类的区域组合成大类区，这要求将数据按一定的逻辑关系有效组合。

③ 有足够的数据来源说明、数据的加工处理工程、数据解译的信息。

这些要求可以通过元数据来实现。这类元数据的获取往往由地学和计算机领域的工作者来完成。数据逻辑关系在数据库中的表达要由专业人员来设计，数据质量的控制和提高要由有数据输入、数据查错、数据处理等背景知识的工作人员来完成，而空间数据库的编码和数据再生产则要由计算机基础较好的人员来实现。所有这方面的元数据，应按一定的组织结构集成到数据库中，并构成数据库的元数据系统。

3. 在数据集成中的应用

数据集层次的元数据记录了数据格式、空间坐标体系、数据的表达形式、数据类型等信息。系统层次和应用层次的元数据记录了数据使用的软件和硬件环境、数据使用的规范、数据标准等信息。这些信息在数据集成的一系列处理，如数据空间匹配、属性一致化处理、数据在各平台之间的转换使用等中是必需的，能够使系统有效地控制系统中的数据流。

4. 数据存储和功能实现中的应用

元数据系统用于数据库管理，可以避免数据的重复存储，而且通过元数据建立的逻辑数据索引可以高效检索分布式数据库中任何物理存储的数据，减少数据用户查询数据库及获取数据的时间。数据库的建设和管理费用是数据库整体性能的反映。通过元数据可以实现在数据库的设计和系统资源的利用方面的开支的合理分配,况且数据库的许多功能(如数据库检索、数据转换、数据分析等)的实现是靠系统资源的开发来实现的,因而这类元数据的开发和利用将大大增强数据库的功能并降低数据库的建设费用。

 思考题

1. 地理信息系统的主要数据源及空间数据的获取方法是什么?
2. 空间数据的种类及它们之间的区别是什么?
3. 空间数据质量的误差来源有哪些? 如何对它们进行控制?
4. 简述空间数据元数据的概念及应用。

第5章　空间数据处理

5.1　空间数据处理概述

　　空间数据处理是指对数据本身的操作,不涉及对数据内容的分析。空间数据源的复杂性,加上面临问题的多样性,使地理信息系统中数据源种类繁多,表达方式各不相同,很容易使形成的数据投影、比例尺、格式、分类标准和精度不一致,导致数据难以使用。为了使数据规范化,也为了净化数据,必须进行空间数据处理。

　　尽管由于数据类型和用户要求的不同,对于不同问题,空间数据处理的内容可能有所不同,但其基本内容都包括对获取数据的编辑处理、图形的幅面处理、数据的质量检查和纠正处理,以及对已有空间数据的坐标变换、结构转换、格式转换和空间数据的插值等。

5.2　空间数据处理基础

5.2.1　弧段和多边形的外接矩形

　　由弧段坐标链中的最小值(x_{min}, y_{min})和最大值(x_{max}, y_{max})组成的矩形称为该弧段的外接矩形,如图5-1(a)所示。由多边形坐标链中的最小值(x_{min}, y_{min})和最大值(x_{max}, y_{max})组成的矩形称为该多边形的外接矩形,如图5-1(b)所示。

　　地理信息系统图形数据处理中,为了提高系统应用效率,在许多地方引入外接矩形的概念。例如,在地理信息系统分析中经常进行弧段求交和多边形求交运算,利用外接矩形可以大大减少弧段求交和

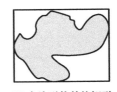

(a) 弧段的外接矩形　　(b) 多边形的外接矩形

图 5-1　外接矩形

多边形求交的工作量,提高求解问题的速度。

这里以弧段求交为例。如图 5-2 所示,有 a_1, a_2, a_3 三条弧段,为了找出它们的交点,先求出每条弧段的外接矩形,然后判断相应的外接矩形的相交性,若外接矩形不相交,则表示相应的弧段必不相交,如图中的 a_1 和 a_2、a_1 和 a_3。只有当弧段的外接矩形相交或为包含关系时,弧段有相交的可能性,才对其进行求交。图 5-2 中 a_2 和 a_3 的外接矩形相交,应该对它们进行求交。

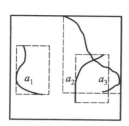

图 5-2 弧段求交中外接矩形的应用

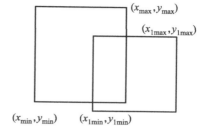

图 5-3 外接矩形相交性判断

图 5-3 所示的为外接矩形相交性判断图,判断的逻辑表达式为

$$(x_{\min} \leqslant x_{1\min} \leqslant x_{\max}) \text{ AND } (y_{\min} \leqslant y_{1\min} \leqslant y_{\max})$$
$$\text{OR} \quad (x_{\max} \geqslant x_{1\max} \geqslant x_{\min}) \text{ AND } (y_{\max} \geqslant y_{1\max} \geqslant y_{\min})$$
$$\text{OR} \quad (x_{\min} \leqslant x_{1\min} \leqslant x_{\max}) \text{ AND } (y_{\max} \geqslant y_{1\max} \geqslant y_{\min})$$
$$\text{OR} \quad (x_{\max} \geqslant x_{1\max} \geqslant x_{\min}) \text{ AND } (y_{\min} \leqslant y_{1\min} \leqslant y_{\max})$$

其中,$(x_{\min}, y_{\min})$ $(x_{\max}, y_{\max})$ 和 $(x_{1\min}, y_{1\min})$ $(x_{1\max}, y_{1\max})$ 分别组成两个外接矩形。

5.2.2 结点、弧段、多边形的捕捉和判断

结点、弧段、多边形的捕捉和判断是实现图形操作的基础,也是地理信息系统中实现空间操作的基础。

1. 结点的捕捉

在地理信息系统中,结点的捕捉是为了捕捉点实体。假设图幅上有一点 $A(x,y)$,为了捕捉该点,设置一定捕捉半径 D(通常为几个像素),当选择点的光标点坐标 $S(x,y)$ 离点 A 距离小于 D 时,认为捕捉点 A 成功。实际中,为了避免进行平方运算,通常把捕捉区域设定成矩形,如图 5-4 所示。因此,点捕捉的实质是判断 $S(x,y)$ 是否在圆或设定的矩形之内。捕捉结点的逻辑表达式为

$$(x_{\min} \leqslant S_x \leqslant x_{\max}) \text{ AND } (y_{\min} \leqslant S_y \leqslant y_{\max})$$

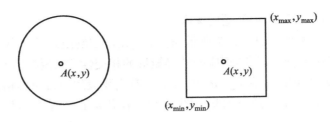

图 5-4 结点的捕捉

2. 弧段的捕捉

在地理信息系统中,弧段的捕捉是为了捕捉线实体。假设图幅上有一条弧段,其坐标点分别为 (x_1,y_1) (x_2,y_2) $(x_3,y_3)\cdots(x_n,y_n)$,为了捕捉该弧段,设置的捕捉半径为 D。

从理论上说,在选择点的光标点坐标 $S(x,y)$ 到弧段的各直线段之间的距离 $d_1,d_2,d_3,\cdots$ 中,若有一个距离 d_i 满足 $d_i<D$,则认为该弧段被捕捉到。

在图 5-5(a)中,若 $(d_1 \text{ OR } d_2 \text{ OR } d_3)<D$,则表示 $S(x,y)$ 能捕捉到该弧段。实际上,由于一条弧段由很多直线段组成,为此需要分别求出选择点的光标点坐标 $S(x,y)$ 到各直线段的垂直距离。借助如上的外接矩形,则可以减少计算工作量,提高捕捉弧段的速度,其过程如下。

(1) 弧段初步捕捉

弧段初步捕捉过程如图 5-5(b)所示。首先查光标点坐标为 $S(x,y)$ 的选择点是否在弧段的外接矩形的外扩矩形(外扩矩形是外接矩形向外扩充了距离 D 后组成的矩形)内,如不在该矩形内,$S(x,y)$ 不可能捕捉到该弧段;反之,如在该矩形内,$S(x,y)$ 有可能捕捉到该弧段。显然,这里通过外接矩形可以大大缩小寻找目标的范围。

(2) 弧段进一步捕捉

弧段进一步捕捉过程如图 5-5(c)所示。当 $S(x,y)$ 有可能捕捉到该弧段时,从 $S(x,y)$ 向直线段分别作水平和垂直射线,设它到直线段的水平和垂直距离分别为 d_x,d_y,取 $d=\min(d_x,d_y)$。判断捕捉该弧段的逻辑表达式为 $d<D$。

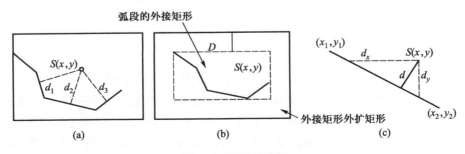

图 5-5 弧段的捕捉

3. 多边形的捕捉

在地理信息系统中,多边形的捕捉是为了捕捉面实体。假设图幅上有一多边形,其边界坐标点分别为$(x_1,y_1)(x_2,y_2)(x_3,y_3)\cdots(x_n,y_n)(x_1,y_1)$。多边形的捕捉实际上是判断$S(x,y)$是否在多边形内。为了提高捕捉多边形的速度,通常用以下方法实现。

(1) 多边形的初步捕捉

多边形的初步捕捉过程如图5-6(a)所示。多边形的初步捕捉是查$S(x,y)$是否在多边形的外接矩形内,若不在该矩形内,则$S(x,y)$不可能捕捉到该多边形;若在该矩形内,则光标点$S(x,y)$有可能捕捉到该多边形,再作进一步捕捉。

(2) 多边形的进一步捕捉

多边形的进一步捕捉如图5-6(b)所示。进一步检查$S(x,y)$是否在多边形内。判断点是否在多边形内有很多算法,这里以射线法为例。从光标点坐标$S(x,y)$作垂直线同多边形交点,当交点数是奇数时,$S(x,y)$在该多边形内;当交点数是偶数时,$S(x,y)$不在该多边形内。这里$S(x,y)$与多边形的边不必逐条求交,只需对可能相交的边线求交即可,如图5-6(c)中$S(x,y)$的垂直线同直线段1,2,4,6不可能相交,同直线段3和5可能相交。判别该直线段(设直线段起点和终点分别为(x_1,y_1)和(x_2,y_2))是否可能同$S(x,y)$垂直线相交的逻辑表达式为

$$((y_1 \leqslant y \leqslant y_2) \text{ OR } (y_2 \leqslant y \leqslant y_1)) \text{ OR } ((x_1 \leqslant x \leqslant x_2) \text{ OR } (x_2 \leqslant x \leqslant x_1))$$

这里,从求得的交点的奇偶数可知点是否在多边形内,从而快速捕捉到该多边形。

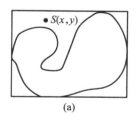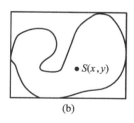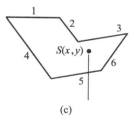

图5-6 多边形的捕捉

5.2.3 弧段的求交

在地理信息系统中弧段求交是一种基本操作,在拓扑关系建立、图形叠置分析、缓冲区建立、图形显示等很多地方均要用到弧段求交算法。一般情况下,弧段求交的计算量是很大的。例如,对两条弧段交点,假定两条弧段分别有m和n个坐标点,则求两条弧段的交点就要进行$(m-1)\times(n-1)$次直线段求交和判断直线段是否相交的运算。由于一幅图中存在大量弧段,求交计算量很大。为此可以用5.2.1小节所述的方法先判断弧段相交的可能,再判断弧段中直线段相交的可能性,最后仅对两弧段中有可能相交的直线段进行求交。

5.2.4 结点、弧段、多边形的位置

结点、弧段、多边形的位置判断方法与结点、弧段、多边形的捕捉类似,只是在对结点、弧段、多边形的位置判断时通常需要做进一步定量化。

1. 多边形弧段的走向判断

地理信息系统中多边形弧段的走向分顺时针方向和逆时针方向两种。顺时针走向构成多边形,多边形始终在弧段的右侧,计算出的面积为正值;反之,逆时针走向构成多边形,多边形始终在弧段的左侧,计算出的面积为负值,如图 5-7 所示。

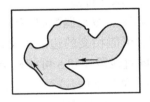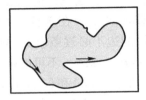

图 5-7 多边形弧段的走向

2. 点与线段的空间关系判断

在地理信息系统中可以利用多边形弧段的走向判断空间关系。由于在矢量数据结构中线段是矢量,它既有长度又有方向。点与这类线段的空间关系分三种情况,即点在线段的右侧、点在线段的左侧及点在线段上或在线段的延长线上,如图 5-8 所示。

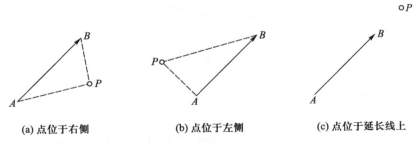

(a) 点位于右侧 　　　　(b) 点位于左侧 　　　　(c) 点位于延长线上

图 5-8 点与线间空间关系判断

由图 5-8 可知,要判断点 P 和线段 AB 之间的空间关系,将线段和点按线段方向连接成 $\triangle BPA$,用第 7 章中介绍的式(7-7)计算三角形面积。当面积值为正时,表示点 P 位于线段 AB 的右侧;当面积值为负时,表示点 P 位于线段 AB 的左侧;当面积值为零时,表示点 P 位于线段 AB 上或在线段 AB 的延长线上。

5.3 拓扑关系的建立

建立矢量数据的拓扑关系对地理信息系统空间分析和查询能力有很大的影响。矢量数据中点、弧段、多边形拓扑关系的生成是地理信息系统数据处理的重要问题之一。无论是通过不规则三角网(TIN)模型、数字高程(DEM)模型自动生成的图形,还是数字化生成的图形,甚至从其他系统转换过来的图形,很多地方都存在着拓扑关系的生成问题。

5.3.1 点、线拓扑关系的生成

拓扑关系生成中的关键是生成多边形的拓扑关系。多边形拓扑关系生成之前,已经建立了点、线拓扑关系,因此点、线拓扑关系的生成是多边形拓扑关系生成的基础。

生成点、线拓扑关系的步骤如下。

① 对获取的数字化数据进行预处理。预处理主要是对图形进行编辑,如点的匹配、拟合;线段一致性检查,删除那些重复数字化的线段等,以尽可能保证图件中点、线段没有错误、遗漏。然后再检查多边形的闭合性,处理悬线、桥线错误。

② 对采集的图形进行编辑消除全部错误后,通过对弧段求交,求得结点,从而对弧段进行分割,最终形成点、线拓扑关系。图 5-9(a)中部分点、线的拓扑关系如表 5-1 所示。

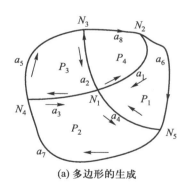
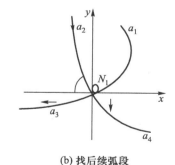

(a) 多边形的生成　　　　　(b) 找后续弧段

图 5-9　多边形的建立

表 5-1　点、线拓扑关系

（a）结点与弧段的关系表

结点	弧段			
N_1	a_1	a_2	a_3	a_4
N_2	a_1	a_6	a_8	

（b）弧段和结点的关联性

弧段	起结点	终结点
a_1	N_1	N_2
a_2	N_1	N_3
a_3	N_1	N_4

5.3.2　多边形拓扑关系的生成

1. 以结点为中心生成拓扑关系

建立拓扑关系的核心是生成多边形,而生成多边形的关键是沿当前弧段走到弧段终结点时如何确定该弧段的后续弧段的走向。经分析可知,当前弧段的后续弧段的确定原则如下。

当生成多边形是顺时针时,以当前弧段的终结点为轴,从当前弧段出发,按逆时针方向旋转搜索,遇到的第一个弧段即为当前弧段的后续弧段;反之,当生成多边形是逆时针时,以当前弧段的终结点为轴,从当前弧段出发,按顺时针方向旋转搜索,遇到的第一个弧段即为当前弧段的后续弧段。这样连续搜索弧段的后续弧段得到闭合多边形。图 5–9 (b)按顺时针方向搜索的原则,显示了求当前弧段为 a_2 的后续弧段示意图。这里当前弧段为 a_2,按顺时针方向沿 a_2 找到它的终结点 N_1,以终结点 N_1 为轴,从当前弧段 a_2 出发,按逆时针方向搜索,遇到的第一个弧段为 a_3,因此 a_3 为 a_2 的后续弧段。

2. 多边形的建立

这里假设顺时针生成多边形,则以结点为中心逆时针方向搜索后续弧段,其基本过程如下。

① 以结点为中心顺序取一个结点作为起结点,将经过该结点的一条弧段为起始弧段,沿该弧段找到它的终结点。

② 以上述终结点为中心,从当前弧段出发,在该结点按逆时针方向搜索的原则找到该弧段的后续弧段,再沿搜索到的后续弧段找到它的终结点。

③ 判断该终结点是否回到起结点,如回到起结点,生成一多边形,按步骤④搜索新的多边形;否则按步骤②搜索后续弧段。

④ 回到步骤①并以步骤③中生成的一多边形的最后一个弧段,取其相反方向弧段为起始弧段,重复步骤①。

下面以图 5–9(a)为例说明多边形的生成过程。

① 以 N_1 结点为起结点,取连接该结点的 a_1 弧段为起始弧段,沿该弧段找到它的终结点 N_2,以 N_2 结点为中心,从当前 a_1 弧段出发,按逆时针方向搜索的原则找到该弧段的后续弧段 a_6,再沿该 a_6 弧段找到它的终结点 N_5;在 N_5 结点按逆时针方向搜索的原则找到后续弧段 a_4,沿 a_4 弧段找到它的终结点 N_1,形成多边形 P_1。

② 将生成的 P_1 多边形中的最后弧段 a_4,反方向沿 N_1 到 N_5 方向走,在 N_5 结点按逆时针方向搜索的原则找到该弧段的后续弧段 a_7,再沿该弧段找到它的终结点 N_4;在 N_4 结点按逆时针方向搜索的原则找到后续弧段 a_3,沿该弧段找到它的终结点 N_1,形成多边形 P_2。

③ 将生成的 P_2 多边形中的最后弧段 a_3,反方向沿 N_1 到 N_4 方向走,在 N_4 结点按逆时针

方向搜索的原则找到后续弧段 a_5，沿该弧段找到它的终结点 N_3，在 N_3 结点按逆时针方向搜索的原则找到后续弧段 a_2，再沿该弧段找到它的终结点 N_1，形成多边形 P_3。

④ 将生成的 P_3 多边形中的最后弧段 a_2，反方向沿 N_1 到 N_3 方向走，在 N_3 结点按逆时针方向搜索的原则找到该弧段的后续弧段 a_8，再沿该弧段找到它的终结点 N_2；在 N_2 结点按逆时针方向搜索的原则找到后续弧段 a_1，沿该弧段找到它的终结点 N_1，形成多边形 P_4。

⑤ 这时，同 N_1 结点相连的弧段都已搜索两次，找另一个结点 N_2，与 N_2 相连的弧段 a_6，a_8 都只搜索了一次，这里以 a_8 为起始弧段，沿该弧段找到它的终结点 N_3，以 N_3 结点为中心，在该结点按逆时针方向搜索的原则找到该弧段的后续弧段 a_5，沿该弧段找到它的终结点 N_4，以 N_4 结点为中心，在该结点按逆时针方向搜索的原则找到该弧段的后续弧段 a_7，沿该弧段找到它的终结点 N_5，以 N_5 结点为中心，在该结点按逆时针方向搜索的原则找到该弧段的后续弧段 a_6，沿该弧段找到它的终结点 N_2，得到边界多边形，其弧段按逆时针方向排列。

到此，图 5-9（a）的所有多边形均已生成，其中每条弧段都已正反向各搜索了一次。共搜索到多边形 P_1、P_2、P_3、P_4 及边界多边形。

3. 多边形属性的赋值

在如上建立了全部多边形之后，得到了组成各个多边形的相应的弧段及其排列，为了完成生成拓扑关系的全部工作，还要生成多边形内点；并以多边形内点作为标识符，为每个多边形赋予属性值。

4. 判断岛多边形的归属

岛多边形具有连通边界，且被另一个多边形所包含，如图 5-10 所示。

岛多边形的归属判断包括判断哪些多边形属于岛多边形和该岛多边形归属于哪个多边形。

（1）岛多边形的确定

上述多边形生成过程得到闭合多边形的各弧段按顺时针排列时，此边界为外边界。外边界是指该边界围成的区域的外围是不连通区域，这里各弧段按顺时针排列，因此求出的面积为正值。

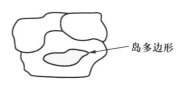

图 5-10　岛多边形

当得到闭合多边形的各弧段按逆时针排列时，此边界为得到内边界（如岛边界、轮廓边界）。内边界是指该边界围成的区域的外围是连通区域，这里各弧段按逆时针排列，因此求出的面积为负值。

岛多边形是单弧段组成的多边形，边界具有连通性。根据上述方法搜索两次，可以得到面积为正和面积为负两个值，利用岛边界数据的这些特殊性易于找出岛多边形。

（2）岛多边形的归属

① 判断一个面积为正值的外边界多边形是否包含岛多边形,首先要找出面积比它小且面积为负值的岛多边形。

② 用外接矩形法,找出具有包含或相交关系的岛多边形。

③ 在岛多边形中取一点,判断点是否在外边界多边形内,若在外边界多边形内,则被包含;否则,不被包含。

5.4　空间数据的编辑

地理信息系统在获取空间数据和属性数据时,错误或误差不可避免。因此,空间数据的编辑处理是获取空间数据的过程中不可缺少的环节。

5.4.1　图形编辑

图形编辑包括图形位置编辑及图形间关系的编辑,具体包括图形几何编辑、图形拓扑编辑、属性编辑、图形装饰等,如图 5-11 所示。

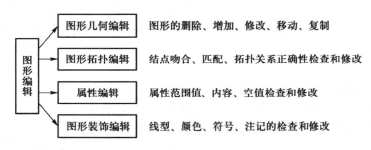

图 5-11　图形编辑

1. 图形几何编辑和图形拓扑编辑

图形几何编辑和图形拓扑编辑主要是纠正数据采集中出现的各种错误,包括对点、线、面的增、删、改。图 5-12 所示的为常见的图形数字化错误。

(a) 结点不吻合　(b) 弧段打折　(c) 悬线　(d) 公共弧不重合 (e) 桥线 (f) 多边形不封闭

图 5-12　常见的图形数字化错误

（1）坐标点的编辑

纠正空间数据的遗漏、丢失、点位不准等错误，主要通过坐标点的插入、坐标点的移动、坐标点的删除、坐标点的复制等来完成。

（2）多余点的消除

组成地理信息系统复杂图形的最基本要素是直线，从几何上说，两点决定一直线。若保存直线数据时保存的数据点多于两点，则认为该直线上存在多余点。因此，消除多余点的实质是除去直线上的多余点，以减少数据的冗余。

（3）弧段编辑

图形数据的弧段编辑包括：遗漏、丢失、重复、断线编辑；公共弧段一致性检查编辑；弧段打折检查编辑；空间数据位置正确性编辑；结点吻合（结点移动法、容差法、求交法）编辑；假结点和悬线的消除等。

（4）图形的拓扑编辑

图形的拓扑编辑主要检查拓扑关系的正确性，并进行修改。

2. 属性编辑

属性数据错误主要是指属性范围值错误、属性内容错误及空值等错误。其中，空值属性比较容易检查出来，但错误的属性范围值和属性内容却常常很难检查出来。通常，交互输入中产生的错误是有限的，若出现大量同源性错误，则可能是属性设置的错误。若数据来自其他数据库或表且出现一系列错误，则应检查数据转换或读取中是否出现了错误。

3. 图形和属性一致性的编辑

图形和属性一致性的编辑用来检查图形和属性数据逻辑上的一致性，如空间和属性数据对应关系错误等。

4. 图形装饰编辑

图形装饰编辑是广义的空间数据编辑，其实质是对图形参数设置进行编辑，实现线型、颜色、符号、注记的检查和修改。

5.4.2 矢量数据的编辑

空间数据编辑的常用方法包括目视检查法和逻辑检查法等。

1. 目视检查法

目视检查法常用来检查数字化图是否存在重复输入线、漏线、结点不吻合、悬线、桥线、公共弧不重合、碎多边形、多边形不封闭、图形和属性不一致等问题。

2. 逻辑检查法

（1）欧拉定理检查

欧拉定理是拓扑学的一个定理。它描述了一幅数字图中多边形、弧段和结点之间数目的关系。例如，a（arc）表示弧段数目；n（node）表示结点数目；p（polygon）表示多边形数（还包含外边界区域的图斑）。

欧拉定理认为 a, n, p 之间存在如下关系：
$$C=n-a+p \tag{5-1}$$
上式中，C 为常数，是多边形图的一个特征，值恒为 2。

例如，图 5-13 中实线框内的部分 $n=6, a=9, p=5$，则
$$C=n-a+p=6-9+5=2$$

欧拉定理用于矢量数据正确性的逻辑检查时主要检查点、线、面中是否存在多余或漏掉的图形元素。

（2）DIME 多边形的拓扑检查

DIME（Dual Independent Map Encoding，双重独立地图编码）是美国人口普查局研制的用于人口分析制图的一种数据编码，利用它可以对多边形的拓扑关系进行拓扑检查。

现用图 5-14 所示的 DIME 拓扑编辑图对多边形 P_4 进行拓扑检查，其过程如下。

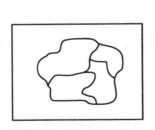

图 5-13　欧拉定理检查

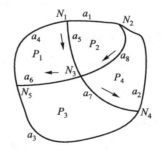

图 5-14　DIME 拓扑编辑图

① 从图 5-14 的弧段文件中找出含多边形 P_4 的全部弧段，组成表 5-2（a）。

② 检查表 5-2（a）中各弧段，使弧段走向确保左多边形为 P_4，使多边形号按逆时针方向闭合，得表 5-2（b）。

③ 调整弧段顺序号，以保证各弧段头尾相接地形成多边形，得表 5-2（c）。

表 5-2 多边形的拓扑检查

(a) 含 P_4 的全部弧段

弧段号	起结点	终结点	左多边形	右多边形
a_2	N_2	N_4	0	P_4
a_7	N_3	N_4	P_4	P_3
a_8	N_2	N_3	P_4	P_2

(b) 多边形号按逆时针方向闭合

弧段号	起结点	终结点	左多边形	右多边形
a_2	N_4	N_2	P_4	0
a_7	N_3	N_4	P_4	P_3
a_8	N_2	N_3	P_4	P_2

(c) 各弧段头尾相接

弧段号	起结点	终结点	左多边形	右多边形
a_2	N_4	N_2	P_4	0
a_8	N_2	N_3	P_4	P_2
a_7	N_3	N_4	P_4	P_3

若上述结点连接不能闭合,则表示弧段文件有错误,需要找出错误直到所有多边形的拓扑编辑都正确为止。然后,对结点进行拓扑检查。

（3）结点的拓扑检查

在图 5-14 的弧段文件中以结点 N_3 为例进行拓扑检查,其过程如下。

① 从图 5-14 中找出结点 N_3 及其相关的弧段,如表 5-3(a)。

② 检查表 5-3(a)中弧段的走向,使终结点均为 N_3,得表 5-3(b)。

③ 调整弧段的顺序号,以保证结点周围多边形头尾相接,得表 5-3(c)。

表 5-3 结点拓扑检查

(a) 结点 N_3 及其相关弧段

弧段号	起结点	终结点	左多边形	右多边形
a_8	N_2	N_3	P_4	P_2
a_6	N_3	N_5	P_3	P_1
a_7	N_3	N_4	P_4	P_3
a_5	N_1	N_3	P_2	P_1

(b) 终结点均为 N_3

弧段号	起结点	终结点	左多边形	右多边形
a_8	N_2	N_3	P_4	P_2
a_6	N_5	N_3	P_1	P_3
a_7	N_4	N_3	P_3	P_4
a_5	N_1	N_3	P_2	P_1

(c) 多边形头尾相接

弧段号	起结点	终结点	左多边形	右多边形
a_5	N_1	N_3	P_2	P_1
a_6	N_5	N_3	P_1	P_3
a_7	N_4	N_3	P_3	P_4
a_8	N_2	N_3	P_4	P_2

若上述多边形不能头尾顺序连接,则表示弧段文件有错误,需要进行编辑。

5.4.3　栅格数据的编辑

图 5–15 显示了栅格数据的一些错误,主要包括单个属性的错误以及由不可靠的数字化算法和人为引起的输入错误所形成的区域边缘错误。对于此类错误,通常用人工交互的方式进行编辑修正。

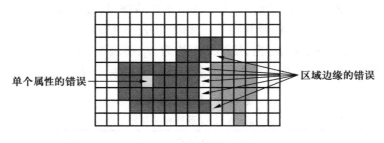

图 5–15　栅格数据错误

5.5　空间数据的坐标变换

空间数据的坐标变换是空间数据处理的基本内容。它是将地理实体从一个坐标系转换为另一个坐标系,以建立其间的对应关系,主要包括投影变换、图形几何变换等。投影变换主要解决地理坐标和平面坐标之间的转换问题;几何变换主要解决数字化原图变形等引起的误差,并进行几何配准;坐标系转换主要解决地理信息系统中设备坐标与用户坐标不一致、设备坐标之间不一致的问题。

此外,不同的输入输出设备也可能有不同的坐标系,如图 5–16 所示。

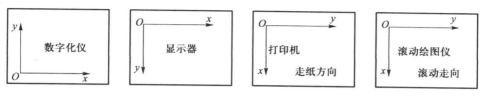

图 5–16 输入输出设备坐标系

5.5.1 空间数据坐标变换的理论基础

空间数据坐标变换分为二维坐标变换和三维坐标变换,其基本原理相同,这里以二维坐标变换为例进行介绍。

1. 平移变换

$$(X,Y,1) = (x,y,1) \times \begin{pmatrix} 1 & 0 & 0 \\ 0 & 1 & 0 \\ T_X & T_Y & 1 \end{pmatrix} = (x+T_X, y+T_Y, 1) \tag{5-2}$$

2. 比例变换

$$(X,Y,1) = (x,y,1) \times \begin{pmatrix} S_X & 0 & 0 \\ 0 & S_Y & 0 \\ 0 & 0 & 1 \end{pmatrix} = (xS_X, yS_Y, 1) \tag{5-3}$$

3. 反射变换

$$(X,Y,1) = (x,y,1) \times \begin{pmatrix} -1 & 0 & 0 \\ 0 & 1 & 0 \\ 0 & 0 & 1 \end{pmatrix} = (-x, y, 1) \tag{5-4}$$

4. 旋转变换

$$(X,Y,1)=(x,y,1)\times\begin{pmatrix} \cos\alpha & \sin\alpha & 0 \\ -\sin\alpha & \cos\alpha & 0 \\ 0 & 0 & 1 \end{pmatrix}=(x\cos\alpha-y\sin\alpha,x\sin\alpha+y\cos\alpha,1) \qquad (5-5)$$

5. 二维变换矩阵的一般形式

$$\begin{pmatrix} a & b & p \\ c & d & q \\ l & m & s \end{pmatrix}$$

其中,$\begin{pmatrix} a & b \\ c & d \end{pmatrix}$ 对图形进行缩放、比例、旋转等变换;

$(l \quad m)$ 对图形进行平移变换;

$\begin{pmatrix} p \\ q \end{pmatrix}$ 对图形进行投影变换;

(s) 对图形进行全比例变换。

当 $s>1$ 时,图形整幅按比例缩小;当 $0<s\leqslant1$ 时,图形整幅按比例放大。

二维变换矩阵的一般形式为 3×3 矩阵,三维变换矩阵的一般形式为 4×4 矩阵。

5.5.2 几何纠正

1. 几何纠正概述

前面的图形编辑主要用来消除图形数字化中产生的错误和误差。实际上,地理信息系统中获取的地形图、遥感影像通常通过对原图进行扫描输入系统。对于原始图介质存在的几何变形、扫描输入时图纸未被压紧产生的斜置、遥感影像本身的几何变形等带来的误差,必须进行几何纠正解决。在地理信息系统软件中提供的几何纠正通常用二次变换、高次变换、仿射变换等实现。各种变换的实质是要解决不同的变换方程,然后通过输入多对控制点的当前坐标和理论坐标,求出方程的待定系数,从而实现几何纠正。

2. 仿射变换

仿射变换是使用得最多的一种几何纠正,主要针对地形图或影像图在 x 轴和 y 轴方向上的变形进行变换。变换后原平行线的平行关系不变,原来的直线仍为直线,但在不同方向上的长度比发生了变化。

仿射变换是一种组合变换。它是基于上述坐标变换中多个基本变换组合的复杂变换。复杂变换实际上是多个基本变换的

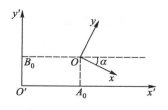

图 5-17 组合变换

连乘。如图 5-17 所示,将 Oxy 坐标系(x,y 为控制点的当前坐标)中的图转到 $O'x'y'$ 坐标系(x', y' 为控制点的理论坐标)中,要进行旋转变换、平移变换和比例变换组成的组合变换,其变换矩阵为

旋转变换 × 平移变换 × 比例变换

即

$$\begin{pmatrix} \cos\alpha & \sin\alpha & 0 \\ -\sin\alpha & \cos\alpha & 0 \\ 0 & 0 & 1 \end{pmatrix} \times \begin{pmatrix} 1 & 0 & 0 \\ 0 & 1 & 0 \\ A_0 & B_0 & 1 \end{pmatrix} \times \begin{pmatrix} m & 0 & 0 \\ 0 & n & 0 \\ 0 & 0 & 1 \end{pmatrix}$$

$$= \begin{pmatrix} \cos\alpha & \sin\alpha & 0 \\ -\sin\alpha & \cos\alpha & 0 \\ A_0 & B_0 & 1 \end{pmatrix} \times \begin{pmatrix} m & 0 & 0 \\ 0 & n & 0 \\ 0 & 0 & 1 \end{pmatrix}$$

$$= \begin{pmatrix} m\cos\alpha & n\sin\alpha & 0 \\ -m\sin\alpha & n\cos\alpha & 0 \\ mA_0 & nB_0 & 1 \end{pmatrix}$$

$$(x,y,1) \times \begin{pmatrix} m\cos\alpha & n\sin\alpha & 0 \\ -m\sin\alpha & n\cos\alpha & 0 \\ mA_0 & nB_0 & 1 \end{pmatrix}$$

$$= ((xm\cos\alpha - ym\sin\alpha + mA_0), (xn\sin\alpha + yn\cos\alpha + nB_0), 1)$$

$$x' = m(x\cos\alpha - y\sin\alpha) + mA_0$$

$$y' = n(x\sin\alpha + y\cos\alpha) + nB_0$$

令

$$a_3 = mA_0, \quad b_3 = nB_0$$

$$a_1 = m\cos\alpha, \quad b_1 = n\sin\alpha$$

$$a_2 = -m\sin\alpha, \quad b_2 = n\cos\alpha$$

则变换方程为

$$\begin{cases} x' = a_1 x + a_2 y + a_3 \\ y' = b_1 x + b_2 y + b_3 \end{cases} \tag{5-6}$$

从该变换方程可知,从理论上只要知道不在一条直线上的三对控制点的当前坐标和理论坐标,就可以确定方程中的待定系数,从而实现几何变换。实际上常用四个以上控制点,通过最小二乘法进行处理,以提高处理精度。

误差方程为

$$\begin{cases} E_x = x' - (a_1 x + a_2 y + a_3) \\ E_y = y' - (b_1 x + b_2 y + b_3) \end{cases} \tag{5-7}$$

上式中,x',y' 为已知理论值;E_x,E_y 为理论和实际值之间的误差。

现要求误差最小,由 E_x^2 最小和 E_y^2 最小条件,得到两组方程:

$$\begin{cases} a_1\sum x + a_2\sum y + a_3 n = \sum x' \\ a_1\sum x^2 + a_2\sum xy + a_3\sum x = \sum x'x \\ a_1\sum xy + a_2\sum y^2 + a_3\sum y = \sum x'y \end{cases} \tag{5-8}$$

$$\begin{cases} b_1\sum x + b_2\sum y + b_3 n = \sum y' \\ b_1\sum x^2 + b_2\sum xy + b_3\sum x = \sum y'x \\ b_1\sum xy + b_2\sum y^2 + b_3\sum y = \sum y'y \end{cases} \tag{5-9}$$

上式中，n 为控制点个数；x、y 为控制点的当前坐标；x'，y' 为控制点的理论坐标。

通过解方程就可以求出待定系数 $a_1, a_2, a_3, b_1, b_2, b_3$，得到变换方程，从而实现几何纠正。

3. 地形图的纠正

一般采用四点纠正法或网格纠正法。四点纠正法通过输入四个图幅轮廓控制点坐标来实现变换。当四点纠正法不能满足精度要求时，可以选用网格纠正法，以增加采样控制点的数目。

4. 遥感影像图的纠正

遥感影像图的纠正通常选用与遥感影像图比例尺相同的地形图或正射影像图作为变换标准图。选择好变换方法后，在被纠正的遥感影像图和变换标准图上分别采集同名地物点，所选的地物点应该在图上分布均匀、点位合适，通常选择道路交叉点、河流桥梁等固定设施点，以保证纠正精度。

5.5.3 空间数据的投影变换

由于地理信息系统中的所有分析处理都归到笛卡儿坐标系中进行，因而在地理信息系统获取数据时必须注意将现实世界的地理坐标转换成笛卡儿坐标系所用的地图投影方式。地图的投影实质是建立球面坐标与平面坐标之间的关系。地理信息系统获取数据时，必须注意由现实世界的地理坐标转换成笛卡儿坐标系，或者相反。因此，投影变换的实质是实现不同类型坐标系之间的转换。

1. 正解变换

将具有经纬度 (L, B) 的地理坐标转换为平面直角坐标系下的坐标 (x, y)。

2. 反解变换

将平面直角坐标系下的坐标 (x,y) 转换为具有经纬度 (L,B) 的地理坐标。

当同一地理坐标基准下的两个空间坐标点 (x_1,y_1) 和 (x_2,y_2) 进行转换时,一般很难精准求出直接的 $(x_1,y_1) \rightarrow (x_2,y_2)$ 解析公式,这时需要采用正解变换和反解变换相结合的间接转换方法,即先使用反解转换公式,将 (x_1,y_1) 平面直角坐标换算为球面大地坐标: $(x_1,y_1) \rightarrow (B,L)$,然后再使用正解转换公式把求得的球面大地坐标代入另一种投影的坐标公式,得到该投影下的平面直角坐标: $(B,L) \rightarrow (x_2,y_2)$。这样就实现了两种投影坐标 $(x_1,y_1) \rightarrow (x_2,y_2)$ 的变换。

3. 坐标系变换

坐标系变换包括不同大地坐标系间的变换、不同平面直角坐标系间的变换及平面直角坐标系和大地坐标系间的变换。例如,当 (x_1,y_1) 和 (x_2,y_2) 分别是不同地理坐标基准下的两个空间坐标时,经过反解变换 $(x_1,y_1) \rightarrow (B,L)$ 得到的 (B,L) 不能直接代入另一投影坐标公式,而需要先在两个球面大地坐标之间进行转换,此时就需要使用坐标系转换,如图 5-18 所示。

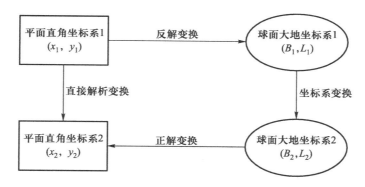

图 5-18　坐标系变换

坐标系变换主要包括以下内容。

(1) 平面直角坐标系之间的转换

坐标系 $O'x'y'$ 的原点在坐标系 Oxy 中的坐标为 (a,b),x 轴与 x' 轴夹角为 θ。在 $O'x'y'$ 坐标系中的一点 $P(x',y')$,由坐标系平移公式和坐标系旋转公式可得:

$$x = x'\cos\theta - y'\sin\theta + a$$
$$y = y'\cos\theta + x'\sin\theta + b$$

(5-10)

(2) 不同空间直角坐标系之间的转换

设两个三维空间坐标系 $Oxyz$ 和 $O'x'y'z'$ 之间的位置关系为: $Oxyz$ 坐标系的原点 O 与 $O'x'y'z'$ 的原点 O' 之间的距离为 Δx、Δy、Δz; $Oxyz$ 坐标系相对 $O'x'y'z'$ 的三轴旋转角度分别为 ε_x、ε_y、ε_z(面向轴指针的逆时针方向),则同一点在两个坐标系中的坐标 (x,y,z) 和 (x',y',z') 之

间有如下关系：

$$\begin{pmatrix} x' \\ y' \\ z' \end{pmatrix} = \begin{pmatrix} \Delta x \\ \Delta y \\ \Delta z \end{pmatrix} + (1+k) \times R_1(\varepsilon_x) \times R_2(\varepsilon_y) \times R_3(\varepsilon_z) \begin{pmatrix} x \\ y \\ z \end{pmatrix} \qquad (5\text{--}11)$$

式 (5–11) 中，$R_1(\varepsilon_x) = \begin{pmatrix} 1 & 0 & 0 \\ 0 & \cos\varepsilon_x & \sin\varepsilon_x \\ 0 & -\sin\varepsilon_x & \cos\varepsilon_x \end{pmatrix}$

$$R_2(\varepsilon_y) = \begin{pmatrix} \cos\varepsilon_y & 0 & -\sin\varepsilon_y \\ 0 & 1 & 0 \\ \sin\varepsilon_y & 0 & \cos\varepsilon_y \end{pmatrix}$$

$$R_3(\varepsilon_z) = \begin{pmatrix} \cos\varepsilon_z & \sin\varepsilon_z & 0 \\ -\sin\varepsilon_z & \cos\varepsilon_z & 0 \\ 0 & 0 & 1 \end{pmatrix}$$

$(\Delta x, \Delta y, \Delta z)^{\mathrm{T}}$ 为坐标平移参数，$\varepsilon_x, \varepsilon_y, \varepsilon_z$ 为坐标旋转参数（也称为三个欧勒角），k 为坐标比例系数。这个公式是著名的 Bursa–Wolf 模型，即通常所说的七参数模型（如图 5–19 所示），当各轴旋转参数为 0 且比例参数为 1 时，成为三参数模型。

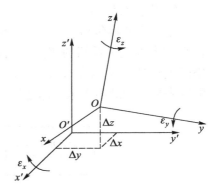

图 5–19　Bursa–Wolf 模型图

5.6　空间数据的结构转换

空间数据的结构转换主要是指空间数据结构中矢量数据和栅格数据之间的相互转换。

5.6.1　矢量到栅格数据的转换

矢量数据向栅格数据转换就是要实现将坐标点表示的点、线、面转换成由栅格单元表示的点、线、面。

1. 栅格数据分辨率和栅格数的确定

栅格数据分辨率的确定实质上就是栅格单元大小的确定。栅格数的确定实质上就是根据栅格数据分辨率，确定研究区域栅格要用多少行列数来表示。

在将矢量数据向栅格数据转换前，首先要根据原矢量图的情况及所研究的问题的性质确定栅格数据的分辨率，再根据所确定的分辨率，求出所描述区域的栅格行列数。

假定已确定了在 x 和 y 方向上每个栅格单元的长度分别是 $\Delta x, \Delta y$,则所研究区域的行列数应分别为

$$j = \frac{x_{max} - x_{min}}{\Delta x}, \quad i = \frac{y_{max} - y_{min}}{\Delta y}$$

上式中,i, j 分别为 y, x 方向的栅格数;

$x_{min}, x_{max}, y_{min}, y_{max}$ 为矢量数据的数值范围;

如某研究区域 x 方向长 30 km,y 方向长 15 km,现有该区域的 $1 : 10\,000$ 比例尺的矢量图,要将它转成栅格结构图,要求栅格数据的最低分辨率是 30 m × 30 m,则所需的栅格列数 $j=$ 30 km/30 m=1 000 格;行数 $i=$15 km/30 m=500 格。

2. 点的栅格化方法

点矢量数据向栅格数据转换实质是在确定栅格数据分辨率和栅格数的前提下,找出点矢量数据坐标点所在的栅格单元。矢量数据和栅格数据的坐标关系如图 5–20 所示。

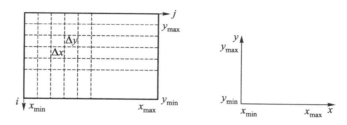

图 5–20 矢量数据和栅格数据的坐标关系

设矢量数据的一个坐标点为 (x, y),转成栅格数据后其行列值为 (i, j)。

y_{max}, x_{min} 表示矢量数据的 y 最大值和 x 最小值。

$\Delta x, \Delta y$ 为每个栅格单元对应的边长;integer 表示取整数。

$$i = 1 + \text{integer} \left(\left(y_{max} - y \right) / \Delta y \right)$$

$$j = 1 + \text{integer} \left(\left(x - x_{min} \right) / \Delta x \right)$$

(5–12)

3. 弧段的栅格化方法

在地理信息系统中,弧段由有序的直线段组成,所以弧段栅格化方法的实质是实现直线段的栅格化。因此,这里用直线段的栅格化来说明弧段的栅格化。

由于在矢量数据中直线段由起结点和终结点两个坐标点组成,而在栅格数据中直线段由相邻的一系列栅格单元组成,因此直线段的栅格化过程不只实现直线段的起结点和终结点坐标点的栅格化,还要求出直线段中间的栅格单元。下面以图 5–21 为例说明直线段 ab 栅格化

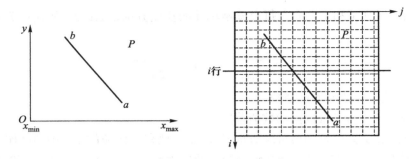

图 5-21 点和线的栅格化

的步骤。

（1）用点栅格化方法实现直线段的起结点和终结点坐标点栅格化

用式（5-12）分别求出矢量数据中的直线段两端的结点 a 和 b 的栅格行列号 (i_a,j_a) 和 (i_b,j_b)。

（2）求出直线段所对应的栅格单元的行列号范围

这里直线段 ab 所对应的栅格单元的行号范围为 $i_a \sim i_b$，列号范围为 $j_a \sim j_b$。

（3）求直线段经过的中间栅格单元所在行列号

由于栅格数据中直线段由相邻的栅格单元组成，若已知直线段对应的栅格单元行列号范围，则可以利用连续的行值，根据直线方程求直线段中间栅格单元的列号（或者利用连续的列号，根据直线方程求直线段中间栅格单元的行号）。这里用已知直线段中间栅格单元行号 i，求列号 j。

① 求出 i 行中心线与直线段相交的 y 值：

$$y=y_{max}-\Delta y(i-1/2)$$

② 由 y 值用已知直线方程，求出直线段上对应点 x 的值：

$$x=((x_2-x_1)/(y_2-y_1))(y-y_1)+x_1$$

③ 由 x 值求出 i 行对应的 j 列：

根据上面求出的 x 值，用式（5-12）求出 i 行对应的 j 列：

$$j=1+\text{integer}((x-x_{min})/\Delta x)$$

对上述的直线段 ab，从 i_a+1 行到 i_b-1 行，逐行求出对应的列，从而得到直线段中间点的栅格单元行列号，然后用该直线段的属性值对这些栅格单元进行填充，从而完成直线段的栅格化。

4. 多边形的栅格化方法

由于在栅格数据结构中，多边形是用连续分布的一组栅格单元的集合来表示的，因此多边形的栅格化也称为区域的填充。最终将矢量表示的多边形内部所有栅格单元用多边形的属性填充，形成栅格数据集合。实现多边形栅格化的常用方法有以下三种。

（1）内部扩充法

由多边形内的一个内部点开始，根据 8 邻域思想向 8 个方向的邻点进行扩充，判断新的点是否在多边形边界上，如果是边界点，新加入的点不作为种子点；否则，把新加入的点作为新种子点，并为它赋予多边形编号作为属性填充。重复进行扩充和填充，直到区域填充完成。内部扩充法算法实现比较复杂，易发生扩充阻塞，如图 5-22 所示。

图 5-22　内部扩充法阻塞　　　　图 5-23　扫描线法特殊情况

（2）扫描线法

扫描线法通常是沿栅格阵列的行方向扫描，若扫描线行遇到多边形边界点的两个位置值，则位置值中间的栅格单元属于该多边形，并为它赋予多边形编号作为属性填充。这种方法的缺点是计算量大，同时存在扫描线行同多边形相交的特殊情况，如图 5-23 所示。为了解决特殊问题常用其他方法，如负修正法等。

（3）边界代数法

边界代数法基于积分求多边形的思想，通过简单的代数运算实现多边形的矢量数据和栅格数据的转换。该算法简单可靠，被大量使用。假定沿边界前进方向 y 值下降为下行，y 值上升为上行，上行时对搜索多边形边界曲线左侧进行填充，填充值是左多边形减右多边形；下行时对搜索多边形边界曲线左侧（从曲线前进方向看为右侧）进行填充，填充值是右多边形减左多边形。每次将填充值同该处的原始值进行代数运算即可得到最终的属性值。

图 5-24 所示的是边界代数法的填充过程。其中，图 5-24（a）所示的为实际图形，填充过程如下。

① 确定栅格数，并将全部栅格单元置为零值，如图 5-24（b）所示。

② 沿弧段 a 上行，在图 5-24（b）的基础上，填充值 = 左多边形 − 右多边形 =0−1=−1，求各栅格单元的代数和，得到图 5-24（c）。

③ 沿弧段 b 下行，在图 5-24（c）的基础上，填充值 = 右多边形 − 左多边形 =1−0=1，求各栅格单元的代数和，得到图 5-24（d）。

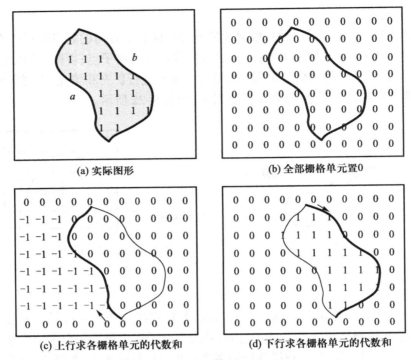

图 5-24　边界代数法实现多边形的矢量数据和栅格数据的转换

5.6.2　栅格到矢量数据的转换

把栅格数据转换成几何图形数据的过程称为矢量化。在地理信息系统中栅格数据转换成矢量数据比矢量数据转换成栅格数据要复杂得多。这主要是因为矢量化过程会涉及大量栅格数据的预处理问题；同时矢量化的图形常常需要表示出拓扑关系，如连通性与邻接性等。

随着信息技术的发展，栅格数据转换成矢量数据已进入实用性阶段。因此，为了快速获取地理信息系统数据，可以先用扫描仪获取栅格数据，而后将栅格数据转换成矢量数据提供给用户；为了能够在矢量设备上输出以栅格数据表示的分析结果，需要将栅格数据转换成矢量数据等。

1. 点的矢量化

对任意栅格单元数据 P，假设其坐标数据为 (i,j)，按图 5-20 所示的坐标，将其转换为矢量数据，其中心点坐标 (x,y)，计算公式为

$$x = x_{\min} + \Delta x \ (j-1/2)$$
$$y = y_{\max} - \Delta y \ (i-1/2)$$

(5-13)

$y_{\max}, x_{\min}$ 表示矢量数据的 y 最大值和 x 最小值；Δx、Δy 为每个栅格单元对应的边长。

2. 线段的矢量化

线段栅格数据向矢量数据转换的实质是将具有相同属性的连续的栅格单元搜索出来，最后得到细化的一条线。

具体实施时可以先将具有一定粗细的栅格数据线进行细化，使其成为单像素的线段，然后进行矢量化。

3. 面（多边形）的矢量化

多边形栅格数据向矢量数据转换的实质是将具有同一属性的栅格单元归为一类，再检测出两类不同属性的边界作为多边形的边，最终提取以栅格单元集合表示的区域边界和边界的拓扑关系。下面以多边形矢量化为例说明栅格到矢量数据的转换。

（1）多边形矢量化的一般过程

① 栅格数据的二值化。由于栅格数据常以不同灰度级或彩色来表示，为实现矢量化转换需要先进行二值化。二值化的关键是在灰度级的范围内取一个阈值，使小于阈值的灰度级取值为 0，大于阈值的灰度级取值为 1。对扫描输入的栅格图，由于各种原因，获取的栅格图上总会存在污点、污迹、线轮廓凹凸不平等现象。为此，在二值化前要进行预处理。例如，通过人工交互编辑处理修补断线，通过低通滤波除去污迹，通过高通滤波除去污点等。

② 多边形边界提取和细化。通过高通滤波、边缘跟踪等方法提取多边形边界，并进行细化。细化实质是消除线段横截面栅格数的不一致，将图像中的线条沿中心细化，使其成为具有一个像素宽度的线条。细化意味着要删除一部分栅格单元，但细化后要保持图像的连接性不变，要保留原图像的关键部分，如图的突出部分、线段的端点等。细化处理是图像处理的一种重要处理方法，实现的算法很多，主要有"剥皮法"和"骨架法"。为了获得好的处理结果，算法的选择应视图像情况而定。

③ 多边形边界跟踪。多边形边界跟踪的目的是将细化处理后的栅格数据转换成矢量图形坐标系列。

④ 去除多余点及曲线光滑。由于上述过程是逐个栅格单元进行的，因此存在大量多余点需要除去，多余点去除根据直线方程进行，即找线段上连续的三个点，检查中间点是否在直线上，或基本上（在规定误差范围内）在直线上，如上述条件成立则去除中间点。同时，由于栅格精度所限，跟踪曲线可能不光滑，为此可以用线性迭代法、分段三次多项式插值、样条函数插值等算法使曲线光滑。

⑤ 矢量数据转换的过程。拓扑关系生成需要找出用矢量表示的结点、线段，形成拓扑关

系,并建立相应属性信息。

(2) 多边形矢量化的双边界搜索法

多边形矢量化双边界搜索法的基本思想是将左右多边形的信息保存在边界点上,使每个边界弧段由两个并行的边界链组成,它们分别记录边界弧段的左右多边形的信息,主要包括以下内容。

① 边界线和结点的提取。以 2×2 栅格为模板对栅格图像按行列方向顺序扫描,经归纳可得边界线提取如图 5-25 所示的六种情况,结点提取如图 5-26 所示的八种情况。

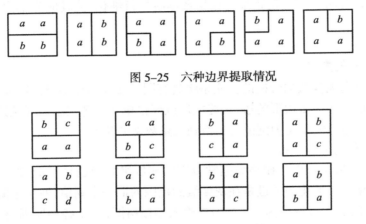

图 5-25　六种边界提取情况

图 5-26　八种结点提取情况

② 边界线的跟踪及记录左右多边形的信息。从一个结点开始跟踪边界线,记录边界左右多边形的信息,如图 5-27 所示。

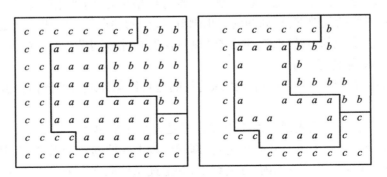

图 5-27　边界的跟踪及记录左右多边形的信息

③ 去除多余点。由于上述跟踪以栅格单元为单位,对直线段的中间点应予以去除。

5.7 空间数据的数据共享

数据共享是信息社会的最基本特点。数据共享将大大提高数据获取和数据生产的效益,推动数据的商品化和标准化。在国际上,数据已成为一种产品,人们为了提高数据的利用率,满足各类用户的要求,制定出各种标准。然后,根据所定标准生产数据,对现有数据进行二次开发,以实现数据共享。因此,在某种意义上说,数据商品化和标准化程度反映了一个国家信息化水平的高低。

5.7.1 数据共享概述

在地理信息系统应用中,数据的获取一直是建立应用系统的瓶颈。长期以来,每个地理信息系统软件都有自己的数据结构和存储形式,形成封闭的数据结构,这使本来被视为地理信息系统瓶颈的空间数据获取和加工更加麻烦,也加剧了空间数据集成和共享的困难。

地理信息,尤其是地理基础信息具有极高的基础性、公益性和共享性。为了使地理信息资源得到最广泛的开发利用,建立地理基础信息框架,制定空间数据标准十分重要。

空间数据共享问题是一个复杂的问题,目前虽然在这方面已有社会需求,但建立、运行、实施数据共享机制涉及一系列问题,具体包括以下几个方面。

(1) 政策法规的建设问题

实现数据共享机制涉及密级、产权、版权、许可权、价格标准、投资渠道、费用补偿等一系列政策法规。

(2) 技术标准的制定问题

数据共享标准制定必须要制定统一的技术标准,如全国统一的坐标体系、统一的分类标准、统一的编码体系和原则、统一的数据记录格式等。

(3) 组织机构体系问题

健全的各级各类组织机构是实现上述工作的保证。

从技术角度看,目前解决各种空间数据共享的方法主要有空间数据的外部数据交换、空间数据交换标准转换、空间数据的互操作、空间数据的直接数据访问、空间数据共享平台等模式。在国外,美国、加拿大、英国、德国、澳大利亚、瑞典等国已纷纷制定并颁布了国家和行业的地理空间数据转换标准。典型的有美国的 STDS、英国的 NTF、澳大利亚的 ASDTS 等。在国内,尽管不少有识之士较早就开始呼吁建立统一的空间数据标准,但由于各方面的原因,这项工作进展缓慢。

5.7.2　空间数据的共享模式

1. 空间数据的外部数据交换模式

空间数据格式转换就是通过专门的数据格式转换程序,把一种空间数据格式转换成另一种空间数据格式,以实现空间数据的共享。

空间数据的外部数据交换模式是指各种地理信息系统软件,各自制定将以 ASCII 码表示的明码交换格式文件作为中间交换格式,使不同用户和系统先直接读取这些明码交换格式文件,再将它转换成所要求的格式,从而实现数据交换。明码交换格式文件有 ArcInfo 的 E00 格式、ArcView 的 shape 格式、MapInfo 的 MIF 格式、AutoCAD 的 DXF 格式、MGE 的 ASCII Loader 等。

在实际使用中,将一种格式转换成另一种格式时,通常要进行 2~3 次格式转换。例如,要将 MapInfo 的 TAB 格式文件转换成 ArcInfo 的 Coverage 格式文件,要先将 MapInfo 的 TAB 格式文件转换成中间交换格式 ArcInfo 的 E00 或 AutoCAD 的 DXF 格式文件,然后由 ArcInfo 将 E00 或 DXF 格式文件转成 ArcInfo 的 Coverage 格式文件。图 5-28 所示的实线和虚线分别采用二次和三次格式转换。

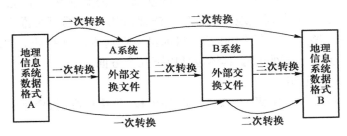

图 5-28　不同地理信息系统间数据格式的二次转换

外部数据交换模式易被接受,但耗费人力、物力,而且由于缺乏对空间对象统一的描述方法,数据格式转换后不能完全正确地表达原数据的信息,经常造成数据丢失和空间拓扑信息丢失。当被转换的两种系统的数据模型基本相似时(如系统都具有拓扑关系),丢失的信息还可以通过重建来恢复;而当两种系统数据模型差异较大时,经过数据的频繁转换,丢失的信息很难恢复,因此不利于数据的实时更新。

2. 空间数据交换标准转换

上面所述的空间数据外部数据交换模式中缺乏对空间对象的统一描述方法。针对这种情况,美国联邦地理数据委员会(FGDC)在 1992 年颁布了美国空间数据交换标准(Spatial Data Transfer Standard,SDTS),其中包括几何坐标、投影、拓扑关系、属性数据、数据字典,也包括矢量和栅格数据转换标准等。欧洲的地理数据文件（Geographical Data File，GDF）及中国的空间数据交换标准 CNSDTS 均属于这类标准。根据 SDTS，许多地理信息系统提供了标准空间数据转换格式，如 ArcInfo 提供的 SDTSIMPORT、SDTSEXPORT 模块，从而在一定程度上解决了不同数据格式对空间对象的统一描述方法，使每个系统只需读写标准格式空间数据程序，用两次转换即可完成数据交换。各个系统不必公开内部数据格式，只需公开转换技术，如图 5-29 所示。

图 5-29　空间数据交换标准转换

在具体的应用和实施过程中，由于空间数据的格式、结构、应用和软件及硬件的复杂多样性，制定这类标准的难度非常大。因此，空间数据交换标准还不完善，如不能统一各层次及不同应用领域的空间数据交换标准，不能同步更新等。

3. 空间数据的互操作模式

随着技术的发展，空间数据转换格式的中介作用将会减弱，最终将采用按照互操作规范开发的各种空间数据处理系统。空间数据的互操作是通过公共接口实现不同系统间、不同数据结构间、不同数据格式间的数据动态调用，从而在国家和世界范围的分布式环境下，实现地理空间数据和地理信息处理资源的共享。这里的公共接口相当于一个规程。

开放式地理信息系统协会（Open GIS Consortium，OGC）提出的一个为了提供地理数据和地理操作的交互性和开放性的软件开发规范，即开放式地理信息系统（Open GIS）互操作规范，使一个系统同时支持不同的空间数据格式成为可能。

与传统的地理信息系统处理技术相比，开放式地理信息系统独立于具体的平台，转换技术高度抽象，数据格式不需要公开，并允许用户通过网络实时获取不同系统中的地理信息，避免了冗余数据存储。它的结构实质上是将提供数据源的软件作为数据服务器，将使用数据源的软件作为数据客户端，当数据客户端要使用某数据源时发出数据使用请求，由数据服务器提供服务。由于采用客户-服务器体系结构，数据放在数据服务器上，应用软件放在数据客户端上，使应用软件的数据更新能够及时反映到数据库中。

空间数据的互操作是实现地理空间数据共享的一次深刻的技术革命。这种基于接口的规范将成为国际标准，引起广泛注意。但目前还没有一个商业性地理信息系统软件完全实现开放式地理信息系统的操作规范。

4. 空间数据的直接访问

空间数据的直接访问是指在一个地理信息系统中实现对其他地理信息系统软件数据格

式的直接访问。显然,空间数据的直接访问提供了一种更实用的多源数据共享模式。直接数据访问模式不仅避免了烦琐的数据转换,而且在一个地理信息系统访问另一个地理信息系统的数据格式时,不要求拥有该系统的宿主软件。Intergraph 公司推出的 Geomedia 系列软件就提供了这种支持。这样可以避免许多不必要的转换,但是直接数据访问需要建立在充分了解不同数据格式的基础上,工作比较被动。如果对方数据格式不公开,就无法直接访问它,如果宿主软件的数据格式进行升级、更新,直接访问的软件必须做相应的变更。

5. 空间数据共享平台

空间数据共享平台是指空间数据及各个应用软件共享平台。这里把数据存储在服务器上,用户通过客户端程序经共享平台访问服务器上的数据,从而解决了数据的一致性问题。在某一应用程序对数据进行修改后,能直接反映到数据库中。

理论上说这是最好的空间数据共享模式,但实际上,要实施该模式是有一定难度的,因为各地理信息系统软件商都不会轻易放弃自己开发的底层系统。

5.8 图形的剪裁与合并

1. 图形的合并和图幅的边缘匹配处理(接边)

图形的合并包括不同图层之间的合并,更多的是将同一图层内不同目标合并成一个目标。图形在合并时通常会遇到图幅的边缘匹配处理问题。

边缘匹配处理通常出现在对同一区域的两幅图进行拼幅时,由于输入的微小差异导致错误匹配。当然,相同区域的不同投影之间实现两幅图的匹配是不可能的,这里所说的相同区域两幅图采用的是相同的投影,即使是相同的投影,地图投影数学过程也是不精确的。例如,地图投影是三维基准球体的近似模型,计算机也有舍入误差,操作人员同样会引入操作误差。

(1) 几何接边

几何接边主要对图廓边附近的线段,以一幅图为基准进行操作。在图形分界面上若不衔接,则给出容差,进行自动吻合,必要时与人工编辑相结合。

图 5-30 所示的是边缘匹配前后的对比。

 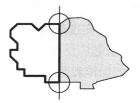

(a) 边缘匹配之前   (b) 边缘匹配之后

图 5-30 边缘匹配处理

（2）逻辑接边

由于人工操作的错误，相邻两幅图的空间数据库在接合处可能产生逻辑上的不一致。例如，同一个多边形在一幅图中表现成属性 A，而在另一幅图中表现成属性 B，这在逻辑上不合理。对这类错误可以通过逻辑接边解决。

通常，逻辑接边要通过检查同一目标在相邻两幅图上的图形编码值和属性值是否一致实现接边。逻辑接边还包括当把相邻两幅图上同一目标连在一起时将属性数据逻辑上连成一体。

实现逻辑接边的办法是通过关键字在相邻两幅图上找同一目标，再结合人工编辑完成逻辑接边。也可以在图幅文件上建立一个新的索引文件，以指向各图幅文件的子目标。

2. 图形的剪裁

图形剪裁的目的是找出指定几何区域内的点、线、面数据，为此需要求出它与几何边界的所有交点。

（1）直线的窗口剪裁

找出在窗口内的线段及窗口外的线段，实质是求出交点。其实现算法有矢量剪裁法和编码剪裁法。

（2）规则多边形的剪裁

规则多边形的剪裁指用一个窗口去剪裁多边形，最后保留窗口内部的图形。例如，利用长方形窗口剪一个物体。

（3）不规则多边形的剪裁

不规则多边形的剪裁实质是将一个不规则多边形作为剪切器，去剪切另一个多边形。其实质是做多边形的叠置操作，即图形的逻辑交。

5.9　空间数据的内插

在地理信息系统空间数据中，经常遇到具有特变性的离散数据，如土地类型从一种类型变成另一种类型，这时在边界上会发生数据变化。空间数据中也经常遇到具有渐变特性的连续数据，如地形表面的分布。实际上，不管是人们采集的数据，还是计算机中的数据都是离散的不规则分布数据。当用户要从采样点数据中获取未采样点数据时，就必须进行空间数据的插值。

通常，对具有特变性的离散数据，由于数据变化发生在边界上，其内部数据实际上是均匀的，因此内插只需要用到其邻近区域的数据，故可以选用局部拟合插值进行内插。对具有渐变特性的连续数据，内插需要采用整体拟合插值，通过求出区域的连续渐变模型进行内插。

5.9.1 局部拟合插值

用连续的平滑数学面描述的数据,通常分为整体拟合和局部拟合两大类。在地理信息系统中,局部拟合插值主要用在具有连续分布特征数据的数字高程模型的数据插值中,典型的局部拟合插值法是以待定点为中心的单点移位插值法。使用单点移位插值法插值时,先将被插点移到坐标原点,然后以被插点为中心,用适当半径的圆或适当边长的正方形区域内的数据点求得数学面,进行拟合插值,如图 5-31 所示。其中的数学面可以表示如下。

二次曲线多项式:

$$z = a_0 + a_1 x + a_2 y \tag{5-14}$$

双线性多项式:

$$z = a_0 + a_1 x + a_2 y + a_3 xy \tag{5-15}$$

双三次多项式(样条函数):

$$z = a_0 + a_1 x + a_2 y + a_3 x^2 + a_4 xy + a_5 y^2 + a_6 x^3 + a_7 xy^2 + a_8 x^2 y + a_9 y^3 + \tag{5-16}$$
$$a_{10} x^2 y^2 + a_{11} x^3 y + a_{12} xy^3 + a_{13} x^2 y^3 + a_{14} x^3 y^2 + a_{15} x^3 y^3$$

在数字高程模型中,用单点移动插值时要注意地性线。如图 5-32 所示,移位面内有地性线。图 5-32 中 A 点离中心点(被插点)比 B、C 点离中心点均近,但由于地性线使 A 点在山谷的另一侧,因此不应该将其放在一个移位面内拟合数学面值,而应该对地性线进行分割,使移位面内无地性线。

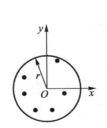

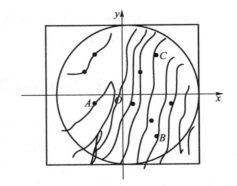

图 5-31 单点移位插值   图 5-32 移位面内的地性线

5.9.2 趋势面插值

趋势面插值属于多项式回归分析技术,其基本思想是用多项式来表示线或面,按最小二

乘法原理对数据点进行拟合。其一维二次曲线多项式和二维二次曲面多项式分别为

一维二次曲线多项式：

$$z=a_0+a_1x+a_2y \tag{5-17}$$

二维二次曲面多项式：

$$z=a_0+a_1x+a_2y+a_3x^2+a_4xy+a_5y^2 \tag{5-18}$$

由于地理信息系统中的数据主要是二维的，常用二次曲面作为趋势面。其趋势面实际上是一种平滑函数，拟合曲面不通过原始数据点，产生的偏差在一定程度上与空间呈非相关性。

5.9.3 区域属性数据的插值

区域属性数据的插值主要解决离散属性数据问题，其研究的目标是从已知分区的数据（如社会经济数据）中推出同一地区的另一组分区数据。例如，已知某地区各县历年的人口分布数据，现因行政区划分使该地区中某些县的边界线发生了变化，现在需要推算新行政区历年的人口分布数据，就可以用这种插值方法。

区域属性数据的插值最常用的方法是比重法。比重法使用平滑密度函数，举例如下。

已知某地区有 A、B、C 三个区域，并已知该三个区域的人口数分别为 U_A、U_B、U_C，如图 5-33 所示。现将该区域重新划为 A_1、B_1、C_1 三个区域，如图 5-34 所示。用区域属性数据的插值法求 A_1、B_1、C_1 三个区域的面积和人口数。

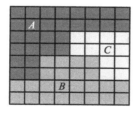

图 5-33　历史区

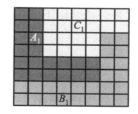

图 5-34　现实区

（1）区域属性数据插值的过程

① 在历史区上叠加满足精度的栅格单元，为历史区内的各栅格单元赋予平均值，如图 5-35（a）所示。

② 用邻域法平滑数据，计算公式可以用 4 邻域或 8 邻域法，这里用 4 邻域法平滑，得到的数据如图 5-35（b）所示。

4 邻域法按公式

$$z_{i,j}=(z_{i+1,j}+z_{i-1,j}+z_{i,j+1}z_{i,j-1})/4 \tag{5-19}$$

1.25	1.25	1.25	1.25	1.25	1.25	1.25	1.25
1.25	1.25	1.25	1.25	1.25	1.25	1.25	1.25
1.25	1.25	1.25	1.25	0.83	0.83	0.83	0.83
1.25	1.25	1.25	1.25	0.83	0.83	0.83	0.83
1.25	1.25	1.25	1.25	1.25	1.25	0.83	0.83
1.25	1.25	1.25	1.25	1.25	1.25	0.83	0.83
1.25	1.25	1.25	1.25	1.25	1.25	1.25	1.25
1.25	1.25	1.25	1.25	1.25	1.25	1.25	1.25

(a) 平均值

1.25	1.25	1.25	1.25	1.25	1.25	1.25	1.25
1.25	1.25	1.25	1.25	1.15	1.15	1.15	1.11
1.25	1.25	1.25	1.15	1.04	0.94	0.94	0.97
1.25	1.25	1.25	1.15	1.04	0.94	0.83	0.83
1.25	1.25	1.25	1.25	1.15	1.06	0.94	0.83
1.25	1.25	1.25	1.25	1.25	1.15	1.04	0.97
1.25	1.25	1.25	1.25	1.25	1.25	1.15	1.11
1.25	1.25	1.25	1.25	1.25	1.25	1.25	1.25

(b) 第一次平滑值

1.28	1.28	1.28	1.28	1.28	1.28	1.28	1.28
1.28	1.28	1.28	1.23	1.18	1.18	1.18	1.13
1.28	1.28	1.28	1.18	0.92	0.83	0.83	0.85
1.28	1.28	1.28	1.18	0.92	0.83	0.73	0.73
1.28	1.28	1.28	1.28	1.18	1.08	0.83	0.73
1.28	1.28	1.28	1.28	1.28	1.18	0.92	0.85
1.28	1.28	1.28	1.28	1.28	1.28	1.18	1.13
1.28	1.28	1.28	1.28	1.28	1.28	1.28	1.28

(c) 第一次平滑后调整值

1.28	1.28	1.28	1.27	1.25	1.25	1.25	1.21
1.28	1.28	1.27	1.23	1.15	1.18	1.11	1.10
1.28	1.28	1.26	1.15	1.03	0.94	0.90	0.90
1.28	1.28	1.26	1.17	1.03	0.89	0.81	0.76
1.28	1.28	1.28	1.23	1.14	1.01	0.85	0.80
1.28	1.28	1.28	1.28	1.23	1.14	1.01	0.93
1.28	1.28	1.28	1.28	1.28	1.23	1.15	1.10
1.28	1.28	1.28	1.28	1.28	1.28	1.25	1.21

(d) 第二次平滑值

图 5-35　比重法内插过程

8 邻域法按公式

$$z_{i,j} = (z_{i+1,j} + z_{i-1,j} + z_{i,j+1} + z_{i,j-1} + z_{i+1,j+1} + z_{i+1,j-1} + z_{i-1,j+1} + z_{i-1,j-1})/8 \qquad (5-20)$$

根据图 5-35(b),用 4 邻域法平滑数据求区域内各栅格单元值之和 U_{1A}、U_{1B}、U_{1C},并求出数据的变化率,检查它是否符合以下要求:

$$p_A = U_A / U_{1A}$$

$$p_B = U_B / U_{1B}$$

$$p_C = U_C / U_{1C}$$

③ 若变化率不符合要求,则将图 5-35(b)各栅格单元值乘以变化率,得到调整后的栅格单元值,再进行第二次平滑,如图 5-35(c)所示。

如此循环,直到区域属性数据的变化率满足要求。

(2) 区域属性数据插值的计算

如表 5-4 所示,令插值后数据的变化率 $\varepsilon < 0.05$。

表 5-4　区域数据插值

	人口 / 万	面积 /km^2
A 区	35	7 001
B 区	30	600
C 区	10	300

其求解过程如下。

① 假设整个区域分为 8×8 栅格,求出 A 区每个栅格单元值为 35/28=1.25,B 区每个栅格单元值为 30/24=1.25,C 区每个栅格单元值为 10/12=0.83,如图 5-35(a)所示。

② 对图 5-35(a)进行第一次平滑值后得图 5-35(b),并求出数据的变化率为

$$p_A=35/34.36=1.02$$
$$p_B=30/29.35=1.02$$
$$p_C=10/11.85=0.84$$

③ 由于数据的变化率不满足 $\varepsilon<0.05$ 要求,进行调整后得到图 5-35(c)所示的值。进行第二次平滑值后,如图 5-35(d)所示,再求出数据的变化率为

$$p_A=35/34.75=1.01$$
$$p_B=30/29.61=1.01$$
$$p_C=10/10.85=0.92$$

④ 如此循环直到满足要求为止。

从上例可知,通过区域属性数据插值,可以推算出区域边界变化后的历史数据,因此在地理分析中,可以用区域属性数据插值方法获取区域属性数据。

 思考题

1. 空间数据处理主要包含哪些内容?在地理信息系统中数据处理起什么作用?
2. 空间数据处理中外接矩形有什么用?
3. 空间数据编辑的种类和方法是什么?
4. 什么是空间数据的坐标变换?什么时候要进行空间数据的坐标变换?
5. 什么是空间数据的几何纠正?实现空间数据几何纠正的方法有哪些?
6. 什么是空间数据的投影变换?什么时候要进行空间数据的投影变换?
7. 什么是空间数据的结构转换?什么时候要进行空间数据的结构转换?
8. 实现空间数据结构转换的基本算法有哪些?其难易程度如何?
9. 空间数据内插主要有哪些方法?
10. 什么是区域属性数据的插值?区域属性数据插值的基本算法是什么?

第6章　空间数据管理

6.1　数据管理模式

6.1.1　数据管理模式的发展阶段

1. 人工管理阶段

在 20 世纪 50 年代中期以前,没有专用的软件对数据进行管理。那时候只有程序的概念,没有文件的概念,数据是面向应用的,不能实现数据共享,如图 6-1 所示。

2. 文件管理阶段

由文件系统管理数据,用户的应用程序与数据的逻辑结构有关联,每个应用程序都必须直接访问所使用的数据文件,数据文件修改时应用程序也随之修改;数据共享性差,冗余度大,数据独立性差,要修改数据文件须征得所有用户的认可,如图 6-2 所示。

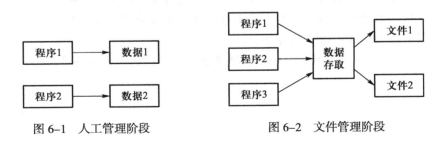

图 6-1　人工管理阶段　　　　图 6-2　文件管理阶段

3. 数据库管理阶段

数据结构化是数据库与文件系统的根本区别。在数据库管理阶段,数据的共享性高,冗余度低,易扩展;数据独立性高;数据库系统为用户提供了方便的用户接口;数据由数据库管理系统(Data Base Management System,DBMS)统一管理和控制,如图 6-3 所示。

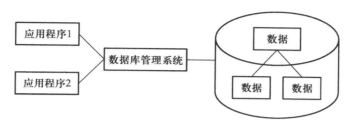

图 6-3 数据库管理阶段

4. 高级数据库阶段

数据库发展的高级阶段是分布式数据库、面向对象数据库、数据仓库和数据挖掘等高级数据库阶段。

各阶段数据库管理模式的比较见表 6-1。

表 6-1 各阶段数据管理模式的比较

阶段	人工管理阶段	文件管理阶段	数据库管理阶段	高级数据库阶段
时间	20 世纪 50 年代	20 世纪 60 年代	20 世纪 70 年代	20 世纪 90 年代
应用	科学计算	进入企业管理	企业管理	数据挖掘、决策支持、大数据
数据面向	面向应用程序	面向应用	面向现实世界	面向实际生产生活
数据共享性	无共享	共享性差	共享性好	共享性好
数据独立性	无独立性	独立性差	物理独立性高,一定的逻辑独立性	物理独立,逻辑独立,以数据为中心
数据结构化	无结构化	记录内部有结构,整体结构性差	整体结构性强,用数据模型描述	结构灵活,丰富的数据模型与新技术

6.1.2 数据库管理系统和数据库系统

1. 数据库管理系统

数据库管理系统(DBMS)是位于用户与操作系统之间的一层数据管理软件。它提供了数据库的访问接口,以方便、有效地提供存取数据库信息的环境。

数据库管理系统的主要功能包括数据定义功能、数据操作功能、数据库运行管理(恢复、并发控制、安全性、完整性),以及数据库的建立和维护功能。

数据库管理系统在信息系统中的位置如图 6-4 所示。

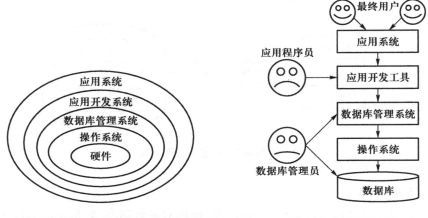

图 6-4 数据库管理系统在信息系统中的位置　　　图 6-5 数据库系统

2. 数据库系统

数据库系统(Date Base System,DBS)是指在计算机系统中引入数据库后的系统,包括数据库、操作系统、数据库管理系统(及其应用开发工具)、应用系统、数据库管理员、应用程序员、最终用户构成,如图 6-5 所示。

6.2　数据库模型

数据库中的数据不仅要反映数据本身的内容,还要反映数据之间的联系。数据库模型说明数据库的数据结构,描述数据及其数据之间联系的结构形式。它是对数据特征的抽象,所描述的是数据的共性。

6.2.1　数据库模型概述

数据库模型是数据库系统的核心和基础,它是划分数据库发展阶段的主要依据和标志。一般来说,数据库模型是严格定义的一组概念的集合,主要由数据三要素,即数据结构、数据操作和完整性约束组成。由于应用目的不同,因此需要采用不同的数据库模型,这就形成了很多类型的数据库模型。

1. 数据库概念模型

数据库概念模型与数据库管理系统无关,它是面向现实世界的、用户易理解的、用户同数据库设计人员之间进行交流的语言。要求它简单、易学、语义表达力强。

（1）建立数据库概念模型的主要方法

① 面向记录的传统数据库数据模型，它包括层次模型、网络模型和关系模型。

② 面向语义的语义数据模型，它强调数据及其语义之间的关系，实体－联系模型（Entity–Relationship Model）是最著名的语义概念模型。

③ 面向对象的对象数据模型。它是在前两种数据模型的基础上发展起来的数据模型，可以使用统一建模语言（UML）进行结构化建模和动态行为的建模。

（2）数据库概念模型中数据描述的术语

① 实体（Entity）：客观存在并可以相互区别的事物称为实体，如一棵树、一条公路。

② 实体集（Entity Set）：同型实体的集合称为实体集。例如，全体地块就是一个实体集。

③ 属性（Attribute）：实体所具有的特征中的每一个特征都称为属性。

④ 实体的标识符（关键码，Key）：唯一标识实体的属性或属性集的标识符，即关键码。

⑤ 实体间的联系（Relationship）：包括实体内部的联系，反映在数据上是同一记录内部各字段间的联系；实体与实体之间的联系，反映在数据上就是记录之间的联系。

⑥ 实体集之间的联系：有一对一、一对多和多对多三种联系。

一对一联系。如果实体集 E_1 中的每个实体至多和实体集 E_2 中的一个实体有联系，反之亦然，称实体集 E_1 和 E_2 的联系为"一对一联系"，记为"$1:1$"。例如，省—省会。

一对多联系。如果实体集 E_1 中的每个实体与实体集 E_2 中的任意个（零个或多个）实体有联系，而 E_2 中的每个实体至多和 E_1 中的一个实体有联系，称 E_1 和 E_2 的联系为"一对多联系"，记为"$1:N$"。例如，省—省内城市。

多对多联系：如果实体集 E_1 中的每个实体与实体集 E_2 中的任意个（零个或多个）实体有联系，反之亦然，称 E_1 和 E_2 的联系为"多对多联系"，记为"$M:N$"。例如，地块—弧段。

关系数据库很难表达多对多联系，这时候必须进行分解。

（3）数据库概念模型的表示

数据库概念模型常用实体－联系模型表示，用实体－联系（E–R）图来描述。它是 Peter Chen 于 1976 年提出的。实体－联系模型只说明实体之间在语义上的联系，并不说明实体的数据结构，也不表示它在数据库中的实现。用 E–R 图描述的概念模型独立于具体的数据库管理系统支持的数学模型，但它是各种数学模型的共同基础。

2. 数据库逻辑模型

数据库逻辑模型是由数据库管理系统支持的数据模型，并面向数据库的逻辑结构。它有严格的形式化定义，以便在计算机中实现。它通过严格的语法和语义定义来描述数据结构的特性，满足数据库存取、运行等用户需求。这里以关系数据库为例说明数据库逻辑模型。

（1）数据库逻辑模型中数据描述的术语

① 字段（Field）：标记实体属性的单位。

② 记录（Record）：字段的有序集合。

③ 文件（File）：同类记录的集合。

④ 关键码（Key）：能唯一标志文件中每个记录的字段或字段集。

（2）数据库中逻辑模型的要素

数据结构、数据操作和数据的约束条件是数据库逻辑模型的三大要素。

① 数据结构是数据库中数据模型最重要的要素。它描述数据的静态特性，指实体类型及关系的表达和实现。

② 数据操作主要是对数据库的检索和更新（插入、删除、修改）两大类。它描述数据的动态特性。数据模型要定义这些操作的符号、规则、操作语言等。

③ 数据的约束条件是一组完整性规则的集合，指对数据及其联系的制约和依赖规则。例如，关系数据库中必须有关键字等。

3. 数据库物理模型

物理模型从满足用户需求的已定逻辑模型出发，在有限的软件和硬件环境下，用数据库管理系统手段设计的数据库内模式，包括设计数据库的存储形式、存取路径和文件结构等。

6.2.2　传统数据库系统的数据模型

传统数据管理中的数据模型主要有层次模型、网状模型和关系模型。层次模型出现得最早，关系模型是目前广泛应用的一种数据库模型。现以图 6-6 所示的地块图为例，说明这三种模型。

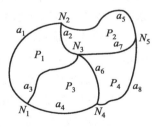

1. 层次模型

图 6-6 所示的地块图用层次模型描述如图 6-7 所示，其结构为树结构。这种表示的优点是层次分明，组织有序；缺点是数据独

图 6-6　地块图

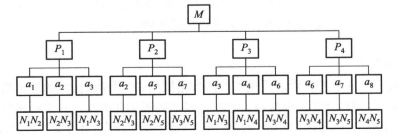

图 6-7　地块图的层次模型表示

立性较差,难以表达多对多的关系,导致数据冗余。

2. 网状模型

图 6-6 所示的地块图用网状模型描述如图 6-8 所示,其结构为图数据结构。这种表示的优点是能够描述多对多关系;缺点是结构复杂,限制它在空间数据表达中的应用。

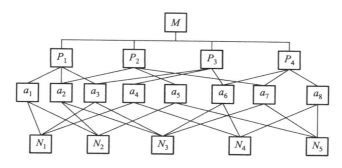

图 6-8　地块图的网状模型表示

3. 关系模型

20 世纪 80 年代后期,主导数据库为关系模型。关系模型的理论基础是关系理论,它通过关系运算操作数据。从用户的角度看,关系模型的逻辑结构是一张二维表,由行、列组成。也就是说,关系模型是用二维表结构来表示实体和实体之间联系的模型。每一行为一个元组,每一列为一个属性。关系运算以关系代数为理论基础;关系代数是以集合代数为基础发展起来的。图 6-6 所示的地块图用关系模型描述如图 6-9 所示。

这种表示的优点是结构简单灵活,易查询,维护方便;缺点是不适合表示非结构化数据,

多边形和弧段的关系	
多边形号	弧段号
P_1	$a_1\,a_2\,a_3$
P_2	$a_2\,a_5\,a_7$
P_3	$a_3\,a_6\,a_4$
P_4	$a_6\,a_7\,a_8$

弧段和结点的关系		
弧段号	起点	终点
a_1	N_1	N_2
a_2	N_3	N_2
a_3	N_1	N_3
a_4	N_4	N_1
a_5	N_2	N_5
a_6	N_4	N_3
a_7	N_3	N_5
a_8	N_5	N_4

结点坐标	
结点号	坐标
N_1	x_1,y_1
N_2	x_2,y_2
N_3	x_3,y_3
N_4	x_4,y_4
N_5	x_5,y_5

图 6-9　地块图的关系模型表示

难以表达目标,尤其是复杂目标,效率较低。

上述三种模型中,关系模型与网状模型和层次模型的不同之处在于关系模型不使用指针或链接,而是通过记录所包含的值把数据联系起来。这样使关系模型具有规范的数学基础,而集合理论又给关系模型以巨大的理论支持。

6.2.3　面向对象的数据库模型

从 20 世纪 80 年代以来,数据库技术在商业领域的巨大成功,大大刺激了其他领域对数据库技术的需求。这些新领域一方面为数据库应用开辟了新的天地,另一方面一些新的数据管理的需求也直接推动了数据库技术的研究和发展,尤其是面向对象数据库系统的研究和发展。

面向对象的空间数据模型的核心是对复杂对象进行模拟和操纵。复杂对象是指具有复杂结构和操作的对象。复杂对象由多种关系聚合抽象而成,或由不同类型的对象构成,或具有复杂的嵌套关系等。面向对象数据库模型最适合空间数据的表达和管理,具体表现在以下方面。

① 传统的数据库模型只能面向简单对象,无法直接模拟和操纵复杂实体,而面向对象的数据库模型具备对复杂对象进行模拟和操纵的能力,允许定义和操纵复杂对象,具备引用共享和并发共享机制以及灵活的事务模型,支持大量对象的存储和获取等。

② 面向对象数据库模型不仅支持变长记录,还支持对象的嵌套、信息的继承和聚集;可以存储空间地物的几何数据模型、面向对象的拓扑关系模型及属性数据模型等,适应非传统应用的需要。例如,一个城市的地理信息系统,包括了建筑物、街道、公园、电力设施等类型。而某栋楼则是建筑物类中的一个实例,即对象。建筑物类中可能包括建筑物的用途、地址、住户、面积等属性,并可能需要显示建筑物、更新属性值等操作。每个建筑物都使用建筑物类操作过程的程序代码,代入各自的属性值操作该对象。

③ 传统数据库模型虽然可以把数据库语句嵌入程序设计语言,但由于数据库语言与程序设计语言类型和计算模型不同,所以这种结合是不自然的。这种现象被称为"阻抗失配"。在面向对象数据库模型中,把程序设计语言编写的操作封装在对象的内部,从本质上讲,只需要把问题的求解过程表现为一个消息表达式的集合即可。

但是目前面向对象的空间数据库管理系统还不够成熟,价格又昂贵,而且不支持结构化查询语言,因此在通用性上有局限。从发展的角度看,面向对象数据模型是一种最有前途的空间数据库模型。

数据库的演化如图 6–10 所示。

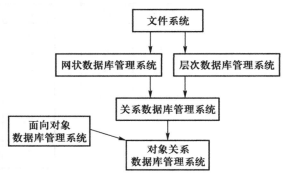

图 6–10　数据库的演化

6.3 空间数据库简介

6.3.1 空间数据库的特点

1. 空间数据库概述

由于空间数据的复杂性,通用数据库管理系统难以管理空间数据,如通用数据库难以描述非结构化的空间几何数据及其拓扑关系,而支持通用数据库的结构化查询语言又无法查询空间关系,等等,因此形成了空间数据库研究领域。

简单地说,空间数据库(Spatial Data Base)是存放空间数据的数据库。更确切地说,空间数据库是描述空间物体的位置数据,位置数据元素(点、线、面、体)之间拓扑关系及描述这些物体的属性数据的数据库。空间数据库的典型应用是地理信息系统,同时也适用于遥感、摄影测量、测绘和计算机图形学等学科。

空间数据库是面向特定领域、针对特定应用的数据库系统,它除了具有传统数据库的数据管理功能外,还提供了特定的数据存储和管理手段,具有领域应用需求的特征。

建立空间数据库的目的是利用数据库技术实现空间数据的有效存储、管理和检索,以便为用户提供优质服务。空间数据库除了要具有传统数据库的数据管理能力外,还必须具有管理空间数据的能力,如空间数据查询、传输、处理功能,还要便于空间数据分析。在空间数据库中,用户可以通过图形及文字,方便地查出满足空间条件的空间对象,并按空间位置将其显示出来,同时列出相关的属性。

2. 空间数据库的特点

空间数据的特点决定了空间数据组织管理上的特殊性,也就形成了空间数据库的特点。

① 空间数据库管理的是现实世界中相关性大的连续数据,要求进行综合管理。通常在地理信息系统分析中,需要综合运用实体之间的空间关系和属性数据,为此,要求地理信息系统数据库能对实体的属性数据和空间数据进行综合管理。

② 空间数据库中描述的数据实体类型多,关系复杂,使数据模型复杂。它不仅要保存属性数据,还要保存图形数据,此外还常常要保存空间位置间的关系数据。当研究空间数据的三维性和动态变化特征时,还要保存三维数据和时间数据,使数据模型复杂。

③ 空间数据库存储的空间数据具有非结构化特征,不满足关系数据模型的范式要求。空间图形数据通常是不等长记录,类型复杂,数据项多,数据量大。

目前,空间数据库的研究在空间数据一体化表示和组织、空间索引快速查询等方面已经取得了很大的进步,在基于对象关系的空间数据库、海量空间数据存储管理和空间数据库管理系统等方面仍在进一步发展。

6.3.2　传统关系数据库模型的局限性

传统关系数据库管理系统可以很好地管理属性数据,但用它管理空间数据时,有明显的局限性,显得力度不足,主要表现为以下几个方面。

① 用关系模型描述具有复杂结构和含义的地理对象时,对地理实体进行不自然的分解,导致存储模式、查询途径及操作等方面不够合理。这样为实现关系之间的联系,需要执行系统开销较大的连接操作,影响系统运行效率。

② 关系数据库模型无法用递归和嵌套的方式来描述复杂关系的层次和网状结构,因此模拟和操作复杂地理对象的能力较弱。

③ 空间数据中图形数据通常是变长的,而一般关系数据库管理系统只允许记录固定长度记录,这不利于空间数据的表达。

④ 地理信息系统要管理的是具有高度内部联系的数据,为了保证地理数据库的完整性,需要复杂的安全维护系统,而这些完整性约束条件必须与空间数据一起存储,以维护系统数据的完整性。否则,一条记录的改变会导致错误、相互矛盾的数据存在。也就是说,关系数据库管理系统难以存储和维护空间数据的拓扑关系。

总之,关系数据库管理系统难以支持复杂的地理信息,对单个地理实体的表达,通常需要用多个文件、多条记录,如包括大地网、特征坐标、拓扑关系、属性数据和非空间专题属性等方面的信息,使传统关系数据库管理系统难以实现对空间数据的关联、连通、包含、叠加等基本操作。

6.4　空间数据管理中的数据库技术

6.4.1　关系数据库技术

1970 年,IBM 公司的 E. F. Codd 提出了关系模型理论,奠定了关系数据库的理论基础。20 世纪 80 年代以来,关系数据库成为数据库主流。关系数据库系统是建立在关系模型上的数据库系统。在关系模型中,现实世界中的实体以及实体间的各种联系均用关系表示,所有实体及实体之间联系的关系的集合构成一个关系数据库。在空间数据管理中,首先必须充分理解数据库的这一主流技术。

1. 关系数据模型的基本术语

关系数据模型是由一组相互联系的关系组成,每个关系是一张二维表,关系的基本术语如下。

① 关系模式:关系名(属性1,属性2,……,属性n)。

② 关系:满足一定规范要求的二维表。

③ 元组:二维表中的一行,也称为记录。

④ 属性:二维表中的一列,也称为字段或数据项,属性包括属性名、属性值和属性值类型。

⑤ 主码:关系中能唯一确定元组的某属性组,也称为主键、主关系键。

⑥ 域:属性的取值范围。

⑦ 分量:元组中的一个属性值。

2. 关系的基本性质

由于关系是用集合代数的笛卡儿积定义的,是二维表中元组的集合,因此关系必然具有下述基本性质。

① 关系表中的每一行称为一个元组,任意一个元组在关系中是唯一的、不重复的。对元组在关系中的顺序不做要求,即行的次序可以任意交换。

② 关系表中每一列称为属性。属性是同质的(Homogeneous),即每一列中的分量是同一类型的数据,来自同一个域。不同的属性要赋予不同的属性名,而列的次序可任意交换。

③ 二维表中每一行和列的交叉处精确地存在一个分量值(可以是空值),分量必须取原子值,即每一个分量都必须是不可分的数据项。

3. 关系数据库系统的发展

从应用的角度看,关系数据库管理系统有很多优点,但随着应用范围的拓宽,在非传统领域的应用中,显露出传统关系数据库管理系统的一些不足,从而促使关系数据库管理系统功能上的发展,表现在如下方面。

(1) 非结构化大型对象(二进制大对象,BLOB)的引入

这是指在关系数据库中增加二进制大对象数据类型,以存储变长字符串和二进制数据。这个概念早在1981年由DEC公司提出,只是未能推广使用。随着非传统数据库(如空间数据库)管理应用需要的增多,才得以迅速发展,而且该技术在空间数据库发展中起了重要作用。

用二进制大对象可以对复杂数据类型进行管理并提供事务支持。例如,Oracle的关系数据库管理系统提供了可变长度的二进制数据类型 long raw,可存储的最大长度为2GB。但严格地说,引入的二进制大对象还不能算一种数据类型,因为它是无格式数据,特别是在该域上无可用的查询操作。

(2) 对象特性的引入

133

由于在空间数据管理等非传统领域中,关系数据库系统受到面向对象数据库的挑战,为确保关系数据库系统的地位,关系数据库的主要厂商如 Oracle、Informix、DB2 等都在自己的产品中引入面向对象成分,形成了对象 – 关系数据库。

(3) 分布式数据库的产生

分布式数据库是数据库技术和网络技术相互结合和渗透的产物,为网络地理信息系统的发展提供了技术基础。

6.4.2　结构化查询语言

数据库的核心应用是数据库的查询,结构化查询语言是从数据库中请求获取信息的语言,是过程化的查询语言。

结构化查询语言(Structure Query Language,SQL)是操作关系数据库的标准语言。它是综合的、通用的、功能强、简单易学的语言。其主要功能包括数据的定义、数据的操作、数据的控制、数据的查询。

1. SQL 的核心语句——SELECT 语句

SQL 中数据查询语句是 SELECT 语句,最简单的 SQL 查询是对一张数据表进行查询,以便从表中选择所需要的某些列或行。

SELECT 语句的一般形式为

SELECT 〔ALL︱DISTINCT〕< 目标列表达式 > 〔,< 目标列表达式 >〕

FROM < 表名 >〔,< 表名 >〕

〔WHERE < 条件表达式 >〕

〔GROUP BY < 列名 1> 〔HAVING 条件表达式〕〕

〔ORDER BY < 列名 2> 〔ASC︱DESC〕〕

语句的实质是根据 WHERE 子句的条件表达式,从 FROM 子句中的表中找出满足条件的元组,并按 SELECT 语句的目标列表达式选出元组中的属性,形成结果表。

若有 GROUP 子句,则将结果按 < 列名 1 > 的值进行分组,列值相等的元组为一组,占结果表的一条记录。

若 GROUP 子句带 HAVING 子句,则输出指定条件的组;HAVING 子句中可以使用聚集函数。

若有 ORDER 子句,则将结果按 < 列名 2> 的值进行升序或降序排序。

2. SQL 的多表查询功能

一个数据库的多个表之间常存在某种内在联系,它们共同提供有用信息。当对数据库进行查询涉及几张表时,称为多表连接查询。

多表连接查询,实际上是将具有公共字段的表合并成一个表,再进行 SELECT 查询,以能够从多个表中获取数据。多表连接查询时,SELECT 语句中的表名将多于一个,且 SELECT 语句条件表达式中要添加匹配不同表记录的语句。

多表连接查询时,若在 SELECT 语句中的基表名多于一个,则 SELECT 语句条件表达式中要添加匹配不同表的记录的语句。

3. SQL 的嵌套查询

在 SQL 中,一个 SELECT-FROM-WHERE 语句组成一个查询块。将一个查询块嵌套在另一查询块的 WHERE 子句或 HAVING 子句中的查询称为嵌套查询。

在进行 SQL 的嵌套查询时,查询将自下而上(由里向外)地进行,即通常首先进行 SELECT 的子查询,而后再进行进一步的查询。这种层层嵌套方式,正是 SQL"结构化"的含义。

6.4.3 面向对象的数据库技术

面向对象的数据库管理系统被称为第三代数据库系统。它吸取了面向对象程序设计的概念和思想,支持面向对象的数据模型和传统数据库系统所具有的数据库特征。

空间数据管理中使用面向对象数据库技术是由于它能完整地描述现实世界的数据结构,表达数据间的嵌套、递归性,同时利用面向对象技术的封装性、继承性,可以大大提高软件的可重用性。

目前,面向对象数据库系统实现的常用方法有以下三种。

(1)以关系数据库和 SQL 为基础的扩展关系模型

例如,美国加州大学伯克利分校的 Postgres 就是以 INGRES 关系数据库系统为基础,扩展了抽象数据类型(Abstract Data Type, ADT),使之具有面向对象的特性。

(2)以面向对象的程序设计语言为基础,支持面向对象数据模型

例如,美国 Ontologic 公司的 Ontos 是以面向对象程序设计语言 C++ 为基础的。

(3)建立新的面向对象数据库系统,支持面向对象数据模型

目前已有一些面向对象的空间数据库管理系统及面向对象的空间数据库地理信息系统,但该领域仍在发展当中。

6.4.4 对象 – 关系数据库技术

对象 – 关系数据库就是针对空间数据管理的特点和需要发展起来的一种数据库技术。

关系模型理论的特点是描述关系时关系处于中心位置,用的是"实体 – 关系"模型、SQL

查询,侧重点是对象之间属性的聚集,描述的是实体外在特征的关联,适合属性查询和表示。而空间图形数据之间的空间关系是它们的内在联系,是由空间地物的地理位置关系决定的,并且往往是多对多的,关系错综复杂。在描述这种关系时,目前的关系模型还不够理想,完成空间关系的查询也很困难。

面向对象理论中,对象处于中心位置,它用抽象性、封装性、多态性来描述对象。对象具有方法和属性,对象之间的关系是通过消息机制来沟通的。用面向对象的方法来处理空间物体之间的关系是比较自然的。开放式地理信息系统协会定义了一组空间关系算子,包括各种对象的空间关系。在对象中实现了这些算子,基本上就可以描述对象之间的空间关系了。

1. 对象 – 关系数据库的特点

对象 – 关系数据库是针对面向对象的数据库商品不够成熟和关系数据库尚存在的不足无法适应空间数据管理而出现的。它具有以下特点。

① 允许用户扩充基本数据类型,即允许用户根据需求定义数据类型、函数、操作符,而且经定义的新数据类型、函数、操作符将存入数据库管理系统的核心,供用户公用。

② 支持关系数据库的 SQL 查询。在 SQL 中支持由多种基本类型或用户定义的类型构成的对象。

③ 支持面向对象数据库的类、数据、函数的继承。

④ 能提供功能强大的同其他对象 – 关系集成的规则系统。例如,规则中的事件和动作可以是任意 SQL 语句等。

2. 对象 – 关系数据库的实现方法

① 开发新的对象 – 关系数据库系统(但目前来讲,不现实)。

② 在现有关系数据库系统基础上进行修改和扩展。通常有两种扩展方法:一是以关系数据库管理系统为核心,增加对象特性。这种方法形成的系统性能较好,也比较安全。二是在关系数据库管理系统外增加一个包装层,由包装层提供对象 – 关系应用编程接口,并负责把用户提交的对象 – 关系型查询映像成关系型查询,转到内层的关系数据库系统处理。这种方法因包装层而影响系统效率。

许多著名的关系数据库管理系统在升级版本时扩展为对象 – 关系数据库系统,如 Oracle、Informix 等。

6.4.5　客户 – 服务器数据库技术

20 世纪 80 年代中期,随着网络技术的发展,局域网逐渐扩展为广域网,用户迫切要求通过计算机网络相互通信。在这样的需求下,很多数据库厂商分别设计开发新的网络数据库,促进并推动了计算机网络技术中的客户－服务器体系结构的应用和发展。

1. 网络数据库的体系结构

（1）客户－服务器结构方式

客户－服务器（C/S）结构方式将数据库系统分解成前台的客户端和后台的服务器，由网络对应用程序和服务器部分进行连接。

客户－服务器数据库系统中，界面和表现逻辑放在客户端上处理，数据的修改、分类、检索、安全性确认、事务恢复、共享数据的访问管理放在服务器上执行。客户端直接面向用户，接受并处理任务，并将任务中需要由服务器完成的工作通过网络请求服务器执行，服务器处理后将处理结果通过网络再传回给客户端，从而使事务逻辑所涉及的安全性、数据完整性和逻辑完整性都集中在服务器上由系统解决，而不是让访问该数据的每个应用程序自己解决。用户可以在客户端上用标准的 SQL 访问服务器中的数据，方便地得到各种数据库数据。这样有利于提高性能和完善控制，减少应用程序开发维护的开销。

具有客户－服务器结构的数据库系统虽然在处理上是分布的，但数据是集中的。因此，客户－服务器系统实际上是在微型计算机局域网环境下合理划分任务，进行分布式数据处理的一种应用系统结构，是解决微型计算机大量使用而又无力承担所有处理任务这一矛盾的一种合理方案。

客户－服务器数据库系统使数据库系统的综合性能得到明显的提高。

（2）浏览器－服务器结构方式

浏览器－服务器（B/S）结构方式的数据库也称为 Web 数据库。它是一种基于 Web 方式的体系结构，是客户－服务器结构方式与当前最流行的 Web 服务方式的结合。用户以浏览器作为客户端软件，数据库系统完全存放在服务器端，使得客户端软件的开发与维护简化。例如，用户通过浏览器在网页中输入信息，通过 Intranet/Internet 传送到服务器端，服务器端接收请求并做出回应，将处理完毕的信息返回到浏览器，使用户能够在 Internet 上浏览、查询和共享建立在 Web 服务器所有站点上的超媒体信息。为此，数据库厂商和 Web 公司纷纷推出各自的产品和中间件，支持 Web 技术和数据库管理系统的融合，使用户可以在浏览器上方便地检索数据。

总之，数据库技术是随着应用需求的发展而不断发展的，数据库技术与网络技术的结合是数据库技术发展的重要环节，也为用户带来了极大的便利。

2. 网络信息系统中访问数据库的方法

在网络环境下工作的信息系统，必须在开放系统上高效地存取数据库。为此，各厂商制定和开发了连接网络和数据库的接口工具，以实现与数据库的连接，从而形成了各种网络数据库的访问方法。

基于网络的数据库的访问步骤如图 6-11 所示。在整个系统中,关键的技术是中间件的解决方案。中间件负责管理网络服务器和数据库服务器之间的通信,并提供应用程序服务。中间件能够调用网络服务器和数据库服务器间作"传输机制"用的外部程序或"编码",并将执行的查询结果信息以 HTML 页面或纯文本的形式返回给最终用户。数据库服务器负责管理驻留在数据库服务器中的数据。

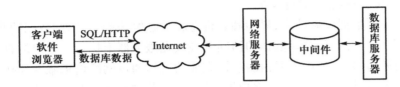

图 6-11　访问网络数据库的方法

6.5　空间数据库管理模式

空间数据管理的模式伴随信息技术的发展而不断地变化。

6.5.1　全文件空间数据管理模式

20 世纪 70 年代,空间数据管理采用全文件空间数据管理模式,即将属性数据和空间数据均放在文件系统中进行管理,其基本结构如图 6-12 所示。

全文件空间数据管理模式具有如下特点。

① 厂商可以根据自己的要求,灵活定义文件格式以管理数据。

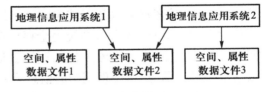

图 6-12　全文件管理模式

② 有利于存储非结构化不定长图形数据。

③ 程序依赖于数据文件的存储结构。数据文件修改时,应用程序也随之改变,因此不利于数据共享和查找。系统开发者要编写程序实现数据的更新、查询。

④ 数据共享性差。当多个程序共享一个数据文件时,文件的修改需要得到所有应用的许可,不能实现真正的共享,即数据项、记录项的共享。

6.5.2　文件和关系数据库混合管理模式

20 世纪 80 年代,随着关系数据库的出现,空间数据管理采用文件和关系数据库混合管理模式。这种数据管理模式在地理信息系统发展中发挥了重要的作用,20世纪90年代,很多国内外的主流地理信息系统软件都采用这种管理模式。至今,很多桌面系统(如 ArcInfo、MapInfo 等)及很多地理信息应用系统还保留了这种数据管理模式。其基本结构如图6-13所示。

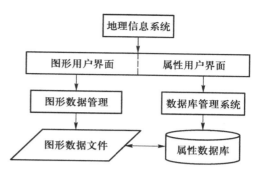

图6-13　文件和关系数据库混合管理模式

这种管理模式的特点如下。

① 空间图形数据和属性数据分开存储,即图形数据用文件系统存储,属性数据用关系数据库管理系统存储,用唯一的标识符或内部连接码将属性数据和图形数据联系起来统一管理。

② 为了实现海量空间数据的管理,在空间数据的组织上,垂直方向分图层管理,水平方向分图幅管理。

③ 由于属性数据和图形数据分开存储,系统的数据一致性维护困难,即数据的一致性、完整性、安全性差;系统查询运算、模型操作运算速度慢。

④ 由于属性数据和图形数据分开存储,系统数据分布和共享困难,对客户-服务器、浏览器-服务器结构体系支持能力差,很难适应网络环境下对数据并发操作和一致性操作的要求。

实际上,文件和关系数据库混合管理模式因缺乏表示空间对象及其关系的能力,不能建立真正意义上的空间数据库。随着信息技术的飞速发展,尤其是信息系统的网络化和网络地理信息系统的发展,这种管理模式难以胜任网络环境下对海量空间数据管理、操作、访问的需求。因此,必须寻求新的空间数据管理模式。

总之,文件和关系数据库混合管理模式曾经是空间数据管理的主流,但随着信息技术的迅速发展,空间数据管理还将向着对象-关系等模式发展。

6.5.3　全关系型空间数据管理模式

随着关系数据库技术的发展,尤其是非结构化大型对象的引入,人们考虑将非结构空间图形数据作为二进制大对象,存储在目前大部分关系数据库提供的二进制块(Binary Block)中。其相关的属性数据存储在数据表的列中,由关系数据库管理系统统一管理。这就是全关系型空间数据管理模式,也称为二进制大对象方式,其基本结构如图6-14所示。

全关系数据库系统管理具有如下特点。

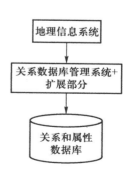

图6-14　全关系数据库管理模式

① 全关系数据库统一对空间数据进行管理,便于数据的维护。

② 用二进制数据块形式存储地理信息系统中的图形数据,可以省去大量图形数据和属性数据的关系连接操作,提高查询速度。

③ 描述空间关系涉及一系列关系连接运算,结构复杂且费时。图 6-15 中以多边形 P_1 为例,列出了空间关系模型图形数据组织表。从该表可以看出,要找出组成多边形的采样点坐标,涉及多个关系表,需做多次连接运算,故效率较低。加上因变长记录存储效率低,使系统效率下降,特别是当涉及对象的嵌套时,效率更低。

多边形号	弧段号	边长
P_1	a_4	
P_1	a_5	
P_1	a_6	

弧段号	起点	终点
a_4	N_5	N_1
a_5	N_1	N_3
a_6	N_3	N_5

结点	x坐标	y坐标
N_5		
N_1		
N_3		

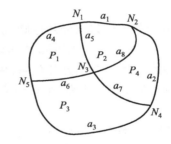

图 6-15 关系模型组织图形数据

④ 实现空间数据 SQL 查询要附加接口,因此这种管理模式只适用于功能简单的地理信息系统。

6.5.4 对象 - 关系型空间数据库管理模式

由于采用通用关系数据库管理系统管理空间数据的效率低,而面向对象的空间数据库管理系统又不够成熟,在 20 世纪 90 年代后期,许多数据库管理系统软件商纷纷对关系数据库进行扩充,即在通用关系数据库管理系统上增加空间数据管理专用模块,使之能直接存储和管理空间数据,形成了对象 - 关系型空间数据库管理系统。

对象 - 关系型空间数据库管理系统是通用关系数据库管理系统的扩展。它在关系数据库管理系统中增加了空间数据管理专用模块,定义了操纵点、线、面等空间对象的 API 函数,以解决对空间数据中变长记录的管理问题,使空间数据的管理效率与定长二进制块的管理效率相比有明显提高。

对象－关系型空间数据库是在标准的关系数据库管理系统上加了一层空间数据管理专用模块。例如,Oracle 公司在其数据库中加入了 Spatial Ware,提供一系列存储过程和函数,以实现空间数据在 Oracle 数据库中的快速、有效的存取,进而实现分析函数和过程的完整结合;Informix 公司提供了 Spatial Data Blade 插件,为用户定义数据类型,以支持空间数据;IBM 公司的 DB2 通过 Spatial Extender 扩充了数据库原有标准数据类型,使其能表达空间数据。对象－关系型空间数据库管理模式的基本结构如图 6–16 所示。

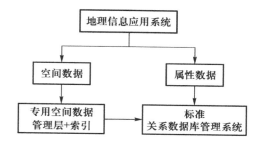

图 6–16 对象－关系型空间数据库管理模式

对象－关系型空间数据库的主要特点如下。

① 空间和属性之间的连接由空间数据管理模块解决,不仅有操作关系数据的函数,还有操作图形的 API 函数,加快了空间数据查询的速度。

② 解决了空间数据的变长记录管理问题,使数据管理效率大大提高。

③ 空间数据对象还不能由用户任意定义,因此使用受一定限制。

6.5.5 空间数据库引擎

空间数据引擎(Spatial Data Engine,SDE)是采用大型关系数据库管理系统管理空间数据的技术,它为地理信息系统海量数据的组织与共享提供了极大的方便。利用空间数据库引擎加上通用标准数据库管理系统,可以实现空间数据的有效管理。

1. 空间数据库引擎概述

空间数据库引擎是空间数据组织管理的重要基础技术。从用户的角度看,空间数据库引擎是用户和异构空间数据库之间的接口;从软件的角度看,空间数据库引擎是应用程序和关系数据库管理系统之间的中间件,用来管理空间数据库;从系统的角度看,空间数据库引擎利用关系数据库管理系统及其扩展功能,实现空间数据在数据库中的物理存储。

空间数据库引擎采用客户－服务器结构体系。从客户端看,空间数据库引擎是服务器,它提供空间数据服务的接口,接收空间数据服务的请求;从数据库服务器看,空间数据库引擎是客户端,它提供数据库接口,用于连接数据库和存取空间数据。

用户通过空间数据库引擎,可以将各种形式的空间数据提交给关系数据库管理系统,再由关系数据库管理系统进行统一管理;同样,用户通过空间数据库引擎,可以从关系数据库管理系统中获取各种空间类型数据,将其转换成用户所用的格式。所以,关系数据库管理系统实质上成为了形式各异的空间数据容器,而空间数据库引擎是空间数据出入该容器的通道。空间数据库引擎所处的层次如图 6-17 所示。

　　空间数据库引擎利用关系数据库管理系统的强大功能,可以实现数据完整性和一致性的维护,提供严格的有效性检查,并可以实现分布式存储和分布式数据库操作。

2. 空间数据库引擎的特点

　　空间数据库引擎改变了传统部门之间信息共享的方式。它具有下列主要特点。

　　① 空间数据库引擎用关系数据库管理系统来高效组织和管理海量空间数据,具有大型关系数据库管理系统管理数据的许多优点。通过空间数据库引擎,能够访问关系

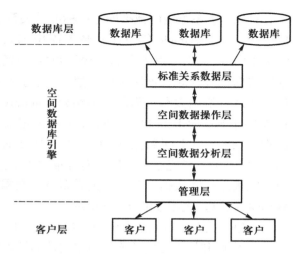

图 6-17　空间数据库引擎所处的层次

数据库管理系统中的空间数据和地理信息系统软件的传统数据格式文件,还能够实现传统格式文件和关系数据库管理系统中空间数据的相互转换,并能够很好平衡服务器和客户端的网络负担。

　　② 空间数据库引擎采用高度结构化的关系表存储,不会因不同格式的转换而带来信息损失。

　　③ 空间数据库引擎利用关系数据库管理系统的互操作性,可以实现真正的客户 – 服务器计算,并在系统级、数据库级实现信息共享。各部门只需发出请求,中心数据库就会返回结果信息,整个系统只需存储数据的一份副本,各部门可以随时获取最新的数据。

　　④ 空间数据库引擎的主要不足是它还没有实现不同地理信息系统平台之间的数据互操作。

3. 空间数据库引擎的主要技术

　　(1) 空间数据的组织结构

　　空间数据的组织结构是描述和表示空间数据的依据,用于确定空间地物及其间的数据联系。空间数据的组织结构的关键是确定空间数据拓扑关系的表示和处理,包括无拓扑关系的空间数据组织结构。

　　(2) 空间索引机制

　　建立空间索引的实质之一是通过合理的空间数据组织,实现空间数据的快速检索。这里所说的空间索引,主要是指解决对图形数据的检索。建立了空间索引,人们对空间数据操作时,只提取同操作相关的数据,剔除了无关数据,从而可以提高空间数据操作的速度和效率。

（3）空间数据的查询

SQL 是支持关系数据库管理系统的标准查询语言。地理信息系统软件都支持标准 SQL。但是由于空间数据的复杂性带来了空间数据查询的复杂性，使标准 SQL 无法实现空间关系的查询，为此提出了扩展 SQL。

4. 几种常见的空间数据库引擎

（1）ESRI 公司推出的空间数据库引擎 ArcSDE

ArcSDE 在关系数据库环境中工作，它将数据库中各层的图形数据划分为不同的单元，并建立了相应的索引表，实现图形要素在数据库中的定位。即将空间数据的类型加到关系数据表的图形数据项中，真正的图形数据放在另外的表中，通过关键字段与之关联，实现系统的访问和操作。

ArcSDE 采用客户 – 服务器结构，为空间数据库管理提供了一种多用户分布式管理方式。同时，在客户端和服务器之间采用异步缓冲机制，从而大大提高了数据的传输效率。

ArcSDE 可以快速实现 Coverage 格式、Shape 文件格式和空间数据引擎之间的双向数据转换。可以基于 Oracle、Informix、DB2、SQL Server 数据库管理系统实现对空间数据的操作和管理，并提供了丰富的二次开发功能，其结构体系如图 6–18 所示。

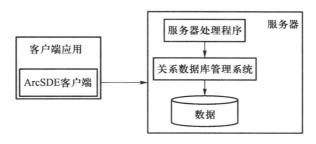

图 6–18　ArcSDE 的体系结构

（2）Mapinfo 公司的 Spatial Ware

在对象 – 关系数据库的支持下，实现了在数据库中存储空间数据类型的目标，并建立了一套基于标准 SQL 的空间运算符，实现空间数据的查询和分析。

（3）国内的空间数据库引擎产品

目前，国内的地理信息系统软件商也纷纷开发了自己的空间数据库引擎，典型产品有 Supermap 的 SDX+、MapGIS SDE 等。

目前很多地方把对象 – 关系型空间数据库管理系统也称为空间数据库引擎。也就是说，把数据库管理商扩充的空间数据管理模块和地理信息系统软件商开发的空间数据库引擎都称为空间数据库引擎。一般认为，地理信息系统软件商开发的空间数据库引擎，存储访问空间数据的效率高,灵活,易于提高完善,便于应用模型设计,但空间数据库引擎开发技术难度大,数据维护相对复杂。数据库管理商扩充空间数据管理模块,形成对象－关系型空间数据库管理系统,其特点是可充分利用商用数据库平台,具有对象级的数据存储机制,数据共享和操作的潜力大。

从发展的角度看,面向对象模型最适合空间数据的表达和管理。它不仅支持变长记录,且支持对象的嵌套、信息的继承和聚集,允许用户定义对象和对象的数据结构及其操作,使地理空间数据系统具有更丰富的语义表达能力,是空间数据库管理的发展方向。

6.5.6　空间数据的查询——扩展 SQL

传统 SQL 无法实现对空间数据及其关系的查询。为了实现对空间数据的查询,出现了扩展 SQL。扩展 SQL 是实现空间数据查询的一种方式。它通过用户自定义类型和相关函数为空间数据提供高层次的抽象。例如,通过定义多边形和相关函数,帮助判断多边形之间是否有公共边界等。

开放式地理信息系统协会(OGC)作为主要地理信息系统软件商组成的联盟,为地理信息系统提供了相关的标准。例如,SQL 的 OGC 标准定义了几类空间操作,包括几何类型的基本操作、空间拓扑关系的操作、空间分析的操作等,如表 6–2 所示。

表 6–2　OGC 标准定义的有关扩展 SQL 的一些操作

基本函数	SpatialReference	基本坐标系
	Envelope	最小外接矩形
	Export	其他形式几何体
	IsEmpty	几何体是空集
	IsSimple	简单几何体
	Boundary	几何体边界
拓扑 / 集合运算符	Equal	几何体相等
	Disjoint	几何体内部和边界均不相交
	Intersect	几何体不相交
	Touch	几何体边界相邻而不相交
	Cross	一条线和面的内部相交
	Within	几何体内部不与另一几何体外部相交
	Contains	几何体包含另一几何体
	Overlap	两个几何体内部有非空交集

续表

空间分析	Distance	两个几何体间的最短距离
	Buffer	几何体的距离小于等于指定几何体的点集合
	ConvexHull	几何体的最小闭包
	Intersection	两个几何体的交集构成的几何体
	Union	两个几何体的并集构成的几何体
	Difference	几何体与给定几何体不相交的部分
	SymmDiff	两个几何体同对方互不相交

利用 OGC 提供的数据类型和操作,可以对 SQL 进行扩展,从而实现空间查询。

例 6-1 查出中国的邻国有哪些。

Select A1 Name As "中国的邻国"

From Country A1, Country A2

Where Touch (A1.Shape, A2. Shape) =1 AND A2= "中国"

其中,谓词 Touch 是 OGC 标准定义的拓扑谓词,用来检查两个几何体边界相邻而不相交。

例 6-2 查出长江流经中国的哪些省。

Select R Name, C Name

From River R, Country C

Where Cross (R.Shape, C. Shape)=1

其中,谓词 Cross 是 OGC 标准定义的拓扑谓词,用来检查一条线和多边形是否相交。

目前,被称为 PostgreSQL 的对象 – 关系型空间数据库管理系统经过近 20 年的发展,由于其在基础数据类型以外支持包括几何图元、IP 地址等丰富的数据类型,而且用户可以创建自定义数据类型并通过 PostgreSQL 的 GIST 机制进行索引,被很好地应用于地理信息系统中。PostGIS 是 PostgreSQL 的一个扩展,可以提供空间对象、空间索引、空间操作函数和空间操作符等空间信息服务功能,同时遵循 OGC 标准。

6.5.7 大数据管理——NoSQL

NoSQL 是 Not Only SQL 的简称,也有人将其解释为 Non-Relational Database,泛指非关系数据库。随着 Web 2.0 时代的发展,传统的关系数据库在大规模、高并发、多种数据类型的动态网站中暴露出许多问题,而非关系数据库的产生则为解决大规模数据集合和多重数据种类的问题提供了可能性。

NoSQL 数据库主要分为四大类型,即键值模型(Key-Value)、列式模型、文档模型和图形(Gragh)模型。

① 键值模型通常使用散列表的数据结构,在一个特定的 Key 和一个指向 Value 的指针之间建立映射关系。键值模型具有查找迅速的优点,主要用于处理大量数据的高负载访问或一些日志系统。常用的数据库包括 Amazon 的 Dynamo 和 Redis 等。

② 列式模型是将同一列相同数据存在一起,使得同一列数据在进行海量数据分析时,大量减少硬盘的输入输出(I/O)操作,同时列族也可以将多个相似的列存储在一起,从而提高存储查询效率。这种模型常用于分布式文件系统,如 Google 的 BigTable 和 Apache 的 Cassandra 等。

③ 文档模型的灵感来源于 Lotus Notes 办公软件。它是键值模型的一种升级,主要以 JSON 格式的文档进行存储,而且允许嵌套键值,主要用于不太强调数据模式的 Web 应用。其常用工具有 MongoDB 和 CouchDB 等。

④ 图形模型是为了解决关系数据库在递归结构和社交网络之类的数据结构查询方面的缺陷而产生的,包括结点、关系及属性等构造结构,应用图论算法可以进行最短路径计算、测地线等复杂运算。其常见的数据库包括基于 Java 的 Neo4j 和 Sones 公司的 GraphDB 等。

NoSQL 数据库遵循 CAP 理论和 BASE 原则。CAP 理论可以解释为:一致性(Consistency)、可用性(Availability)和分区容错性(Partition Tolerance)。一个分布式系统不能同时满足这三个需求,最多只能同时满足两个。因此,大部分 Key-Value 数据库系统都会根据自己的设计目的进行相应的选择,如 Cassandra、Dynamo 满足可用性和分区容错性两个性能需求;BigTable、MongoDB 满足一致性和分区容错性这两个性能需求;MySQL 和 Postgre SQL 的关系数据库满足可用性和分区容错性两个需求。BASE 是基本可用(Basically Available)、柔性状态(Soft State)和最终一致(Eventually Consistent)的缩写。基本可用是指可以容忍系统的短期不可用;柔性状态是指可以有一段时间存在异步的情况;最终一致是指最终数据一致,而非严格的时候一致。

目前,NoSQL 数据库根据以上原则针对不同的应用场景进行数据管理和操作,其主要特点包括:以 Key-Value 为主的数据库面向特定应用,缺乏通用性;海量数据分布存储于大量普通个人计算机上,典型的策略是采用散列(Hash)分布存储或连续存储;数据经过分区复制分布于集群中的不同结点,使用副本策略提高了可用性,并配以一致性策略确保同步;可扩展性强,实现负载均衡的弹性协调。

6.6　空间索引

由于空间数据库中空间数据表达形式的多样性和空间数据关系的复杂性,使实现空间数据查询时操作运算量很大。为此,在做空间操作之前,需要对操作地理实体进行初步的筛选,以减少参加空间操作的空间实体数量,缩短计算时间,提高整个系统的性能。所以,在空间数据库设计中,一般都要为空间数据库建立索引。实际中所用的索引结构和索引管理技术将直接影响系统的性能。

地理信息系统所表现的地理数据的多维性,使得传统的 B 树(B tree)索引并不适用。因为 B 树所针对的字符、数字等传统数据类型均在一个维度上,在集合中任意两个元素,都可以在这个维度上确定其关系是大于、等于、小于等。若对多个字段进行索引,则必须指定各个字段的优先级,形成一个组合字段,而地理数据的多维性,在任何方向上并不存在优先级问题,因此 B 树不能有效建立空间索引。

面对具有多维特性的空间信息,为了实现优化访问方法,需要研究适应多维特性的空间索引方式。目前的空间索引技术主要包括外接矩形索引、格网索引、四叉树索引、R 树(R tree)索引、R+ 树(R+ tree)索引等。这些索引技术各有特点,已被各种空间数据库引用。

1. 外接矩形索引

外接矩形索引(Minimum Boundary Rectangle,MBR)是无索引文件的一种图形检索方法。为了加快图形的检索,在存储空间对象的同时存储它的外接矩形。由于查找一个矩形要比查找一个复杂多边形快得多,因此在检索某空间对象时可以通过查找其外接矩形,粗略地决定其可能的位置,达到实现快速检索的目的。例如,在图 6-19(a)中,找面状目标 A 时,只要找它的外接矩形即可;在图 6-19(b)中,找面状目标 A 时,先找它的外接矩形,得到 A,B 两个可能目标,然后再进一步判定。

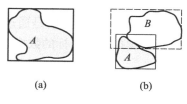

图 6-19 外接矩形索引

2. 格网索引

格网索引将研究的范围按一定的间隔划分成大小相同的 $M \times N$ 个格网,并对其进行编号。然后根据空间目标的位置和形状,把空间目标的编号记录在它所落在的格网上。因此,通过格网上记录的编号可以搜索出所要的空间目标。格网划分的精度取决于空间目标的大小和数量。

格网索引是多对多的索引,即一个空间目标可以跨越多个格网;同样,一个格网可以包含多个目标。因此,格网索引会导致数据的冗余,格网分得越细,其精度越高,但数据的冗余也越大。

3. 四叉树索引

四叉树索引是一种二维空间索引,其实质是将二维空间信息映射为一维信息,最后进行线性管理。根据 3.7.4 小节所述的编码方法,其中栅格单元的编号就是索引号。图 6-20 列出了点状目标 A 和 D、线状目标 C、面状目标 B 的四叉树索引。由于这种索引是一对多的索引,避免了格网索引的数据冗余问题。

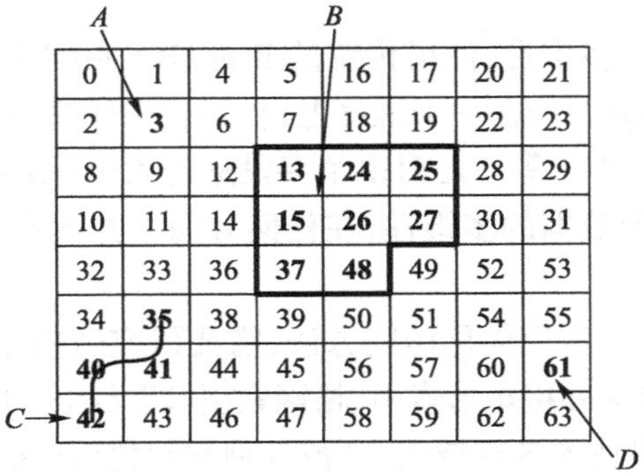

空间对象	代码	
A	3	点
B	13	面
B	15	面
B	24~27	面
B	37	面
B	48	面
C	35	线
C	40~42	线
D	61	点

图 6-20　四叉树索引

4. R 树和 R+ 树索引

R 树和 R+ 树索引是通过设计虚拟矩形目标,将空间目标包含在相关的矩形内作为空间索引。虚拟矩形目标的数据结构为

$$\text{Rect}(\text{RecID}, \text{type}, x_{\min}, x_{\max}, y_{\min}, y_{\max})$$

其中,type 表示是虚拟矩形目标还是实际矩形目标;$x_{\min}, x_{\max}, y_{\min}, y_{\max}$ 表示矩形目标的范围。

R 树虚拟矩形的构建应使矩形包含的目标多,矩形之间重叠少,如图 6-21 所示。图 6-21 中,A, B 为 R 树虚拟矩形;$1, 2, 3, 4, 5, 6, 7$ 为空间目标。

R+ 树虚拟矩形的构建允许一个空间目标被多个虚拟矩形所包含,也允许虚拟矩形相互重叠,如图 6-22 所示。图中 A, B 为 R+ 树虚拟矩形;$1, 2, 3a, 3b, 4, 5$ 为空间目标。对空间数据检索时,先判别哪些虚拟矩形与检索目标有关,然后再进一步检索目标。

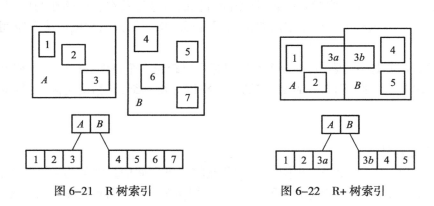

图 6-21　R 树索引　　　　　　　图 6-22　R+ 树索引

利用 R 和 R+ 树进行查询可以用树结构中自顶向下的递归算法实现。

6.7 空间数据的分层

地理信息系统通常将数据按照逻辑类型分成不同数据层进行组织。地理信息系统的分层思想为地理空间的管理带来了方便,在实际应用中已广为地理信息应用系统开发者和使用者接受。

(1) 空间数据分层的概念

在栅格数据结构中,每类属性常用一个独立的层来表示,因此理论上层的数量是不受限制的。

在矢量数据结构中,通常按照空间数据的逻辑关系或专业属性进行分层。例如,地形图数据可以分为地貌、植被、水系、道路、居民点等图层。当对某地区的地形进行分析时,需要将相关的图层进行统一的分析、处理和显示。

空间数据分层后,每层中的数据通常具有同类空间特性(点或线或面)、相同的使用目的和方式、同类数据源、同类属性数据,各层图具有同样的比例尺。

(2) 空间数据分层的方法

① 按照专题分层。数据的专业类型是数据分层的主要依据。按照空间数据的类型和属性进行分层,可以简化处理过程和方法。例如,将一个区域内的行政区、交通道路分布、河流分布、气象站分布分别作为一个图层。当然,也应该适当考虑数据间的关系以及不同数据类型的应用功能。例如,为了分析水资源问题,可以将河流、湖泊、水库、沟渠、水井放在同一图层,以便分析。

② 按照时间序列分层。其实质是用不同时间的图层来表示时态空间数据,补偿目前静态地理信息系统无力表示动态空间数据的问题。

③ 按照地面垂直高度分层。其实质是用不同高度的图层来表示三维空间数据,补偿目前二维地理信息系统无力表示三维空间数据的问题。

需要指出的是,分层概念是根据人们已有的认识和经验对客观世界进行硬性分割,而在真实的客观世界中,用户感知到的地理现实世界是一个个地理实体。地理实体中道路、建筑、山脉等组成整体,而不是层(Layer),所设计的数据模型理应该能够直接反映这种感知。因此,为某一目的设计的分层体系,很可能难以满足其他目的,从而使系统的通用性降低。分层概念使得本来联系紧密的地物数据分开存储,降低了复合操作和空间分析的效率。

思考题

1. 什么是数据库?什么是数据库管理系统?什么是数据库系统?
2. 简述面向对象的数据库管理系统的地位及现状。

3. 如何利用 SQL 实现查询？写出用 SQL 进行数据查询的例子。

4. 简述扩展 SQL 的概念及由来。

5. 什么是关系数据库？用关系数据库来管理空间数据的优缺点是什么？

6. 空间数据管理的主要方式有几种？各自的优缺点是什么？

7. 什么是空间数据库引擎？

8. 空间索引的作用是什么？

第 7 章　空间分析和分析模型

7.1　空间分析概述

空间分析是地理信息系统的重要功能,也是地理信息系统区别于一般信息系统的关键特征。人们经常把地理信息系统所提供的空间分析能力作为评价该系统性能的主要指标之一。

空间分析是基于地理实体的位置和形态特征的空间数据分析技术,是借助计算机技术,利用特定的原理和算法,对空间数据进行操作、处理、分析、模拟、决策的功能。

由于地理信息系统空间数据库中存储了包含空间特征的空间信息及与其应用相关的专题信息,因此地理信息系统中的空间分析包含了空间数据的空间特征分析、空间数据的非空间特征分析以及空间特征和非空间特征的联合分析。

空间特征分析从空间物体的位置、关系等方面去研究空间事物,最后对空间事物做出定量的空间描述和分析,采用的主要方法为空间统计学、图论、拓扑学、计算几何、图形学等。

非空间特征分析主要是对空间物体和现象的分析,主要通过数学(统计)模型来描述和模拟空间现象的过程和规律。这类分析采用的方法主要是统计分析方法,尤其是多元统计分析方法,如主成分分析、主因素分析、聚类分析、相关分析、趋势面分析等。从方法上,空间数据的非空间特征分析与一般的数据分析并无本质的差别。在分析过程中,它并不考虑数据采样点的空间位置,但由于空间特征数据和非空间特征数据间所具有的不可分割的关系,对分析结果的解释是基于地理空间的。也就是说,其结果一般通过地图来反映空间现象和规律。

空间特征和非空间特征的联合分析在实际中大量使用,通常是通过空间特征分析获得空间位置信息,然后再利用非空间特征分析获取区域内的专题信息。

总之,空间分析通过对空间数据的分析处理,获取地理实体的空间位置、空间分布、空间形态、空间演变等新信息。空间分析的对象是空间数据。这些数据具有空间位置、空间关系、时序性、多尺度、多维性和海量数据等特点。空间数据的空间依赖性和空间异质性,决定了空间分析的特殊性、复杂性和多样性。空间分析不仅需要考虑地理实体的空间位置、属性特征,还需要关心地理实体间的拓扑关系、空间分布组合、距离和方位、空间交互,这样才能刻画出空间数据的分布模式,探索和模拟各种空间数据分布模式的关系,以提高对地理实体的预测和控制水平。

　　空间分析包含的内容很多,在地学领域中,空间分析是解决各类地学分析模型的基础。同时,空间分析也为建立各种复杂的空间应用模型创造了条件。

1. 按照分析方法看地理信息系统空间分析分类

（1）地理信息系统提供的空间分析

　　这类空间分析方法很多,各类系统提供的分析能力的差异性很大。归纳起来,其主要有查询检索分析、空间形态分析、地形分析、叠置分析、邻域分析、网络分析、图像分析、空间统计分析等。

（2）专用空间模型分析

　　这类空间分析方法是指在地理信息系统支持下通过建立一定的数学模型实现对地理现象的分析和模拟,这是地理信息系统应用深化的重要标志。正是由于模型的支持,特别是多模型的渗入,空间分析才能上升到空间决策层。空间决策支持系统就是在此基础上发展起来的计算机支持系统。

2. 按照用户交互方式看地理信息系统空间分析分类

（1）咨询式空间分析

　　这种方式主要根据已有数据实现空间数据的查询检索及集合分析。

（2）产生式空间分析

　　这种方式基于地理信息系统中拓扑关系和空间操作运算、空间统计分析,以及将地理信息系统作为通用工具与其他专业模型相结合,实现空间数据的模拟和分析。

3. 按照空间数据特征看地理信息系统空间分析分类

（1）空间数据的空间特性分析

　　① 空间位置分析:指通过空间坐标系中的坐标来确定空间物体的地理位置。

　　② 空间分布分析:空间分布反映了同类空间物体的群体定位信息。

　　③ 空间形态分析:空间形态反映了空间物体的几何特征,包括形态表示和形态计算两个方面。前者如走向、连通性等,后者如面积、周长、坡度。

　　④ 空间关系分析:空间关系反映了空间物体之间的各种关系,如方位关系、距离关系、拓扑关系、相似关系等。

（2）空间数据的非空间特性分析。

　　这类分析主要是基于数据库的统计分析。

7.2 空间数据的量算

7.2.1 长度量算

1. 矢量数据的长度计算

（1）两点之间距离 D 的计算

二维矢量空间中，两坐标点 (x_1, y_1) 和 (x_2, y_2) 之间的欧几里得距离定义为

$$D = \sqrt{(x_2 - x_1)^2 + (y_2 - y_1)^2} \tag{7-1}$$

三维矢量空间中，两坐标点 (x_1, y_1, z_1) 和 (x_2, y_2, z_2) 之间的欧几里得距离定义为

$$D = \sqrt{(x_2 - x_1)^2 + (y_2 - y_1)^2 + (z_2 - z_1)^2} \tag{7-2}$$

（2）点到直线的距离 D 的计算

点 (x_0, y_0) 到直线 $Ax + By + C = 0$ 之间的欧几里得距离定义为

$$D = \sqrt{\frac{|Ax_0 + By_0 + C|}{A^2 + B^2}} \tag{7-3}$$

（3）线目标的长度 l 的计算

线目标的长度公式为

$$l = \sum_{i=0}^{n-1} \left[(x_{i+1} - x_i)^2 + (y_{i+1} - y_i)^2 \right]^{\frac{1}{2}} = \sum_{i=1}^{n} l_i \tag{7-4}$$

线目标长度的精度主要通过合理地选择曲线坐标点串，以及适当地增加坐标点的方式提高。

2. 栅格数据的长度计算

栅格数据的长度计算分为 4 邻域方向（简称四方向）长度计算和 8 邻域方向（简称八方向）长度计算。四方向长度计算根据相邻栅格单元在水平和垂直方向来计算；八方向长度计算根据相邻栅格单元在 8 个方向来计算。计算方法如下。

（1）求出线目标的骨架线

一个线目标在栅格图上通常表现为具有一定宽度的条带，其骨架线是条带的中心轴线，宽度为一个栅格单元。那么，用如第 3 章图 3-14 所示的 4 邻域和 8 邻域表示一个线目标的骨架线时，其栅格数可能是不相等的，由此计算出的长度也不相同，前者计算出的误差要大。这里用 8 邻域连接法来计算骨架线，如图 7-1 所示。

图 7-1(a) 中，点 (3,3) 和点 (3,4) 间的距离为 1 个栅格单元；图 7-1(b) 中，点 (3,3) 和点 (4,4)

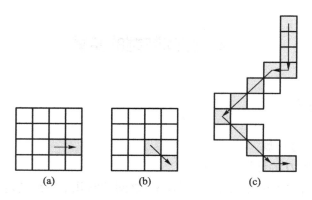

图 7–1　栅格数据的线目标骨架线

间的距离为$\sqrt{2}$个栅格单元。

（2）线目标的长度 l 计算（按八方向计算）

线目标的长度 l 计算的公式为

$$l = (N_\mathrm{d} + \sqrt{2}N_\mathrm{i})D \tag{7–5}$$

其中，N_d 表示骨架线中边相邻的栅格数；N_i 表示对角相邻的栅格数；D 表示每个栅格单元的边长。

图 7–1（c）按八方向长度计算，其长度为 $(6 + 6 \times \sqrt{2})D$。

7.2.2　面积量算

1. 矢量数据的面积计算

矢量数据的面积计算基于求梯形面积的公式，如式（7–6）、式（7–7）所示。

$$S_i = \frac{1}{2}(y_{i+1} + y_i)(x_{i+1} - x_i) \tag{7–6}$$

$$S = \sum_{i=1}^{n-1} S_i + (y_n + y_1)(x_1 - x_n)\frac{1}{2}$$
$$= \frac{1}{2}\sum_{i=1}^{n} y_i(x_{i+1} - x_{i-1})_{\substack{x_0 = x_n \\ x_{n+1} = x_1}} \tag{7–7}$$

上式中，第 i 个坐标点 (x_i, y_i) 与其下一个坐标点所构成的弧段在坐标系中对应的梯形面积为 S_i，构成的整个图形的面积为 S，其中首尾坐标点构成的弧段需要单独加上。

从图 7–2 可知，当图 7–2 为顺时针走向时，求出的面积为正值；当图 7–2 为逆时针走向时，求出的面积为负值。实际面积为上述面积值的绝对值。

由于多边形面积计算的上述特征，在地理信息系统分析中，通常可以根据所求面积的正负值做出如下判断。

① 判断多边形弧段闭合的走向是顺时针还是逆时针。

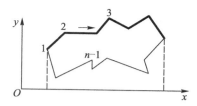

② 判断一点和线段的空间关系,如某点在线的左侧还是右侧。例如,在图 7-3(a)中,因△ABP 面积为正值,故 P 点在矢量 AB 的右侧。

③ 判断两点和线段的空间关系,如两点是否位于线

图 7-2　矢量数据的面积计算

段的同侧。例如,在图 7-3(b)中,因△ABN 面积为正值,△ABM 面积为负值,故点 M 和 N 分别在矢量 AB 的两侧;在图 7-3(c)中,因△ABN 和△ABM 的面积均为正值,故点 M 和 N 在矢量 AB 的同侧等。

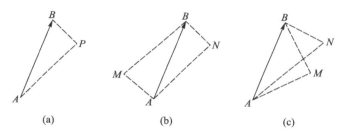

(a) (b) (c)

图 7-3　多边形面积计算的应用

2. 栅格数据的面积计算

栅格数据的面积计算实质是统计相同属性的栅格数。

7.2.3　分布中心的计算

空间分析中常用分布中心来概括地表示空间的总体分布位置,以跟踪某些地理分布的变化,如描述人口的变迁、土地利用的变化。假设有 n 个离散点(x_1,y_1), (x_2,y_2), $\cdots$, (x_n,y_n),可以用不同方法来表示分布中心。

1. 算术平均中心

算术平均中心(C_x,C_y)的计算公式为

$$C_x = \sum_{i=1}^{n} x_i/n$$

$$C_y = \sum_{i=1}^{n} y_i/n$$

(7-8)

算术平均中心中没有考虑各不同点在分析问题时重要性的差异,而实际中各点的重要性

是不同的,为此需要进行加权计算。

2. 加权平均中心

加权平均中心 (C_{xw}, C_{yw}) 的计算公式为

$$C_{xw} = \sum_{i=1}^{n} x_i w_i \Big/ \sum_{i=1}^{n} w_i$$

$$C_{yw} = \sum_{i=1}^{n} y_i w_i \Big/ \sum_{i=1}^{n} w_i$$

$(7-9)$

上式中,w_i 为第 i 点的权重。

这里的关键是确定权重值,通常以该离散点表示的统计量来表示。例如,在研究土地利用时,用它表示的面积值作为权重;在研究变迁时,用它表示的人口数作为权重。

3. 中位中心

中位中心是指到各个离散点的距离和为最小的一个点 $(x_{\min}, y_{\min})$,表示为

$$\sum_{i=1}^{n} \sqrt{(x_i - x_{\min})^2 + (y_i - y_{\min})^2}$$

$(7-10)$

的值最小。

中位中心是一个很有用的概念,大量用在选址设计中。例如,当用 n 个离散点表示居民点时,为确定商业布点就要用到中位中心。

4. 极值中心

极值中心是指到各个离散点的最大距离为最小的一个点 (x_e, y_e),表示为:

$$\max\left(\sqrt{(x_i - x_e)^2 + (y_i - y_e)^2}\right)$$

$(7-11)$

的值为最小的点。极值中心的地理意义在于该点离 n 个离散点中的所有点都不太远。

需要指出的是,在计算中位中心和极值中心时同样都可以考虑权重问题。

7.3 空间数据的查询

7.3.1 空间数据的查询类型

空间数据的查询是地理信息系统最基本的功能。它是地理信息系统高层次空间分析的基础,也是地理信息系统面向用户的窗口。通常,空间数据的查询要求交互式进行,其结果是通过两个窗口同时显示空间数据和属性数据。空间数据查询的实质是找出满足属性约束条

件和空间约束条件的地理实体。因此,它既要便于用户选取空间数据,又要以可视化方式显示空间数据。在地理信息系统中,用户的很多问题可以通过查询解决,而且查询还能够派生新数据。空间数据的查询涉及空间数据模型、空间数据拓扑关系、空间索引等问题。

从空间数据特性及使用的角度将其分为基于属性特征的查询、基于空间特性的查询以及基于空间特征和属性特征的联合查询。

1. 基于属性特征的查询

基于属性特征的查询是通过给出属性约束条件,找出满足约束条件的地理实体,然后通过地理信息系统进行空间定位。从内部过程看,这类查询属于"属性到图的查询"。查询的实质是基于常规关系数据库的查询,所用查询方法通常由标准的 SQL 实现,然后按照属性数据和空间数据的对应关系显示图形。

基于属性特征的查询的关键是建立属性约束条件。属性约束条件用带有各种运算符的条件表达式描述。查询可能涉及多张属性表的多表查询。

例 7-1 已有某地区的土地利用表及相应的图,现要找到林地。

在属性数据表中查找植被为林地的记录,如图 7-4 所示。

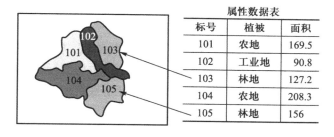

属性数据表

标号	植被	面积
101	农地	169.5
102	工业地	90.8
103	林地	127.2
104	农地	208.3
105	林地	156

图 7-4 基于属性特征的查询

目前地理信息系统都采用标准的 SQL 查询。地理信息系统通常为用户提供 SQL 查询对话框,以帮助用户输入查找条件。从对话框输入查询条件后,系统进行语法错误检查,若有错误,则必须进行修正才能继续操作,直到语法检查正确,经确认输出查询结果。

2. 基于空间特性的查询

空间特性是空间数据的主要特征,空间特性的查询通常是指以图形、图像或符号为语言元素的可视化查询。从查询的内部过程看,空间特性的查询属于"图到属性的查询"。这种查询首先借助空间索引在空间数据库中找出地理实体,然后再根据地理信息系统中属性数据和空间数据的连接关系找出并显示地理实体的属性,并可以进一步进行相关的统计分析。

空间特征的查询可以分为以下几种。

(1) 空间几何数据查询

空间几何数据查询主要根据空间目标的几何数据,分析和计算不同地物(如线状地物)的长度、组成、坐标点数及面状地物的面积、周长等。

(2) 空间位置查询

空间位置查询是空间查询中最基本的查询功能,只要空间数据与大地坐标进行了配准,通常单击空间点状地物就可以获取坐标点的地理位置;单击线状地物就可以获取该线的长度及地理位置;单击面状地物就可以获取该面的周长、面积及其地理位置等。例如,在中国地图上单击长江,除了使长江高亮度显示外,还可以获取长江的长度、长江所处的地理位置等信息;在中国地图上单击河北省,除了使河北省高亮度显示外,还可以获取河北省的面积、边界周长、河北省所处的地理位置等信息。

(3) 空间关系查询

空间关系查询主要指拓扑关系查询。这类查询包括以下几类。

① 同类要素间的邻接性查询、连通性查询、包含性查询、重合性查询、方向性查询等。

例 7-2 从中国地图上查与四川省相邻的有哪几个省,实质是进行邻接性查询;

从中国地图上查长江有哪些支流,实质是进行连通性查询;

从中国地图上查湖北省有多少个县,实质是进行包含性查询;

从中国地图上查合肥市和南京市谁在北面,实质是进行方向性查询。

② 不同类要素间的关联性查询、穿越性查询、落入性查询、方向性查询、人口属性等。

例 7-3 从中国地图上查京九铁路沿线有多少站,实质是进行邻接性查询;

从中国地图上查长江经过哪几个省,实质是进行穿越性查询;

从中国地图上查经过广东省的高速公路有多少条,实质是进行穿越性和落入性查询;

从中国地图上查长江以南人口超过 100 万的城市有哪些,实质是进行方向性查询和人口属性查询。

当然,实际上进行空间关系查询时,不总是局限于某种查询,而经常要将多种查询联合起来使用才能完成某种查询功能。

3. 基于空间特征和属性特征的联合查询

空间特征和属性特征的联合查询不是简单地由定位空间特性查询结果显示相关的属性,也不是从属性特征的查询结果显示相关的空间位置。空间特征和属性特征联合查询的实质是指查询条件中同时涉及空间特征和属性特征。

例 7-4 从中国地图上查同北京的距离(查空间距离)小于 2 000 km、长江以南(查空间关系)、人口数大于 100 万的城市。

本例中查人口数大于 100 万的城市,属于属性特征的查询;查同北京的距离(查空间距离)

小于 2 000 km 的城市,属于空间距离查询;查长江以南的城市属于空间关系查询。

7.3.2 空间查询的方法

众所周知,在关系数据库中,几乎所有的查询功能都是基于标准的关系数据库查询语言 SQL 实现的。由于 SQL 不支持空间概念,不便于空间关系运算,对空间数据库而言,单靠标准 SQL 查询是无法完成的。但 SQL 具有简单、通俗、易学等优点,因此目前地理信息系统中实现 空间数据的查询以 SQL 为基础,对其进行扩充,形成扩展 SQL,也称为空间 SQL。

1. 基于 SQL 的查询

SQL 是一种标准的关系数据库查询语言,在地理信息系统中主要用于实现基于属性特征 的查询,完成由"属性到图的查询"。目前的地理信息系统软件通常提供实现 SQL 查询的对 话框,使查询更为简单、方便。有些地方将它引入了自然语言的概念,使用户使用更为方便。

2. 基于空间查询语言的查询

由于标准 SQL 无法表达空间关系及空间运算操作,为此对原有的 SQL 进行扩展或改造, 从而提出了空间查询语言(Spatial Query Language)。空间查询语言的核心是在标准 SQL 上增 加表达空间数据的数据类型,增加描述空间关系的空间关系谓词集以增加空间操作功能。通 常需要增加空间数据类型,如结点、弧段、多边形;增加空间操作算子,如一元空间操作算子、 二元空间操作算子等。OGC 标准就定义了有关扩展 SQL 的操作。

基于空间查询语言的查询可以实现基于属性特征的查询、基于空间特征的查询及属性特 征和空间特征的联合查询。

由于目前空间查询语言尚未标准化,各系统实现该功能的差异比较大。

例如,MapInfo 中增加了描述空间关系的空间关系谓词集 obj、within、contain、intersect 等; 增加了空间操作功能的函数 objectlen、perimeter、distance、centroid X、centroid Y 等,实现空间 数据的查询,如从世界地图 world 中查中国的邻国有哪些。

从数据库查询语言的角度看,实现本查询要用嵌套查询,先在世界地图 world 中查出中 国,而后再查出中国的邻国。

从空间查询语言的角度看,实现本查询用标准 SQL 无法完成,必须使用空间查询语言描 述空间关系的空间关系谓词进行邻接性查询。

在 Mapinfo 中,实现该查询的条件语句为

world. obj intersect（select obj from world where country="China"）

这里,首先在世界地图 world 中查出中国,然后利用描述空间关系的空间关系谓词集 obj 和 intersect 查出中国的邻国,最后在世界地图 world 上显示中国及其邻国的位置。

国产地理信息系统软件 SuperMap 为用户提供了更方便的空间查询方法。这反映在所提供的查询对话框中除了为用户提供选择查询图层、提供查询属性的条件外,还提供查询空间条件(空间条件包括与查询对象有公共边、与查询对象有公共结点、查询对象包含的对象等)的选择。

3. 基于可视化图形的查询

基于可视化图形的查询可以通过单击图素及图形符号实现,即以图形、图像或符号为语言元素实现查询。查询过程主要通过空间操作实现。例如,用户通过单击光标,选点,画线,画规则图形(如圆、矩形等),画不规则多边形等方法选中地物,显示出所查对象的属性,从而实现由"图到属性的查询"。

基于可视化图形的查询和基于空间查询语言的查询都涉及空间数据的操作运算。

7.4 叠 置 分 析

7.4.1 叠置分析概述

空间数据的叠置分析是地理信息系统的重要功能,它以空间层次分析理论为基础,而空间层次分析理论的发展又与空间叠置分析的应用直接相关。

空间数据的叠置在图层间进行,被叠置的图层必须是同一地区、同一比例尺、同一投影方式,而且各图层均已进行了配准,如图 7-5 所示。

空间数据的叠置是将两幅或两幅以上专题图层重叠在一起,以生成新图层和对应的属性。叠置分析既能对存在的不同类型信息进行综合分析,又能通过图形叠置获取新信息。例如,将不同时间土壤侵蚀强度图和侵蚀程度图进行叠置,可以分析该地区土壤的演变过程;将行政区图、降水量图、土壤类型图等进行叠置,可以分析各行政区内土地质量等级分布。

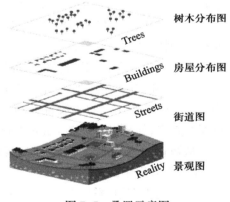

图 7-5 叠置示意图

由于空间数据的叠置分析在实际中有很多用处,所以在地理信息系统出现以前,地学领域的研究工作者已经开始用人工方法进行图形叠置分析的探讨,只是因为分析复杂、工作量大而很难实施。地理信息系统的出现为地学工作者实现图形叠置分析提供了科学的、强有力的技术手段和方法。

1. 叠置分析类型

(1) 按照叠置方式分类

根据叠置方式的不同，叠置分析可以分为视觉叠置和信息复合叠置。两者的区别在于：视觉叠置不改变参加叠置的空间数据结构，也不形成新的空间数据，只给用户带来视觉效果。例如，将一个区域的行政区图和该区域的铁路分布图进行视觉叠置，可以很直观地观察到该区域铁路的分布情况。

信息复合叠置不仅要产生视觉效果，还要对参加叠置的多种空间数据在区域内进行重新组合，从而形成新的目标。例如，将一个区域的行政区图和该区域的铁路分布图进行信息复合叠置，不仅可以观察到该区域的铁路分布，还可以提取出每个行政区内占有的铁路总长度。

(2) 按照叠置对象分类

根据叠置对象的不同，叠置分析可以分为点和面的叠置、线和面的叠置、面和面的叠置、线和线的叠置、点和点的叠置以及点和线的叠置。其中，面和面之间的叠置应用最广。

(3) 按照叠置采用的数据结构分类

按照叠置所采用的数据结构，叠置分析可以分为矢量叠置和栅格叠置。矢量叠置实质上是实现拓扑叠置，叠置后得到新的空间特性和非空间特征。在拓扑叠置时，对多边形的叠置可能产生许多较小的多边形，其中有些多边形是由同一线段多次输入时引入误差而产生的。这些多边形并不代表空间实际的变化，称为伪多边形，通常由用户指定一些容差值来消除。栅格叠置得到的是新的栅格图，而当栅格叠置时，尤其是当叠加要素较多时，可能产生很多组合，这些组合的数量可能很大，使用户无法接受。这时往往希望在叠置前或叠置后先进行聚合或聚类处理。

(4) 按照叠置功能分类

根据叠置功能的不同，叠置分析可以分为类型合成叠置、统计叠置、信息提取叠置。类型合成叠置是通过对两幅图进行交、并、差等叠置运算，求出交集、并集、差集；统计叠置是通过叠置统计出一种要素在另一种要素的某个区域内的分布状况和数量特征；信息提取叠置是通过建立几何图形，如圆形、矩形、条带、不规则多边形等图形与被叠置信息进行叠置，以提取圆形、矩形、条带、不规则多边形内包含的图形信息。

2. 叠置分析的数学基础

叠置分析的数学基础是空间逻辑运算，主要包括空间数据的逻辑并、逻辑交、逻辑差和空间包含。为了讨论方便，将空间图层 A、B、C 定义为二值图像，以说明空间数据的逻辑运算。

① 空间逻辑并(或)运算，如图 7-6(a)所示，其表达式为

$$A \cup B = X, \quad X \in A \text{ 或 } X \in B$$

② 空间逻辑交(与)运算，如图 7-6(b)所示，其表达式为

$$A \cap B = X, \quad X \in A \text{ 且 } X \in B$$

③ 空间逻辑差运算，如图 7-6(c)所示，其表达式为

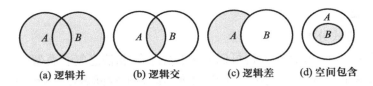

图 7-6　空间数据的逻辑运算

$$A-B=X, \quad X \in A \text{ 且 } X \notin B$$

④ 空间包含,如图 7-6(d)所示,其表达式为

$$B \subseteq A$$

7.4.2　视觉叠置

视觉叠置的实质是将同一地区、同一比例尺的不同层的图形信息进行叠加显示,从显示的叠置图上对它们间的空间位置、空间形态、空间关系进行视觉判断分析。

视觉叠置不改变原有数据的数据结构,不生成新数据,但它能够给用户带来视觉效果,帮助用户分析问题。视觉叠置主要包括以下几种。

(1) 地理信息系统中不同要素之间的视觉信息叠置

通过点、线和面状图之间的相互叠置,寻求特征信息在空间上的关联性。在这里只强调叠置图之间的关系,而不强调生成新的目标。例如,已知某区域居民点分布图如图 7-7(a)所示。在充分分析了某地区的污染源后,获取了该地区的污染分区图,如图 7-7(b)所示,其中 1 区为严重污染区,2 区为一般污染,3 区和 4 区为轻微污染区。为了解该地区居民点与污染区空间位置关系,可以把居民点图和污染分区图进行点和面的视觉叠置,从视觉上可以看到居民点 B 的污染最轻,居民点 A 的最严重,如图 7-7(c)所示。

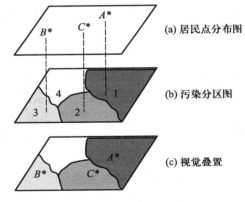

图 7-7　两幅图的视觉叠置

(2) 专题地图与遥感影像图的叠置

遥感和非遥感信息相结合是地理信息系统和遥感相结合的基础。遥感作为地理信息系统的重要数据源,在地理信息系统信息获取中一直占十分重要的位置。从遥感角度看,在遥感分类中,如果把遥感影像图和专题地图进行视觉复合,就可以简单、直觉地解决某些"异物同谱"分类问题,从而大大提高遥感分类精度。

(3) 专题地图与数字高程模型叠置显示立体专题地图

将专题地图复合到数字高程模型(DEM)上,可以简单、形象、直观地了解专题信息的三维空间分布。

(4) 遥感影像与数字高程模型叠置生成三维地物景观图

将遥感影像叠置到地理信息系统提供的数字高程模型上,可以简单、形象、直观地了解遥感影像信息的三维空间分布。

7.4.3　基于矢量数据的叠置分析

地理信息系统中数据叠置分析既可以用矢量数据结构,也可以用栅格数据结构,两者都能够得到空间数据的新集合。以面状地物的叠置为例,矢量数据叠置得到的是新的多边形,栅格数据叠置得到的是新的数据串。被叠置的对象都是指同一地区、同一比例尺的两组或两组以上的图件。

1. 矢量数据叠置中常用的方法

(1) 统计叠置

统计叠置不对叠置图件做分割和合并等位置分析,其目的是精确地计算一种要素(如土地利用)在另一种要素(如行政区域)的某个区域多边形内的分布状况和数量特征(包括拥有的类型数、各类型的面积及其所占总面积的百分比等)。或者是通过叠置,统计某个区域范围内某种专题内容的数据,并输出统计报表或列表。例如,将一个区域的行政区图和该区域的铁路分布图进行叠置分析,分别提取出每个行政区内占有的铁路总长度。又如,将一个区域的行政区图和该区域的土地利用图进行叠置分析,分别统计出每个行政区内绿地面积和裸露地的面积。

(2) 类型合成叠置

类型合成叠置实质上是拓扑叠置,这时需要对被叠置图进行全面的空间叠置分析。类型合成叠置的目的是通过对区域多重属性的模拟,寻找和确定同时具有几种地理属性的分布区域,或者按照确定的地理指标,对叠置后产生的具有不同属性级的多边形进行重新分类或分级。

类型合成叠置的结果形成新的多边形。例如,找出某区域内积温大于3 200℃、降雨量大于800 mm、坡度小于3°、无霜期大于200天的地区。实质上是从该地区的积温图、降雨量、坡度图、无霜期分布图两两进行合成叠置,最后找出满足条件的新多边形。

在实际应用中,类型合成叠置不可避免地会出现很多碎片(细碎图斑),这些碎片通常无意义,应该给予剔除。具体执行时可以删除面积小于某一阈值的多边形。

2. 矢量数据叠置中常用的方法

(1) 点与多边形的叠置

点与多边形的叠置是将不同图幅或不同图层点要素和多边形要素叠加在一起,以确定每个多边形对点的包含关系,并形成点和多边形联合的叠置属性表,如图 7-8 所示。

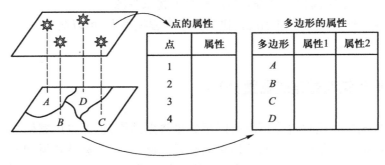

图 7-8　点与多边形的叠置

点与多边形的叠置功能常用于对城市中各种服务设施分布情况的分析。例如,将某城市医院分布图和人口密度分区图进行叠置,分析医院分布的合理性。点与多边形叠置的算法核心是判断点是否在多边形内。

(2) 线与多边形的叠置

线与多边形(面)的叠置是将线目标层与多边形层叠置,对线和多边形进行求交运算,根据每个线要素同多边形间的关系,形成新的空间目标集、新的属性表,以便在原有属性信息基础上得到线和多边形联合的属性表,如图 7-9 所示。例如,将某区域内的道路网同区域行政

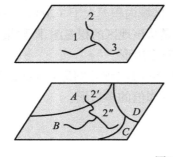

新线ID	老线ID	多边形	线属性	多边形属性
1	1			
2′	2			
2″	2			
3	3			

图 7-9　线与多边形的叠置

区图进行叠置,得到每个区域行政区内的道路网密度、交通流量、进入和离开各区域行政区交通量等信息。

线与多边形叠置的算法核心是判断线在多边形内、多边形外,还是穿过多边形。

(3) 多边形与多边形的叠置

多边形之间的叠置是空间数据叠置中最重要的一种叠置,在地学领域中被广泛使用。多边形与多边形的叠置是将不同图幅或不同图层的多边形要素叠加到一起,根据两组多边形边界的交点来建立具有多重属性的多边形或进行多边形范围内的属性特征的统计分析。

多边形叠置的过程分为几何求交过程和属性确定过程,其算法的核心是多边形求交。首先对两个图层的多边形进行边界求交和弧段分割运算,并以新弧段为单位重建拓扑关系;再判断重建的多边形落在原始多边形图层的哪个多边形内,从而建立新叠置多边形与原始多边形的关系,并抽取属性。多边形之间的叠置示意图如图 7-10 和图 7-11 所示。

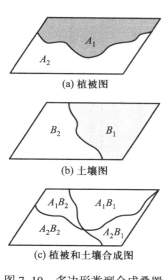

(a) 植被图

(b) 土壤图

(c) 植被和土壤合成图

图 7-10　多边形类型合成叠置

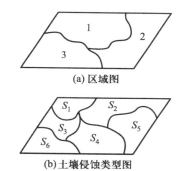

(a) 区域图

(b) 土壤侵蚀类型图

区域	土壤侵蚀类型	面积
1	S_1, S_2, S_3, S_4, S_5	
2	S_2, S_4, S_5	
3	S_3, S_4, S_6	

(c) 不同区域的侵蚀类型

图 7-11　多边形统计合成叠置

图 7-10 描述的是多边形类型合成叠置,最后生成新多边形,新多边形的属性是原始多边形属性的合成。图 7-10 中原来该区域有两种植被为 A_1、A_2;两种土壤为 B_1、B_2,叠置后得到四种植被和土壤组合类型 A_1B_1、A_1B_2、A_2B_1 和 A_2B_2。

图 7-11 描述的是多边形统计合成叠置,用来抽取一个多边形中含有其他多边形属性的类型,图 7-11 中分三个区域,分别为区域 1、2、3,如图 7-11(a) 所示。已知该区域土壤侵蚀类型分为 S_1、S_2、S_3、S_4、S_5 和 S_6 六种,如图 7-11(b) 所示。统计叠置的目的是要知道图 7-11(a)

中区域 1、2、3 中分别包含哪几种土壤侵蚀类型,如图 7-11(c)所示。

　　多边形矢量叠置流程图如图 7-12 所示,其处理过程主要包括:识别线段;建立多边形最小的外接矩形;根据点在多边形内的处理来判断某多边形的线段是否在覆盖图形的某多边形内;寻找表示边界的线段的交点;为新线段建立记录,并生成相应的拓扑;从可能的线段中

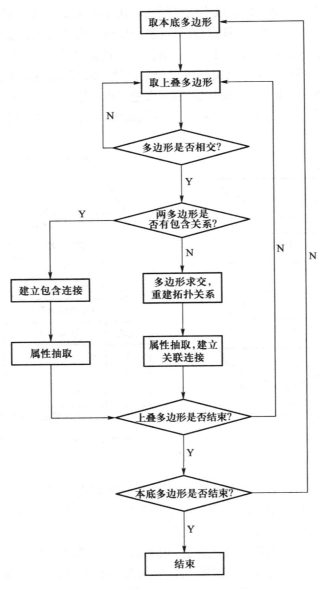

图 7-12　多边形矢量叠置流程图

重新组合生成新多边形,这需要根据线段的连通性来判断;如果有新多边形生成,需要重新标识,并重新分配属性。

7.4.4 基于栅格数据的叠置分析

1. 栅格数据的叠置分析

栅格数据叠置中,对非压缩的栅格数据叠置操作很简单,其实质是在确定叠置操作的逻辑表达式后,计算栅格矩阵数据中每个栅格单元的逻辑交、逻辑并、逻辑差运算及其组合运算,最后为每个栅格单元赋予运算的结果,得到结果栅格矩阵。

对于压缩的栅格数据,叠置分析通常用游程编码或四叉树编码,采取哪种方法需要进行具体分析。这里以游程编码为例,讨论其叠置分析。

栅格数据叠置的算法简单,概念清楚,但数据量大,精度较低。

2. 栅格数据叠置的实现

(1)叠置条件的确定

叠置条件的确定,实质上是根据求解的问题确定条件表达式。

例如,根据水稻种植条件,找出适合种植水稻的区域。这里假设水稻种植条件为

土层厚度不小于 50 cm;

降雨量大于 800 mm;

积温大于 3 200 ℃;

无霜期大于 200 天;

则所求的满足条件的区域的条件表达式为

(土层厚度 ≥50 cm)∩(降雨量 >800 mm)∩(积温 >3 200 ℃)∩(无霜期 >200 天)

(2)叠置过程

这里使用二值非权重模型,参加叠置的各要素具有相同的权重,使叠置算法中的各个条件抽象成"是"与"否",即"1"和"0",再进行叠置。

(3)基于游程编码的栅格叠置实例

这里以游程编码为例,将某区域的土厚图、降雨量图进行叠置,叠置条件是求出土层厚度不小于 50 cm 且降雨量大于 800 mm 的区域。

设:U 为降雨量图中第 K 行的栅格游程数据;

V 为土层厚度图中第 K 行的栅格游程数据;

A_i, A_j 分别表示降雨量图及土层厚度图的游程属性;

P_i, P_j 分别表示降雨量图及土层厚度图游程的最右列号;

m, n 分别表示降雨量图及土层厚度图中的游程数。

其中 $i=1,2,\cdots,m$；$j=1,2,\cdots,n$。

则降雨量图中游程表示为

$$U_i=(A_i,P_i)$$

土层厚度图中游程表示为

$$V_j=(A_j,P_j)$$

图 7-13 和表 7-1 中显示了第 K 行游程编码的叠置方法，其他各行的叠置方法以此类推。所求的满足条件的区域的条件表达式为

$$（土层厚度 \geqslant 50\,cm）\cap（降雨量 >800\,mm）$$

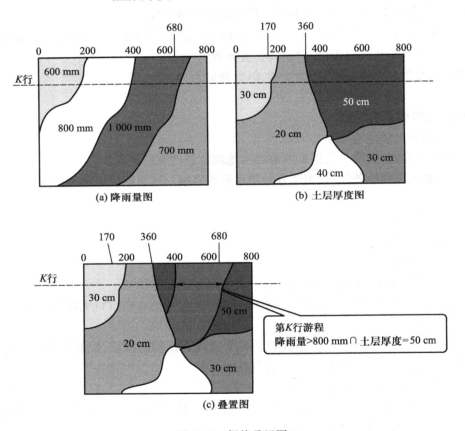

图 7-13　栅格叠置图

第 K 行游程编码数据分别如表 7-1(a) 和表 7-1(b) 所示，叠置后的第 K 行游程编码数据如表 7-1(c) 所示。最后，从表 7-1(c) 中找出第 K 行满足叠置条件的游程，如表 7-1 (d) 所示。

表 7-1 第 K 行图游程编码

（a）第 K 行降雨量图游程编码

游程编码号	降雨游程编码 /mm	游程编码最右列（游程终止编码）
1	600	200
2	800	400
3	1 000	680
4	700	800

（b）第 K 行土层厚度图游程编码

游程编码号	土层厚度游程编码 /cm	游程编码最右列（游程终止编码）
1	30	170
2	20	360
3	50	800

（c）第 K 行全叠置后游程编码表

游程编码号	降雨、土层厚度游程编码	游程编码最右列（游程终止编码）
1	600 mm、30 cm	170
2	600 mm、20 cm	200
3	800 mm、20 cm	360
4	800 mm、50 cm	400
5	1 000 mm、50 cm	680
6	700 mm、50 cm	800

（d）第 K 行满足叠置条件的游程编码表

游程编码号	降雨、土层厚度游程编码	游程编码最右列（游程终止编码）
1	0	400
2	>800 mm、=50 cm	680
3	0	800

上面的叠置中，认为参与叠置的各条件因子重要性相同，因子的取值为 0 或 1，因此从叠置条件看，称其为二值非权重模型。当叠置的各条件具有不同重要性时，因子的取值可以在 0 和 1 之间，这时二值非权重模型变成二值权重模型。

7.5 邻 域 分 析

邻域分析是通过空间点周围的邻近点，或者某特定位置及方向范围内的邻近区域，对其进行分析的一种方法。从广义上讲，地理信息系统处理图像的很多方法都涉及邻域特性，如空间数据的插值和逼近，空间数据的压缩，空间数据的平滑，空间数据扩展性和连通性分析，数字地面模型分析，等值线分析，图像的细化、增强、分割等。而这里所说的邻域分析，强调的是邻域几何分析，下面以缓冲区分析及泰森多边形分析为例进行叙述。

7.5.1 缓冲区分析

缓冲区分析（Buffer Analysis）是地理信息系统常用的空间分析。这里所说的缓冲区是指地理信息系统中在基本空间要素点、线、面实体周围建立的具有一定宽度的邻近区域。从数据的角度看,缓冲区是给定空间对象的邻域,可以用邻近度(Proximity)描述地理空间中两个地物距离相近的程度。缓冲区分析是解决邻近度问题的分析工具,也是地理信息系统中基本的空间分析工具。例如,确定公共设施的服务半径,确定交通线及河流周围的特殊区域,确定街道拓宽的范围,确定放射源影响的范围,等等。

1. 缓冲区的类型

缓冲区分为点缓冲区、线缓冲区、面缓冲区、可变距离缓冲区、复杂缓冲区,如图 7-14 所示。

(a) 点缓冲区　　(b) 线缓冲区　　(c) 面点缓冲区　　(d) 可变距离缓冲区　　(e) 复杂缓冲区

图 7-14　缓冲区类型示意图

2. 建立缓冲区的算法

建立缓冲区的实质是作面、线、点状地物的扩展距离图。

(1) 点缓冲区算法

等距离的点缓冲区是一个圆。

(2) 线缓冲区和面缓冲区的基本算法

① 角平分线法。角平分线法建立线缓冲区和面缓冲区的实质是在线的两边按照一定距离(称为缓冲距)作平行线,在线的端点用半圆相连,如图 7-15 所示。在计算过程中,当直线相接处(拐点)出现凸角时需要做特殊处理。如图 7-16 中,凸角处做平行线将出现过长的尖角,在尖角处出现超过规定的缓冲距,为此应该除去尖角,代之以半圆。

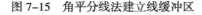

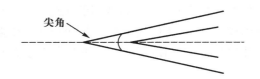

图 7-15　角平分线法建立线缓冲区　　　　图 7-16　角平分线法中出现的尖角

② 凸角圆弧法。凸角圆弧法对线的拐点求出凹凸性,凸侧用圆弧弥合法,以防角平分线

法中出现尖角;凹侧用角平分法建立,如图7-17所示。

(3) 复杂缓冲区的生成

对复杂曲线、曲面建立缓冲区时,经常会出现缓冲区重叠问题,如图7-18(a)所示,这时需要通过对缓冲区边界求交,除去重叠部分,或者通过对缓冲区边界求交,对建立缓冲区所生成的图形进行判断,除去缓冲区内部线,将缓冲区组成连通区。

如图7-18(b)所示,生成缓冲区时发生缓冲区边线相交的情况,这里假设用逆时针方向生成内缓冲区,如图内缓冲区边线形成两个交点,形成三个闭合区 A、B 和 C。分析发现,在确定多边形走向后,构建缓冲区时岛多边形和重叠多边形的走向相反。图中闭合区 A、B 的走向是逆时针,称为岛多边形;多边形 C 的走向是顺时针,称为重叠多边形。显然,闭合区 C 应该予以除去,最后得如图7-18(c)所示的内缓冲区图。

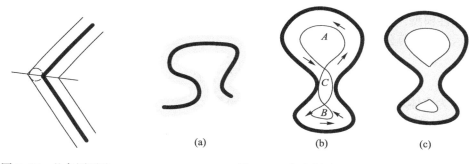

图7-17 凸角圆弧法   图7-18 复杂缓冲区的生成

3. 缓冲区分析的过程

(1) 建立缓冲区

建立缓冲区是进行缓冲区分析的基础。缓冲区是以图形元素为基础,拓宽或紧缩一定宽度而形成的区域。这个宽度通常是等距离的,但也可以是不等距离(变距离)的缓冲区。

从缓冲区分析的角度看,建立缓冲区不是最终目的,单纯的建立缓冲区并没有实际意义,只有将建立的缓冲区同地理信息系统中其他分析功能结合起来,才能实现缓冲区分析功能。

例如,某地区为了保护水源质量,决定在湖泊周围一定范围内取缔污染环境的工厂。为此,首先要根据距离要求在湖泊周围建立缓冲区,之后找出哪些污染环境的工厂在该缓冲区内。

(2) 分析缓冲区

分析缓冲区是根据建立的缓冲区,对缓冲区内空间信息形态、特性、分布做进一步分析。缓冲区分析常涉及叠置分析。例如,上例中要将建立的湖泊周围的缓冲区和污染环境的工厂分布图进行叠置,查看落入缓冲区的污染环境工厂,以便进行处理。

4. 缓冲区分析模型

缓冲区分析模型用来描述缓冲区内主体对象对不同邻近对象的影响度变化。例如,根据放射源产生的污染建立了它的污染缓冲区,但在污染区内,放射源产生污染程度是不同的,通常随着放射源距离的增加,污染程度不断减轻。

(1) 缓冲区分析的三要素

① 主体对象。主要指点、线、面对象。例如,上面例子中放射性源是主体对象。

② 邻近对象。指受主体对象影响的客体。例如,上面例子中放射源周围的水、土地是受主体对象影响的客体。

③ 对象的作用条件。根据主体对邻近对象作用的不同,随距离变化的模型有线性模型、指数模型、对数模型等。

(2) 缓冲区分析的距离变化模型

① 线性模型。线性模型中主体对象对邻近对象的影响,随距离的增大呈线性衰减,如图7-19 所示。其计算公式为

$$F_i = f_0\left(1 - \frac{d}{D}\right) \tag{7-12}$$

上式中,D 为主体对象对邻近对象影响的最大距离;

d 为邻近对象离主体对象的实际距离;

f_0 为主体对象自身的影响指数;

F_i 为主体对象对邻近对象的影响度。

② 指数模型。指数模型中主体对象对邻近对象的影响,随着距离的增大呈指数衰减,如图 7-20 所示。其计算公式为

$$F_i = f_0^{\left(1 - \frac{d}{D}\right)} \tag{7-13}$$

上式中,D 为主体对象对邻近对象影响的最大距离;

d 为邻近对象离主体对象的实际距离;

f_0 为主体对象自身的影响指数;

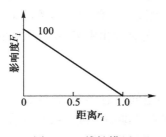

图 7-19　线性模型

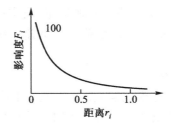

图 7-20　指数模型

F_i 为主体对象对邻近对象的影响度。

5. 缓冲区分析应用

例 7-5 已知一伐木公司,获准在某林区采伐,为了防止水土流失,规定不得在河流周围 1 km 内采伐林木。另外,为了便于运输,决定将采伐区定在道路周围 5 km 之内。请找出符合上述条件的采伐区,输出森林采伐图。

解 首先要以区域的道路分布图、河流分布图、森林分布图为数据源。解题流程如图 7-21 所示。

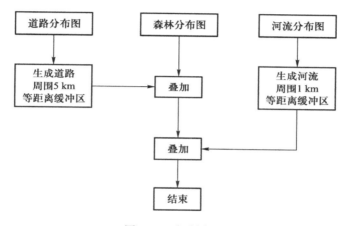

图 7-21 解题流程

① 将该地区具有相同比例尺且进行配准的道路分布图、河流分布图、森林分布图进行预处理和数字化。

② 利用河流分布图生成 1 km 的等距离缓冲区。

③ 利用道路分布图生成 5 km 的等距离缓冲区。

④ 对森林分布图中的可伐林地、道路缓冲区及河流缓冲区图进行叠置,叠置条件为

采伐区 = 森林分布图中可伐林地 ∩ 道路周围 5 km 等距离缓冲区 ∩ 非河流周围 1 km 等距离缓冲区

将上述三张图进行两两叠置,所得结果即为森林采伐图。

例 7-6 已知某区域的地貌类型分为河谷区、丘陵区和土石山区,现要对该区域土地进行开发利用,为了保护生态环境,规定河流周围 1 km 内的土地为绿化带,不能开发利用;土石山区的土地不进行开发利用。现要找出该地区可利用土地的区域,计算出面积,并输出可利用土地区域图。

解 ① 将该地区相同比例尺的地貌类型图和河流分布图进行数字化输入,并将两种图

173

进行配准,得图 7–22(a)。

②用该区域的河流分布图,在其周围作 1 km 等距离缓冲区,得图 7–22(b)。

③将地貌类型图和河流缓冲区图进行叠置,并除去地貌类型为土石山区的区域,最后得到该区域可利用土地区域图,如图 7–22(c)所示。

所用的叠置表达式为

可开发利用土地区域 = 区域土地 − 河流缓冲区 − 土石山区

(a) 区域土地图　　　　　　(b) 河流缓冲区图　　　　　　(c) 可利用土地区域图

图 7–22　土地利用开发图

7.5.2　泰森多边形分析

泰森多边形(Thissen Polygen)分析是由荷兰气象学家 A. H. Thiessen 提出的一种空间分析方法,最初用于从离散分布气象站的降雨量数据中计算平均降雨量。

泰森多边形由一批具有一定分布的离散采样点数据生成。该多边形的边界确定了受离散采样点影响最明显的区域,该区域的属性可用此采样点属性数据表示。

泰森多边形分析的理论基础是 Voronoi 图法。Voronoi 图是一种几何结构,它具有许多优良的性质,因此在很多领域都有相关研究和应用。

1. Voronoi 图

Voronoi 图和 Delaunay 三角网是分析和研究区域离散数据的有力工具。1908 年,俄国数学家 G. Voronoi 首先在数学上限定了每个离散数据的有效作用范围,即其有效反映区域信息的范围,并定义了二维平面上的 Voronoi 图,简称 V 图。1934 年,俄国的另一位数学家 B. Delaunay 由 Voronoi 图演化出了更易于分析应用的 Delauney 三角网。从此,Voronoi 图和 Delaunay 三角网就成为分析研究区域离散数据的工具。

(1) Voronoi 图的定义

假设 $V=\{v_1,v_2,v_3,\cdots,v_n\}, n\geq 3$ 是欧几里得平面上的一个点集,并且这些点不共线,四点不共圆。用 $d(v_i,v_j)$ 表示点 v_i,v_j 间的欧几里得距离。设 x 为平面上的点,则区域 $v(i)=\{x\in V|\ d(x,v_i)\leqslant d(x,v_j), j=1,2,\cdots,n, j\neq i\}$ 称为 Voronoi 多边形。各点的 Voronoi 多边形共同组成 Voronoi 图。

平面上的 Voronoi 图可以看作将点集 V 中的每个点作为生长核,以相同的逆集向外扩张直到彼此相遇,而在平面上形成的图形。除了最外层的点形成开放的区域外,其余每个点都形成一个凸多边形。

(2) Voronoi 图的重要性

Voronoi 图是一种基本的几何结构,它接近自然现象本质,是解决相关几何问题强有力的工具,因此引起了气象、地质、测绘、考古、分子化学、生态学和计算机科学等领域的广泛注意。自 20 世纪 80 年代后期以来,有关 Voronoi 图的理论方法和应用成为研究的热点内容之一。后来,Voronoi 图又被引入地理信息系统,用来描述空间邻近关系,实现地理信息系统中的空间邻近操作、缓冲区分析、空间内插、数字化过程中的断点捕捉和多边形构造等。

2. Delaunay 三角网

(1) Delaunay 三角网的定义

有公共边的 Voronoi 多边形称为相邻的 Voronoi 多边形,连接所有相邻的 Voronoi 多边形的生长中心所形成的三角网称为 Delaunay 三角网。

Delaunay 三角网的外边界是一个凸多边形,它是连接点集 V 中的凸集而形成的,通常称为凸壳。

Delaunay 三角网与 Voronoi 图具有几何对偶性,Delaunay 三角网是 Voronoi 多边形的伴生图形。Voronoi 多边形顶点是它对应的 Delaunay 三角形外接圆的圆心,Voronoi 多边形的边与对应的 Delaunay 三角形的边相互垂直。

由于这样的几何对偶性,很多 Voronoi 图的应用经常以 Delaunay 三角数据结构来存放数据,如图 7-23 所示。

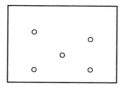
(a) 离散数据的Voronoi图
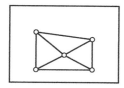
(b) Delaunay三角网
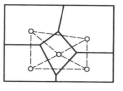
(c) 泰森多边形

图 7-23 Voronoi 图的应用

(2) Delaunay 三角网的性质

Delaunay 三角网具有以下主要性质。

① 凸多边形性质。三角网的外边界构成了点集的凸多边形。

② 空外接圆性质。在由点集所形成的 Delaunay 三角网中,其每个三角形的外接圆均不含点集 V 中的其他任意点。

③ 最小角最大性质。在由点集 V 所形成的三角网中,Delaunay 三角网中三角形的最小角度是最大的。

3. 生成 Delaunay 三角网算法

生成不规则三角网的算法很多。在众多不规则三角网生成算法中,Delaunay 三角网在国内外得到了广泛应用。Delaunay 三角网的生成方法主要有逐步生成法、逐点插入法、分割归并法(分而治之法)等。其中逐步生成法的应用最为广泛。

(1) 逐步生成法

逐步生成法的基本思路是,先找出点中相距最短的两点连接成一条 Delaunay 边,然后按 Delaunay 三角网的判别法找出包含此边的 Delaunay 三角形的另一端点,依次处理所有新生成的边,直至最终完成。这种算法的关键是如何搜寻"第三点"。

逐步生成法生成三角网的要求如下。

① 生成的三角网中,三角形的三条边的边长尽量接近,并构成锐角三角形。

② 从最邻近点生成的三角形,要使三角形边长之和为最小。

③ 生成三角网的采样点要合理,使它能较好地反映地形真实情况,对特殊的地形线(如山谷线、山脊线、断裂线)生成的三角形,要进行调整处理。

逐步生成法生成三角网的过程如下。

① 已知三角形的一条边之后,选择到该边两端点距离和最小的一点作为三角形的另一个点,生成三角形,如图 7-24(a)所示,生成△ABC。

② 找出与起始点最近的数据点相互连接形成 Delaunay 三角形的一条边 AC,以 AC 为基线,按照生成三角网的要求,找出与基线构成 Delaunay 三角形的第三点 D,如图 7-24(b)所示,生成△ACD。

③ 基线的两个端点与第三点相连,成为新的基线 AD 和 CD。

④ 再以△ABC 的其他两边 AB 和 BC 为基线,找出基线构成 Delaunay 三角形的第三点 F

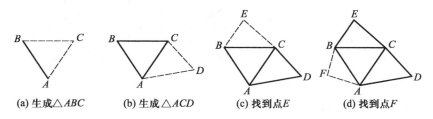

(a) 生成△ABC　　(b) 生成△ACD　　(c) 找到点E　　(d) 找到点F

图 7-24　逐步生长法

和 E，如图 7-24(c) 和图 7-24(d) 所示，生成 △BCE 和 △ABF。如此不断迭代，直到最后。

(2) 局部优化过程

局部优化过程 (Local Optimization Procedure, LOP) 是所有生成三角网算法都要用到的关键过程，这里以外接圆法说明之。外接圆法用两个具有公共边的三角形组成的四边形进行判断，当其中一个三角形的外接圆包含第四个顶点时，将这个四边形的对角线交换，使局部的三角形得到优化。图 7-25(a) 所示的是生成了如实线所示的两个三角形，但点 D 在 △ABC 外接圆内，因此将四边形的对角线交换，显然图 7-25(b) 所示的三角网连接优于图 7-25(a) 所示的三角网。

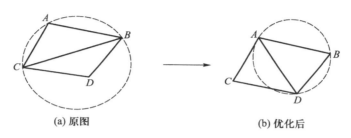

(a) 原图　　　　　　　　(b) 优化后

图 7-25　局部优化过程

自动生成 Delaunay 三角网，是生成泰森多边形的基础。泰森多边形的分析先要生成泰森多边形，而生成泰森多边形先要自动生成 Delaunay 三角网。

4. 泰森多边形及其生成

泰森多边形是 Delaunay 三角网的对偶，它可以作为空间区域的一种分割方法而使用。泰森多边形内的任意点到本多边形中心点的距离，小于它到其他任何多边形中心点的距离。因此，也可以把它看作空间区域数据的一种插值方法。也就是说，对空间一个未知点的值可以用离它最近的已知点的值来表示。

泰森多边形的生成过程如下。

(1) 生成 Delaunay 三角网

在给定有限采样点位置的情况下生成三角形，即自动连接三角网。

(2) 生成泰森多边形

生成的泰森多边形内只包含一个采样点，而且多边形内任意点与该多边形所包含的采样点的距离同与其他采样点的距离相比为最近。生成泰森多边形的关键是求出泰森多边形的顶点，泰森多边形的顶点是 Delaunay 三角网中各三角形的外接圆的圆心，即三角形的各边垂直平分线的交点，如图 7-26 所示。

5. 泰森多边形的特性

设有 n 个互不重叠的离散数据点 $P_i(i=1,2,\cdots,n)$，其所生成的泰森多边形具有如下特性。

① 每个泰森多边形内只包含一个离散数据点。

② 泰森多边形内的任意点 $k(x,y)$ 与该多边形所包含的离散数据点间的距离小于它与其他任何离散数据点间的距离。

③ 泰森多边形的任意一个顶点必有三条边与其连接，这些边是相邻三个泰森多边形的两两拼接的公共边。

④ 泰森多边形内的任意一个顶点周围有三个离散数据点，将其连成三角形后，该三角形的外接圆圆心即为该顶点。

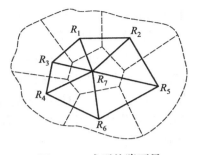

图 7-26 求平均降雨量

6. 泰森多边形应用

(1) 泰森多边形应用中的数据获取

在地学领域，经常需要处理大量分布于地域内的离散数据。泰森多边形可以根据采样点的位置分布，自动生成以采样点为中心的等值区，使采样点属性数据扩展为区域的面状属性数据，这在地学领域中有重要的实用价值。

实际中，很多地学特性因受条件限制不可能直接获得面状属性数据，而常采用具有代表性的采样点数据来估算。例如，要了解地下水水位问题，就要选择几个地点打井测量，最后从测量点数据估算该区域地下水的水位分布。

在解决这类问题时，离散数据点的选择十分重要。通常，选择离散数据点应注意以下几点。

① 离散数据点有相当数量。由于泰森多边形数等于离散数据采样点数，因此若采样点数过少，则所描述的区域属性将过于粗糙，无实用意义。

② 所选的离散数据点要有典型性和代表性。

(2) 泰森多边形应用举例

例 7-7 已知某区域有 n 个气象站，每个气象站都已测得该地区的年降雨量，其值分别为 $R_1,R_2,\cdots,R_n$，请求出该地区的年平均降雨量。

解 ① 根据 n 个气象站的位置分布，自动连接 Delaunay 三角网，如图 7-26 所示（图中假设 $n=7$）。

② 生成 7 个泰森多边形，每个泰森多边形内包含一个气象站。

③ 求出每个泰森多边形的面积 $A_1,A_2,\cdots,A_7$。

④ 求平均降雨量：

$$F = \frac{\sum_{i=1}^{7} A_i R_i}{\sum_{i=1}^{7} A_i} \qquad (7\text{--}14)$$

例 7--8 从土壤质地采样数据,生成区域的土壤质地分布图。

解 ① 在某样区均匀地采集一定量的土样,并测得全部土样的质地。

② 根据 n 个土样采样点的二维平面直角坐标数据,自动连接 Delaunay 三角网,生成 n 个泰森多边形。

③ 检查相邻泰森多边形土样的质地是否相等,如相等,则抽取公共边界将相邻泰森多边形进行合并,从而使整个区域分成 m 个($m<n$)质地均匀的土壤质地图斑。

土壤质地图斑的描述如下:

$$f(x_i, y_i) = \begin{cases} tz_1, & \text{当}(x_i, y_i) \in p_1 \\ tz_2, & \text{当}(x_i, y_i) \in p_2 \\ \cdots\cdots\cdots\cdots \\ tz_m, & \text{当}(x_i, y_i) \in p_m \end{cases} \qquad (7\text{--}15)$$

上式中,$p_i(i=1,2,\cdots,m)$ 表示第 i 个土壤质地图斑;

tz 为土壤质地等级,允许 $i \neq j$ 时 $tz_i = tz_j$。

目前,泰森多边形分析的应用范围很广,可以用来确定商业中心的影响范围、经济活动中心的影响范围等。例如,在城市规划中估算各商业中心服务的最大人口数量,在资源环境领域研究植被的空间分布模式,等等。

7.6 空间网络分析

空间网络分析是对地理网络进行地理分析和模型化。由于网络分析以线状模式为基础,通常用矢量数据结构来实现空间网络分析。

这里所说的网络不是指计算机网络,而是由一组线状要素相互连接形成的网状结构。从数学的角度看,网络分析的理论基础是图论。地理信息系统将图论中的网络概念引入地理空间来表达和描述基于网络的地理目标,从而形成了地理网络的概念。从数据结构的角度看,网络分析的基础是非线性图数据结构。

网络分析的实质是通过研究网络的状态,模拟和分析资源在网络上的流动和分配,以实现网络上资源的优化问题。在解决城市交通规划、城市管线设计、医疗机构设施的布点、救援行动路线的选择等方面有广阔的应用领域。因此,网络分析是地理信息系统的重要空间分析功能。

7.6.1　空间网络分析基础

1. 网络图

网络图是指图论中的"图",用以表达事物及事物之间的特定关系。这种由点集合 V 和点和点之间的边集合 E 组成的集合对 (V,E) 称为图,用 $G(V,E)$ 表示。当图中的边是无向时称为无向图,如图 7–27 (a) 所示。当图中的边是有向边时称为有向图,如图 7–27 (b) 所示。例如,若讨论一个地区内的公路运输系统,则网络图中的顶点表示的是城镇,边表示的是连接城镇之间的公路。在公路网络图中,有向图可以被认为是单行线,而无向图则可以被认为是双行线。

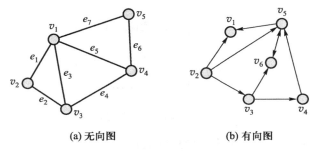

(a) 无向图　　　　　　　　(b) 有向图

图 7–27　网络图

在无向图中,首尾相接的一串边的集合称为路。在有向图中,首尾相接的一串有序有向边的集合称为有向路。起点和终点为同一结点的路称为回路。当在无向图中,任意两个顶点之间存在一条连接它们的路时,称为该无向图是连通的。在有向图中,当任意两个顶点之间存在一条连接它们的有向路时,称为该有向图有强连通性。

网络图具有如下特点。

① 无向图有 n 个顶点、m 条边,顶点为边的端点。

② 有向图同样有 n 个顶点、m 条边,但顶点为边的起点和终点。

③ 顶点的位置、边的类型(是曲线还是折线)与理解网络图的定义无关。

④ 网络的边上可赋以权重,赋以权重的图称为赋权图。

2. 网络图的表示

描述图的最直观的方法是图形,为了将图形存入计算机,网络图常用矩阵来记录。图的矩阵表示有很多形式,其中最基本的矩阵是邻接矩阵和关联矩阵。邻接矩阵是描述顶点之间相邻关系的矩阵,关联矩阵是描述顶点和边之间关系的矩阵。图 7–28 (a) 和图 7–28 (b)

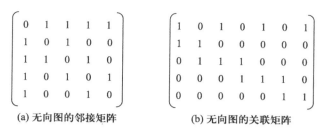

(a) 无向图的邻接矩阵   (b) 无向图的关联矩阵

图 7-28 图 7-27 网络图的矩阵表示

分别表示图 7-27 中无向图顶点之间的邻接矩阵及顶点和边之间的关联矩阵。其中,邻接矩阵中第 i 行、第 j 列上的元素 a_{ij} 为 1 表示无向图中的点 V_i 和 V_j 相通,a_{ij} 为 0 则表示不相通;关联矩阵中第 i 行、第 j 列上的元素 a_{ij} 为 1 表示有向图中点 V_i 和边 e_j 相关联,a_{ij} 为 0 则表示不相关联。

3. 地理网络

地理网络也称为空间网络,它具有一般网络的概念,如将网络图抽象成网络的边、顶点及其拓扑关系。此外,在地理网络中其边、顶点具有空间地理定位意义及地理属性。因此,地理网络图是由点集合 V、点和点之间的边集合 E、事件点集合 P 组成的集合对 (V, E, P),用 $G(V, E, P)$ 表示。

地理网络中很多地理目标还具有层次复合的意义,通常用线目标及其附属的点目标表示一系列线状特征和点状特征,其中线状特征是构成地理网络的基础,但进行地理网络分析时,必须考虑整体网络的功能和关系。

实际上,地理网络包含的数据量很大,如某地区的地理网络可能由上千万条边(线路)和上千万个顶点(结点)组成。因此,用矩阵来管理地理网络存在困难,所以需要进一步研究更合理的数据组织结构。

4. 空间网络分析的主要内容

空间网络分析包含的内容很丰富,其应用领域正在日益拓宽,其主要内容如下。

① 路径分析。指网络中的最短路径和最佳路径的求解问题。

② 资源的定位与配置。指为网络中的线路和结点寻求最近中心,以实现网络设施的最优布局。

③ 连通分析。寻求从一个结点出发,可以到达的全部结点或网线。其中最少费用的连通问题是连通分析中的特定问题。

④ 流分析。用来寻求资源从一个地点出发,运到另一个地点的最优化方案,优化标准包括时间最少、费用最低、路程最短、资源流量最大等。

7.6.2　路径分析

路径分析(Path Analysis)在空间网络分析中占有十分重要的位置。网络分析的典型应用是求最短路径问题。最短路径分析是根据网络的拓扑性质,在网络图中求结点之间有无路径;求从一个结点出发到其他各结点之间的最短路径,或求每对结点之间的最短路径。

最佳路径实质上是求加权后的最短路径。例如,在交通运输中从 A 地到 B 地的最短路径,不一定是最佳路径,因为道路可能有上坡、下坡、路面质量、道路拥挤度等因素。为此,可以为两点之间赋予权重,以表示两点之间的有效距离。

路径分析在交通运输、信息传输、消防救灾等应用领域具有特殊的作用。例如,在交通运输中,人们总要寻求运输费用最低、时间最短的路线。在信息传输中,人们总要寻求速度快、可靠性高的线路等。总之,人们想寻求最优的解决方案。

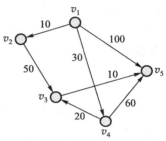

图 7-29　求最佳路径有向图

以有向图为例,图中每个顶点 v_i 表示一个地点,边表示两个地点之间的距离,路径长度指路径上各边的加权和。路径的起点称为源点,路径的最后点称为终点。图 7-29 中有 $v_1 \sim v_5$ 共 5 个顶点,分别表示 5 个地点,图 7-29 中注示的数字分别表示该边加权后的有效距离。

这里主要讨论从某源点到其余各地点的最佳路径问题。以 v_1 点为源,说明之。

图中 v_1 到 v_5 的可能路径有以下 4 条。

$<v_1, v_5>$:长度为 100。

$<v_1, v_4, v_5>$:长度为 30+60=90。

$<v_1, v_4, v_3, v_5>$:长度为 30+20+10=60。

$<v_1, v_2, v_3, v_5>$:长度为 10+50+10=70。

显然,路径 $<v_1, v_4, v_3, v_5>$ 的长度为 30+20+10=60,其有效距离最短。现在的问题是如何求得最短路径。荷兰人迪杰斯特拉(Dijkstra)在 1959 提出了一种求最短路径的算法(称为迪杰斯特拉算法),被广泛采用。这种算法实质上是按照路径长度递增的次序求最短路径。该算法认为,从源出发求到达其他顶点的最短路径时,当前正在生成的最短路径上除终点之外,其余顶点的最短路径均已生成。例如,生成 v_1 到 v_5 的最短路径 $<v_1, v_4, v_3, v_5>$ 时,$<v_1, v_4, v_3>$ 的路径已生成。

根据这个思路,首先求出有向图的带权的距离矩阵:

$$\text{Cost} = \begin{pmatrix} 0 & 10 & 0 & 30 & 100 \\ 0 & 10 & \infty & 30 & 100 \\ \infty & 0 & 50 & \infty & \infty \\ \infty & \infty & 0 & \infty & 10 \\ \infty & \infty & 20 & 0 & 60 \\ \infty & \infty & \infty & \infty & 0 \end{pmatrix}$$

其中,Cost$[i,j]$表示有向边 $<v_i,v_j>$ 上的权重值;

若 $<v_i,v_j>$ 不存在,则取 Cost$[i,j]=\infty$;

若 $i=j$,则取 Cost$[i,j]=0$。

按图 7-29,首先从源点 v_1 出发的各边中选取权重值最小的边,作为源点 v_1 出发的最短路径。而下一个次短路径 v_k 可能是 $<v_1,v_k>$,或者是 $<v_1,v_j>$ 和 $<v_j,v_k>$ 权重值之和。这样,每求出某个顶点的最短路径之后,就有可能对其他尚未最终确定最短路径的顶点的最短路径长度产生影响。这里需要不断修正集合点。

下面首先从源点 v_1 出发到各顶点建立原始距离矩阵,而后按最短路径计算,其过程如图 7-30 和表 7-2 所示。

第一步:从原始距离矩阵,求 v_1 到各顶点的最短路径 $v_1 \rightarrow v_2 = 10$,如图 7-30(a)所示。

第二步:根据上面求得的 $v_1 \rightarrow v_2 = 10$,修正原始距离矩阵,将 $v_1 \rightarrow v_3 = \infty$ 修正为 $v_1 \rightarrow v_2 \rightarrow v_3$ 项,

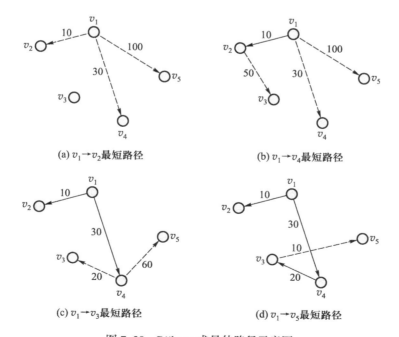

(a) $v_1 \rightarrow v_2$ 最短路径   (b) $v_1 \rightarrow v_4$ 最短路径

(c) $v_1 \rightarrow v_3$ 最短路径   (d) $v_1 \rightarrow v_5$ 最短路径

图 7-30　Dijkstra 求最佳路径示意图

找出 v_1 到 v_4 的最短路径 $v_1 \to v_4 = 30$，如图 7-30（b）所示。

第三步：根据上面求得的 $v_1 \to v_4 = 30$，修正原始距离矩阵，将 $v_1 \to v_5 = 100$ 修正为 $v_1 \to v_4 \to v_5 = 90$；修正原始距离矩阵，将 $v_1 \to v_2 \to v_3 = 60$ 修正为 $v_1 \to v_4 \to v_3 = 50$；找出 v_1 到 v_3 的最短路径 $v_1 \to v_4 \to v_3 = 50$，如图 7-30（c）所示。

第四步：根据上面求得的 $v_1 \to v_4 \to v_3 = 50$ 最短路径，修正原始距离矩阵，将 $v_1 \to v_4 \to v_5 = 90$ 修正为 $v_1 \to v_4 \to v_3 \to v_5 = 60$，找出 v_1 到 v_5 的最短路径 $v_1 \to v_4 \to v_3 \to v_5 = 60$，如图 7-30（d）所示。

表 7-2　Dijkstra 求最佳路径的执行过程

终点	第一步	第二步	第三步	第四步
v_1	0			
v_{21}	$(v_1, v_2), 10$			
v_3		$(v_1, v_2, v_3), 60$	$(v_1, v_4, v_3), 50$	
v_4	$(v_1, v_4), 30$	$(v_1, v_4), 30$		
v_5	$(v_1, v_5), 100$	$(v_1, v_5), 100$	$(v_1, v_4, v_5), 90$	$(v_1, v_4, v_3, v_5), 60$
v_j	$v_2, 10$	$v_4, 30$	$v_3, 50$	$v_5, 60$

上述最短路径分析是从某源点出发求到其他各顶点的最短路径。若要求每对顶点之间的最短路径，实际上是每次以一个顶点为源点，重复执行上述算法。

路径分析在空间网络分析中占很重要的位置，实际使用中最短路径分析不一定是距离，也可以定义为两点间所花的时间、运费和物流量等。

7.6.3　定位与配置分析

1. 定位与配置概述

定位与配置分析（Location-Allocation Analysis）是通过对需求源和供应点的分析，实现网络设施的最优布局，并对一个或多个中心点资源在网络上的最优分配问题进行模拟。

定位问题是指已知需求源的分布，确定在何处设置供应点最好。分配问题是确定需求源分别由哪些供应点提供，即已设定供应点，求需求分配点。定位与配置是指同时解决需求分配点和供应点两个问题。在城市规划中大量使用，也是地理信息系统中空间分析的热点之一。

定位与配置问题涉及因素多，如问题的空间类型、规划的时间范围、公共设施的服务方式、需求点的分配类型等。定位与配置问题必须建立一系列边界条件，并要确定多个目标函数。边界条件指规划的条件，用来作为问题解决的约束条件，如要求所有需求点都有相应的供应点。目标函数给出最大值或最小值，以获得一个明确的分析结果。

定位与配置分析的主要算法有 $P-$ 中心定位分配问题、中心服务范围的确定、中心资源的分配等。

2. 定位与配置举例——服务点最优区位的确定

在区域 G，n 个顶点 $v=\{v_1,v_2,v_3,\cdots,v_n\}$ 和 m 条边 $E=\{e_1,e_2,\cdots,e_m\}$ 组成无向连通图 G，求每个顶点 v_i 到各个顶点间的最短路径长度 $d_{i1},d_{i2},\cdots,d_{im}$，其中的最大数称为顶点 v_i 的最大服务距离，用 $e(v_i)$ 表示。

假定现要求出一点 v_{i0}，使得 $e(v_i)$ 具有最小值，该点作为服务点位置，则最远服务对象与服务点之间的距离达到了最小，该 v_{i0} 称为图 G 的中心。通过求图 G 的中心可以进行最优配置，实现医院、商场的选址。

以图 7-31 为例，已知图 G 中有 7 个顶点，8 条边，每个顶点有正负荷 $a(v_i)$，$i=1,2,\cdots,7$。若 $a(v_1)=3$，$a(v_2)=2$，$a(v_3)=7$，$a(v_4)=3$，$a(v_5)=5$，$a(v_6)=1$，$a(v_7)=4$，则图 G 的中心点应该满足 $S(v_i)=\sum a(v_i)d_{ij}$ 为最小。求中心点的算法如下。

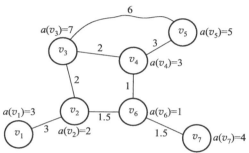

图 7-31 网络负荷图

① 求出图 G 的距离方阵。用前面的算法，求出每个顶点 v_i 到各个顶点间的最短路径长度，最后列出如下距离方阵：

$$\begin{pmatrix} 0 & 3 & 5 & 5.5 & 8.5 & 4.5 & 6 \\ 3 & 0 & 2 & 2.5 & 5.5 & 1.5 & 3 \\ 5 & 2 & 0 & 2 & 5 & 3 & 4.5 \\ 5.5 & 2.5 & 2 & 0 & 3 & 1 & 2.5 \\ 8.5 & 5.5 & 5 & 3 & 0 & 4 & 5.5 \\ 4.5 & 1.5 & 3 & 1 & 4 & 0 & 1.5 \\ 6 & 3 & 4.5 & 2.5 & 5.5 & 1.5 & 0 \end{pmatrix}$$

② 求最佳路径与负荷乘积和。

得 $S(v_1)=3\times0+2\times3+7\times5+3\times5.5+5\times8.5+1\times4.5+4\times6=128.5$

$S(v_2)=3\times3+2\times0+7\times2+3\times2.5+5\times5.5+1\times1.5+4\times3=71.5$

$S(v_3)=3\times5+2\times2+7\times0+3\times2+5\times5+1\times3+4\times4.5=71$

$S(v_4)=3\times5.5+2\times2.5+7\times2+3\times0+5\times3+1\times1+4\times2.5=\textbf{61.5}$

$S(v_5)=3\times8.5+2\times5.5+7\times5+3\times3+5\times0+1\times4+4\times5.5=106.5$

$S(v_6)=3\times4.5+2\times1.5+7\times3+3\times1+5\times4+11\times0+4\times1.5=66.5$

$S(v_7)=3\times6+2\times3+7\times4.5+3\times2.5+5\times5.5+1\times1.5+4\times0=92$

③ $S(v_i)$ 为最小值所对应的点为 v_4=61.5。

④ 最后得图 G 的中点为 v_4，如果将图 G 用在交通运输中，为了使运输量最小，库房应该设在 v_4 处。

7.6.4　地理编码

1. 地理编码的概念

地理编码（Geocode）又称为地址匹配，是指将数据库中存在的包含地址的数据，转换为地图上具有地理位置的点并进行显示的过程。

实现地理编码时，将含有地址信息的数据库和带有地址属性的要素图进行比较，若找到一个匹配，被匹配的地理要素的地理坐标就被分配给含有相应地址的数据记录，从而在地址信息和被匹配的地理要素之间建立链接。

地理编码的目的是使用户能够用地址去确定它在地图上的位置，作为一个对象显示在地图上。通过地理编码使用户只需输入一个地址便能在地图上找到对应的位置。

2. 地理编码的种类

（1）按照地址地理编码

地址地理编码是常规意义上的地理编码。实现地址地理编码首先要具有两张表：一张是目的表，它是记录地址，但没有相关的 x,y 坐标的表（不能地图化的表）；另一张是源表，它提供了一系列与目的表地址匹配的地理坐标。地理编码的过程实际上是源表和目的表中地址匹配的过程。目的表按照源表对每条记录进行地址地理编码，也就为目的表创建了点对象。

例如，在市场营销中，已建立了每个顾客的订货状态信息表，并知道每个顾客的地址，只是还不能将每个顾客作为点对象显示在地图中。通过地址地理编码可以将点对象在地图上显示出来。

（2）按照边界地理编码

"边界"在这里指封闭的区域，一个封闭的区域都存在中心值。边界地理编码实质上是按照边界中心编码。

实现边界地理编码也要具有两张表：一张是目的表，它是记录地址，但没有相关的 x,y 坐标的表（不能地图化的表）；另一张是源表，它提供了一系列与目的表匹配的区域，同时提供边界中心的地理坐标。地理编码的过程实际上是源表和目的表中区域匹配的过程。

例如，有一张连锁店的目的表及一张县市边界区域图，目的表按照源表县市名对每条记录进行边界地理编码，也就为目的表创建了边界中心点对象，即将县市的中心坐标赋给了每个连锁店的记录，使连锁店的位置可以显示在县市中心。

7.7　数字地形分析及数字地面模型

7.7.1　数字地面模型概述

数字地面模型(Digital Terrain Model,DTM)是 20 世纪 50 年代由美国麻省理工学院摄影测量实验室主任米勒(C.L.Miller)首先提出的,并用其成功地解决了道路工程中的土方估算问题。

数字地面模型作为地理数据库中特殊结构的数据集合,可以包含在地理信息系统中,成为地理信息系统的重要部分,为地理信息系统提供空间数据资料。因此,数字地面模型在地理信息系统中占有很重要的位置。从发展历史看,数字地面模型提出的时间早于地理信息系统,但由于当时理论和技术不完善,没有广泛应用。因此可以认为数字地面模型是地理信息系统在概念上和方法上的萌芽。目前,数字地面模型已成为地理信息系统的重要内容,地理信息系统的很多功能都以数字地面模型为基础,而数字地面模型在理论和方法上又成为空间地形分析的依据。

数字高程模型(Digital Elevation Model,DEM)是数字地面模型的一种特例,主要用来表示地面高程。用数字高程模型可以方便地获得地表的各种特征参数,其应用已经普及到整个地学领域,它为地形分析、工程设计等提供了重要的基础数据和分析手段。

从测绘的角度看,数字高程模型是新一代的地形图,它通过存储在介质上的大量地面点空间数据和地形属性数据,以数字形式来描述地形地貌。

7.7.2　数字高程模型的规则格网模型

1. 规则格网模型概述

规则格网模型由规则的采样点数据组成,或者把不规则采样点数据内插成规则点数据,而后以矩阵形式来表示地面形状。在规则格网模型中,将空间区域分成规则的等距离单元,每个单元对应一个数值。在数学上,将这些数据表示为一个矩阵,矩阵中每个元素的值为该采样点的高程值。在计算机中,这些数据表示为一个二维数组,每个数组元素对应一个高程值。

2. 模型的表示

数字高程模型是描述地表单元空间位置和地形属性分布的有序集合,是定义于二维区域上的一个有限项的向量系列。它以离散分布的平面点来模拟连续分布的地形。数字高程模型的规则格网模型表示为

$$\mathrm{DEM} = \begin{pmatrix} Z_{11} & \cdots Z_{1n} \\ \vdots & \vdots \\ Z_{m1} & \cdots Z_{mn} \end{pmatrix} \qquad (7\text{-}16)$$

其中,Z_{ij} 为格网点 (i,j) 上的地形属性数据。在数字高程模型中,Z_{ij} 表示海拔高度。

在规则格网模型中,平面上的任意一格网点 Z_{ij},其坐标为 (x_i,y_i),则

$$x_i = x_0 + i\, d_x$$
$$y_i = y_0 + j\, d_y$$

其中,d_x,d_y 分别是格网在 x 和 y 方向上的间隔;

$i = 0,1,2,\cdots,n$;$j = 0,1,2,\cdots,m$;

x_0,y_0 是格网模型的原点坐标。

目前,规则格网模型已成为数字高程模型的通用形式,其所表示的地形如图 7-32 所示。

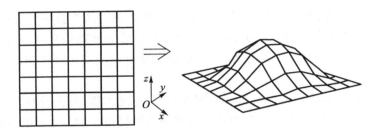

图 7-32　规则格网模型

3. 格网的含义

规则格网模型中格网的含义如下。

(1) 格网面元

格网面元是组成格网的四个相邻格网点在水平面上所包含的面积单元。

(2) 格网面元的趋势面

通常用三种形式来表示格网面元的四个角点高程支撑的数学面。

① 按照最小二乘法将格网面元四个角点高程拟合为一个平面,称为格网面元的平面趋势面,如图 7-33(a)所示。

② 将格网面元四个角点高程拟合为双线性趋势面,如图 7-33(b)所示。

③ 将格网面元四个角点高程拟合为双三次趋势面。

下面用最小二乘法将格网面元四个角点高

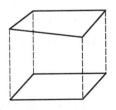

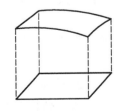

(a) 格网面元的平面趋势面　　　(b) 双线性趋势面

图 7-33　格网面元及其趋势面

程拟合为一个平面。求解格网面元的平面趋势面方程为

$$z = a_0 + a_1 x + a_2 y \tag{7-17}$$

最小二乘法条件为

$$s = (h_{i,j} - z_{i,j})^2 + (h_{i,j+1} - z_{j,j+1})^2 + (h_{i+1,j+1} - z_{i+1,j+1})^2 + (h_{i+1,j} - z_{i+1,j})^2 \text{ 为最小} \tag{7-18}$$

上式中, h 为格网点的实际高程;

z 表示格网点的计算高程。

将坐标原点平移到 (i,j) 点, 并取网格边长为单位边长, 则

$$
\begin{aligned}
(i,j) &= (0,0) \\
(i,j+1) &= (0,1) \\
(i+1,j+1) &= (1,1) \\
(i+1,j) &= (1,0)
\end{aligned} \tag{7-19}
$$

将式(7-19)代入式(7-17)得

$$
\begin{aligned}
z_{i,j} &= z(0,0) = a_0 \\
z_{i,j+1} &= z(0,1) = a_0 + a_2 \\
z_{i+1,j+1} &= z(1,1) = a_0 + a_1 + a_2 \\
z_{i+1,j} &= z(1,0) = a_0 + a_1
\end{aligned} \tag{7-20}
$$

将式(7-20)代入式(7-18)得

$$
\begin{aligned}
S &= (h_{0,0} - a_0)^2 + (h_{0,1} - (a_0 + a_2))^2 \\
&\quad + (h_{1,0} - (a_0 + a_1))^2 + (h_{1,1} - (a_0 + a_1 + a_2))^2 \\
&= h_{0,0}^2 - 2h_{0,0}a_0 + a_0^2 + h_{0,1}^2 - 2h_{0,1}a_0 - 2h_{0,1}a_2 \\
&\quad + a_0^2 + 2a_0 a_2 + a_2^2 + h_{1,0}^2 - 2h_{1,0}a_0 - 2h_{1,0}a_1 \\
&\quad + a_0^2 + 2a_0 a_1 + a_1^2 + h_{1,1}^2 - 2h_{1,1}a_0 - 2h_{1,1}a_1 \\
&\quad - 2h_{1,1}a_2 + a_0^2 + a_1^2 + a_2^2 + 2a_0 a_1 + 2a_1 a_2 + 2a_0 a_2
\end{aligned} \tag{7-21}
$$

将式(7-21)分别对平面趋势面方程系数求导得

$$\frac{\partial s}{\partial a_0} = 4a_0 + 2a_1 + 2a_2 - (h_{0,0} + h_{0,1} + h_{1,0} + h_{1,1}) = 0 \tag{7-22}$$

$$\frac{\partial s}{\partial a_1} = a_2 + 2a_1 + 2a_0 - (h_{1,0} + h_{1,1}) = 0 \tag{7-23}$$

$$\frac{\partial s}{\partial a_2} = a_2 + 2a_2 + 2a_0 - (h_{0,1} + h_{1,1}) = 0 \tag{7-24}$$

解联立方程(7-22)~(7-24)得

$$a_0 = \frac{1}{4}(3h_{0,0} + h_{0,1} + h_{1,0} - h_{1,1})$$

$$a_1 = \frac{1}{2}(h_{1,0} + h_{1,1} - h_{0,0} - h_{0,1}) \qquad\qquad (7\text{–}25)$$

$$a_2 = \frac{1}{2}(h_{0,1} + h_{1,1} - h_{0,0} - h_{1,0})$$

从式(7–16)和式(7–25)得到格网面元的平面趋势面方程。

同样,参考相关资料也可以求出双线性趋势面和双三次趋势面方程。

4. 规则格网模型的数据结构

规则格网模型是典型的栅格数据结构,可以采用栅格矩阵及其压缩编码的方法表示。其数据通常包括以下三部分。

① 元数据。描述数字高程模型数据的数据,如数据表示的时间、边界、测量单位、投影参数等。

② 数据头。数字高程模型数据的起点坐标、坐标类型、格网大小、行列数等。

③ 数据体。数据体是按照行列数分布的数据阵列,可以采用栅格矩阵及其压缩编码方法,如行程编码、四叉树编码、多级格网等方法。

5. 规则格网模型的优点和缺点

规则格网模型是数字高程模型中广泛使用的格式,很多国家都以规则格网模型的数据矩阵作为数字高程模型的提供方式。

(1) 规则格网数据模型的优点

① 数据结构简单,算法实现容易,便于空间操作和存储,尤其适合用于栅格数据结构的地理信息系统中。

② 容易计算等高线、坡度、坡向、自动提取地域地形等。

(2) 规则格网数据模型的缺点

① 数据量大,通常采用压缩存储,包括:无损压缩存储,如游程编码、链码;有损压缩存储,如离散余弦(Discrete Cosine Transformation,DCT),小波变换(Wavelet Transformation)等。

② 对不规则的地面特性,采用规则的数据表示,两者之间本身就不协调。也就是说,规则格网模型不利于表示复杂地形。

7.7.3　不规则三角网模型

1. 不规则三角网概述

在现有实际数据中,由于专业要求不同或受观测手段所限,获取的数字地面模型数据通常不是规则格网数据。也就是说,在地学领域中所采集的数据大多为不规则的离散数据,如地震观测中观测的地层结构数据、水利中观测的地下水资源的采集数据等。

针对现实中各专业大量使用的不规则离散数据,出现了不规则三角网(Triangulated Irregular Network,TIN)模型。不规则三角网模型将地面上离散的采样点数据按照优化组合的方法连成相互连续的三角面,三角面的顶点就是离散数据点或离散数据点的插值。因此,通常将区域内有限的点集划分为相连的三角面网,以此来逼近地面的地形表面。三角形面的形状和大小取决于不规则分布的采样点数据的位置和密度。

2. 不规则三角网模型的表示

不规则三角网模型把不规则分布的离散数据点,按照优化组合成的三角形面来逼近地形表面。该模型是一种三维空间的分段线性模型,其数据格式在概念上类似二维数据结构中带拓扑结构的矢量数据结构,只是不规则三角网模型中不定义岛和洞的拓扑关系,如图7-34所示。

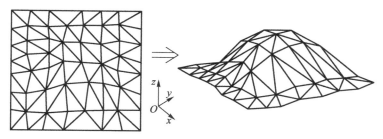

图7-34 不规则三角网模型

3. 不规则三角网数据的组织结构

不规则三角网模型数据的组织结构是一种典型的矢量拓扑结构。表7-3显示了图7-35所示的不规则三角网模型的数据结构。

4. 不规则三角网模型的优缺点

(1) 不规则三角网模型的优点

① 克服栅格数据中的数据冗余问题。

② 表示地面形态效率高,数据精度高。它能够较好地表示地性线,充分表示复杂的地形特征,适应起伏不同的地形。

(2) 不规则三角网模型的缺点

① 算法实现复杂,由于形成三角网的方法不同,因而有不同算法。

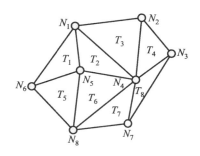

图7-35 不规则三角网模型

表 7-3 不规则三角网模型的数据结构

（a）点文件					（b）三角形文件						

点号	坐标点			三角形号	顶点			邻接三角形		
N_1	x_1	y_1	z_1	T_1	N_1	N_5	N_6	T_2	T_5	—
N_2	x_2	y_2	z_2	T_2	N_1	N_4	N_5	T_1	T_3	T_6
N_3	x_3	y_3	z_3	T_3	N_1	N_2	N_4	—	T_4	T_2
N_4	x_4	y_4	z_4	T_4	N_2	N_3	N_4	T_3	—	T_8
N_5	x_5	y_5	z_5	T_5	N_6	N_5	N_8	T_1	—	T_6
N_6	x_6	y_6	z_6	T_6	N_4	N_5	N_8	T_2	T_5	T_7
N_7	x_7	y_7	z_7	T_7	N_4	N_7	N_8	T_6	T_8	—
N_8	x_8	y_8	z_8	T_8	N_3	N_4	N_7	T_4	T_7	—

② 对特殊的地性线要调整。

大比例尺数字高程模型通常采用能够表示地性线的不规则三角网模型，以比较精确地显示小区域地形特性。小比例尺数字高程模型通常采用规则格网模型，以显示大区域宏观地形特性。

7.7.4 等值线模型

等值线模型是数字地面模型平面图形输出的一种主要形式。它以符号化模型来表示空间立体的形态，即用由数值相等的点连接成的曲线来表示连续递变的面状分布特征，如等高线、等温线等。

1. 等值线模型的概念

从图形学的角度看，等值线是指 Oxy 平面上 $f(x,y)=c$ 的轨迹分布线。这里的 c 为某一常数值。该值所表示的物理意义可以是地形高程数据、温度场中的温度数据、气象上气压的数据等。在计算机图形学中的等值线要符合下述要求。

① 给定值的等值线，在相应域内不能互相交错。

② 一根等值线通常是一条连续曲线。

③ 给定值后，在相应域上等值线不限于一条。

④ 等值线可以是闭合曲线，也可以和域外连续。

等值线模型通常表示具有连续分布特征的自然现象，有时也可以表示某些呈现离散分布的社会经济要素。等值线模型主要描述对象的数量特征，有时也可以表述一定意义的质量特征(如不同形状的等高线反映不同地貌的形态和类型)。它既可以反映现象当前某一段时间内的状况,又可以表示制图对象的动态变化速度。

等高线是对地球表面进行一系列不同高程的水平切割后,切割面和地球表面产生的一系列交线。每条等高线是一组有序的坐标点序列,也可以认为是带有高程属性的多边形或弧段。由于生成等高线时丢失了大量的地表信息,所以用等高线重建地貌形态时只能近似表示。

等高线本身是一条条的连续曲线,在它离散化为矢量数据之后,可以用二维的链表来存储一系列坐标点。由于等高线模型中只表达区域中的部分高程值,因此等高线以外的高程值通常需要通过用其外包的等高线的高程值插值得到。图 7-36 所示为的等值线模型图示。

图 7-36　等值线模型

2. 等高线数据的组织结构

等高线数据的组织结构如表 7-4 所示。

数字高程模型中三种数据模型的比较如表 7-5 所示。

表 7-4　等高线数据的组织结构

等高线号	高程值	点数	坐标系列点
1	350	23	$(x_1,y_1)\,(x_2,y_2)\,(x_3,y_3)\cdots(x_{23},y_{23})$
2	300	18	$(x_1,y_1)\,(x_2,y_2)\,(x_3,y_3)\cdots(x_{18},y_{18})$
3	250		
4	250		
5	200		
6	150		
7	100		

表 7-5　数字高程模型中三种数据模型的比较

项目	规则格网模型	不规则三角网模型	等值线模型
图形			

续表

项目	规则格网模型	不规则三角网模型	等值线模型
数据结构	1. 坐标原点 2. 坐标间隔和方向 $z_{11}, z_{12}, \cdots, z_{1m}$ ············ $z_{n1}, z_{n2}, \cdots, z_{nm}$	1. 坐标点 (x_1, y_1, z_1) (x_2, y_2, z_2) ············ 2. 坐标关系	高程　点数　　坐标点 z_1　　n_1　(x_1, y_1) $(x_2, y_2)\cdots$ z_2　　n_2　(x_1, y_1) $(x_2, y_2)\cdots$ ············
主要数据源	原始数据插值	离散数据点	地形图数字化
建模的难易度	难	易	易
数据量	随分辨率而变	较大	很小
表示拓扑能力	尚好	很好	差
适合表示地形	简单的平缓地形	各种复杂地形	简单的平缓地形
适用的比例尺	中小比例尺	大比例尺	各类比例尺
三维显示	方便	较方便	差

7.7.5　数字高程模型数据源的获取

获取正确的数据是建立数字高程模型及实现数字高程模型应用的第一步,也是关键的一步。它直接影响所建立的数字高程模型精度,也直接影响费用开支。

获取数字高程模型数据的方法很多,用户需要根据解决问题的要求,充分考虑现有条件,选择合理的方法和技术。

1. 数字高程模型使用的地表数据源的种类

（1）影像数据源

航空航天遥感影像数据是获取大范围地表数据的主要来源。航空摄影测量一直是地形图测绘和更新的重要手段,它提供的影像为建立数字高程模型提供了高精度、大范围、易更新的现势性数据。

航天遥感影像可以为建立小比例尺数字高程模型提供数字高程模型数据,但得到的数据精度差。随着遥感分辨率的提高,已经可以用它获取大范围、高精度的数字高程模型数据。

（2）地形图数据源

地形图是描述地表高程的传统图件,世界上每个国家都有自己国家的地形图数据,这不仅是社会、经济发展的需要,也是政治、军事的需要。

从地形图获取数字高程模型数据的核心问题是精度问题。通常要关心提供的地形图本身的精度及地形图上等高线的密度所反映的等高线间距。表 7-6 所示的为地形图比例尺和等高线间距之间的关系。例如,可以用 1∶10 000 比例尺的国家近期地形图为数据源,从中获取等密度地面点集的高程数据,建立数字高程模型。

表 7-6   地形图比例尺和等高线间距的关系

地形图比例尺	等高线间距 /m	地形图比例尺	等高线间距 /m
1∶200 000	25~100	1∶25 000	5~20
1∶100 000	10~40	1∶10 000	2.5~10
1∶50 000	10~20		

(3) 地面实测记录

小范围内通过地面实测记录,可以获取数字高程模型数据。通常用全球定位系统、电子测速仪(全站仪)、测距经纬仪等测量方法对地面直接测量点数据,对这些数据进行处理后建立数字高程模型。地面实测数据精度高,但是获取数据的工作量大、效率低、费用昂贵,一般用在大比例尺的小面积区域中,如比例尺为 1∶1 000。

(4) 其他数据源

其他如航空测空仪可以获取精度要求不很高的数字高程模型数据。近景摄影测量,在地面摄取立体像对,构造解析模型,也可以获得小区域的数字高程模型数据。

2. 数字高程模型数据源的采集

(1) 数字高程模型数据源的采集方法

目前,采集数字高程模型数据最有效的方法是摄影测量和地形图的数字化。由于摄影测量采集空间数据具有效率高、精度高、劳动强度低等优点。长期以来,该方法一直是采集数字高程模型数据的最主要方法。

地形图的数字化分为手扶跟踪数字化和扫描数字化。在地形图的数字化中,半自动的扫描数字化技术已成为地形图数字化的主流。

(2) 采样点的选择

由于实际地形无一定数学规律可循,因此原始采样点的选择直接影响数字高程模型的精度,其中主要包括采样点密度的选择和采样点位置的选择。任何一种内插方法均不能弥补由于采样不当所造成的信息损失,因此正确选择采样点十分重要。

采样点的选择要根据建立数字高程模型的精度要求,确立合理的采样密度。通常,在单调地形处采用均匀采集法,采样点密度不必过大,但对大片平坦地区应该有最低的采集密度,不要出现大的空白区。在地形变化处采用密集采样法,以确保地形转折处的数据(如山谷线、山脊线、谷缘线、崖线、山坡转折线)的正确性。

（3）数据采集的后处理

采集的数字高程模型数据必须进行后处理方可应用。后处理包括以下内容。

① 格式转换。由于数据采集的存储格式包括的数据内容、数据类型等各不相同，因此必须进行数据格式转换，使数据成为自己所需要的格式。

② 坐标转换。有时采集数据要进行坐标系转换，如将相片坐标转换成大地坐标。

③ 数据编辑处理。任何数据获取后总要编辑。编辑过程通常是一种交互过程，主要包括剔除错误的、过密的、重复的点，也包括加密要加密区域的点。

④ 数据分块。在不同的数据采集方式中，数据常具有不同的排列顺序。例如，利用地形图采集的等高线数据点，通常按照线条的先后次序进行采集和存储，而对等高线进行区域插值时，要查询的是被插点周围的数据点。为了迅速查询到被插点周围的数据，需要将数据重新分块存储。分块方法通常是将整个区域分成等距离的单元，每个单元之间有一定的重叠度。

3. 数字高程模型数据点的加密和插值

（1）格网大小的确定

在数字地形模型中，格网大小直接影响数据模型的精度和数据量的大小。因此，应该从实际需要出发，选择合适的格网大小。通常，确定网格大小时应该首先分析地形的形态特征，地形的复杂性、过多的插值，将不可避免地引入误差。一般情况下，采样点的密度基本上确定了网格点的密度。通常，采样点和格网点之间应该满足关系：

$$n < N < 2n$$

其中，N 为网格点数；

n 为采样点数。

（2）内插方法

数据插值的核心问题是确定内插方法。任何一种内插方法都是基于原始函数的光滑性的，即认为邻近数据点之间应该存在很大的相关性。

7.7.6　数字地形分析中基本地形因子的计算

从地形分析方法的角度看，数字地形分析分为两大部分：一部分是基本地形因子的计算，目的是通过地形分析和数字地面模型得到基本地形因子，如坡度、坡向、地表粗糙度等；另一部分是利用数字地面模型做进一步的计算、分析和应用，如可视域分析和通视性分析、洪水淹没模型及淹没边界的分析计算等。不管是基本地形因子的计算，还是利用数字地面模型做进一步的计算、分析和应用，其算法都与数字地面模型紧密相关。下面以规则格网模型为主，论述基本地形因子的计算。

1. 数字地面模型中的格网

（1）格网面元

数字地面模型的水平面上，以组成格网的四个相邻格网点 (i,j)，$(i+1,j)$，$(i,j+1)$，$(i+1,j+1)$ 为顶点的面积范围，称为格网面元。

（2）格网面元的趋势面

由格网面元四个角点高程支撑的数学面，称为趋势面。格网面元的趋势面的典型形式如下。

① 平面趋势面。指用最小二乘法，对格网面元四个角点高程拟合的平面。平面趋势面方程为

$$z = a_0 + a_1 x + a_2 y \tag{7-26}$$

② 双线性趋势面。指以格网面元四个角点高程支撑的双线性插值面，采用双线性函数（二元一次多项式）插值逼近的面。双线性趋势面方程为

$$z = b_0 + b_1 x + b_2 y + b_3 xy \tag{7-27}$$

③ 双三次趋势面。指以格网面元四个角点高程支撑的双三次插值面，采用双三次多项式（二元三次样条函数）插值逼近的面。双三次趋势面方程为

$$z = c_1 x^3 y^3 + c_2 x^2 y^3 + c_3 xy^3 + c_4 y^3 + c_5 x^3 y^2 + c_6 x^2 y^2 + c_7 xy^2 + c_8 y^2$$
$$+ c_9 x^3 y + c_{10} x^2 y + c_{11} xy + c_{12} y + c_{13} x^3 + c_{14} x^2 + c_{15} x + c_{16} \tag{7-28}$$

（3）格网空间向量

根据空间解析几何的原理，基本单位长度为 Δx，Δy，原点坐标为 (x_0, y_0) 的格网模型，其空间向量 $\vec{P}_{i,j}$ 的示意图如图 7-37 所示。

$$\vec{P}_{i,j} = (x_0 + (i-1)\Delta x, y_0 + (j-1)\Delta y, z_{i,j})$$
$$(i = 1, 2, \cdots, M; j = 1, 2, \cdots, N) \tag{7-29}$$

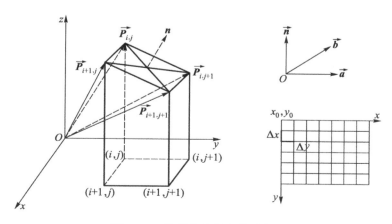

图 7-37 格网的空间向量示意图

对于由四个相邻格网点确定的地表基本单元,其基本向量$\vec{a}$、$\vec{b}$可以通过矢量代数中向量加减法公式计算得到。向量加减法公式如下:

$$\vec{a}_{i,j}=\vec{P}_{i+1,j+1}-\vec{P}_{i,j}=(\Delta x,\Delta y,z_{i+1,j+1}-z_{i,j})$$
$$\vec{b}_{i,j}=\vec{P}_{i,j+1}-\vec{P}_{i+1,j}=(-\Delta x,\Delta y,z_{i,j+1}-z_{i+1,j})$$
(7-30)

通过基本向量$\vec{a}$、$\vec{b}$就可以确定地表基本单元的空间特性。这里可以通过矢量代数中向量积(叉积)求出基本单元的法向量$\vec{n}_{i,j}$,$\vec{a}$、$\vec{b}$向量的向量积公式如下:

$$\vec{n}_{i,j}=\vec{a}\times\vec{b}=\begin{vmatrix} \vec{i} & \vec{j} & \vec{k} \\ x_a & y_a & z_a \\ x_b & y_b & z_b \end{vmatrix}=\begin{vmatrix} \vec{i} & \vec{j} & \vec{k} \\ \Delta x & \Delta y & z_{i+1,j+1}-z_{i,j} \\ -\Delta x & \Delta y & z_{i,j+1}-z_{i+1,j} \end{vmatrix}$$
$$=(\Delta y(z_{i,j+1}+z_{i,j}-z_{i+1,j+1}-z_{i+1,j}),$$
$$-\Delta x(z_{i,j+1}+z_{i+1,j+1}-z_{i+1,j}-z_{i,j}),2\Delta x\Delta y)$$
$$(i=1,2,\cdots,M;j=1,2,\cdots,N)$$
(7-31)

利用$\vec{n}_{i,j}$就可以通过矢量法进行地表单元坡度、坡向等的分析和计算。

2. 基于高程的基本计算

设某区域具有等距离的n个格网点,每个格网点的高程为h,可以计算区域平均高程。

(1) 区域的平均高程

$$h=\frac{1}{n}\sum_{k=1}^{n}h(p_k)$$
(7-32)

上式中,n为区域内的格网数;

$h(p_k)$为第k个格网点的平均高程,每个格网点的平均高程

$$h(p_k)=(h_{0,0}+h_{0,1}+h_{1,0}+h_{1,1})/4$$

其中,$h_{0,0}$、$h_{0,1}$、$h_{1,0}$、$h_{1,1}$分别是格网面元的四个角点的实际高程值。

(2) 极值高程和高差

最大高程h_{max}、最小高程h_{min}和高差Δh的计算公式为

$$h_{max}=\max(h(p_k))$$
(7-33)

$$h_{min}=\min(h(p_k))$$
(7-34)

$$\Delta h=h_{max}-h_{min}$$
(7-35)

3. 坡度及其计算

坡度和坡向是两个重要的地形因子。不管从物理意义上还是从地形分析的角度看,坡度

和坡向都是不可分开的,没有坡度的地面也就没有坡向。

(1) 坡度的定义

坡度是描述地形的重要参数,地面坡度表示地表面斜坡的倾斜程度。由于空间曲面是点位的函数(曲面是平面时例外),在曲面上不同位置的坡度是不同的,地面上给定点的坡度是曲面上该点的法向量$\vec{n}_{i,j}$与垂直方向间的夹角,如图 7-38 所示,其中 Slope 为坡度。

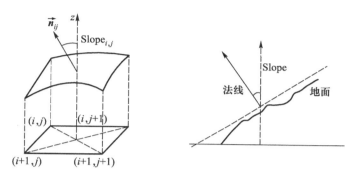

图 7-38 地面上给定点的坡度示意图

由于点位坡度无实用价值,通常用平均坡度来描述地面的坡度。平均坡度可以取点位坡度的平均值,但更多的是用曲面的拟合平面的倾斜度来表示曲面的斜度。

(2) 坡度的计算

坡度计算有很多种算法,如空间矢量法、拟合平面法、四块法、拟合曲面法、直接解法等。下面主要介绍空间矢量法和拟合平面法。

① 用空间矢量法计算坡度。在格网模型中,地表基本单元的坡度等于其法向量$\vec{n}_{i,j}$与z轴的夹角 Slope。从矢量代数可知,两向量的夹角余弦等于两向量的数量积与模的乘积之商。因此,若知道了地表基本单元的法向量就可以计算出它同z轴的夹角。法向量$\vec{n}_{i,j}$与z轴的夹角余弦公式为

$$
\begin{aligned}
\text{slope}_{i,j} &= \arccos\left(\frac{\vec{z} \times \vec{n}_{i,j}}{|\vec{z}| \times |\vec{n}_{i,j}|}\right) \\
&= \arccos\left(2\Delta x \Delta y / \left(\left(\Delta y(z_{i,j+1}+z_{i,j}-z_{i+1,j+1}-z_{i+1,j})\right)^2\right.\right. \\
&\quad \left.\left. + \left(\Delta x(z_{i,j+1}+z_{i+1,j+1}-z_{i+1,j}-z_{i,j})\right)^2 + 4\Delta x^2 \Delta y^2\right)^{\frac{1}{2}}\right)
\end{aligned}
\tag{7-36}
$$

由于按式(7-36)计算格网模型的坡度的过程较为复杂。一般情况下,格网为正方形,所以可以采用下面介绍的简化公式进行计算。

② 用拟合平面法计算坡度。根据平面趋势面方程式(7-26),坡度角为

$$\text{slope}_{i,j} = \arccos \frac{1}{\sqrt{a_1^2 + a_2^2 + 1}} \tag{7-37}$$

具体应用时,可以根据需要对坡度数进行分级,以形成坡度分析的分级标准。

4. 坡向及其计算

（1）坡向的定义

地面坡向就是坡面的朝向,粗略地可以分为向南、向北、向东、向西四个方向,若对其进行细分,可以分为向南、向北、向东、向西、向东南、向西南、向东北和向西北八个方向。

数字高程模型中坡向（dir）是指地表面法线在水平面上投影坐标的方位角,如图 7-39 所示。在地学领域中,通常根据法线在水平面上的投影位置,将其分为阳坡、阴坡、半阳坡和半阴坡,如图 7-40 所示。

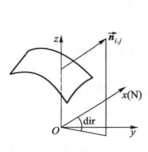
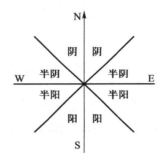

图 7-39　坡向示意图　　　　　图 7-40　坡向分布图

（2）格网面元坡向的计算

不同坡向的地面上光照、风力等的不同,直接影响着植被、土壤及生态环境。因此经常要计算斜坡的坡向,并对土地按坡向进行分类。地表基本单元的坡向是其法向量 $\vec{n}_{i,j}$ 在 Oxy 平面上的投影与正北方向的夹角,该夹角在 $0° \sim 360°$ 之间,如图 7-39 所示。

格网面元的平面趋势面为 $z = a_0 + a_1 x + a_2 y$,格网模型坐标如图 7-41 所示。

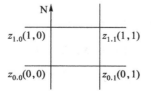
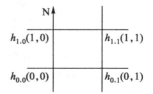

图 7-41　格网坐标

若 $\tan\theta=\dfrac{a_1}{a_2}$，将式(7-25)代入得

$$\tan\theta=\frac{h_{1,0}+h_{1,1}-h_{0,0}-h_{0,1}}{h_{0,1}+h_{1,1}-h_{0,0}-h_{1,0}} \tag{7-38}$$

式(7-38)中，θ 为坡向的准方位角，其取值在 $(-\pi/2,\pi/2)$ 之间，而坡向 dir 应在 $(0,2\pi)$ 之间。

分析可知，以正北方向为基准的格网面元的坡向 dir 和 θ 间的关系如表 7-7 所示。

表 7-7　格网面元的坡向 dir 和 θ 间的关系

序号	a_1	a_2	θ	dir	方向
1	≈ 0	>0	0	$\pi/2$	W
2	≈ 0	<0	0	$(3\pi/2)+\theta$	E
3	>0	≈ 0	$\pi/2$	0	S
4	<0	≈ 0	$-\pi/2$	π	N
5	>0	>0	$[0,\pi/2]$	θ	S-W
6	<0	<0	$[0,\pi/2]$	$\pi+\theta$	N-E
7	>0	<0	$[-\pi/2,0]$	$2\pi+\theta$	S-E
8	<0	>0	$[-\pi/2,0]$	$\pi+\theta$	N-W

(3) 格网面元坡向的定性取值

在农林领域，很多地方不必具体了解坡向方位角，只需求出格网面元坡向的类别，即只需对格网面元进行定性分类即可。表 7-8 为格网面元坡向的定性取值表。根据该表可以方便地从格网面元四个角点的实际高程，定性地判断出该格网面元所属的坡向类别。这里，格网坐标如图 7-41 所示，所得坡向方位角分布如图 7-40 所示。

表 7-8　格网面元坡向的定性取值表

类别	格网最高点位置	格网较高点位置	格网最低点位置	格网较低点位置	坡向取值
1	(1,1)或(0,1)	(0,1)或(1,1)	(0,0)或(1,0)	(1,0)或(0,0)	W
2	(0,0)或(1,0)	(1,0)或(0,0)	(0,1)或(1,1)	(1,1)或(0,1)	E
3	(1,0)或(1,1)	(1,1)或(1,0)	(0,0)或(0,1)	(0,1)或(0,0)	S
4	(0,0)或(0,1)	(0,1)或(0,0)	(1,0)或(1,1)	(1,1)或(1,0)	N
5	(1,1)		(0,0)		S-W
6	(0,0)		(1,1)		N-E
7	(1,0)		(0,1)		S-E
8	(0,1)		(1,0)		N-W

5. 地表辐照度的计算

计算地表辐照度需要考虑日照条件(太阳赤纬、高度角、时角及大气状况)与坡面几何条件,它们的相互关系由下式决定:

$$E = \beta \times S_c \times \sin(S_a) \times (a\cos(t) + b\sin(t) + \cos(\theta)\sin(S_a))$$ (7-39)

上式中,β 为大气透过率,与太阳高度和大气状况有关;

S_c 为太阳常数;

S_a 为太阳高度角,可以由球面三角公式求出;

t 是时角;

a,b 为坡面方程系数;

θ 为坡度。

7.7.7　数字地形分析中地形特征的计算

数字地形分析中,地形特征是由地形表面具有特别意义的点、线、面构成的。地形特征包括地形特征点、地形特征线、地形特征面。地形特征点包括谷点、脊点、鞍部点等;地形特征线包括山谷线、山脊线等;地形特征面主要指地面的凹凸性。

随着地理信息系统技术的发展,有关从数字高程模型中自动提取地形特征的技术、方法及其应用研究,已成为地学工作者十分关注的问题。

用数字高程模型计算地形特征的算法与所用的数字高程模型有很大的关系。这里以用得最多的规则格网模型为例计算地形特征。

1. 地形特征的计算

大部分地形特征计算是基于规则格网模型的。规则格网模型根据相邻格网点上的坡度和坡向之间的逻辑关系,判断地形特征,确定沟谷线、山脊线和鞍部点的位置。

(1)谷点和脊点

谷点和脊点是地面形态的重要特征,在地面分析中具有重要意义。从概念上讲,谷点是地势的最低点,地势的相对低点的集合为谷;脊点是地势的最高点,地势的相对高点的集合为脊。规则格网模型如图 7-42 所示。谷点和脊点的计算如下。

① 谷点的计算。应满足以下四个条件:

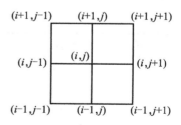

图 7-42　格网模型的坐标点

$$(z_{i,j-1} - z_{i,j}) \times (z_{i,j+1} - z_{i,j}) > 0$$
$$(z_{i-1,j} - z_{i,j}) \times (z_{i+1,j} - z_{i,j}) > 0$$

$$z_{i,j+1}\text{或}z_{i,j-1}>z_{i,j}$$

$$z_{i+1,j}\text{或}z_{i-1,j}>z_{i,j}$$

② 脊点的计算。应满足以下四个条件：

$$(z_{i,j-1}-z_{i,j})\times(z_{i,j+1}-z_{i,j})>0$$

$$(z_{i-1,j}-z_{i,j})\times(z_{i+1,j}-z_{i,j})>0$$

$$z_{i,j+1}\text{或}z_{i,j-1}<z_{i,j}$$

$$z_{i+1,j}\text{或}z_{i-1,j}<z_{i,j}$$

（2）沟谷密度

沟谷密度是指单位面积上沟谷线的总长度：

$$D = \sum L / \sum A \tag{7-40}$$

上式中，A 是指定的面积；

L 是指定面积上沟谷线的总长度。

（3）地表粗糙度计算

地表粗糙度是反映地表起伏变化与侵蚀程度的指标，一般定义为地表基本单元的曲面面积与投影面积之比。显然，这种定义对无坡度变化的斜面不太合适。一般情况下，可以用四个格网点对角连线 $L_1 L_2$ 的交点（这里为中点）的高差 H 来表示粗糙度。H 越大，说明地表基本单元四个格网点的起伏变化越大。其计算公式为

$$R_{i,j}=H=|(z_{i+1,j+1}+z_{i,j})/2-(z_{i,j+1}+z_{i+1,j})/2|$$

$$=\frac{1}{2}|z_{i+1,j+1}+z_{i,j}-z_{i,j+1}-z_{i+1,j}| \tag{7-41}$$

2. 地形特征和水系特征

地形特征和水系特征的基本内容十分相似。从物理意义上说，山脊线具有分水性；山谷线具有合水性。因此，提取水系特征的实质就是提取地形特征，只是对水系特征的分析应用更强调集水流域、水流网络、排水系统等问题。

7.7.8　数字地形的可视化

在地理信息系统的发展历程中，一开始就十分重视利用计算机技术实现空间数据的图形显示和分析，以直观表示空间数据处理分析的过程和结果。其中，数据地形可视化是空间信息可视化的主要研究内容之一。

1. 实现数字地形可视化的过程

（1）获取地形数据

数字地形可视化所用的数据包括数字高程数据、地物要素数据、像素地形图数据、遥感影像数据等。

（2）生成数字高程模型

数字地形可视化所用的数字高程模型主要是不规则三角网模型和规则格网模型，它们是建立地形三维显示的基础。通常，大比例尺地形用不规则三角网，以显示高精度小区域；小比例尺地形用规则格网，以显示宏观区域。

（3）可视化处理和三维显示

数字地形可视化处理涉及投影变换、坐标变换、消隐与剪裁处理、光照模型选择、地物要素叠加、纹理映射等技术。最终通过不同方法和算法，可以得到三维或三维逼真显示。

2. 数字地形的三维显示建模

实现数字地形的三维显示，首先要对地形进行三维建模。建模的实质是用数学方法确定建立的三维场景的几何描述，三维场景的几何描述直接影响图形的复杂性和实用性。

（1）线框法建模

线框法建模通过数字地形表面的框架线来表示物体的几何形状。框架线是垂直于地面的等距离平行截面和地表面的交线（由数据点连成的折线或曲线）作为显示的基本单元。图7-43（a）和图7-43（b）所示的分别为用不同方向截面得到的地表线框单元，图7-43（c）为同时用了两个方向截面得到的地表的不同方向地表线框单元。地表线框单元经透视投影变换，按剖面方向消隐后进行显示，以表达地形的形态。由于线框法是以截面和地表面的交线为基本单元来表示地形形状的，因此只有经过线的地方才具有图形信息，而在采集数据量有限时却很难表现地形表面的细节。

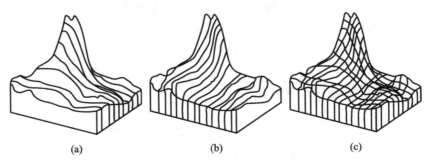

(a)　　　　　　　(b)　　　　　　　(c)

图 7-43　数字地形的三维显示

（2）表面法建模

它将整个地形数字模型看作一个复杂空间曲面来进行逼真的三维显示。具体实现时将表面分成很多格网，以格网面元作为基本单元，在进行透视投影变换和消隐处理后显示。格网面元具有各自的表面属性，可以独立进行填充、消隐、加光照模型及实现纹理映射显示。由于这种方法更侧重三维空间实体的表面表示，比线框法更能表现三维实体的轮廓，成为目前广泛研究和使用的三维可视化方法。

（3）体素法建模

它将整个地形数字模型看作一个复杂空间体来进行逼真的三维显示。具体实现时将空间体分成很多的体元素，如长方体、台面体，以体元素作为透视投影变换的基本单元进行显示处理。由于体元素具有真三维特性，因此体素法建模能够描述地形表面和高度信息。

3. 数字地形的三维叠置技术

（1）点要素和三维地形的叠置

求出点地物所在地的栅格位置，或者用插值法求出点地物所在之处的高程值，实现点地物在三维地形图上的标注。

（2）线要素和三维地形的叠置

求出线地物折线的直线段与格网点的交点，用插值法求出各交点的高程值，按 x,y 坐标排序，形成交点序列，连接显示，实现线要素和三维地形的叠置。

（3）面要素和三维地形的叠置

面要素和三维地形的叠置需要找到面要素对应于三维地形的叠置区域，有两类：一类是面要素依附于地形表面，如植被，这时将面要素标记在格网曲面片上；另一类是面要素以平面截取地形某一区域，将区域内的地表形态特征覆盖显示，这时将地形格网用该面要素的高程平面片代替。

4. 数字地形的逼真显示

由于自然地形的复杂性及时态性，实现数字地面的逼真显示一直面临很多问题。目前，数字地形的逼真显示主要用以下两种方法。

① 将航空航天遥感影像数据映射到数字地面模型上，实现地形的逼真显示。

② 利用光照模型及纹理映射产生视觉效果，实现数字地形的逼真模拟显示。

7.7.9 数字高程模型及数字地形可视性分析

基于数字高程模型的可视性分析也称为通视分析，目前已被广泛应用于各领域，如根据地形确定森林火灾监测点，无线发射塔（如微波站、广播电台、电视塔）的选址等。

通常所说的可视性分析包括两点之间的可视性(通视性)分析和给定观测点后的可视域分析。

1. 剖面分析

剖面分析用来表示区域的地貌形态、地势变化、地质构造等。剖面分析的基础是剖面图,得到剖面图的关键是求剖面线。图 7-44(a)～图 7-44(c)分别表示用等高线、规则格网和不规则三角网计算的剖面线和剖面图。

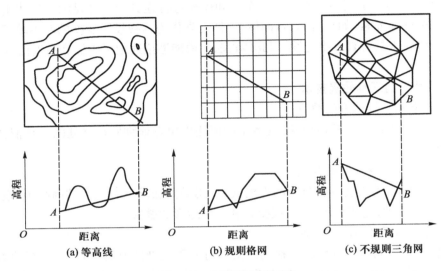

图 7-44 剖面线和剖面图

通常,在剖面线计算中要进行高程的插值,内插的方法很多。如图 7-44 中,已知起始点 A 和终止点 B 的值,在等高线模型中,被插点常用离它最近的等高线的值进行线性插值得到;在规则格网模型中,被插点可以用其周围格网高程的平均值表示;在不规则三角网中,被插点可以用所在三角形的三个顶点高程的平均值表示。

2. 两点之间的可视性

两点之间的可视性主要研究观测点 A 到被观测点 B 的可视性问题,也称为 A 点和 B 点之间的通视性(Inter Visibility),即求观察点 A 是否能看到观测点 B。

两点之间的通视性判断,可以通过上述剖面线得到,即首先求出剖面线,再连接直线 AB,判别 AB 直线与剖面线是否相交,若无相交点且 AB 直线高于剖面线,表示 A、B 之间可视,则如图 7-44(c)所示;若有相交,表示 A、B 两点之间不可视,则如图 7-44(a)和图 7-44(b)所示。

两点之间的通视性判断也可以用射线追踪分析法,即从观察点 A 沿观察方向作射线,求射线是否与模型面相交,遇到相交就不再计算,认为不可视。

3. 可视域分析及其应用

可视域分析实质上是做点对面的可视性分析,而点对面的可视性分析问题实际上是求观察点所能够观察到的地形面覆盖区,这是点对点的可视性问题的扩充。

(1) 基于格网数据结构的可视域计算

可视域计算中常用格网数据结构,计算方法是求出所有格网相对于观察点是否可见,最后用"可视矩阵"表示可视的区域范围,并显示之。

(2) 基于不规则三角网的可视域计算

这种方法是用不规则三角网模型中三角形面元的可视部分来表示,具体是用不规则三角网模型的可视域计算和三维场景中隐藏面消除法。

利用可视域分析可以实现可视性查询,分析地形的可视结构等。

可视性查询是查询所在观察点可视的区域范围,得到可视域范围图。可视域分为单点的可视域和多点的可视域。其中,单点的可视域是指给定观察点,查出该观察点可见的点、线和面目标或可视的区域;多点的可视域是指为了通视某区域地形环境所需要的最少观测点,如对森林烽火塔建设点的定位、电视塔建设点的定位等,也包括建立可视域网,使可视域网中的所有网点之间均可视,常用于微波站、数字数据传送站的设计。

在实际使用中,除了考虑地形因素外,还需要考虑地质条件、地理位置、社会因素等。因此,除了建立数字高程模型外,还需要建立相关条件的数据库。

7.7.10 数字高程模型的应用

数字高程模型是地理信息系统的重要组成部分,在工程建设、资源环境规划建设、生态保护、军事指挥、战争环境的模拟等领域应用广泛。数字地球的提出,为数字高程模型的应用开辟了更广阔的领域。

1. 数字高程模型的主要用途

数字高程模型的应用涉及地学学科及其相关学科,如土木工程、水利工程、土地利用规划、地质矿藏、军事工程等。

① 在国家数据库中存储数字地形图的高程数据,作为绘制等高线、地面晕渲图、立体图、剖面图的依据,主要用于相关行业,如测绘、遥感、制图、工程建设等。

② 利用数字高程模型提取各种地形因子,获取地形因子数据,用于各行各业,如水文分析、资源环境建设、生态保护等。

③ 进行地形分析,为各行各业,如道路规划、地貌分析、坝址选择等服务。

④ 作为景观分析和模拟的基础,用于军事、景观规划等领域。

2. 数字高程模型的应用实例

例 7-9　利用数字高程模型在土地平整中计算土方量。

利用数字高程模型的规则格网模型数据,能够在大型工程中自动计算施工土方量。

先在地面上设置规则格网,实测每个格网点的高程,再求出每个格网点的实测高程与要求的地面平整高度之差。

设每个格网点的实测高程为 h_{ij},要求的地面平整高度为 H,高度之差 $\Delta=H-h_{ij}$。

当 $\Delta>0$ 时,表示该格网点位置需要填土;

当 $\Delta<0$ 时,表示该格网点位置需要挖土。

计算填土和挖土量是否平衡,若两者之间不平衡,则调整土地的平整高度,直到达到目标为止。

例 7-10　数字高程模型在地表形态自动分类中的应用。

首先确定用数字高程模型对地表形态进行自动分类的决策条件,如表 7-9 所示。

表 7-9　地表形态分类表

地表形态属性	平地	丘岗	丘陵	低山	中山
绝对高度 H/m			<400	400~800	>800
相对高度 ΔH/m		<100	100~200	>200	>200
坡度/度	<3				

先在地面上设置规则格网,实测每个格网点的绝对高度 H、相对高度 ΔH、坡度(度),按图 7-45 所示的流程及表 7-9 中给出的决策条件,确定每个格网点所属的地表形态类型,最后得到分类区。

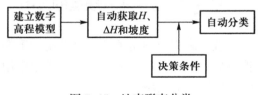

图 7-45　地表形态分类

例 7-11　数字高程模型在洪灾分析中的应用。

数字高程模型可以为洪灾分析提供充实的数据,从而实现淹没损失的估算,洪灾时人口撤退路径的选择,蓄洪堤的选择,分洪口和出洪口的选择等。这里以淹没损失的估算为例说明之。

已知该地区的数字高程模型及现在的洪水高度,对区域进行淹没损失的估算。

① 建立该地区的数字高程模型;

② 计算淹没边界。计算淹没边界的方法有两种。

第一种计算方法是实测该地区洪水水位的高度,在数字高程模型上标志,并用以下洪水淹没模型计算淹没边界。洪水淹没模型为

$$Z_{ij} = \begin{cases} 1, & \text{当 } Z_{ij} \leqslant H_z (\text{淹没区}) \\ 0, & \text{当 } Z_{ij} > H_z (\text{未淹没区}) \end{cases} \tag{7-42}$$

第二种计算方法是根据数字高程模型和洪水量计算淹没高度,这主要在洪水模拟和预测中使用。采用这种方法得到的洪水淹没图如图7-46所示。

③ 将该地区的土地利用图同洪水淹没图叠合,找出 $Z_{ij}=1$ 的各类土地,得到淹没区土地类型图。

④ 从淹没区土地类型图,可以定量统计出洪水淹没所带来的损失。

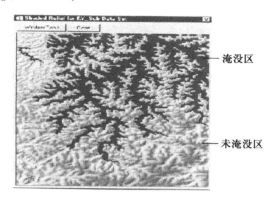

淹没区

未淹没区

图 7-46　洪水淹没图

7.8　空间统计分析

7.8.1　空间统计分析概述

空间数据之间存在着许多相关性和内在联系,为了找出空间数据之间的主要特征和关系,需要对空间数据进行分类和评价,即进行空间统计分析。通常,用户可以根据不同的使用目的选择地理信息系统中存储的数据,运用适当的统计方法,获得所需的信息。空间数据的分类评价方法很多,这里只介绍几种常用的数学方法。

1. 数据的组织和描述统计量

为了便于分析,一般要求将调查或测定的若干属性的原始数据排列成如表7-10所示的形式。

表 7-10　变　量　表

样本	变量 1	变量 2	$\cdots$	变量 p
样本 1	x_{11}	x_{12}		x_{1p}
样本 2	x_{21}	x_{22}		x_{2p}
$\vdots$	$\vdots$	$\vdots$		$\vdots$
样本 n	x_{n1}	x_{n2}		x_{np}

表 7-10 中的样本可以表示成矩阵形式:

$$X = \begin{pmatrix} x_{11} & x_{12} & \cdots & x_{1p} \\ x_{21} & x_{22} & \cdots & x_{2p} \\ \vdots & \vdots & & \vdots \\ x_{n1} & x_{n2} & \cdots & x_{np} \end{pmatrix}$$

（1）样本均值

包含在数据中的许多信息，可以通过计算某些统称为描述统计量的概括数字来估计。例如，算术平均值或样本均值是一种描述统计量，它提供了一种定位测量，即一个数集的"中心值"。而均值到所有数的距离的二次方的平均值反映了数据的分布程度或变差。

设 $x_{11}, x_{21}, \cdots, x_{n1}$ 是第一个变量的 n 个测量值，则 $\bar{x}_1$ 为第一个变量的样本均值。

$$\bar{x}_1 = \frac{1}{n} \sum_{j=1}^{n} x_{j1} \tag{7-43}$$

p 个变量的样本均值记为

$$\bar{x} = \begin{pmatrix} \bar{x}_1 \\ \bar{x}_2 \\ \vdots \\ \bar{x}_p \end{pmatrix} \tag{7-44}$$

（2）样本方差

数据的分布程度由样本方差给出，将第一个变量的 n 个测量值方差定义为

$$s_1^2 = s_{11} = \frac{1}{n} \sum_{j=1}^{n} (x_{j1} - \bar{x}_1)^2 \tag{7-45}$$

（3）样本的协方差

样本的协方差定义为

$$s_{ik} = \frac{1}{n} \sum_{j=1}^{n} (x_{ji} - \bar{x}_i)(x_{jk} - \bar{x}_k), \quad i = 1, 2, \cdots, p; k = 1, 2, \cdots, p \tag{7-46}$$

式(7-46)度量第 i 个变量和第 k 个变量的结合。当 $i=k$ 时，样本协方差就简化为样本方差。此外，对所有的 i 和 k 都有 $s_{ik}=s_{ki}$。

一般地，对于 p 个变量，有样本协方差矩阵

$$S = \begin{pmatrix} s_{11} & s_{12} & \cdots & s_{1p} \\ s_{21} & s_{22} & \cdots & s_{2p} \\ \vdots & \vdots & & \vdots \\ s_{p1} & s_{p2} & \cdots & s_{pp} \end{pmatrix}$$

其中，s_{ij} 表示第 i 个变量的样本方差；

s_{ik} 表示第 i 个变量和第 k 个变量的样本协方差。

(4) 样本相关系数

第 i 个变量和第 k 个变量的样本相关系数定义为

$$r_{ik} = \frac{s_{ik}}{\sqrt{s_{ii}}\ \sqrt{s_{kk}}} = \frac{\sum\limits_{j=1}^{n}(x_{ji} - \bar{x}_i)(x_{jk} - \bar{x}_k)}{\sqrt{\sum\limits_{j=1}^{n}(x_{ji} - \bar{x}_i)^2}\ \sqrt{\sum\limits_{j=1}^{n}(x_{jk} - \bar{x}_k)^2}} \tag{7-47}$$

其中，$i=1,2,\cdots,p$；$k=1,2,\cdots,p$。对所有的 i,k 都有 $r_{ik}=r_{ki}$。

样本相关系数是样本协方差的一个标准化形式，它度量的是两个变量间的线性相关强度。

一般地，对于 p 个变量，有样本相关矩阵，记为

$$\boldsymbol{R} = \begin{pmatrix} 1 & r_{12} & \cdots & r_{1p} \\ r_{21} & 1 & \cdots & r_{2p} \\ \vdots & \vdots & & \vdots \\ r_{p1} & r_{p2} & \cdots & 1 \end{pmatrix}$$

2. 主成分分析

主成分分析是一种将原来多个指标转化为少数几个相互独立的综合指标的统计方法。在地理问题中，经常要研究多个相互关联的自然和社会要素，由于变量个数太多，并且彼此之间存在着一定的相关性，因而使得所观测到的数据在一定程度上反映的信息有所重叠；而且当变量较多时，高维空间中样本的分布规律比较复杂，势必会增加分析问题的复杂性。因此，人们希望用较少的综合变量来代替原来较多的变量。这里要求这几个较少的变量要尽可能多地反映原来变量的信息，并且彼此之间互不相关。主成分分析主要用于简化数据结构，寻找综合因子，运用综合因子进行样本排序及分类等。

3. 层次分析

层次分析是把相互关联的要素按照隶属关系分为若干层次，由专家将各层次各因素的相对重要性量化，并用数学方法为分析、决策、预报或控制提供定量的依据。因子权重的确定是建立评价模型的重要步骤，权重正确与否极大地影响评价模型的正确性，而通常的因子权重确定具有较多的主观判断。层次分析是利用数学方法，综合众人的意见，科学地确定各影响因子权重的简单而有效的数学手段。

4. 聚类分析

物以类聚，人以群分。聚类分析通过直接比较各事物之间的性质，将性质相近的事物归

为一类,将性质差别较大的事物归入不同的类别。聚类分析事先并不知道研究对象应该分为几类,更不知道观测到的个体的具体分类情况,目的是通过对观测数据所进行的分析和处理,选定一种度量个体接近程度的统计量,确定分类数目,建立一种分类方法,并按照接近程度对观测对象进行合理的分类。

5. 判别分析

判别分析是判断样品所属类型的一种统计方法。与聚类分析不同的是,判别分析已经有了一个明确的分类标准。例如,在环境科学中,根据某地区的气象条件、大气污染元素浓度等来判断该地区属于严重污染、一般污染还是无污染;在地质勘探中,需要从岩石标本的多种特征来判断地层的地质年代,是有矿还是无矿,是富矿还是贫矿;在农林虫害预报中,根据以往的虫情及多种气象因子判别一个月后的虫情是大发生、中发生还是正常。这些问题的共同特点是事先已有"类"的划分,对给定一个新样本,判断它来自哪一"类"。在进行判别分析时,由不同的假设前提、判别依据及处理手法,可以得出不同的判别方法,如距离判别、贝叶斯(Bayes)判别、费歇(Fisher)判别、逐步判别、序贯判别等。

6. 空间自相关分析

地理现象的空间相关性是其重要的空间特性之一,距离越近的两个位置越容易具有相似性质。空间自相关是指在空间区域中,某一位置上的变量与其邻近位置上的同一个变量之间的相关性,主要分为全局空间自相关分析和局部空间自相关分析。

全局空间自相关分析采用单一的值来反映同一个变量在空间区域中的自相关程度,可以分析在整个研究范围内同一个变量是否自相关;局部空间自相关分析需要分别计算每个空间单元与其邻近单元针对同一个变量的自相关程度,可以分析特定局部区域内同一个变量的自相关性。空间自相关分析主要包括 Moran's I、Geary's C、Getis–Ord G 等统计量。

7.8.2　聚类分析的应用实例

聚类分析的目的是要从大量复杂的数据中产生比较简单的分组结构。为了将研究对象按照各自的特性合理分类,必须先建立一个定量的尺度,借以度量对象之间的联系(相似性),然后将其归类。样品(或指标)相似程度的刻画常用距离和相似系数两种统计量。距离多用于样品的分类,常用的距离有绝对距离、欧几里得距离和马哈拉诺比斯距离;相似系数多用于指标的分类,常用的有夹角余弦和相关系数等。具体进行聚类时,由于目的、要求不同,产生了不同的聚类方法,这里仅介绍系统聚类方法。

假设有 n 个样品,每个样品测得 p 个指标,得

$$X = \begin{pmatrix} x_{11} & x_{12} & \cdots & x_{1p} \\ x_{21} & x_{22} & \cdots & x_{2p} \\ \vdots & \vdots & & \vdots \\ x_{n1} & x_{n2} & \cdots & x_{np} \end{pmatrix}$$

其中，$x_{ij}(i=1, \cdots, n; j=1, \cdots, p)$ 为第 i 个样品的第 j 个指标的观测数据。

系统聚类法的基本思想是假设 n 个样品各自为一类，并对样品间的距离和类与类之间的距离做出规定。首先计算样品间的距离，将距离最小的类并为一类，即将那些最相似的对象首先进行分组；计算并类后的新类与其他类的距离，即将距离最小的两类并为一类，这样每次减少一类；最后随着相似性的不断下降（类间距离不断加大），所有的组渐渐融合为一个聚类。由于类与类之间距离定义方法不同，因而产生不同的系统聚类方法，如最短距离法、最长距离法、中间距离法、类平均法以及离差平方和法。下面以最短距离法为例详细说明系统聚类法的基本步骤。

规定样品之间的距离，用 d_{ij} 表示样品 i 和样品 j 的距离，$i, j=1, \cdots, n$；规定类与类之间的距离为两类最近样品的距离，用 $G_1, \cdots, G_n$ 表示初始类，用 D_{pq} 表示 G_p 与 G_q 的距离，则

$$D_{pq} = \min_{\substack{i \in G_p \\ j \in G_q}} \{ d_{ij} \} \quad (p \neq q) \tag{7-48}$$

当 $p=q$ 时，$D_{pq}=0$。

① 计算样品两两之间的距离 $d_{ij}, i, j=1, \cdots, n$，得对称矩阵 $\boldsymbol{D}_{(0)}$。

② 选择 $\boldsymbol{D}_{(0)}$ 中最小非零元素，设为 D_{pq}，并将 G_p 与 G_q 并类记为 $G_r=\{G_p, G_q\}$。

③ 计算新类 G_r 与其他类 $G_k(k \neq p, q)$ 的距离：

$$D_{rk} = \min_{\substack{i \in G_r \\ j \in G_k}} \{ d_{ij} \} = \min \{ D_{pk}, D_{qk} \} \tag{7-49}$$

得到新的距离对称矩阵 $\boldsymbol{D}_{(1)}$。

④ 对 $\boldsymbol{D}_{(1)}$ 重复上述步骤②和③的做法，得到 $\boldsymbol{D}_{(2)}$。

⑤ 如此下去，直到所有类并为一类为止。

例 7-12 表 7-11 为某市郊区土地分区数据参数表。每个地区都调查了土地利用结构和利用方式等 12 项指标。试根据调查资料运用聚类分析方法对土地利用进行分区。

解 对数据做标准化变换，当数据具有不同量纲和不同数值幅度时放在一起直接进行聚类，会压低甚至排除了某些数量级很小的因子的作用，故需要对数据进行标准化处理。具体方法是把某一个变量的原始数据减去其均值，然后再除以标准差。其计算公式为

$$x'_{ij} = \frac{x_{ij} - \bar{x}_j}{s_j} \quad (i=1, \cdots, n; j=1, \cdots, p) \tag{7-50}$$

表 7-11 某市郊区土地分区数据参数表

乡镇	1①	2②	3③	4④	5⑤	6⑥	7⑦	8⑧	9⑨	10⑩	11⑪	12⑫
A 三十岗	0.658	0.005	0.001	0.121	0.016	0.142	5.460	0.216	2	411.0	0.220	4.216
B 大杨店	0.663	0.008	0.001	0.149	0.024	0.122	4.453	0.184	2	385.0	0.262	2.909
C 杏花村	0.470	0.007	0.003	0.299	0.040	0.150	1.571	0.320	2	397.0	1.557	1.126
D 七里塘	0.606	0.0	0.0	0.182	0.025	0.152	3.332	0.250	2	347.0	1.083	1.813
E 常青	0.456	0.001	0.0	0.323	0.033	0.151	1.412	0.332	2	365.0	2.130	1.791
F 城东	0.318	0.0	0.0	0.432	0.035	0.211	0.738	0.662	1	0.0	9.991	0.669
G 大兴	0.487	0.001	0.0	0.327	0.032	0.137	1.490	0.281	1	387.0	1.342	1.749
H 骆岗	0.590	0.0	0.002	0.188	0.084	0.148	2.904	0.271	1	434.0	1.503	2.133
I 义兴	0.631	0.0	0.0	0.192	0.015	0.142	3.283	0.228	2	478.0	0.872	1.459
J 大圩	0.674	0.0	0.0	0.108	0.015	0.181	7.227	0.269	1	435.0	0.368	2.924
K 义城	0.292	0.0	0.0	0.056	0.002	0.629	5.211	2.151	2	499.0	0.117	3.960
L 瑶海	0.486	0.0	0.0	0.333	0.022	0.155	1.459	0.319	2	333.3	2.585	1.250

①耕地面积／总面积；②园地面积／总面积；③林地面积／总面积；④居民工矿用地面积／总面积；⑤交通用地／总面积；⑥水域面积／总面积；⑦耕地／居民工矿；⑧水域／耕地；⑨地貌条件；⑩农业亩产量(kg／亩)；⑪乡镇企业工业产值／总面积(万元／亩)；⑫土地总面积／总人口(亩／人)。

样本间距离定义为欧几里得距离,距离公式为

$$d_{ij} = \sqrt{\frac{1}{p} \sum_{k=1}^{p} (x'_{ik} - x'_{jk})^2} \quad (i,j = 1,\cdots,n; k = 1,\cdots,p) \tag{7-51}$$

在 MATLAB 软件上计算距离矩阵如表 7-12 所示。

表 7-12 距 离 矩 阵

	A	B	C	D	E	F	G	H	I	J	K	L
A	0	1.716 5	4.769 1	3.277 4	4.378 8	7.986 4	4.673 8	4.991 7	3.469 9	3.035 1	7.438 8	4.687 4
B	1.716 5	0	3.738 7	3.150 2	3.969 6	7.532 4	4.292 4	4.744 7	3.342 5	3.667 3	7.054 5	4.285 5
C	4.769 1	3.738 7	0	4.316 4	3.699 8	7.447 0	4.169 7	4.248 0	4.450 9	5.850 9	7.900 4	3.971 4
D	3.277 4	3.150 2	4.316 4	0	2.090 6	5.987 4	2.747 5	4.098 9	1.207 4	2.954 4	7.491 4	2.056 7
E	4.378 8	3.969 6	3.699 8	2.090 6	0	4.940 3	1.991 6	4.207 5	2.479 2	4.422 1	7.764 6	0.888 5
F	7.986 4	7.532 4	7.447 0	5.987 4	4.940 3	0	4.908 2	7.641 3	7.615 7	7.373 4	8.567 5	4.692 5

续表

	A	B	C	D	E	F	G	H	I	J	K	L
G	4.6738	4.2924	4.1697	2.7475	1.9916	4.9082	0	3.6857	2.9582	3.8144	7.5795	2.1755
H	4.9917	4.7447	4.2480	4.0989	4.2075	7.6413	3.6857	0	4.4625	4.5065	7.4304	4.6157
I	3.4699	3.3425	4.4509	1.2074	2.4792	7.6157	2.9582	4.4625	0	2.9844	7.5680	2.3685
J	3.0351	3.6673	5.8509	2.9544	4.4221	7.3734	3.8144	4.5065	2.9844	0	5.7229	4.4807
K	7.4388	7.0545	7.9004	7.4914	7.7646	8.5675	7.5795	7.4304	7.5680	5.7229	0	6.9428
L	4.6874	4.2855	3.9714	2.0567	0.8885	4.6925	2.1755	4.6157	2.3685	4.4807	6.9428	0

然后,分别运用最短距离法、最长距离法、中间距离法、类平均法以及离差平方以及法进行计算,发现利用这几种方法得到的并类过程及谱系聚类图相似。图 7-47 所示的为类平均法的谱系聚类图。

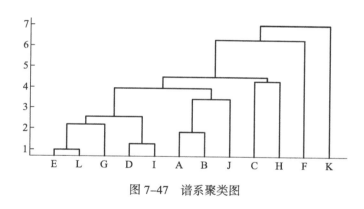

图 7-47 谱系聚类图

由谱系聚类图对比实际情况可以发现,A 和 B 两乡离城区比较远,交通不便,乡镇企业不很发达,目前以农业生产为主,属于远郊区;D 和 I 两乡距城区 5~10 km,属于中郊区,交通发达,大中型国有企业较多,目前农业生产以水稻种植和蔬菜种植为主,是城市菜篮子工程的主要基地;E 和 L 两乡距城 5 km 以内,人口密度大,土地被城市切割,乡镇企业发达,人均耕地严重不足。

7.9　空间分析的智能化——空间决策支持

决策支持系统是一种以管理科学、运筹学、控制论和行为科学为基础,以计算机技术、仿真技术和信息技术为手段,结合计算机软硬件、人工智能等领域理论,针对半结构化和非结构化数据求解的决策问题,通过人机交互支持辅助决策活动的信息系统。它通过数据库系统、模型库系统、方法库系统等结构,以人机交互的方式为决策者提供决策所需的数据、信息,帮助用户识别问题,并通过建立和修改模型得到多个备选方案,通过人机交互方式进行对比分析和判断,从而为正确决策提供支持。

空间决策支持系统(Spatial Decision Support System,SDSS)是决策支持系统和地理信息系统的结合,是连接空间信息分析技术和专业领域模型的纽带,也是一般性空间分析的高级阶段。具体来讲,空间决策支持系统是指通过空间分析的各种方法和技术对空间数据进行处理,以提取隐含的事实和关系,最终以图形、文字、表格等形式呈现出来,为现实世界中的应用提供尽可能科学的决策支持的信息系统。目前,许多空间决策支持系统都是利用现有软件提供的特定空间分析工具,依据用户意图,开发合理的决策模型来实现决策支持的。相对传统的决策支持系统,空间决策支持系统更加复杂,在数据形式、信息获取方式、决策模型、输出结果、系统结构等方面都有很大差异。

1. 空间决策支持系统架构

参照决策支持系统的结构组成,成熟的空间决策支持系统可以分为空间数据库及其管理系统(数据)、空间模型库及其管理系统(模型)、方法库及其管理系统、知识库及其管理系统和人机交互系统五部分。其结构如图 7–48 所示。

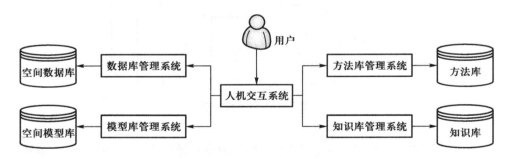

图 7–48 空间决策支持系统架构

2. 空间决策支持系统的功能

空间决策支持系统是在决策支持系统和地理信息系统的基础上发展起来的,其目的在于辅助、支持决策者做出决策,因此有效提取和分析信息是实现空间决策支持系统的关键。具体来讲,有效的空间决策支持系统可以实现以下功能。

① 及时、有效地向决策者提供多层次的信息。

② 基于模型的信息分析预测功能。

③ 提供多维视图及数据挖掘功能。

思考题

1. 地理信息系统中空间分析的内容和作用是什么？

2. 从实际应用出发,举两个例子说明空间分析的应用。

3. 根据空间数据的特点,说出地理信息系统中查询的类型及实现查询的方法。

4. 什么是空间叠置分析？不同数据结构对空间叠置分析方法和应用有何影响？

5. 什么是缓冲区分析？简述缓冲区分析的类型和建立缓冲区的算法。

6. 说出地理信息系统中三种查询方式的基本原理及其应用。

7. 空间分析和空间数据结构有何关系？举例说明。

8. 写出根据矢量法求解区域面积的公式。

9. 空间分析的一般步骤是什么？

10. 什么是数字地面模型？什么是数字高程模型？

11. 说出描述数字高程模型的两种数据结构,比较两种数据结构的优点和缺点。

12. 说出数字高程模型的主要数据源,以及如何进行数据采样。

13. 举例说出数字高程模型的用途。

14. 空间统计分析的特点是什么？

15. 假设某区域有200个地块,现要以地块为单位根据各地块的地貌类型、土壤类型、植被覆盖率等制作相应的专题地图。试问:

(1) 如何获取并组织原始数据？写出实现上述目的所要求的属性数据库表结构。

(2) 说出如何通过地理信息系统得到该地区的地貌类型、植被覆盖率专题地图。

16. 一个伐木公司已获准在某区域采伐树木,已知该采伐区内有河流和道路,为了防止水土流失和保护生态环境,规定不得在河流和道路周围 500 m 内采伐树木;另外,为了便于运输,决定将采伐区定在道路周围 8 km 之内。试问:

(1) 解决该问题,需要什么数据？

(2) 你认为该如何选择地理信息系统工具解决该问题。

(3) 举例说明输出符合上述条件的采伐区域图的工作步骤。

17. 假定某地区确定种植山杏的条件是:坡向为阳坡;坡度为 7°~10°;海拔为 300~900 m。试用地理信息系统中的叠置分析和专题地图制作方法,找出该地区哪些地方适合种植山杏;举例说明从数据源获取到输出专题地图的工作过程。

第8章 空间信息的可视化和制图

8.1 空间信息可视化

8.1.1 空间信息可视化概述

可视化(Visualization)是人脑印象构造过程的一种仿真,用以支持用户的判断和理解。其目的是便于人们理解现象、发现规律和传播知识。可视化的本意是使事物被视觉所感知。据估计,人类获取的信息中,70% 通过视觉获取,这说明视觉在信息世界中具有很重要的地位。

1. 科学计算的可视化

可视化的研究起源于科学计算可视化。科学计算可视化是研究如何将科学计算过程及计算结果的数据转换成图形或图像信息,并进行交互式分析。1986 年,美国国家科学基金会首先提出科学计算可视化,并将其定义为"可视化是一种计算方法。它将符号转换成几何图形,便于研究人员观察其模拟和计算过程。可视化包括了图像理解与图像综合。这就是说,可视化是一种工具,用来解译输入计算机的图像数据和从复杂的多维数据中生成图像。它主要研究人和计算机如何协调一致地感受、使用和传输视觉信息"。

科学计算可视化将一些抽象的理论、规律、过程和结果,形象化地用图形图像直观地显示出来,使其更生动、易理解,从而大大提高了科学计算和分析的水平。同时,通过交互式分析,便于实现计算过程的引导和控制。

科学计算可视化的应用领域十分宽广,既涉及自然科学,也涉及各类工程计算,如分子模型构造的显示、天气云团的流动、地下水分布的预测等。

2. 空间信息可视化

科学计算可视化被提出之后,地学专家对可视化在地学中的地位和作用进行了许多研究,提出了空间信息可视化,包括地图可视化、地理可视化、地理信息系统可视化、地学多维图解、地理信息的多维可视化、虚拟地理环境、三维空间数据可视化等。

空间信息可视化是指运用计算机图形图像处理技术,将复杂的科学现象和自然景观以及一些抽象概念图形化的过程。更具体地说,是利用地图学、计算机图形图像技术,通过图形、图像,并结合图表、文字、报表,以可视化形式实现地学信息交互处理和显示的理论、技术和方法。

空间数据的特点决定了可视化是地理信息系统必须要解决的理论和技术问题。由于可视化能够迅速、形象地表示空间信息,在地理信息系统发展的过程中,从一开始就十分重视利用计算机技术实现空间数据的图形显示和分析问题。

空间信息可视化是科学计算可视化在地学领域中的应用和体现。空间信息可视化和科学计算可视化关系密切,所用的技术和方法有相同之处,也有不同之处。两者的主要不同是空间信息可视化过程更强调数字化和符号化的概念,而且空间信息可视化描述的是地理空间内的事物,可视化过程实际上是对地理空间信息的提取和综合。

空间信息可视化要关注的问题是显示的交互性、信息载体的多维性、信息表达的动态性。其中,显示的交互性意味着要通过交互方式使用户进入事件的发展之中,并最终得到可视化结果;信息载体的多维性,意味着空间信息的可视化需要用多媒体表达方式;信息表达的动态性,意味着空间信息的可视化要描述空间信息的动态变化,因此空间信息的可视化需要多媒体技术、三维动态显示技术、虚拟现实等的支持。

为了提高空间信息可视化的实用性,在空间信息可视化研究中一直十分注意在地形图上显示地物要素,研究点、线、面要素在三维景观上的叠加算法。

3. 空间信息可视化的特点

空间信息可视化的常规形式指二维平面上数据的可视化,但是随着多媒体技术、三维动画技术、虚拟现实等新技术的出现,空间信息可视化的内容日益丰富,并具有以下特点。

①可视化过程的交互性。指空间信息可视化技术要为用户提供使用、操纵、控制系统的功能,表现在界面的交互性、信息查询的交互性、可视化过程控制的交互性等。

② 信息表达的动态性。指空间信息可视化表达要涉及空间信息的动态变化。

③ 信息表达载体的多维性。指空间信息可视化表达涉及多种信息载体,因此多媒体信息集成是空间信息可视化的特点。

8.1.2　空间信息可视化的常用形式

在复杂信息交互中,视觉信息有特殊的优点,尤其是对多维信息的表示。空间信息可视化的常规形式是指二维平面数据的可视化,其中平面地图是最主要、最古老的形式。

1. 地图

地图是空间实体的符号化模型,是空间信息可视化的最主要方式。

根据地理实体的空间形态,常用的地图种类有点状符号图、线状符号图、面状符号图、等值线图、三维立体图、晕渲图等。其中,点状符号图在点实体或面实体的中心用制图符号表示实体质量特征;线状符号图用线状符号表示线实体的特征;面状符号图在面区域内用填充模式表示区域的类别及数量差异;等值线图将曲面上等值的点以线划连接起来表示曲面的形态;三维立体图用透视变换产生透视投影使读者对地物产生深度感并表示三维曲面的起伏;晕渲图用地物对光线的反射所产生的明暗使读者对三维表面产生起伏感,从而达到表示立体形态的目的。

地理信息系统支持多种方式的地图输出。例如,使用打印机输出地图的硬拷贝,使用绘图仪输出地图,将地图数据文件转换为其他数据格式保存或在互联网上发布等。

由于地图在地理信息系统中的特殊地位和作用,在地理信息系统发展的历程中,早期的地理信息系统产品常带有地图制图色彩。实际上,地图既是地理信息系统的输入数据源,又是地理信息系统的主要输出形式。从地理信息系统的角度看,地图制图是地理信息系统的主要功能之一。计算机地图制图的发展孕育了地理信息系统的诞生,而地理信息系统的发展又推动着计算机地图制图水平的迅速提高和进一步发展,两者之间相互联系,相互促进。图 8-1 所示的为计算机制图的基本过程。

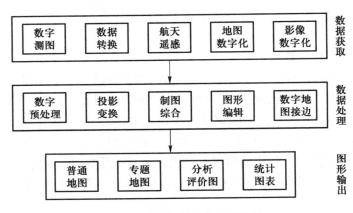

图 8-1　计算机制图的基本过程

可视化技术对现代地图学理论、技术和方法的发展起到了重要的作用。地图可视化包括数据获取、建立模型和制作各种不同的地图。

2. 图像

图像是另一种空间实体表示模型。它不采用符号化的方法,而是采用人的直观视觉变量(如灰度、颜色、模式)表示各空间位置实体的质量特征。它一般将空间范围划分为规则的单元(如正方形),然后再根据几何规则所确定的图像平面的相应位置用直观视觉变量表示该单元的特征。

3. 统计图表

统计图表主要用来表示属性数据。统计图常用的形式有柱状图、扇形图、直方图、折线图和散点图等。统计表格将数据直接表示在表格中,使人们可以直接看到具体的数据值。

4. 数字产品

随着数字图像处理系统、地理信息系统、制图系统以及各种分析模拟系统和决策支持系统的广泛应用,数字产品成为广泛采用的一种产品形式。它便于对信息做进一步的分析和输出,使得多种系统的功能得到综合。数字产品的制作是将系统内的数据转换成一定格式存储在磁盘、光盘等介质上,并且可以在网络上进行传播。

随着信息科学和计算机技术的发展,图形处理设备快速发展和更新,计算机处理地图已成为社会生活中不可缺少的技术手段,计算机地图制图、电子地图和网络地理信息系统的迅速发展,已经把空间信息的常规可视化技术带入人们的生活,服务于全社会。

8.1.3　空间信息的真三维可视化

空间信息的二维可视化主要研究二维图形的显示算法,如画线、符号库和符号化、颜色设计、图形输出等。以地形分析为核心的空间信息的 2.5 维可视化,用二维坐标系数据表示三维数据,即将三维数据投影到二维屏幕上显示。2.5 维图形可视化的实质是研究三维到二维数据的坐标变换、隐藏线(面)消除、光照模型。2.5 维图形无法表示三维物体的体特征。

从本质上说,空间信息是一种三维信息。20 世纪 90 年代以来,三维物体的体特征的可视化研究成了热点,三维及多维空间信息可视化研究深受关注。在地理信息系统中,三维可视化研究最多,用得最多的是三维数字地面模型。在技术层面上,主要研究三维(多维)数据模型和数据结构、三维空间数据库管理系统、图形图像的实时动态处理等。

在三维仿真和三维图形的基础上出现了三维仿真地图,仿真空间地物的形状、光照、纹理,并在三维图形上实现三维测量和分析。

此外,基于多媒体技术的可视化,也是空间信息可视化中的重要内容。用图、文、声技术综合地表示空间信息是多媒体的特点。各种多媒体信息能够形象、真实地表示空间信息的特征。

8.1.4　虚拟现实

虚拟现实(Virtual Reality, VR)是空间信息可视化的方式,是对现实或虚幻现实的模拟,通过人与计算机进行交互操作,产生与现实世界相同的反馈信息,使人们得到置身于真实世界中的感受。

虚拟现实是一门涉及众多学科的技术,它集先进的计算机技术、传感与测量技术、仿真技术、微电子技术于一体。在计算机技术中,它与计算机图形学、人工智能、网络技术、人机接口技术及计算机仿真技术密切相关。正是这些相关技术的发展,带动了虚拟现实的快速发展,使其成为空间信息可视化的一种全新的方式。

虚拟现实以视觉为主,结合听觉、触觉、嗅觉、味觉来感知环境。它具有三个最突出的特征,即交互性(Interactivity)、想象性(Imagination)和沉浸感(Immersion),称为"3I"特征。这也是虚拟现实与多媒体技术、科学计算可视化等相邻技术的区别。

① 交互性指参与者用专门设备,能够实现对模拟环境的考察与操作。例如,用户可以用手直接抓取模拟环境中的物体,且有接触感和重量感,被抓起的物体也会随着手的移动而移动。

② 想象性是虚拟现实不仅可以再现真实存在的环境,也可以随意构想客观不存在的,甚至是不可能发生的环境,从而拓宽了人类的认知范围,这极大地依赖于设计者的想象力和创造性。

③ 沉浸感即投入感,其目的是力图使用户在计算机所创建的三维虚拟环境中处于一种全身心投入的感觉状态,有身临其境的感觉。

目前,可视化技术已成为信息爆炸时代人类分析和驾驭信息的有力工具。在可视化技术的基础上,发展了仿真技术(Simulation, Imitation)和虚拟技术。虚拟现实是仿真技术的一种特殊形式。虚拟现实、网络环境和地学的结合产生了虚拟地理环境。

8.2　地图的符号和符号库

地图所反映的是地学领域的事物和现象,它的空间尺度相对于人类的一般活动是宏观的。地图虽然反映的是环境空间中地学实体的集合,但它本身是观念的产物,是对客观的一种模拟,即模型。它既非数学模型,也非物理模型,而是对环境空间中地学实体集合的时、空、质、数等客观特征进行全面抽象后的图形符号模型。地图采用了彩色图形符号,具有形象、生动的特点。所以说,地图是图形符号的空间集合,而图形符号是地图的语言。

8.2.1　地图的符号和色彩

地图符号(Symbol)是在地图上表达空间实体的图形记号,常被称为地图的语言。地图符号通过尺寸、形状和颜色来表示空间实体的位置、形状、分布特点以及质量和数量的特征。地图符号丰富了地图的内容,增加了地图的可读性。

在地图中,单个符号可以表示某个空间实体的位置、大小、质量和数量特征;同类符号可以反映各类要素的分布特点;各类符号的总和,则可以表明各类要素之间的相互关系及区域总体特征。

1. 地图符号的分类

地图符号按照功能可以分为定位符号和说明符号;按照结构可以分为矢量符号和栅格符号;按照形态可以分为点状符号、线状符号和面状符号。

(1) 点状符号

点状符号用来表达小面积事物,如控制点、居民点或独立地物。通常用形状和颜色表示事物的性质,用大小反映事物的等级或数量特征,但点状符号的大小和形状与地图比例尺无关,又称为非比例尺符号。图 8-2 所示的为点状符号示例。

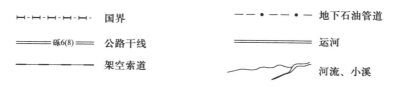

△ 三角点 　　 ⚒ 矿井
🏭 烟囱 　　 🏯 风磨坊
⛽ 汽油加油站 　　 🌡 气象站

图 8-2　点状符号示例

(2) 线状符号

当地图符号所表示的概念可以抽象为几何上的线时,称之为线状符号。例如,河流、道路、航线等,其长度能够按照比例尺表示,而宽度一般不能按照比例尺表示,需要进行适当的夸大,因而线状符号的形状和颜色表示事物的质、量特征,其宽度往往反映事物的等级或数值。这类符号能够表示事物的分布位置、延伸形态和长度,但不能按照比例尺表示其宽度。线状符号又称为半比例符号。图 8-3 所示的为线状符号示例。

⊢·⊣·⊢·⊣·⊢　国界　　　　　　—·—·—　地下石油管道
═══砾6(8)═══　公路干线　　　　════　运河
━━━━━　架空索道　　　　　　〰〰　河流、小溪

图 8-3　线状符号示例

(3) 面状符号

当地图符号所表示的概念可以抽象为几何上的面时,称之为面状符号。面状符号能够按照地图比例尺表示事物分布范围,它用不规则轮廓线包围区域内填充的图案来表示事物的分布范围,轮廓线内加绘颜色或说明符号,用以表示事物的性质和数量,并可以从图上直接量测其长度、宽度和面积。面状符号又称为比例符号。图 8-4 所示

图 8-4　面状符号示例

的为面状符号示例。

2. 地图符号的图元

地图符号由点状符号、线状符号和面状符号组成,而各种地图符号又分别由各自的图元(基本图素)组成。

地图符号的图元指组成地图符号的基本要素。各种图元都具有各自的绘图参数(符号代码、绘图句柄和笔的颜色等)和操作方法(绘制、编辑和删除等)。

(1) 点状符号的图元

点状符号图的图元分为点、线段、折线、样条曲线、圆弧、三角形、矩形、多边形等。按照面向对象的方法,组成点状符号的图元分为点类、线段类、折线类、样条曲线类、圆弧类、三角形类、矩形类、多边形类、子图类和位图类等。

图 8-5 所示的为点状符号的图元示例。

图 8-5 点状符号的图元示例

(2) 线状符号的图元

线状符号的基本线型由实线、虚线、点虚线、双虚线、双实线、连续点符号、齿线符号、带状晕线等组成。这些基本线型可以看作组成线状符号的一系列线状符号的图元。图 8-6 所示的为线状符号的图元示例。图 8-6 中左侧为线符号线型,右侧是相对应的基本图元。

(3) 面状符号的图元

面状符号的实质是指面区域内填充的图案,通常包括各种阴影线填充图案、点状符号填充图案和位图填充图案。图 8-7 所示的为面状符号的图元示例。

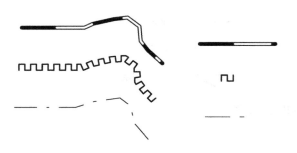

图 8-6 线状符号的图元

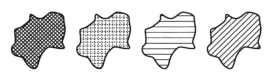

图 8-7 面状符号的图元示例

阴影线填充图案主要包括阴影线的倾角、线宽、起始位置(x,y)、偏移量(d_x,d_y)、实部长、虚部长、线色等。其中,起始位置是阴线族起点坐标系中的坐标值;偏移量(d_x,d_y)是下一条阴线起点在阴线坐标系中相对前一条阴线起点的坐标增量值。

点状符号填充图案主要包括点状符号行偏移、列偏移、行间距、列间距、缩放系数、旋转角、点状符号旋转角形式(固定或随机)、存点形式(品字形或井字形)等。

位图填充图案主要包括位图长度、位图宽度、行间距、列间距、缩放系数、旋转角、填充形式（晶字形、井字形）、位图。

3. 地图的色彩

色彩是地图语言的重要内容。地图上使用色彩便于各要素的分类和分级表示，以更好地反映制图对象的质量与数量的变化，最终增强地图的感受力、表现力和科学性。色彩模型有多种，在地理信息系统中常用 RGB 和 HLS 色彩模型，两种色彩模型之间可以相互转换。

（1）RGB 色彩模型

RGB 色彩模型即红、绿、蓝三基色模型。该模型中，各种色彩的光谱由红、绿、蓝三种颜色组成。RGB 色彩模型常用于彩色显示器、彩色摄像机及遥感图像的多光谱图像数据处理。

（2）HLS 色彩模型

该模型中色调 H(Hue)、亮度 L(Light)、饱和度 S(Saturation)反映了色彩的三个属性。

① 色调又称为色相，是指色彩的类别，在地图上用不同色调来表示不同类别的对象。例如，用蓝色表示水系，用绿色表示植被，用棕色表示地貌。

② 亮度又称为明度，是指色彩本身的明暗程度，在地图上用不同的亮度来表现对象的数量差异。例如，用蓝色的深浅表示海水的深度变化。

③ 饱和度也称为纯度，指色彩接近标准色的纯度，色彩的纯度越高，色彩就越鲜艳。通常，对面积小、数量少的对象用纯度较高的色彩，以求明显突出；对大面积区域用纯度偏弱的色彩，以免过分明显而刺眼。

由于色彩能够给人以不同的感觉，包括色彩的敏感度、色彩的冷暖感、色彩的兴奋与沉静感、色彩的远近感等。色彩使地图内容表达得更科学与完美。

在设计地图时，面状符号通常具有背景的意义，宜使用饱和度较小的色彩；点状符号和线状符号（包括注记）则常使用饱和度大的色彩，使其构成较强烈的刺激，从而易为人们所感知。在这个原则基础上，再结合色相、亮度和饱和度的变化，表现各种对象的质、量和分布范围等。对于不同的专题数据类型或不同内容的专题地图，有很多规则在地图设色时必须遵守。这些规则是从多角度考虑的结果，地形图就是一个非常典型的例子。

8.2.2 地图符号库和汉字库

地图符号库是地图符号的有序集合。在地理信息系统中都装有地图符号库，地图符号库将地图符号以数据库的形式存到计算机中，以实现数据库管理功能，为符号信息的存储和查询提供条件。地图符号库按照结构可以分为矢量符号库和栅格符号库；按照类型可以分为点状符号库、线状符号库和面状符号库。每种符号库中的符号要有统一结构，便于扩充和修改，以满足不同专业的不同需要。

1. 地图符号库的设计

地图符号库中存储的是地图符号的图形信息和颜色信息,每个符号都由一个信息块组成。符号信息块表示的图形、颜色和符号的含义应符合国家基本比例尺地图符号库的要求。

地图符号信息块的构成有以下两种方法。

(1) 直接信息块法

信息块中直接存储图形的矢量数据(如图形的特征点坐标数据)或栅格数据(分解的点阵数据)。直接信息块法绘制符号比较规范,但符号信息占用的空间较大。

(2) 间接信息块法

信息块中存储图形的几何参数,如图形的长、宽、距离、半径、夹角等。通过计算机程序调用上述参数得到所要的图形符号,信息块占用的空间较小,但符号绘制不够规范。

2. 矢量符号库及其应用

矢量符号库按照矢量数据结构组织符号信息,其中最基本的绘图元素是有向线段。矢量符号库通常包括矢量点状符号、矢量线状符号、矢量面状符号。

使用矢量点状符号时,符号化软件读取空间数据库,并经过预处理模块处理得到分类特征码数据及点状符号空间定位数据。其过程主要包括中心化、旋转、缩放和绘制等。

使用矢量线状符号时,将线状符号图元沿线状要素的中轴串接,其中 x 轴与中轴重合,在线地物的转弯处,图元同样弯曲。

使用矢量面状符号时,将填充的图符按要求的方向和行距逐行填充。

3. 栅格符号库及其应用

栅格符号库按照栅格数据结构组织符号信息,其基本绘图元素是栅格单元。栅格符号库中符号的制作相对简单,它包括栅格点状符号、栅格线状符号、栅格面状符号。

使用栅格点状符号时,由平移产生,对有向的点状符号,经旋转和平移变换输出。

使用栅格线状符号时,由于线状符号走向变化,不能对整个信息块做操作,而是将栅格单元从左到右逐列取出,并按照线的走向做旋转和平移变换输出。

使用栅格面状符号时,先将区域内的全部栅格单元填实,然后同栅格符号进行逻辑与,从而得到所要求的填充图案。

4. 地图的汉字库

地图的汉字库为地图提供不同字体、不同字形、不同尺寸、不同颜色、不同排列方式的汉字。地图的汉字库的功能与使用同点状字符很相似。传统的汉字库有矢量字库和栅格字库。目前都采用 True Type 汉字库,这是一种特殊的矢量汉字库,也称为轮廓字库。

(1) 栅格汉字库

栅格汉字库也称为点阵汉字库。描述字的点越多,字的存储量越大,显示清晰度就越高。目前,点阵汉字已从 64 点阵发展到 128 点阵。

（2）矢量汉字库

矢量汉字因其具有比较光滑的外形、较小的存储量、便于缩放等优点而广受欢迎。但在地图上放得过大时,会出现折线效果。

（3）True Type 轮廓汉字库

True Type 轮廓字库的字形是一组用数学方法描述的,由直线和曲线描绘的字符图形。由它组成的高质量中西文轮廓汉字库最适合地图使用,可以提供高质量的放大和旋转字,能够跨平台工作。

8.2.3 地图的注记

地图的注记是地图上注记文字和数字的总称,用来表示事物名称、质量和数量的特性。地图注记作为一种人工的语言符号,弥补了地图符号的不足,它是地图的可阅读性、可翻译性和地图信息传输的基础。地图注记作为一类特殊的地图语言,既遵循语言本身的法则,在地图空间的排列方式上又遵循空间逻辑法则。注记既要求有合理的定位,又要尽可能地解译地理信息,同时还要保持地图的美观和清晰。

1. 地图注记的类型

通常所说的地图注记采用汉语、西文及数字,其组成要素包括字体、字形、字号、字色、字位、字向、字间隔、注记内容和注记的排列方式。注记类型包括以下三种。

（1）名称注记

名称注记最重要,在地图上数量最大,而且随着地图比例尺的缩小,单位面积上的名称注记数目（注记密度）往往会增大。

（2）说明注记

说明注记常用于注释的简单表达,如图廓外的道路到达地的注记,用"铁"表示铁矿,用"粮"表示粮仓等。

（3）数字注记

数字注记,如高程、公路宽度、人口数、水深等。

2. 地图注记的自动配置

传统的地图注记工作量很大。为了减少地图注记的工作量和时间,必须寻求地图注记的自动化方法。

地图注记配置自动化包括地图注记定位自动化和地图注记要素的自动生成。

目前,地理信息系统都提供地图注记自动配置功能,同时可以通过人工调整进一步优化。20 世纪 80 年代以来,专家系统、神经网络等智能化方法逐渐渗入自动化地图制图领域,并促使计算机地图制图技术飞跃发展,国外也有了智能化实用地图注记自动配置软件系统。

8.2.4　空间实体的符号化过程

地图是空间实体的符号化模型,是地理信息系统软件的主要表现形式。地图的数字化是将特定的空间实体按照数据模型抽象为空间数据,并存入空间数据库的过程。

符号化是空间数据数字化的逆过程,指将空间数据库内的空间数据转变为地图输出时,对空间数据配置符号的过程。

地理信息系统实现地图输出时,首先要确定输出范围及该范围内的空间实体,并从空间数据库中获取表示空间实体的几何坐标数据和相应的属性数据;然后根据属性数据中表示的地物类型,到符号库中获取符号描述信息,建立空间实体和符号间的关系。例如,在专题地图制作中,地物属性值为气象站时,选择表示气象站的符号;最后由地理信息系统中符号化模块,根据空间实体的几何位置信息和符号描述信息对空间实体实现符号化,并输出符号化的地图。

符号化根据绘图方式的不同分为矢量符号化和栅格符号化。空间实体符号化的典型过程如图 8-8 所示。

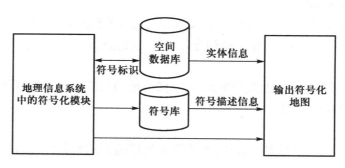

图 8-8　空间实体符号化的过程

8.3　专　题　地　图

专题地图是表示特定专题信息的地图。它着重反映自然和社会经济现象中某一方面的特征。在地理信息系统中专题信息就是相应的属性信息,因此专题地图是属性信息图形化、符号化表示的结果,它强调某一特定的要素或概念,反映自然、社会、经济的分布特性。

8.3.1 专题信息和专题地图

地理空间中的地物不仅有空间位置特征,还具有相关的属性数据。专题地图就是要在显示地物空间位置的同时,用特定方式显示该地物的某个或多个相关属性。用户通过专题地图可以将数据图形化,使属性数据在地图上直观地体现出来。

1. 专题信息

专题地图的种类很多,但基本上都是由地理基础和专题信息组成的。其中,地理基础组成专题地图的骨架,它确定了表示专题内容的地理位置,说明专题内容与地理环境的关系;专题信息确定了专题地图中的专题要素。专题地图就是根据不同的专题要素形成不同的专题图。

专题信息可以是普通地图中的一种或多种要素,加以强化形成专题地图,如交通图;也可以是普通地图中所没有的,甚至不能直接从地面上看到或测得的专题要素,如人口密度图。

由于专题信息本身的特点和专题要素分布特征的差异,专题地图中对不同专题要素有不同的表示方法。按照专题信息的特点,可以将其分为定性专题信息和定量专题信息;按照专题信息的分布形式可以将其分为连续分布和离散分布。

2. 专题地图的分类

专题地图的主题内容和服务对象很广,与专业关系密切,因此通常按照学科对其进行分类。

从学科看,专题地图分为自然地图和社会经济地图两大类型。其中,自然地图主要表示自然要素的分布特征,如地质图、地貌图、土壤图、气候图、植被图、海洋图等;社会经济地图强调人类社会经济现象的地理规律及社会经济要素,如农业图、工业图、交通运输地图、人口地图、行政区划地图、文化教育地图和历史地图等。

专题地图也可以按照服务对象分为科学参考图、实用工程图、教学图等。

此外,专题地图同普通地图一样按照比例尺可以分为大、中、小三种类型。

8.3.2 专题地图的表示方法

1. 专题地图的表示方法

根据不同专题的要求,专题地图有不同的表示方法,主要分为统计图表示方法和非统计的符号图表示方法,如图 8-9 所示。

统计图表示方法,包括分级统计图法、定位统计图法、图表统计图法,用于表示定量分类

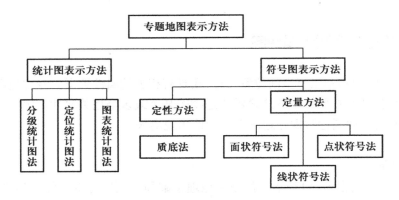

图 8-9　地理信息系统中专题地图的表示方法

专题信息。非统计的符号图表示方法分为定性方法和定量方法,可以分别表示定量和定性专题信息,其中的定性专题信息,按照质底法等形成各类专题地图;定量专题信息经符号化(面状符号法、点状符号法、线状符号法)生成点、线、面专题地图。

2. 专题地图的专题要素表示

根据专题要素在地面上的分布特点,专题地图通常分为以下几种。

(1) 点状符号专题地图

点状符号专题地图用点状符号表示地物分布的质量特征和数量特征。实际上,地面上真正的点地物是很少的,这里的点地物是对有精确定位的,占有面积很小,不按比例尺变化的地物的描绘。通常采用的点状符号有文字符号、几何符号、特征符号和艺术符号。

(2) 线状符号专题地图

线状符号专题地图是指专题要素在地面上呈线状或带状分布的专题地图,如河流、海岸、地质构造线、交通运输线等。线状符号专题地图采用不同颜色和形状的线划、箭头、条带等来表示地物分布的质量特征和数量特征。

(3) 等值线专题地图

等值线专题地图是一种特殊的线状符号专题地图,用来表示连续分布,并逐渐变化的制图现象的数量特征。等值线是具有相等数量指标的点的连线,在实地上并没有这种标志,它作为一种表达整个制图范围特征的方法,反映制图对象的差异变化。等值线法能够明显地反映出制图区域内现象的分布规律,如地形高低、气候要素的强弱变化等。

(4) 面状符号专题地图

面状符号专题地图用面状符号来表示地物分布的质量特征和数量特征。它是用得最多的一种专题地图。

8.3.3 常用的几种专题地图

1. 统计专题地图

统计专题地图一般是根据区域内的统计资料,经分类统计用图表示的专题地图。

（1）分级统计专题地图

统计类数据的专题地图反映统计资料分布特性,有分级统计图和图表统计图。分级统计图反映现象分布的强弱,使用相对值指标,常用色彩的深浅变化反映制图对象的强弱差异及现象的分布。在地理信息系统中它通常是对区域内某一个属性字段数值进行分级统计而得到的。图 8-10 所示的为分级统计专题地图示例。

图 8-10　分级统计专题地图示例

（2）图表统计专题地图

图表统计专题地图采用统计图（如直方图、饼图等）表示区域内的数量特征。在图中,统计图符号的位置不表示地物位置,只反映区域单元内统计数量的差异,力求对比明显。在地理信息系统中,通常是对区域内某几个属性字段数值进行分类统计而得到的。图 8-11 所示

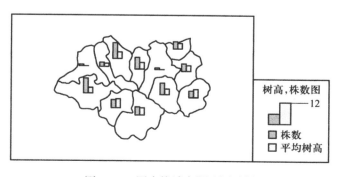

图 8-11　图表统计专题地图示例

的为图表统计专题地图示例。

（3）定位统计专题地图

定位统计专题地图是将固定地点的统计资料用图表的形式绘制在相应的地点上，以表示该地方的某种现象。

2. 质底专题地图

质底专题地图也称为色底专题地图，是一种符号化的定性数据专题地图。它反映制图区域连续分布现象的质量特征，用不同颜色、不同面状符号以及不同晕线等表示区域内有差异性质的不同类型对象，如地质图、土壤图、植被图、动物地理分布图等。在地理信息系统中，这种图是通过将图层相关数据表（属性表或其关联表）中不同的字符类型符号化而得到的。图8-12 所示的为林种分布质底专题地图示例。

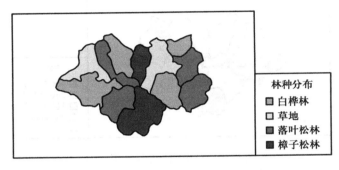

图 8-12　林种分布质底专题地图示例

需要说明的是，当上面所说的相关数据表（属性表或其关联表）中的字段类型为数值字段时，将数值按照范围值分类，形成范围值专题地图。

3. 点密度专题地图

用大小相同的点群表示专题要素的分布特征，点密集的地方表示专题现象集中，图中的单一点不是独立符号，它不表达现象的分布位置，只能从总体的点集来反映分布规律。每个点代表的数量称为点数值。在地理信息系统中，这种图是通过对属性数据表（属性表或其关联表）中字段或者表达式的值进行计算而得到的。图8-13 所示的为人口密度分布专题地图示例。

4. 等级符号专题地图

用大小不同的点状符号表示专题特性，根据图层相关数据表（属性表或其关联表）中的一

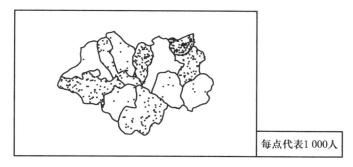

图 8-13　人口密度分布专题地图示例

个字段或者表达式(最终结果是数值),按照运算法则(线性、平方根、对数)来计算字段值相应点状符号的大小。图 8-14 所示的为林木数量分布专题地图示例。

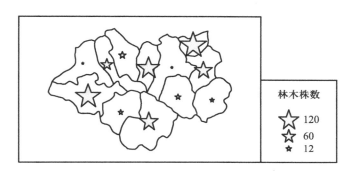

图 8-14　林木数量分布专题地图示例

8.3.4　专题地图的设计制作

1. 专题要素的选择

制作专题地图以底图和专题要素为基础,经对专题要素的分析,正确选择专题地图的类型,经过符号化和整饰输出结果。

底图是制作专题地图的基础,包括专题地图的区域及区域内的地理要素。

专题要素为专题地图制作提供专题信息,它可以是字符型的定性专题信息、数值型的定量专题信息或表达式数据。定性专题信息通常采用质底法。定量专题信息适用于统计图表示方法、面状符号法、点状符号法、线状符号法等。专题要素可以是单要素数据,也可以是多要素数据。

符号和符号库为专题地图的符号化和图例制作提供基本素材。

2. 专题地图的整饰

一个实用地理信息系统具有很强的制图系统,它为用户提供信息丰富、表达完整、视觉效果好的图件。专题地图通常都需要整饰,使其具有图框、图名、图例、比例尺及文字说明等。

① 图框设计。设计有图框的专题地图,要使图面布置合理。

② 图名的确定。图名通常放置在图幅中央的上方,字体大小、式样要合适。

③ 比例尺的确定。比例尺放置在图例下方或图廓外的中央下方,或者放置在图廓内图名的下方。比例尺可以用文字或数字表示,如 1 : 10 000;也可以用图上的单位长度或者按照实地千米数表示。

④ 图例的设计。图例应该简要描述专题地图中符号的内容、尺寸、色彩。

⑤ 文字说明。文字说明应该放置在图例或图形的空白处。

在地理信息系统中,专题地图的制作过程就是空间实体的属性数据的符号化过程,是根据某个特定的专题对底图进行"渲染"的过程,其设计与制作流程如图 8-15 所示。

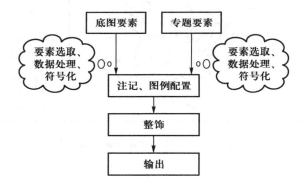

图 8-15　专题地图的设计与制作流程

8.4　电 子 地 图

电子地图是数字化了的地图,也称为数字地图。它是地图数字化与地理信息系统软件相结合的产物。它以地图数据库为基础,将地图用数字形式存储在计算机外存储器上(如磁盘、光盘等),以便进行实时显示(或打印)和查询。

网络技术的发展为电子地图提供了广阔的天地,使它的应用范围日益宽广。百度、腾讯、Google 等公司也陆续推出了自己的电子地图工具。

8.4.1　电子地图概述

1. 电子地图的基本特征

电子地图不仅保留了传统地图的优点,还包含了某些地理信息系统的功能。由于强调空间信息可视化功能和地图量算功能,它能够对地理信息进行多层次的综合加工、提炼。它具有以下主要特点。

(1) 很强的空间信息可视化性能

它通过科学而系统的符号系统和强有力的可视化界面,支持地图的动态显示,如三维动态立体图、视觉立体图等,并采用闪烁、变色等手段增强读图效果。

(2) 电子地图表示的地图是无缝的

电子地图可以无极缩放、漫游、平移、开窗显示,不需要地图分幅,一般带有自动载负量调整系统,能够动态地调整地图载负量,使得屏幕上显示的内容保持适当,保证地图的易读性。

(3) 提供比一般模拟地图多得多的功能和信息

通常它支持空间信息的多种查询、检索和阅读,并支持基本的统计、计算,如面积、长度、距离等的计算。

(4) 电子地图是一种有效的形式

电子地图制作周期短,提供的地理信息丰富,存储方便,有利于标准化和规范化,便于远程传输。

总之,在多媒体技术和网络技术支持下的电子地图具有模拟地图无法比拟的功能。

2. 电子地图系统的运行环境

电子地图是一种数字化产品,其运行的硬件环境类似桌面地理信息系统的硬件环境。随着移动技术的发展,电子地图可以同时在桌面和移动端等不同的环境下运行。

电子地图软件系统功能模块的主要作用如下。

(1) 生成模块

生成模块包括多种地图制图、文字编辑、图表生成、影像恢复、数据更新等功能。

(2) 分析模块

分析模块依据不同用户层次的要求而设计,全面考虑电子地图的内容和用途,可以设置各种专用模块,或者设置定性分析、定量分析、相关分析、动态分析等功能。

(3) 显示模块

显示模块包括检索,属性查询,静态显示(多窗口、多种数据类型、分层叠加显示),动态显示(滚动、闪烁、漫游、动态模拟等),图形缩放,翻页等功能。

电子地图系统的设计由于受运行环境的影响,应该充分考虑其视觉感受的心理与生理特点,讲求实效,着重提高电子地图的表现力,增强地图的分析和应用功能。一个完善的、用于信息服务的电子地图系统应该与多媒体技术、超介质载体及地理信息系统相联系。

随着计算机地图制图技术的发展,电子地图、多媒体地图的问世及其进一步深入的研究,制图学将再一次使地理信息系统进入一个新的天地,并且在现代信息社会中发挥越来越重要的作用。

8.4.2　电子地图的应用

早期的电子地图只是模拟地图的简单数字化,随着技术的发展和应用的扩大,电子地图中不断加入了地理信息系统的功能,从查询、量算功能直到特定的分析功能,如最佳路径分析等,从而使其与地理信息系统的社会化应用互相融合在一起。

(1) 导航电子地图

在现代社会中,交通体系极其复杂,地图已成为人们出行的必备工具,这为电子地图应用提供了空间,导航电子地图因此应运而生。导航电子地图以全球定位系统作为定位工具,电子地图能够实现定位可视化,再加上地理信息系统的网络分析功能,构成了完整的导航工具。随着手机等移动通信设备对全球定位系统功能的集成,电子地图的导航功能已经可以被人们随时随地方便地使用。

(2) 多媒体电子地图

多媒体电子地图既能够用图、文、声的方式为用户提供普通地图无力胜任的功能,又能够方便地以专题地图的形式为用户提供各种服务,还能够以各种地图素材库、底图库、资料库的形式进行保存。

(3) 地形图

用电子地图形式提供的地形图可以配置空间信息可视化功能,显示三维地形图,给人以逼真感;此外,叠加上道路图、城镇图,再配置上全球定位系统接收机,可以在野外,如沙漠、荒山野地中进行定位和导航。

(4) 遥感地图

由遥感数据制作成电子地图,并在其上叠加矢量数据,不仅使栅格遥感地图具有注记,还使遥感地图具有缩放功能。例如,欧洲主要城市的数据遥感图集,其分辨率达 2 m。

(5) 网络地图

网络是保存和传播电子地图的最好媒体。网络上提供的电子地图主要包括各种地图资料及交互式地图。地图信息的网络发布是美国国家空间基础设施建设的重要内容,此外还有一些专门的电子地图提供网站。随着空间信息的共享性越来越强大,目前已经有许多途径可以获取实用的电子地图信息,人们可以通过离线或在线的方式轻松下载使用。

总之,电子地图是信息社会中不可缺少的信息服务资料,因此随着信息社会的到来,电子地图也逐步拓宽了应用领域,并且具有更加广泛的应用前景。

 思考题

1. 什么是空间信息可视化? 地理信息系统产品的输出主要有哪几种形式?

2. 什么是地图符号库、汉字库? 熟悉你所学专业中常用的地图符号。

3. 专题地图有哪些表示方式? 如何借助地理信息系统制作专题地图?

4. 电子地图与纸质地图相比有哪些优点? 电子地图有何发展前景?

第9章 网络地理信息系统

9.1 网络地理信息系统概述

9.1.1 信息系统网络化模式

随着信息系统规模的不断扩大和复杂程度的日益提高,体系结构模式对信息系统性能的影响越来越大。由于不同功能的信息系统对体系结构模式有不同的要求,因此各种体系结构模式的信息系统在开发和应用过程中也有很大的区别。信息系统网络化模式随着计算机网络体系结构的发展,经历了以下三个阶段。

1. 主机－终端模式的分时多用户网络信息系统

这是早期的以中小型机为主的计算模式。在这种计算模式中,数据管理和事务处理都由主机完成,远程用户通过通信网络连接到本地主机,用户终端无任何处理功能,要求主机必须有服务器软件和较高的硬件性能,适用于集中式应用。主机－终端模式如图9-1所示。

2. 客户－服务器模式的局域网信息系统

20世纪80年代,一些研究院和政府部门组建了内部的局域网,形成客户－服务器模式的局域网络信息系统。在该种体系结构中,客户端和服务器之间遵从的主要是请求和响应关系。在客户－服务器结构中,客户端完成数据处理、数据展示以及用户

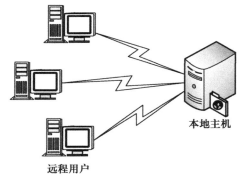

图9-1 主机－终端模式

交互功能;服务器完成数据库管理系统的核心功能,其主要工作是当多个用户并发地请求服务器上的相同资源时,对这些资源进行最优化管理。其主要优势表现在以下几点。

① 减轻了网络负载。

② 更好地利用了资源。

③ 具有更好的性能。

④ 提高了数据安全性。

⑤ 客户 – 服务器模式是一种开放式的结构,其开放性使得系统的扩充变得十分简单方便。

这种模式允许用户在局域网内实现数据共享,初期成本低,但随着应用规模的扩展,网络上异种资源类型增多,开发、管理、维护的复杂程度加大,频繁的软件和硬件升级,后续成本骤升,关键事务处理的安全性与并发处理能力缺乏。其体系结构如图 9-2 所示。

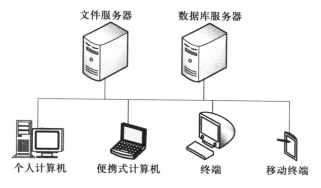

图 9-2 客户 – 服务器模式体系结构

3. 浏览器 – 服务器模式的网络信息系统

基于 Internet 的 Web 模式,称为浏览器 – 服务器模式,是从客户 – 服务器模式发展起来的三层(客户 – 应用服务器 – 数据库服务器)结构。其体系结构如图 9-3 所示。

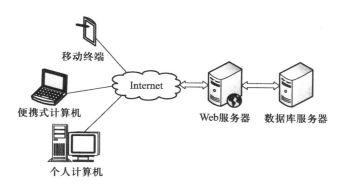

图 9-3 浏览器 – 服务器模式体系结构

在浏览器－服务器体系结构中,用户通过浏览器向分布在网络上的许多服务器发出请求,服务器对浏览器的请求进行处理,将用户所需的信息返回给浏览器。浏览器－服务器结构简化了客户端的工作,客户端浏览器只需配置少量的插件,应用程序的执行和对数据库的访问都由服务器完成。浏览器－服务器体系结构实际上,是把二层客户－服务器体系结构的事务处理逻辑模块从客户端的任务中分离出来,由服务器单独组成一层来负担该任务。

9.1.2　地理信息系统网络化概述

传统的地理信息系统是单机工作的,实际上地理信息本身具有地域分布特征,其地域分布特征既包括平面上的二维分布,也包含垂直方向上的三维分布。网络技术的发展使在网络上发布、浏览、查询和分析地理信息得以实现,使地理信息系统数据的提供者能够在网上发布空间数据,地理信息系统数据使用者能够在网上方便地下载空间数据,地理信息系统应用用户能够在网上得到各种在线服务。

互联网的出现为地理信息系统网络化提供了条件,数字地球的提出又为地理信息系统网络化带来了很大机遇,这使得网络地理信息系统的研究和实践成为地理信息系统研究的热点之一。

网络地理信息系统是一种在网络环境下处理、分析和显示地理信息的信息系统,它是地理信息系统在网络中的扩展。基于 Internet 的地理信息处理和资源共享是网络地理信息系统发展的一个主要方向。当前,该类地理信息系统开发主要采用万维网(WWW,又称为 Web)协议,故也称为 WebGIS。在万维网技术出现之前,网络地理信息系统的应用主要指在网络上传送空间数据。万维网的出现,使分布在各地的用户都能够查询、处理、分析和显示空间数据,将地理信息系统由原来的专业应用推向实用化、大众化,开拓了地理信息资源利用的新领域。随着 Web 2.0 的发展,网络地理信息系统还包括各地用户随时随地分享自己的位置信息,将基于位置的服务(Location Based Services,LBS)应用于生活中,实现空间数据的上传、分享和聚集,这也为传统地理信息系统的发展提供了新的机遇。

9.1.3　WebGIS 的基本概念

网络地理信息系统(WebGIS)是指基于 Internet 平台、客户端应用软件,采用万维网协议,运行在 Internet 上的网络化地理信息系统,通常也称为 Internet GIS。它是利用 Internet 来扩展和完善地理信息系统的一种技术,其核心是在地理信息系统中嵌入 HTTP 和 TCP/IP 的应用体系,实现 Internet 环境下的地理信息发布、查询、管理和维护等地理信息系统功能。

WebGIS 是在 Internet 上直接运行的地理信息系统。最初,WebGIS 用于地理数据在 Web 上的简单发布,如利用浏览器一页页地查看地理信息系统数据组织者已经在地理信息系统服务器上做好的静态图像和文本。随着 Web 服务的动态网页技术的发展,WebGIS 的功能越来越丰富。WebGIS 的功能,一是在 Internet 上发布和获取分布式地理信息数据,另一个是在 Internet 上为分布式地理信息数据提供实时、分布式处理与计算的方法。WebGIS 是地理信息系统与 Web 的有机结合。人们可以从 Web 的任意一个站点浏览和获取其上的各种空间数据及属性数据、图形、图像和文件,以及进行空间分析,使地理数据的概念扩展为分布式的、具有超媒体特性的、相互关联的数据。

WebGIS 的产生使地理信息资源的利用更加广泛,更加大众化,使传统地理信息系统的发展更加广阔,它改变了地理信息系统数据的访问和传输方式,使地理信息系统真正成为大众使用的工具。用户只需一台连接在 Internet 上的计算机就可以连入 WebGIS 站点,查询其所需要的地理信息数据,这些数据可以文件、图形、图像、视频等的形式提供,还可以用于制作专题地图,进行各种空间信息检索和空间分析。

开放式地理信息系统协会组织其各成员单位制定了一系列地理信息共享方面的标准,如 GML、WMS、WFS、SLD、WSC、WCS 等,在 WebGIS 中得到广泛应用,其中比较重要和使用较多的标准是 GML、WMS 和 WFS。

① GML。GML(Geography Markup Language,地理标记语言)是一种基于 XML 的地理信息描述、转换、传输的标准。利用 GML 可以存储和发布各种特征的地理信息,并控制地理信息在 Web 浏览器中的显示。

② WMS。WMS(Web Map Service,Web 地图服务)是网络地图服务标准。它主要定义了用于创建和显示地图图像的三大操作:GetCapabilities 返回服务级元数据,它是对服务信息内容和要求参数的一种描述;GetMap 返回一个地图影像,其地理空间参数和大小参数是明确定义的;GetFeatureInfo(可选)返回显示在地图上的某些特殊要素的信息。

③ WFS。WFS(Web Feature Service,Web 要素服务)是一种基于 Web 服务技术的地理要素在线服务标准。它主要实现了地理数据的 Web 服务和异构系统的互操作规范。WFS 功能包括五个操作:GetCapabilities 表示获取服务能力;DescribeFeatureType 描述要素类型特征;GetFeature 表示获取对象;Transaction 表示事务处理包括增、删、修改要素;LockFeature 表示锁要素。

9.1.4　WebGIS 的特点和用途

1. WebGIS 的特点

WebGIS 不但具有大部分传统地理信息系统软件所具有的功能,而且具有利用 Internet 优势的特有功能。这些特有功能包括用户不必在自己的本地计算机上安装地理信息系统软件就可以在 Internet 上访问远程的地理信息系统数据和应用程序,进行地理信息分析,在 Internet 上提供交互的地图和数据。理想的 WebGIS 应是:在 Internet 上任何地理信息系统数据和功能都是一个对象,这些对象被分别部署在 Internet 上的不同服务器中,需要时可进行装配和集成;Internet 上的其他任何系统都能与这些对象进行交换和交互操作。与传统的地理信息系统相比,其特点主要包括以下几个方面。

(1) 集成的、全球化的客户 – 服务器网络系统

客户 – 服务器的概念就是把应用分解为服务器和客户端两个部分的任务,一个客户 – 服务器应用有客户端、服务器和网络三个部分,每个部分都由特定的软件和硬件平台支持。客户端发送请求给服务器,然后服务器处理该请求,并把处理结果返回给客户端。WebGIS 利用 Internet 来进行客户端和服务器之间的信息交互,客户端可以从服务器请求数据、分析工具和模块,服务器或者执行客户端的请求并把结果通过网络送回给客户端,或者把数据和分析工具发送给客户端使用。这就意味着地理信息的传递是全球性的,即全球范围内任意一个 Web 站点的 Internet 用户都可以访问 WebGIS 服务器提供的各种地理信息系统服务,甚至还可以进行全球范围内的地理信息系统数据更新。

(2) 分布式服务体系结构

Internet 的一个特点就是它可以访问分布式数据库和执行分布式处理,即信息和应用可以部署在跨越整个 Internet 的不同计算机上。WebGIS 利用 Internet 这种分布式的特点把地理信息系统数据和分析工具部署在网络的不同计算机上。地理信息系统数据和分析工具是独立的组件和模块,用户可以从网络的任何地方访问这些数据和应用程序。用户只要把请求发送到服务器,服务器就会把数据和分析工具模块传送给用户,而不需要或只需要少量地在自己的本地计算机上安装地理信息系统数据和应用程序。

(3) 跨平台的特性

在 WebGIS 以前,尽管一些软件商为不同的操作系统(如 Windows、UNIX、Mac OS)分别提供了相应的地理信息系统软件版本,但没有一个地理信息系统软件真正具有跨平台的特性。WebGIS 可以访问不同的操作系统,而不必关心用户运行的是什么操作系统。WebGIS 对任何计算机和操作系统都没有限制,只要能够访问 Internet,用户就可以访问和使用 WebGIS。随着 JavaScript、XML 和 JSON 等脚本和接口技术的发展,未来的 WebGIS 可以使用相应的接口来创建 WebGIS 服务"一次编写,到处运行",使 WebGIS 的跨平台特性向更高层次发展。

(4) 真正大众化的地理信息系统

早些年,对于各软件商开发的地理信息系统软件,用户必须购买并经过专业的培训才能很好地使用;而对普通用户来说,购买软件和地理数据的成本太高,软件操作难度大,这就限制了地理信息系统应用的推广和普及。WebGIS 可以使用户通过通用浏览器进行地理信息的浏览、查询,Internet 上的大部分数据和工具都是免费的,从而降低了终端用户的经济和技术负担,在很大程度上扩大了地理信息系统的潜在用户范围,使得地理信息系统的应用走向大众化。

(5) 良好的可扩展性

地理信息系统在一定程度上是一种服务型、边缘性工具,而且 WebGIS 很容易与 Web 中

的其他信息服务进行无缝集成,可以建立灵活多变的地理信息系统应用。

2. WebGIS 与传统地理信息系统的比较

由于 Web 技术、数据库技术以及基于网络的操作系统和编程语言一直处在发展变化之中,WebGIS 的概念也在不断更新。WebGIS 与传统地理信息系统相比,主要区别在于以下几个方面。

① WebGIS 利用 Internet 进行用户和服务器间的信息交流;而传统地理信息系统则是基于单机或局域网的,其信息交流仅限于单机和局域网上。

② WebGIS 是一个分布式系统,服务器和用户可以在不同地点使用相同的计算机平台。Internet 上的任意一个用户可以在不知道对方地理位置的情况下,使用 Internet 上任意一台服务器上的 WebGIS 服务;而传统地理信息系统的用户一般只能使用本机的地理信息系统服务,或者某个局域网内服务器上的地理信息系统功能。WebGIS 随着 Internet 渗透到全球,使地理信息系统的概念社会化、全球化了。

③ 在功能上,WebGIS 主要侧重于信息发布、查询、空间分析、模型分析和制图;而传统地理信息系统则强调系统功能的完整性,一般要求系统能够提供数据的采集、编辑、存储、维护、更新、查询、制图,以及空间分析和模型分析等功能。表 9-1 所示的是传统地理信息系统和 WebGIS 的比较。

表 9-1　传统地理信息系统和 WebGIS 的比较

传统地理信息系统	WebGIS
共享性差	访问范围广,面向大众
系统成本高	资源共享
没有面向大众	发布速度快,维护方便
集中式	数据来源丰富,分布式存储
培训成本高	系统建设投资少
软件操作复杂	操作简单,跨平台

3. WebGIS 的应用

21 世纪初,Internet 上已经出现了许多网络地理信息系统,其中包括 Microsoft 公司的 Terra Server 地图及卫星影像数据仓库。该数据仓库提供美国及苏联的高分辨率的卫星影像及美国地质勘探局生产的正射影像图。目前主流的 WebGIS 产品包括 ESRI 公司的 ArcGIS Online、Google 公司的 Google Maps 等。WebGIS 的应用范围非常广泛,可以用于社会活动的各个领域,其功能和内容也各有侧重。

（1）WebGIS 的主要应用类型

WebGIS 的应用主要分为以下三类。

① 基于 Internet 的公共信息在线服务。主要指通过 Internet 进行数字地图的发布、空间交互式查询、网络分析、专题地图发布等，为公众提供与空间数据有关的信息服务，如交通、旅游、餐饮娱乐、房地产、购物等。

② 基于 Intranet 的企业内部业务管理。主要用于帮助企业进行资源管理、设备管理、线路管理、管道管理以及安全监控管理等。

③ 作为科研和专业领域的平台，研究人员可以将 Internet 上丰富的地理信息资源整合起来，利用地理信息系统领域的相关算法和数据结构对这些资源进行专业分析。一方面，可以让人们更加了解地球的地理环境；另一方面，这些分析结果也将是地理信息系统和 WebGIS 领域进步的推动力。

（2）从用户角度看 WebGIS 的主要功能

① 数据发布。数据组织者在服务器端以图形、图像和文本属性相结合的方式在网上发布数据，用户可以在浏览器上直接查看，而不用像以前一样必须通过 FTP 方式下载图件。

② 空间查询。用户利用浏览器的交互能力，可以进行属性查询、空间查询、快速地名检索和空间定位等查询操作。

③ 空间模型服务。数据组织者在服务器端提供各种空间模型的实现方法，用户通过浏览器输入模型参数后，服务器接收该参数并进行计算（如最短路径分析、公交线路分析、网络分析等），然后将计算结果返回用户的浏览器界面。

④ Web 信息资源的组织。在 Web 上将大量具有空间分布特征的信息，以地理信息系统的方式加以组织和管理，为用户提供更好的服务方式。例如，把各产品分销商在某一区域内的位置信息以地图的方式进行组织和显示，从而为用户提供多种购买路线。

（3）WebGIS 的应用领域

从应用领域来看，WebGIS 涉及农业、林业、水利、地矿、交通、通信、新闻媒体、城市建设，教育、资源环境、人口、海洋以及军事等几十个领域，具体涉及旅游、统计分析、房地产、油气管理、土地和地籍管理、水资源管理、环境监测、资源合理利用、灾害监测与评估、灾害模拟和预报、渔场预报、智能交通管理、跟踪污染和疾病的传播区域、商业选址、市场调查、移动通信、民用工程、城市管道管理、政府公共信息服务等。

9.2　WebGIS 体系结构

在 WebGIS 的体系结构中，客户端是 Web 浏览器，浏览器中可以安装地理信息系统（GIS）计算与编辑所需的相关插件，以实现客户端的地理信息系统计算。服务器包括 Web 服务器、GIS 服务器、GIS 元数据服务器以及数据库服务器等。其中，Web 服务器负责接收客户端的

GIS 服务请求,传递给 GIS 服务器或 GIS 元数据服务器,并把结果返回给客户端;GIS 服务器完成客户端的 GIS 服务请求,将结果转为 HTML 页面或者直接把 GIS 数据通过 Web 服务器返回客户端;GIS 元数据服务器管理服务器的 GIS 数据,并为客户端提供 GIS 数据检索、查询服务。

9.2.1　WebGIS 的二层架构

根据客户端、服务器在系统中所起作用的不同,WebGIS 的二层架构可以分为瘦客户端系统和胖客户端系统。

1. 瘦客户端——基于服务器结构的 WebGIS

瘦客户端的 WebGIS 依赖服务器上的地理信息系统,完成地理信息系统分析并产生输出结果。Web 浏览器充当前端用户接口,用户在客户端的 Web 浏览器上初始化 URL 请求(一个 GIS 操作),此请求通过 Internet 送给服务器;服务器接收并处理此请求,然后将处理结果返回客户端。

CGI(Common Gateway Interface,公共网关接口)和 SAPI(Server Application Programming Interface,服务器应用编程接口)作为连接客户端和服务器端之间的媒介,是实现基于服务器结构的 WebGIS 的两种构造方法。工作时,远程用户通过 Web 浏览器发出对地理数据的请求;服务器则将这些请求发送到后端相应的地理信息系统软件中,进行相应的空间信息处理,并将结果数据以专题地图的形式返回给客户端。这样,就将传统的地理信息系统与当今的网络浏览、处理紧密地结合在一起,方便地实现了空间信息的传输。

基于服务器结构的 WebGIS 将大部分地理信息系统操作功能集中在服务器端,极大地简化了客户端的工作,降低了对客户端设备的要求,但其仍具有以下缺点。

① 常用的浏览器能够处理的数据格式有限,也只提供了一些基本的浏览和网络导航功能,缺乏显示空间数据(特别是矢量格式数据)的能力。因此,服务器需要先将处理得出的矢量结果转换为浏览器能够显示的文件,如 GIF、JPEG 格式的图像,然后再将图像传回浏览器。

② 在浏览器只提供一些基本的浏览和导航功能的情况下,前端不对空间数据进行复杂操作和处理,大部分处理操作需要依靠服务器。因此,当网上的交互流量较高时,这对网络传输无疑是一个非常繁重的负担。

③ 在概念模型上,最终呈现在用户面前的是静态的图像,而不是有意义的地图对象和地理实体对象。

2. 胖客户端——基于客户结构的 WebGIS

基于客户结构的 WebGIS 把部分常见的地理信息系统数据分析和处理工作放在客户端完成。为此,系统需要通过服务器向客户端发送一段客户端程序。这个程序可以与用户相交互,处理用户的一些简单请求,如地图的放大、缩小等,所需的矢量数据直接向服务器申请。

当客户端发出一些比较复杂的操作要求而客户端程序不能处理时,再请求 Web 服务器,其处理结果也以矢量数据的形式返回给客户端。

WebGIS 中的客户端程序可以由客户端自身预先安装,或者在使用时动态从服务器上下载。其构造方法包括 GIS Plug–In 插件、GIS ActiveX 控件和 GIS Java Applets 等。基于客户端结构的 WebGIS 具有用户操作灵活、方便的特征,可以有效地减少网络传输和服务器的负担,但处理大型数据库和完成复杂地理信息系统空间操作的能力十分有限。

9.2.2　WebGIS 的三层架构

与网络信息系统的浏览器 – 服务器模式类似,以表现层、逻辑层、数据层三层结构为代表的 WebGIS 多层体系架构包括客户、Web 服务器、GIS 服务器三部分。这种架构避免了客户端和底层应用、数据的直接连接,由中间层的 Web 服务器响应客户端请求后,寻找相应的数据库和处理程序,对 GIS 数据进行处理后将结果返回给客户端。WebGIS 的组成及流程图如图9–4 所示。

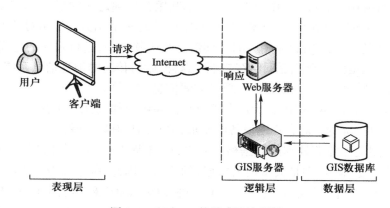

图 9–4　WebGIS 的组成及流程图

如图 9–4 所示,客户端首先基于 HTTP 向 Web 服务器发送数据或操作请求,Web 服务器接收客户端请求后,将有关 GIS 操作的请求转发给 GIS 服务器,GIS 服务器对请求进行分析,并从 GIS 数据库中读取所需的空间数据进行相应的计算;生成地图或执行相关分析后,将数据结果返回给客户端,客户端得到结果后显示在本地浏览器中。

9.2.3　二层架构与三层架构的比较

二层架构中的胖客户端模式对客户端的处理能力要求高,客户端往往需要安装一些额外的插件来实现所需的简单功能,当处理能力难以满足处理需求时,执行效率会大大降低;瘦客户端对服务器端所能提供的地理信息系统功能要求较高,但当遇到多用户并发访问时,系统的执行效率会受带宽和网络流量的限制而下降。

相对来说,三层架构结合了胖瘦客户端二者的优点,通过 Web 服务器的中间连接作用,有效实现了负载平衡。但三层架构相对来说结构复杂,构造难度较大,还需要根据具体情况来选择构造模式。

9.3 WebGIS 的关键技术

9.3.1 WebGIS 的早期构造方法

早期的 WebGIS 是简单地将固定的地图图片链接到网页上,供用户查询地图图片,系统返回的是预先制成的相同的地形文件和数据,由浏览器加以解释。这时的网络页面都是静态的,缺少与用户的交互。信息的更新取决于信息提供者如何获取、整理信息,如何手工修改 HTML 页面,如何在 Web 上进行页面更新、传输等几个环节,其过程中人工参与的成分较大,且实时性不强,限制了信息的大规模上网。

后来,为了使 WebGIS 实现高效、交互的服务,引入了两种解决方法:一种是在客户端加入插件或控件,使原本不支持矢量图形的浏览器支持矢量图形,并提供方法及属性来改变显示的状态;另一种是在服务器端提供相关模块,实现矢量图形向浏览器支持的图像格式的转换,然后传送到客户端显示。具体包括以下几种构造方法。

1. 在服务器端提供相关模块的方法

(1) 基于 CGI 的 WebGIS 构造方法

CGI 是网络服务器上的可执行程序,提供了一个在浏览器和服务器之间,以及在服务器上的相关软件之间的接口。其工作模式为:浏览器用户发出 URL 及 GIS 数据操作请求;Web 服务器接收请求,并通过 CGI 脚本,将用户的请求传送给 GIS 服务器;GIS 服务器接收请求,进行 GIS 数据处理并将结果形成 GIF 或 JPEG 格式的图像;最后 GIS 服务器将 GIF 或 JPEG 格式的图像通过 CGI 脚本、Web 服务器返回给浏览器显示。

(2) 基于 SAPI 的 WebGIS 构造方法

SAPI 类似于 CGI,不同之处在于:CGI 程序可以单独运行,而 SAPI 往往依附于特定的 Web 服务器,可移植性较差;在 ISAPI(Internet Server Application Programming Interface,Internet 服务器应用编程接口)下建立的应用程序是以动态链接库的形式存在的,而 CGI 的应用程序一般都是可执行程序;基于 SAPI 的动态链接模块启动后就处于运行状态,而 CGI 每次都要重新启动,因此速度比 CGI 快。SAPI 的工作模式与 CGI 工作模式相同。

2. 在客户端装载相关模块的方法

(1) 基于插件的 WebGIS 构造方法

浏览器插件(Plug-In)法把服务器端上的部分功能移到客户端,以加快用户操作的反应速度,减少网上的交互流量。为了增加浏览器的功能,需要在浏览器中插入一个用于交换信息的专门地理信息系统软件,来增加浏览器处理空间数据的能力。其工作模式为:浏览器发出 GIS 数据显示、操作请求;Web 服务器接收到用户的请求,并对用户的请求进行处理,然后将用户所要的 GIS 数据传送给 Web 浏览器;客户端接收并解析 Web 服务器传来的 GIS 数据;在本地系统查找与 GIS 数据相关的插件,并用它来显示和处理返回的 GIS 数据。

(2) 基于 ActiveX 的 WebGIS 构造方法

ActiveX 是 Microsoft 公司为适应 Internet 而建立的标准,建立在 OLE(Object Linking and Embedding)标准之上,是为扩展 Microsoft Web 浏览器 Internet Explorer 功能而提供的公共框架,能被支持 OLE 标准的任何程序语言或应用系统所使用。通常,GIS ActiveX 控件嵌入在 HTML 代码中,并通过 <OBJECT> 参考标签来获取。其工作模式为:Web 浏览器发出 GIS 数据显示、操作请求;Web 服务器接收到用户的请求,进行处理,并将用户所要的 GIS 数据和 GIS ActiveX 控件传送给 Web 浏览器;客户端接收到 Web 服务器传来的 GIS 数据和 GIS ActiveX 控件,启动 GIS ActiveX 控件,对 GIS 数据进行处理,完成 GIS 操作。

(3) 基于 Java Applet 的 WebGIS 构造方法

通常情况下,GIS Java Applet 嵌在 HTML 代码中,并通过 <APPLET> 标签来获取和引发,它能完成 GIS 数据解释和 GIS 分析操作,但无法处理大型的 GIS 分析任务。其工作模式与 GIS ActiveX 模式相似,此处不赘述。

(4) 基于富互联网应用的 WebGIS 构造方法

富互联网应用(Rich Internet Application, RIA)是企业级应用程序的客户端技术。它具有丰富的数据模型和丰富的界面元素。目前,在 WebGIS 客户端开发中应用较多的是 Adobe 公司的 Flex 和 Microsoft 公司的 Selverlight,一些主流地理信息系统软件商提供了针对这两种产品的 WebGIS 开发接口,可以满足用户在 WebGIS 二次开发中的需求。

3. WebGIS 的主要构造方法比较

为了更好地理解以上几种 WebGIS 的构造方法,列表 9-2 进行比较。

9.3.2　WebGIS 中的瓦片金字塔技术

以上方法在一定时期内对于 WebGIS 的应用和发展发挥了很大的作用,但随着航空航天

表 9-2　WebGIS 构造方法优缺点对比

构造方法	工作模式	实例	优点	缺陷
基于 CGI 的 WebGIS 构造方法	CGI	IMS；ProServer	客户端很小；充分利用服务器端的资源	JPEG 和 GIF 是客户端操作的唯一形式；Internet 和服务器的负担重，CGI 的应用程序一般都是可执行程序
基于 SAPI 的 WebGIS 构造方法	SAPI	GeoBeans；IMS	客户端很小；充分利用服务器端的资源，以动态链接库的形式存在	JPEG 和 GIF 是客户端操作的唯一形式；Internet 和服务器的负担重
基于插件的 WebGIS 构造方法	插件	MapGuide	具有动态代码模块；比 HTML 更灵活，可以直接操作 GIS 数据	与平台和操作系统相关；不同的 GIS 数据需要不同的插件支持；必须安装在客户端的硬盘上
基于 ActiveX 的 WebGIS 构造方法	ActiveX	GeoMedia Web Map	具有动态代码模块；通过 OLE 与其他程序、模块和 Internet 通信；是一种通用的部件	需要下载、安装，占有硬盘空间；与平台和操作系统相关；不同的 GIS 数据需要不同的 ActiveX 控件支持
基于 Java Applet 的 WebGIS 构造方法	Java Applet	ActiveMap；GeoBeans	在支持 Java 的 Internet 浏览器上运行，与平台和操作系统无关；完成 GIS 数据解释和 GIS 分析功能	处理较大的 GIS 分析任务的能力有限；GIS 数据的保存、分析结果的存储和网络资源的使用能力有限
基于富互联网应用的 WebGIS 构造方法	富互联网应用	MapGIS IGServer	更加丰富的界面，较好的用户体验；跨浏览器/操作系统；具有多种开发语言和强大的开发工具支持	需要下载插件和运行时环境

技术、遥感成像技术等的发展，获取到的空间数据范围越来越广泛、分辨率越来越高、数据量越来越大，对地理信息系统技术提出了更高的要求。而基于 Internet 的 WebGIS 由于受网络带宽、速度和稳定性等方面的限制，难以用传统方法实现对海量空间数据的处理、存储与传输等操作，从而出现了基于瓦片金字塔技术的 WebGIS。

　　将特定地理范围内的地图，在一定的比例尺级别要求下，切割成行和列均为固定尺寸的若干正方形图片，这些切割出的正方形图片就是瓦片。对于同一地理范围内的地图，在不同比例尺下生成的地图瓦片，其数量和分辨率不同，按照分辨率由小到大分层形成的模型，称为瓦片金字塔。瓦片金字塔技术的实质是在服务器中预先将地图分块，以有效缩短服务器的地图生成时间和传送时间，与传统 WebGIS 由服务器实时生成、渲染地图后传输给客户端的情况相比,这种方法大大提高了系统的响应速度。

　　针对空间数据的栅格和矢量数据格式,地图瓦片分为栅格瓦片和矢量瓦片两种类型。栅格瓦片是针对空间数据形成的栅格瓦片金字塔模型,是服务器将切割后的栅格瓦片以图片形式传输给客户端。由于从图像中抽取栅格数据进行可视化表达比较高效,所以以栅格瓦片目前比较常用。但由于栅格瓦片传输给客户端之后是固定的图片,无法进行进一步的编辑和分析操作,而在很多时候,客户端需要空间数据的拓扑、度量等信息来操作实体对象,故引入矢量瓦片更加便于操作。矢量瓦片基于矢量数据切割后形成的瓦片金字塔模型,具有数据和样式分离的特点,服务器将瓦片以矢量形式传输给客户端,便于客户端进行进一步的编辑操作。

1. 瓦片金字塔技术概述及发展史

　　瓦片金字塔技术是将空间数据分块存储,并根据不同的分辨率进行分层,最终以四叉树索引的形式进行存储检索的方式。四叉树构建瓦片金字塔技术最早由 Google 公司于 2000 年提出,最初只是针对影像图片进行处理,后来推广到各种类型的遥感影像数据,而且许多地理信息系统也相继使用瓦片金字塔技术进行数据管理与交互。

　　2006 年,开源空间信息基金会(Open Source Geospatial Foundation,OSGeo)提出 WMS-C(WMS Tile Cache)来允许 Web 地图服务(Web Map Service,WMS)服务器优化图像的生成,同时开发了瓦片地图服务(Tiled Map Service,TMS)瓦片地图规范;随后,开放式地理系统信息协会(OGC)在 2007 年接受将瓦片支持作为 WMS 接口的一部分,定义了单独的瓦片地图规范——瓦片地图 Web 服务(Web Map Tile Service,WMTS)。

　　WMTS 不同于 WMS,作为 WMS 的补充,WMTS 地图是在服务器端预先制作好瓦片,从而提高 Web 服务的性能和伸缩性,适合于相对静态、更新频率很低甚至不更新的空间数据。2010 年,WMTS 被发布为 OGC 标准,有力地推动了瓦片金字塔技术的应用。

　　目前,常用的百度地图、Bing Maps、高德地图等工具都采用了基于栅格的瓦片金字塔技术;MapBox 采用矢量瓦片,实现数据与样式的分离,用于地图服务交互;Google Maps 也允许第三方通过 API 编程的方式调用 Google 地图数据库中的信息,并在申请授权的情况下享受 Google Maps 的地图服务。

2. 投影方式

　　我国现今的 1∶500 000 及更大比例尺的地形图统一采用高斯 - 克吕格投影。这种横轴等角切圆柱投影方式存在“距中央经线距离越远,变形越大”的特性,为了保持精度,只能采用 3° 和 6° 分带的方法来控制变形。虽然在分带之内变形较小,但分带之后地图无法实现无缝拼接,不适用于瓦片分割。

　　为了实现同一坐标系下的瓦片分割,通常采用墨卡托投影(等角正轴圆柱投影)。墨卡托投影不需要像高斯 - 克吕格投影那样分带,无论是否加入两极变形巨大的部分,只要是同一条标准纬线,就一定是在同一坐标系下进行的,而在同一坐标系下进行的投影,无论是删减、拼接或整合,都可以完美地实现全球一张图的投影效果。

Google Maps 使用 EPSG：900913 标准的 Web 墨卡托投影,因其南北两极的变形比较严重,所以 Google Maps 将两极 85° 以上的部分切除,形成东西和南北相等的正方形,便于之后进行四叉树计算,实现瓦片分割。

3. 瓦片金字塔技术的分块原理

瓦片金字塔技术的核心思想是对整幅的空间地图在其描述范围内进行等比例分块处理,像素数为 $m \times n$,通常以 2 的幂次作为像素的行列数。以 Google Maps 为例,其瓦片影像没有统一的尺寸要求,但必须是正方形,如 256×256 像素、512×512 像素、$1\,024 \times 1\,024$ 像素等尺寸范围。

分辨率为 256×256 像素的瓦片是 Google Maps 拼接整幅影像图的基本单位,初始等级（Level 0）中,整个地球只投影在一张 256×256 像素的图片上。因为 Google Maps 使用 EPSG：900913 标准的墨卡托投影,投影之后地球的最大边界值为 $\pm 20\,037\,509.342\,789\,244$ m,所以初始等级下 256 像素代表了 $40\,075\,016.685\,578\,488$ m。Google Maps 将其比例尺定义为 $40\,075\,016.685\,578\,488/256=156\,543.033\,928\,041$（m/p,米 / 像素）。

另一方面,瓦片金字塔模型是一种多分辨率层次模型,通过四叉树的方式来组织影像数据,使得从瓦片金字塔顶层到底层,分辨率越来越高。于是,地图放大一个级别（变为 Level 1）后,相同的一个地图从原来的 256×256 像素变成 512×512 像素的图片,也就是将原来的图片分裂成四张 256×256 像素的图片,比例尺变为 $40\,075\,016.685\,578\,488/512=78\,271.516\,964\,02$（m/p）。

如图 9-5 所示,每放大一个等级,单位瓦片的内容都会分裂成四个单位瓦片,比例尺则减小为原来的一半。随着分辨率的逐渐增大,瓦片数量自顶向下几何增长,形成金字塔状。

Google Maps 的桌面客户端采用 Ajax 技术来实现数据在网络上的异步传输,避免重复刷新整个页面,提高了下载速度。由于用户与 Ajax 引擎的互动和 Ajax 引擎与服务器的互动被分离开来,用户可以几乎无等待地进行自己的各种动作,因此用户体验较好。

利用 Ajax 技术进行的异步多线程数据交互,Google Maps 的分块地图可以实现无缝拼接、整体移动和地图填充。当用户做出一定的地图动作时,Ajax 引擎根据一定的算法计算出需要新加载的小块地图,并异步多线程地向服务器发出请求。最后,当地图瓦片传回给客户端时,再由 Ajax 引擎无刷新地无缝拼接成用户浏览器界面中的大地图。利用浏览器缓存,如果已经取得该小块地图,下次使用时则不用向服务器再次请求,而可以直接利用缓存中的图片。

4. 瓦片金字塔技术的检索方式——坐标转换与请求模式

Google Maps 定义了多种坐标系统,分别是 WGS-84 大地坐标系、Web 墨卡托投影坐标系、

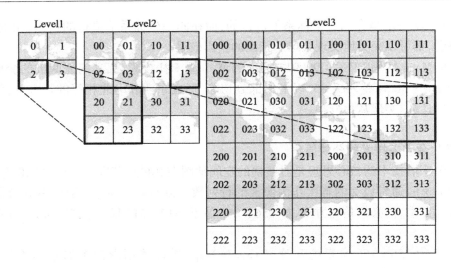

图 9-5　瓦片四叉树原理

（图片来源：Bing Maps Tile System）

像素坐标系和瓦片坐标系。其中，前两种坐标系的原点为地理原点（0°经线与0°纬线的相交处，即图的正中央），横轴向东为正，纵轴往北为正；后两种坐标系的原点为地图的左上角（即西经180°和北纬85.05113°），坐标轴向东、向南为正。各坐标系统之间可以根据当前比例尺 res 进行转换，检索和获取数据时通常将用户请求的空间范围转换为对应的瓦片坐标系，返回相应的瓦片数据。几种坐标系的转换公式为

$$res = 156543.03392804062 / (2\hat{\ }n)$$

$$px = (mx + 20037508.342789244) / res$$

$$py = (20037508.342789244 + my) / res$$

其中，res 是等级为 n 的比例尺；

　　mx，my 为投影坐标系的坐标值，单位为 m；

　　px，py 为像素坐标系的坐标值，由像素坐标系的最大值是瓦片坐标系最大值的 256 倍可以算得相应的瓦片坐标值。

　　在 WebGIS 中，服务器已经存储了提前计算分块后的瓦片，用户请求数据通常通过在浏览器中输入 URL 来搜索 GIS 数据提供者的服务器和资源路径，同时需要在 URL 中输入一定的参数表示请求数据的条件。例如，Google Maps 使用 Ajax 异步抓取图片，先计算出显示区域瓦片的坐标，然后通过 URL 直接请求这张图片。每张图片的请求 URL 为

　　　　http://mt0.google.cn/mt?v=cn1.5&hl=zh–CN&x=4&y=2&z=3

其中，x，y，z 分别代表瓦片的 x 坐标、y 坐标以及缩放的等级 z，那么只要知道瓦片的 x 坐标和 y 坐标及所在的等级就可以直接获取这张图片。

5. 矢量瓦片的 WebGIS 应用

简单的栅格瓦片在地图服务的交互、频繁变化的地图数据传输时显得力不从心,当客户端需要大量的要素服务时,其渲染速度慢的问题会影响用户体验,就需要预先生成矢量瓦片来为客户端提速。

目前,国外已经有很多开源的矢量瓦片格式可供参考,包括 TileStache 提出的支持 OGR 数据源的基于 GeoJSON 格式的矢量瓦片,MapBox 专为 OpenStreetMap 打造的开源矢量瓦片格式等。矢量瓦片针对矢量空间数据增加不同样式,再将瓦片以矢量格式传输给客户端。一个矢量瓦片包含所有的坐标信息和元数据,如道路名称、地块类型、建筑高度,是一种紧凑的可解析的格式,其高性能的特点使其在样式、输出格式和交互方面更加灵活。这种数据与样式分离的瓦片构造模式将成为一种发展趋势。

6. 基于瓦片金字塔技术的 WebGIS 的优点和缺点

(1) 优点

① 与操作系统无关,跨平台能力较好。

② 服务器端预先生成瓦片,减轻其工作负担。

③ 能够处理海量空间数据,并实现渐进加载,在减轻网络传输负担的同时提升用户体验。

④ 充分利用浏览器的缓存和多线程技术,有效提高相应的效率。

⑤ 瓦片方便易用,且容易形成服务器、网络、桌面、移动终端的技术集成。

(2) 缺点

① 依赖客户端的 JavaScript 技术,需要编写大量的 JavaScript 代码。

② 空间分析能力有限——服务器只传送瓦片数据到客户端,一些必要的编辑操作功能需要由客户端来完成,因为客户端的计算存储能力有限,决定它只能完成一些简单的数据处理功能。因此,基于瓦片金字塔技术的 WebGIS 适用于大众应用,而非专业领域。

9.4 WebGIS 的发展趋势

地理信息系统技术经过近 30 年的发展,已在更广泛的领域为各类用户提供空间信息服务。WebGIS 的发展趋势是地理信息系统和 Internet 发展方向的体现,因而分析和总结 WebGIS 新的发展趋势具有重要意义。

9.4.1 地理标记语言——网络环境下开放的空间数据交换格式

空间数据具有多源性、多语义性、多时空性、多尺度和获取数据手段的复杂性等特点。这就决定了空间数据表达的复杂性,使得在网络环境下如何对空间数据采用规范化的编码让网络中的所有用户都可以无缝地获取、访问、浏览空间数据,还存在着很大的技术问题。

目前,还缺乏能够广泛采用的对空间数据的统一描述方法,所以不同国家、组织机构、部门还只能采用不同的数据模型描述空间数据。20 世纪 80 年代,世界上一些发达国家(如美国、加拿大等国家)及国际组织等就开始了空间数据编码标准化和规范化的研究工作。目前从事空间数据标准化研究的机构主要有国际标准化组织地理信息技术委员会(ISO/TC 211)、欧洲标准化委员会地理信息技术委员会(CEN/TC 287)、美国联邦地理数据委员会(FGDC)、开放式地理信息系统协会(OGC)等。

空间数据格式不同,给信息共享和数据访问带来了极大的不便,解决多源数据的访问问题一直是近年来 WebGIS 及地理信息系统开发中需要解决的重要问题。其中,OGC 是为了发展开放式地理数据互操作规范而成立的一个非营利组织,它制定了一套空间数据表达及操作模型,并鼓励软件开发商和系统集成者采用 OGC 标准,以最大限度地共享资源及信息交互。

超文本标记语言(Hyper Text Markup Language,HTML)是目前 Web 上通用的标记语言。但标准 HTML 在可扩展性、结构和有效性等方面存在严重不足,对复杂空间数据的描述也仅仅局限于文本,对于图形数据就无能为力了。为解决这一问题,1998 年 2 月 10 日,W3C 组织正式批准公布了应用于 Web 上的语言——可扩展标记语言(Extensible Markup Language,XML)。它是一种元语言,是用来定义其他语言的语言。XML 可以让信息提供者根据需要自行定义标记及属性名,也可以包含描述法,这一点使 XML 文件的结构可以复杂到任意程度。XML 是基于文本编码的,具有跨平台性、开放性、可扩展性、高度结构化等特点。

地理标记语言(Geography Markup Language,GML)是由 OGC 制定的基于 XML 的对地理信息(包括地理特征的几何和属性)进行传输和存储的编码规范。2000 年 4 月正式推出 GML 1.0 版本。

GML 作为一个“开放”的标准,并没有强制用户使用确定的 XML 标识,而是提供了一套基本的几何对象标签、公共的数据模型,以及采用自建和共享应用 Schema 的机制。所有兼容 GML 的系统,必须使用 GML 提供的几何地物标签来表示地物特征的几何属性,但可以通过限制、扩展等机制来创建自己的应用 Schema。

正如 XML 将 Web 页面的内容及其表现分离一样,GML 也在地理信息世界中将内容及其表现形式分离开来。GML 所关注的是地理数据内容的表现,使用地理特征(Features)来描述世界。本质上讲,特征只是一系列的属性和几何体。属性包括对其名称、类型、属性值的描述,而几何体(Geometries)则由基本的几何建模体(如点、线、曲线、面、多边形等)组成。GML 可以对很复杂的地理实体进行编码。

目前,越来越多的公司和研究机构开始采用地理标记语言开发地理空间信息应用。地理标记语言本身也在不断发展和完善中,最新推出的 GML 3.0 版本在空间数据编码和传输、地理对象描述等方面做出了诸多改进。在地理标记语言等技术的推动下,地理空间网络将日臻成熟,并在全球范围内推广开来。

9.4.2　网络虚拟地理环境

随着 Internet 的迅速发展和三维技术的日益成熟,人们已不满足于 Web 页面上二维空间的交互,而希望将 Web 变成一个立体空间。三维和虚拟现实技术正在成为下一个网络应用的技术热点。

在 WebGIS 中,结合三维可视化技术与虚拟现实,完全再现地理环境的真实情况,把所有管理对象都置于一个真实的三维世界里,这将使工程人员能够通过 Internet 或局域网以协作的方式进行三维模型的设计、交流和发布,进一步降低成本,提高生产效率。而虚拟现实提供的可视化,不仅可以对一般几何形体进行可视化,也可以对地理信息、噪声、温变、力变、磨损、振动等进行可视化,还可以把人的创新思维表述为可视化的虚拟实体,促进人的创造灵感进一步升华。

GeoVRML 是由 Web3D 联盟下属的一个官方工作组制定的一种地理虚拟建模语言,它以虚拟建模语言(Virtual Reality Modeling Language,VRML)为基础来描述地理空间数据,其目的是让用户通过一个在浏览器中安装的标准的 VRML 插件来浏览地理参考数据、地图和三维地形模型。它的出现将为在网络环境下实现虚拟地理环境提供一个良好的数据规范平台。

 思考题

1. WebGIS 有哪些特点? 与传统的地理信息系统相比它有哪些特点?
2. 什么是胖客户端和瘦客户端? 描述胖客户端和瘦客户端的优点和缺点。
3. 列举 WebGIS 早期的构造方法,详细描述其中一种方法的原理与特性。
4. 简述瓦片金字塔技术的投影与分块原理。
5. 查找资料,了解更多瓦片地图的应用实例,了解相关软件产品的详细功能和使用方法。
6. 结合自己的专业和已有的 WebGIS 软件设计一个 WebGIS 平台,实现空间数据的网上发布和简单查询。
7. 谈谈你对 WebGIS 发展趋势的理解与思考。

第 10 章　移动地理信息系统

10.1　移动地理信息系统概述

10.1.1　移动地理信息系统的概念

人类在日常生活和工作中所需要的 80% 的信息都与地理位置有关,因此人们对基于位置的服务有着巨大的需求。基于位置的服务(LBS)是在任意时间、任意地点为不同用户提供与位置相关的个性化的信息服务。由于要求实时获取用户的动态位置信息,传统的静态桌面地理信息系统已经不能满足基于位置的服务的需求,移动地理信息系统(Mobile Geographic Information System)应运而生。

随着相关软件和硬件技术的发展,不同时期的人们对移动地理信息系统的概念有不同的定义。总的来说,这些概念有狭义和广义之分。

(1) 狭义的移动地理信息系统

狭义的移动地理信息系统是指运行于移动终端设备(如智能手机、平板电脑)上,并具有桌面地理信息系统部分主要功能的离线地理信息系统软件。这类概念是从传统桌面地理信息系统的角度出发,认为移动地理信息系统与桌面地理信息系统的根本区别是硬件环境不同。由于移动终端设备计算和存储能力的不足,大多数移动地理信息系统只包含桌面地理信息系统中的部分主要功能。

(2) 广义的移动地理信息系统

广义的移动地理信息系统是指地理信息系统技术、空间定位技术、移动通信技术、Internet技术等关键技术在移动终端设备上的集成和应用。这类概念认为,移动地理信息系统是为实现某些具体的功能,集成了多种关键技术的完整系统。

10.1.2 移动地理信息系统的发展历程

自 20 世纪 90 年代初以来,移动地理信息系统的发展与计算机技术、通信技术、定位技术和 Internet 技术的发展密切相关。具体来讲,可以将其发展历程分为四个阶段,如表 10−1 所示。

表 10−1 移动地理信息系统的发展历程

时间	阶段	主要应用	特点
20 世纪 90 年代初期	早期的移动地理信息系统(雏形期)	离线的数据采集	应用范围狭小,专业性强,对环境要求较高
20 世纪 90 年代中后期	中期移动地理信息系统(发展期)	数据采集、智能交通系统、数字城市等领域	软件和硬件水平进一步发展,结合地理信息系统的应用范围更加广泛
21 世纪初	服务型移动地理信息系统(繁荣期)	基于 Web 的电子地图服务、智能交通系统等	与地理信息系统、无线通信技术和 Internet 的集成,面向大众化发展
今后	更加大众化的发展	更加大众化的应用(打车软件、行人导航服务等),强调空间信息服务	更加便捷、及时,速度更快,质量更高,数据量更大,服务性、多样性更强

20 世纪 90 年代初期出现了移动地理信息系统的雏形。由于受软件和硬件水平的限制,移动地理信息系统的功能和应用范围有限,仅用于野外数据采集。自 20 世纪 90 年代中期,随着计算机软硬件技术的发展和全球定位系统(GPS)的建成,移动地理信息系统在应用范围上开始扩展到智能交通领域,主要应用于车载导航系统。21 世纪以来是移动地理信息系统发展的繁荣期,随着智能手机和平板电脑的普及,同时伴随着 Internet、移动通信技术的飞速发展,移动地理信息系统逐步完成从以地理信息系统为核心到以 Internet 为核心的转变。移动地理信息系统的应用逐渐由专业化向大众化转变,各类基于 Web 的电子地图服务(如百度地图、高德地图)层出不穷。如今,随着第四代(4G)移动通信技术的普及,加之我国自主的北斗卫星导航系统的建设和大数据、云计算等新兴信息技术产业的发展,移动地理信息系统必将为各行各业和人们的日常生活提供更为便捷、完善、多样化的服务。

10.1.3 移动地理信息系统的功能和特点

1. 移动地理信息系统的功能

移动地理信息系统是在移动终端设备上运行的地理信息系统,理论上应该具备桌面地理信息系统的功能,但移动终端设备的计算和存储能力有限,加上移动地理信息系统应用技术的发展,使得移动地理信息系统具有一些独特的功能。除了空间信息的获取与传输、空间数据存储与分析等功能外,针对不同人群对象,移动地理信息系统具有如下功能。

（1）对于个人

随着社会的发展和进步,旅游、社交、娱乐等领域成为人们生活中不可或缺的元素,基于位置的服务(LBS)成为人们的日常需求。个人移动地理信息系统应用就属于基于位置的服务的范畴,同时相对于桌面地理信息系统和 WebGIS,移动地理信息系统在提供基于位置的服务方面有着巨大的优势。人们在外出时,可以随时随地通过移动终端设备进行定位,查询附近商家的位置,或者找出到目的地的最短路径进行导航;同时,丰富的社交手段使人们有了随时分享位置和状态的需求,可以在社交软件中分享自己当前所在的位置,并且实时查询好友的位置。同时,个人上传的位置信息还可以成为另一种空间信息资源供其他人使用。可见,移动地理信息系统的应用早已深入人们的日常生活,为大众解决了谁(Who)、何地(Where)、何时(When)、什么(What)和怎么(How)的问题。

（2）对于企业、组织

同样是基于位置的服务,为了完成企业、组织的特定功能需求,移动地理信息系统的功能更加定制化、专业化,同时企业的应用范围也比个人应用的范围广泛。

移动地理信息系统可以帮助企业进行外业人员的组织和外业工作的调配,跟踪外业人员位置进行协同工作。利用移动地图和定位系统可以进行室外设备的检查和清点,方便外业采集数据的实时上传、获取;同时还可以进行室外制图、查询和决策支持等。

（3）对于政府

移动地理信息系统可以为政府部门进行城市布局规划及实现智慧城市提供基础数据,为国土资源等部门的野外测绘、勘探等工作提供便捷的移动支持,通过记录事故报告的位置为公安、消防等应急工作提供及时、可靠的位置和环境信息。

2. 移动地理信息系统的特点

为了支撑和实现不同用户的需求,移动地理信息系统具有以下特点。

（1）移动性

由于移动终端设备体积小,携带方便,内置无线通信模块,因此移动地理信息系统摆脱了物理位置和有线电缆的束缚,可以随着人的位置的移动而移动,查看当前位置和基于当前位置的地理服务,也可以根据野外工作的需求,被带到各种不同的环境中进行数据连接,从而为各种功能的实现提供了极大的便利。

（2）实时性

移动地理信息系统可以实时显示当前位置信息,并通过 Internet 即时查找、获取和上传空间数据。这一特点极大地提高了地理信息系统功能的时效性和工作效率,对于城市紧急事件的应急处理具有很大的作用。

(3) 多样性

随着 Internet 和移动互联网技术的发展,移动地理信息系统的硬件终端设备层出不穷,仅智能手机这一领域,各移动终端设备生产厂商已形成激烈的竞争,这对于提升设备性能,扩展移动地理信息系统的功能有积极作用(基于位置的服务与人们的生活关系日益密切,移动地理信息系统功能已经必不可少,这就需要移动终端生产厂商在其设备中提升这一硬件模块的功能和性能)。同时,随着地理信息系统领域的扩展,空间数据形式也逐渐多样化,将从文本、图像逐渐发展到视频、虚拟现实模型。

(4) 有限的网络数据传输、计算和存储能力

虽然移动地理信息系统可以为人们的工作和生活带来极大的方便,但毕竟移动终端设备体积小,其存储能力和计算能力始终不能和个人计算机的性能相提并论;尽管无线通信技术近年来得到了极大的发展,但空间数据的数据量也在海量增长,空间数据的传输效率仍然有待提高。

10.1.4 移动地理信息系统与 WebGIS 的关系

网络地理信息系统(WebGIS)是一种在网络环境下处理、分析和显示地理信息的计算机信息系统,是地理信息系统在网络中的扩展,其要素必须包括至少一个客户端和一个服务器。虽然现在的 WebGIS 主要是指基于浏览器 – 服务器结构和 HTTP 的万维网地理信息系统,以浏览器作为客户端,但这种定义并不完整。广义上讲,WebGIS 的客户端可以是 Web 浏览器,也可以是基于网络协议的桌面应用程序或移动应用程序。所以,WebGIS 和移动地理信息系统之间存在一定的交集,甚至不严格地说,移动终端设备作为 WebGIS 的一种客户端,可以认为移动地理信息系统包含于 WebGIS,或者说移动地理信息系统是 WebGIS 的一种延伸。移动地理信息系统与 WebGIS 有一定的交叉点,但又存在不同。

(1) 交叉点

① 移动地理信息系统是在 Internet 的基础上以移动终端设备为载体的地理信息系统,而移动终端设备是 WebGIS 的客户端之一,故移动地理信息系统和 WebGIS 之间有交叉。

② 在数据资源层面,现在的移动地理信息系统软件也应用了 WebGIS 中的瓦片金字塔技术,以第三方的瓦片地图资源作为移动端的地图显示资源。

(2) 不同点

① WebGIS 主要是通过有线网络互联,而移动地理信息系统则以无线网络连接为主。

② WebGIS 是以浏览器作为主要的客户端载体;而移动地理信息系统则主要以 APP 作为主要的客户端载体,可以使用服务器端的数据实现在线服务功能,也可以下载离线地图后,使用本地的地图数据包完成移动地理信息系统功能。

10.2 移动地理信息系统的组成与系统架构

广义的移动地理信息系统主要由全球导航卫星系统(GNSS)、无线通信网络、空间数据库、应用服务器以及移动、桌面终端设备组成,各部分简介以及功能如下。

① 全球导航卫星系统泛指所有的导航卫星系统,主要包括美国的 GPS、俄罗斯的"格洛纳斯"(Global Navigation Satellite System,GLONASS)、欧盟的伽利略卫星导航系统(Galileo Satellite Navigation System,Galileo)、我国的北斗卫星导航系统(BeiDou Navigation Satellite System,BDS)、印度的印度区域导航卫星系统(Indian Regional Navigation Satellite System,IRNSS)和日本的准天顶卫星系统(Quasi-Zenith Satellite System,QZSS)等。导航卫星系统是移动地理信息系统所需位置数据的主要来源。

② 无线通信网络主要包括以移动通信技术(如 2G、3G、4G)为基础建立的通信网络和基于 IEEE 802.11 标准建立的无线局域网(Wireless Local Area Network,WLAN),是移动用户和有线网络之间通信的渠道。

③ 空间数据库一般可以分为面向对象的空间数据库、关系数据库和文件数据库。它主要用于存储、组织和管理与地理位置相关的空间数据和属性数据,是移动地理信息系统的数据存储中心。

④ 应用服务器一般包括 Web 服务器、GIS 应用服务器等,它主要是通过 Internet 向移动终端设备提供空间、属性数据及相应的获取、查询、更新等操作,以及空间分析等服务。

⑤ 移动终端设备是具备一定存储、计算、显示和通信能力且便携、低耗的移动电子设备。早期的移动终端设备包括嵌入式系统、车载终端、个人数字助理(Personal Digital Assistant,PDA)等,现在的移动终端设备主要有智能手机和平板电脑等。

⑥ 桌面端是移动地理信息系统体系中不可或缺的一部分。它主要用于管理空间数据库,并负责在离线模式应用中导出数据到移动终端设备,在在线模式中部署并管理 GIS 应用服务器。

图 10-1 所示的为广义移动地理信息系统的系统架构。其中,虚线框内为狭义的移动地理信息系统,即离线模式下的移动地理信息系统。由于所有地理信息系统的功能均在移动终端设备中实现,这要求移动终端设备要支持移动地理信息系统平台,并具有存储、显示、查询和检索地理信息系统数据的能力,甚至具有进行一些简单的空间分析的能力。此时的系统响应速度快,但在数据的更新和同步方面则显得无能为力。广义移动地理信息系统将所有的服务、空间属性数据及专题信息都部署在服务器中,利用全球导航卫星系统、通信基站或 Internet 获取位置信息,通过无线网络获取服务器中的 GIS 服务。由于直接针对服务器进行操作,纯在线模式下的移动地理信息系统能够较好地保持数据的一致性,但无法在无线网络信号质量较差的情况下工作。因此,广义的移动地理信息系统包含了狭义移动地理信息系统的功能,支持在线、

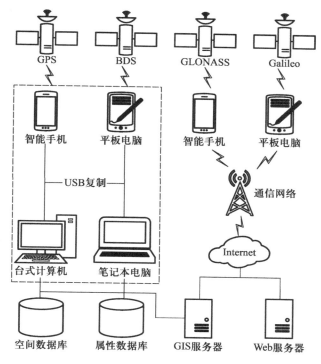

图 10-1　广义移动地理信息系统的系统架构

离线及混合模式的体系架构,真正使人们能够随时随地获取与地理位置相关的服务。

10.3　移动地理信息系统的原理与关键技术

10.3.1　移动地理信息系统设备与操作系统

移动地理信息系统的载体和工具是移动设备。随着时代的发展,移动终端设备经历了快速的更新换代和不断的智能化,目前主要包括以下几种设备类型。

1. 智能手机

智能手机是指像个人计算机一样,具有独立的操作系统和运行空间,可以由用户自行安装软件、游戏、导航等第三方服务商提供的程序,并可以通过无线通信网络来实现网络接入的手机类型总称。与普通手机相比,智能手机不只可以进行通话和发送短信,还具有移动网络通信、运行移动应用程序等功能。现在的智能手机已经普遍配置了蓝牙、GNSS 模块等附件,其高性能配置及无线网络技术的应用,为实现移动地理信息系统提供了硬件基础。

ESRI 等地理信息系统领域的公司推出了移动地理信息系统二次开发包,如 ArcGIS for Android 等,用于定制开发移动地理信息系统。作为人们日常生活中最常用的通信工具,智能手机也搭载了许多基于位置的服务软件,如目前国内流行的百度地图、高德地图、大众点评等应用。图 10-2 所示的为智能手机。

图 10-2　智能手机

2. 平板电脑

平板电脑是一种小型、方便携带的个人计算机,以触摸屏作为基本的输入设备而不是传统的键盘或鼠标。2010 年,苹果 iPad 在全世界掀起了平板电脑热潮,就目前的平板电脑来说,最常见的操作系统是 Windows、Android 和 iOS 等。由于平板电脑屏幕比手机大,体积比个人计算机小,方便携带,所以它既可以实现移动地理信息系统对空间数据信息的高效显示和丰富表现,也可以满足移动地理信息系统的便捷性需求。图 10-3 所示的为苹果公司的 iPad 和配置 Windows 8 操作系统的 Razer 平板。

图 10-3　平板电脑

3. 嵌入式设备

移动地理信息系统的嵌入式设备是指安装有固化独立应用或嵌入式应用的独立功能设备,包括图 10-4 所示的北斗天权模块和车载 GPS 导航系统设备等。这些设备不同于一般的移动终端设备,只服务于部分特定的人群。

4. 操作系统

移动地理信息系统终端设备的操作系统是一种支持移动计算的嵌入式系统软件,包括内

(a) 北斗天权模块   (b) 车载 GPS 导航系统设备

图 10-4　嵌入式设备

核、设备驱动层、通信协议层、图形界面及微型浏览器等基本模块。目前较为流行的移动终端设备的操作系统有 Android、iOS 和 Windows Phone 等。

（1）Android

Android 是由 Google 公司和开放手机联盟领导并开发的一种基于 Linux 的开源操作系统。2008 年 10 月,第一部 Android 智能手机发布,之后逐渐扩展到平板电脑及其他领域。2011 年第一季度,Android 在全球的市场份额超过了塞班系统,跃居全球第一并持续占领市场。

Android 采用分层的系统架构,从底层到上层分别是 Linux 内核和驱动、基于 C/C++ 的系统运行库和 Android 运行时环境、Java 应用程序框架及应用程序,如图 10-5 所示。其显著的

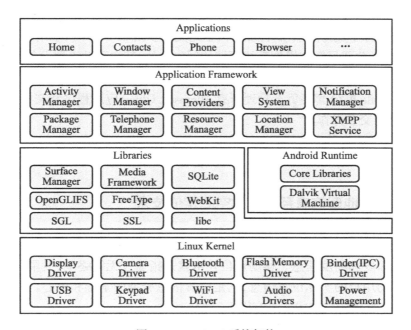

图 10-5　Android 系统架构

（图片来源:网页 http://mooc.chaoxing.com）

开源性使得 Android 系统拥有大量的开发者和层出不穷的应用,积攒了广泛的用户群体,从一个新生力量快速发展为一个成熟的平台,同时其开放性也带来了丰富的硬件资源和产品,极大地活跃了移动市场。

(2) iOS

iOS 是由美国苹果公司开发的移动操作系统,于 2007 年 1 月问世,最初用于 iPhone 智能手机。随着苹果公司的新产品不断被开发生产出来,iOS 也被用到 iPod、iPad 等产品中。与 Mac OS X 操作系统类似,iOS 也是属于类 UNIX 的商业操作系统,二者具有相同的底层框架,iOS 系统架构由底层到上层分别是核心操作系统层、核心服务层、媒体层和可触摸层。

苹果公司并没有将 iOS 代码开源,但为开发人员提供了 iOS 应用程序开发包,包括 iOS 应用程序开发所需的接口、工具和资源,为二次开发人员提供了良好的开发环境和调试平台。随着移动地理信息系统的发展,移动地理信息系统应用也在开发 iOS 版本,如 ESRI 公司于 2010 年 10 月推出的 ArcGIS for iOS 等。

iOS 以其精致的设计、良好的性能,带来了高质量的用户体验,在移动市场占有重要的地位,也是移动地理信息系统应用的主流操作系统。

(3) Windows Phone

Windows Phone 是 Microsoft 公司于 2010 年 10 月发布的一款手机操作系统,具有桌面定制、图标拖拽、滑动控制等多种移动操作体验。Windows Phone 7.5 之前的版本都采用 Windows CE 内核,2012 年 6 月发布全面升级的 Windows Phone 8 操作系统,采用与 Windows 8 相同的 Windows NT 内核,除了支持多项新特性之外,也是支持多核 CPU 的一个操作系统版本。

基于 Microsoft 公司早期在操作系统领域的领先地位,其在移动终端设备的操作系统具有如下特色。

① Office Mobile 办公套装负责管理所有 Microsoft Office 应用程序和文档文件,而且方便与桌面 Office 进行交互操作。

② 系统支持的语言种类扩展到 125 种以上,而且提供用户体验良好的中文输入法。

③ 随着系统版本的升级,应用商店及同步管理功能的性能得到很大提升等。

10.3.2　移动地理信息系统中的空间定位技术

空间位置信息是与移动终端位置设备相关的坐标(二维或三维),通常指移动终端设备所处位置的经度、纬度和高度信息。移动定位技术就是指通过无线终端、卫星和无线通信技术的配合,确定移动用户的实际位置信息,它是位置信息服务的基础和核心。根据前面介绍的设备和技术基础,移动定位技术主要有以下三种。

(1) 基于无线通信网络(主要为移动蜂窝网络)的移动定位技术

经典的移动定位技术包括起源的蜂窝小区技术(Cell of Origin,COO)、角度到达定位技术

(Arrival of Angle, AOA)、抵达时间定位技术(Time of Arrival, TOA)、抵达时间差异定位技术(Time Difference of Arrival, TDOA)、增强型观测时间差定位技术(Enhanced Observed Time Difference, E-OTD)等。这些技术均通过移动蜂窝网络的基础设施——蜂窝小区、基站等与移动终端设备之间进行发送、接收信号的测算来定位移动位置。

(2) 基于卫星的定位技术

全球卫星定位是国际上发展最快的信息技术之一,目前我国的北斗卫星导航系统、美国的 GPS、俄罗斯的 GLONASS 和欧盟的 Galileo 是四个主要的全球导航卫星系统,也是联合国卫星导航委员会认定的供应商。其中,GPS 是一个由美国国防部建设和维护的卫星导航系统。该系统起步较早,经过几十年的发展,已建成包括 24 颗轨道高度为 20 200 km 的中距离圆形轨道 GPS 卫星,全球覆盖率可达 98%,可以满足准确的定位、测速和高精度的时间需要,伪距单点定位精度为 5~10 m;中国的北斗卫星导航系统包括空间段、地面段和用户段三部分,由 5 颗轨道高度为 36 000 km 的静止轨道卫星、27 颗轨道高度为 21 500 km 的中轨道卫星和 3 颗轨道高度为 36 000 km 的倾斜同步卫星组成,提供高精度、高可靠定位导航、授时服务,并具有短报文通信的能力。目前,北斗卫星导航系统已经能为亚太地区用户提供定位和导航服务。2014 年 11 月,国际海事组织海上安全委员会审议通过了对北斗卫星导航系统认可的航行安全通函,标志着北斗卫星导航系统正式成为全球无线电导航系统的组成部分。

常用的卫星定位技术包括以下几种。

① 单点定位技术。即根据一台移动接收端的观测数据来获取该移动接收端的位置信息。这种方式的定位精度为 10~20 m,只能满足一般移动目标的定位要求,当受到建筑物等的遮挡时无法进行定位。

② 差分定位技术。又称为相对定位,至少需要两个卫星接收端,其中一个作为基准接收端,根据自身实际位置和 GPS 定位位置的差值得到该区域内的误差修正值,需要实际定位的移动接收端利用 GPS 定位值和该误差修正值,得到修正的定位结果,从而提高定位精度。

③ 辅助 GPS 定位系统(A-GPS)。可以解决直接定位过程中,首次定位需要花费较长时间的问题。其基本思想是在一定覆盖区域内布置静止的服务器作为 GPS 接收器来辅助移动接收端接收 GPS 信号。一方面服务器本身接收 GPS 定位信号,另一方面它需要通过无线通信网络将这一辅助定位信息传送给需要定位的移动端,所以这一技术可以算作无线网络和 GPS 技术相结合的定位方法。该技术在有效减少定位搜索时间的同时,为在 GPS 信号严重衰弱的区域和室内等环境下获取定位信息提供了途径。

(3) 基于 Wi-Fi 的定位技术

Wi-Fi 是一种基于 IEEE 802.11b 标准的无线局域网技术,目前已经广泛用于各种室内场所,成为人们日常生活不可或缺的部分。将 Wi-Fi 技术用于定位,可以实现对现有网络资源的多重利用,从而降低技术成本。随着 Wi-Fi 热点越来越密集的分布,给 Wi-Fi 定位提供了一个现成的、覆盖范围广阔的无线网络基础平台。

Wi-Fi 定位主要是利用到达信号强度定位(RSSI)技术。其定位系统包括由支持 Wi-Fi 协议的终端、无线访问接入点组成的网络和数据库服务器。首先将网络区域内访问接入点位置信息和 RSSI 信号强度采集到数据库服务器中,当用户需要定位时再对采集到的 RSSI 信号采用特定的匹配算法进行匹配,得到定位信息。

其他定位技术还包括蓝牙定位、光跟踪定位及超声波定位等短距离的定位方法,以及基于 IP 地址的定位方法等。它们分别应用于不同的领域和定位需求。

10.3.3　移动地理信息系统中的网络通信技术

无线通信(Wireless Communication)是利用电磁波信号可以在自由空间中传播的特性来进行信息交换的一种通信方式,在移动中实现的无线通信又称为移动通信。无线通信技术摆脱了有线电缆的约束,实现随时随地的无线接入,它主要包括移动蜂窝通信技术(以 GSM、GPRS、CDMA 为代表)、蓝牙技术、IEEE 802.11 技术、数字式无线数据传输电台、超宽带(Ultra Wide Band,UWB)等,它们分别具有不同的频率,覆盖不同的区域范围。不同技术的具体方法和原理如表 10-2 所示。

表 10-2　几种无线通信技术简介

分类	通信技术名称	通信方式	覆盖范围
常见远距离无线通信技术	移动蜂窝通信技术	把移动电话的服务区分为一个个正六边形的小子区,每个小区设一个基站,形成了形状酷似"蜂窝"的结构。包括全球移动通信系统(Global System of Mobile Communication,GSM)、通用分组无线业务(General Packet Radio Service,GPRS)、码分多址(Code Division Multiple Access,CDMA)、宽带码分多址(Wideband Code Division Multiple Access,W-CDMA)、第四代移动通信技术(4G)	理论上,1 个通信基站的通信距离为 50 km
	数字式无线数据传输电台	是采用数字信号处理、数字调制解调,且具有前向纠错、均衡软判决等功能的一种无线数据传输电台,工作频率大多使用 220~240 MHz 或 400~470 MHz 频段	有效覆盖半径约有几十千米
	扩频微波通信	指其传输信息所用信号的带宽远大于信息本身带宽的一种通信技术,最早用于军事通信。其基本原理为:将所传输的信息用伪随机码序列(扩频码)进行调制,伪随机码的速率远大于传送信息的速率,这时发送信号所占据的带宽远大于信息本身所需的带宽,实现了频谱扩展	覆盖范围广
	卫星通信	利用人造地球卫星作为中继站来转发无线电信号,从而在多个地面站之间进行通信,是地面微波通信的继承和发展	覆盖范围广

续表

分类	通信技术名称	通信方式	覆盖范围
常见短距离无线通信技术	蓝牙技术	1998年5月由东芝、爱立信、IBM、Intel和诺基亚等公司共同提出的一种近距离无线数据通信技术标准。数据传输带宽达1 Mb/s。通信介质为频率在2.402~2.480 GHz之间的电磁波	可以在10 m的半径范围内实现点对点或一点对多点的无线数据和声音传输
	Wi-Fi	1999年诞生,是基于IEEE 802.11协议的无线局域网接入技术。具有Wi-Fi功能的产品发射功率不超过100 mW,实际发射功率为60~70 mW	开放环境,不加外接天线情况下可达300 m
	UWB	一种无载波通信技术,利用纳秒至微微秒级的非正弦波窄脉冲传输数据,工作频段范围为3.1~10.6 GHz,最小工作频宽为500 MHz	传输距离10 m以内
	近场通信	由飞利浦、索尼和诺基亚等公司共同开发,其工作频率为13.56 MHz,由13.56 MHz的射频识别技术发展而来	10 cm左右近距离

在无线通信网络中,最常用的还是移动蜂窝网络连接。到目前为止,它已经发展了很长时间,经历了很多次更新,每一次更新在支持的数据种类、覆盖范围、带宽和传输能力等方面都有进一步的提升。例如,1G时代的无线通信技术只支持语音传输,无法加载移动地理信息系统功能;2G时代的无线通信技术增加了10 kb/s的数据传输能力,可以支持移动地理信息系统应用,但数据传输受到一定限制;3G技术普及的今天,数据支持和传输能力的提升已经为用户带来了移动地理信息系统的丰富体验,不同区域的地图加载在O2O、社交等领域中得到了广泛的应用,也成为用户大数据的基础;而正在推广的4G技术,集3G与无线广域网于一体,能够快速传输数据以及高质量音频、视频和图像,并能达到100 Mb/s以上的带宽,目标是满足所有用户对于无线服务的要求。

10.3.4 移动地理信息系统平台与开发技术

1. 移动地理信息系统平台

不依赖任何地理信息系统软件或组件,独立自主地开发移动地理信息系统程序通常需要大量的人力、财力以及时间。因此,目前的移动地理信息系统应用主要是在现有移动地理信息系统平台的基础上进行二次开发。目前主流移动地理信息系统平台可以分为以下三类。

(1) 传统地理信息系统软件的移动平台

该类平台通常是指传统地理信息系统软件中的移动开发平台,主要有ESRI公司的ArcGIS for iOS/Android和超图公司的SuperMap iMobile等。

（2）行业地理信息系统软件的移动平台

该类平台通常是为特定行业（如地质、林业）服务的地理信息系统软件中的移动平台，如中地数码的 MapGIS Mobile 和地林伟业的 MAPZONE Mobile。

（3）互联网地图服务

该类平台指面向大众的互联网地图服务提供商提供的开放平台中的移动开发工具包，主要有百度地图和高德地图的移动开发工具包。

表 10-3 为上述三类移动地理信息系统平台的比较。

可见，传统地理信息系统软件的移动平台对主流地理信息系统数据格式的支持更为广泛，可以较好地实现与桌面端地理信息系统的数据交换。另外，功能更加通用化，并提供在线和离线地图操作。行业地理信息系统软件的移动平台能够适应领域内的应用需求。例如，支持海量数据的访问，集成外业调查模块，支持与传统地理信息系统数据格式的转换等功能。另外，互联网地图服务的数据格式一般不向外开放，只提供地图的展示和兴趣点查询等功能，部分平台以互联网地图服务为数据源，一定程度上解决了涉密数据在移动终端设备的安全问题。此类地理信息系统平台虽然能够同时支持在线和离线地图操作，但是数据扩展能力有限，因此更适合于开发大众化的位置服务应用。由于它开发成本低、数据不涉密等特点，也可用于部分行业应用的开发。

表 10-3　移动地理信息系统平台比较

平台分类	移动地理信息系统平台	操作系统	数据格式	主要功能	特点
传统地理信息系统软件的移动平台	ArcGIS	① Android ② iOS ③ Windows Phone ④ Windows 8	① Shapefile ② KML ③ Geopackage ④ Grid ⑤ JPEG ⑥ GeoTIFF	① 地图浏览 ② 定位 ③ 地图查询 ④ 长度和面积测量 ⑤ 空间分析 ⑥ 外业采集	① 与桌面数据兼容，丰富的空间分析功能 ② 支持在线和离线以及在线、离线一体化数据源
	SuperMap iMobile	① Android ② iOS	① UDB ② SIT ③ CAD ④ DEM ⑤ 百度、谷歌、天地图数据	① 地图操作 ② 数据采集 ③ 绘制编辑 ④ 空间分析 ⑤ 路径导航	① 支持在线和离线的地图 ② 通用数据格式，无需转换 ③ 支持 OpenGL 的高性能的二维和三维一体化效果

平台分类	移动地理信息系统平台	操作系统	数据格式	主要功能	特点
行业地理信息系统软件的移动平台	MapGIS Mobile	① Android ② Windows Mobile ③ Windows CE ④ iOS	① 栅格、矢量地图 ② 百度、谷歌地图数据	① 电子地图显示 ② 空间检索 ③ 网络分析 ④ GIS 数据的综合管理 ⑤ GPS 定位与分析	① 高度的可移植性,支持多种主流嵌入式系统 ② 支持海量数据的高效访问 ③ 高性能地图显示引擎 ④ 支持快捷搭建应用,所见即所得
	MAPZONE Mobile	① Android ② Windows Mobile ③ Windows CE	① 栅格、矢量地图数据 ② Shapefile	① 地图组织、管理与符号化 ② 添加地图注记 ③ GNSS 定位 ④ 数据采集 ⑤ 数据编辑 ⑥ 照片采集	① 适用于不同的移动平台 ② 海量 GIS 数据的高效访问 ③ 支持与通用数据格式间的数据转换 ④ 支持移动网络下的数据获取与同步
互联网地图服务	百度地图	① Android ② iOS	百度地图数据	① 地图展示 ② 兴趣点搜索 ③ 定位 ④ 鹰眼轨迹导航	① 免费 ② 丰富的地图数据 ③ 开发难度低 ④ 多种定位手段 ⑤ 支持热力图绘制
	高德地图	① Android ② iOS ③ Windows Phone	高德地图数据	① 地图显示 ② 兴趣点搜索 ③ 地理编码 ④ 离线地图	① 免费 ② 学习成本较低 ③ 操作体验良好 ④ 数据丰富 ⑤ LBS 接口齐全

2. 移动地理信息系统的开发技术

除了移动地理信息系统平台的二次开发技术之外,移动地理信息系统应用的开发技术还与其应用模式有关。一般来讲,可以将移动应用的开发模式分为原生应用(Native App)模式、Web 应用(Web App)模式和混合应用(Hybrid App)模式三类。基于 Web 应用和混合应用模式的移动地理信息系统相当于通过浏览器或内嵌 WebView 的应用程序获取 WebGIS 服务,此类技术尚不成熟。而上述移动地理信息系统平台目前均只支持原生应用模式的开发。因此,本节只讨论移动地理信息系统在原生应用模式下的开发技术。

原生应用模式下的移动地理信息系统应用类似于传统的 PC 软件,其功能主要在移动终端设备的本地完成。开发技术与所采用的操作系统相关,这也意味着此类应用基本不具备跨平台性。但本地化的应用程序便于直接调用移动终端设备的各种功能,如摄像头、GNSS 定位模块、各类传感器模块甚至通话模块等。表 10-4 所示的为主流移动操作系统下原生应用模式软件的开发技术。

表 10-4　移动地理信息系统的原生应用开发技术

移动操作系统	移动开发工具包	开发语言	开发工具
Android	Android SDK	Java、XML	Eclipse、Android Studio
iOS	iOS SDK	Objective-C、Swift	xCode
Windows Phone	Windows Phone SDK	C、C++、C#	Visual Studio

10.4　移动地理信息系统应用与发展趋势

10.4.1　移动地理信息系统应用

随着各项软件和硬件技术的发展与逐渐成熟,移动地理信息系统已经在各行业的外业工作中得到广泛应用,并逐渐在大众化的应用中普及。

在行业化的领域中,移动地理信息系统广泛应用于林业、农业、地质、水利水电、石油化工、交通运输、环保绿化、移动通信、国土资源等领域的调查、监测、日常巡查和管理工作中。例如,中国地质调查局基于 20 年地质填图中计算机野外数据采集技术研究的现状和存在的问题,在确定地质填图空间数据表达的基础上,遵循传统地质填图规律,以既能满足计算机处理的需要,又能保证地质工作者采集到全面准确的各项地质观测数据为目标,在描述各类地质信息空间关系的基础上,创建和丰富了 PRB 数字区域地质调查基本理论与技术方法,研究和开发了数字地质填图系统 RGMap。该系统提供了 GPS 定位、路线数据采集、实测剖面等功能,在地质调查领域得到广泛应用与推广,满足了地质调查人员的野外调查需求。

在大众化的领域中,移动地理信息系统应用主要包括百度、高德等公司提供的地图服务和基于该类地图服务衍生出的其他应用。以百度地图为例,百度地图是一款互联网地图服务,通过 Web 和各类移动平台下的地图应用为用户提供包括定位、地图显示、兴趣点查询、路径规划与导航等功能。另外,基于百度地图提供的 Web、Android 和 iOS 应用程序编程接口和服务接口可以定制开发各种各样的位置服务应用。例如,利用 Uber(优步)可以查询到附近的车主,选择上车地点和目的地获取打车服务;利用大众点评可以查询当前位置附近的餐馆、电影院和购物中心;利用去哪儿网可以查询并预定目标位置附近的酒店,查询景点并购买景点门票等。在互联网时代的背景下,这些大众化的移动地理信息系统应用给人们的日常生活带来了极大的便利。

10.4.2 移动地理信息系统的发展趋势

随着移动互联网、云计算和大数据时代的到来,移动地理信息系统作为桌面地理信息系统和 WebGIS 的扩展,将进一步为生产和生活的方方面面提供更为完善的服务。具体来讲,移动地理信息系统的发展趋势主要包括以下几个方面。

1. 数据多样化

移动地理信息系统的数据多样化表现在数据量、数据结构、表现形式等方面。

随着遥感影像数据的海量增长,WebGIS 已经采取了新的技术和解决方案进行数据存储和操作,虽然移动地理信息系统本身因为设备、技术等原因,存在存储容量小、内存和计算能力有限等限制因素,但硬件技术的发展已经使得智能手机等移动终端设备的存储容量得到了极大的扩充。作为 WebGIS 的一种扩展,移动地理信息系统数据量的增加也是一种必然。

传统的二维空间数据已经无法满足用户的需求,人们需要将空间数据真实地再现以实现更好的观察和分析。近些年,随着三维空间技术、三维可视化、计算机图形学,以及虚拟现实等技术的发展,三维空间数据已经不再是一个新鲜的概念,三维模型构建、显示、传输等技术正在步入成熟。随着空间信息的积累,动态性和时效性正在将地理信息系统的空间结构从三维扩展到第四维。

2. 参与广泛化

移动地理信息系统可以让用户随时随地方便地进行基于位置的信息共享,促进了用户对移动地理信息系统数据的贡献并提升了用户在移动地理信息系统应用中的参与度。用户不仅可以在移动终端设备上获取所需的地图、路线、交通情况等信息,还可以分享自己的位置或共享与所在位置相关的信息,如百度圈景。百度圈景是一款基于百度地图的 APP,用户通过上传在指定位置拍摄的全景照片获得积分并换取奖励。上传的图片可以作为百度街景车所拍摄全景照片的补充,为用户提供室内、外兴趣点的真实场景图像。这种由用户广泛参与的众包模式可以产生更为丰富的地理信息数据,进而促进地理信息服务日益完善。

3. 领域扩大化

从少数行业领域的外业调查和导航系统,到目前多种多样的基于位置的服务,互联网时代背景下的移动地理信息系统正在向更加广泛的领域扩展。例如,与传统交通运输业结合产生的优步、滴滴出行等 APP,使得用户能够在合适的时间和地点享受打车服务;与旅游业结合诞生的去哪儿网、携程网等应用,让人们能够随时随地查询、购买火车票、飞机票以及景点门票,指定旅行计划,查询旅游攻略;与房地产业结合产生的掌上链家、搜房网等应用,能够帮助用户找到附近或其他满足特定地理条件的房源;与聊天软件、社交网络结合,如微信、微博,可以支持用户查询到附近的好友,实时共享位置信息。随着"互联网+"时代的到来,移动地理信息系统必将与更广泛的行业领域结合,为用户提供覆盖工作生活的地理信息服务。

　　移动终端设备的普及和无线通信技术的进步将促进移动地理信息系统的应用和推广,同时对移动交互中的信息安全,移动网络速度,软件和硬件的稳定性、可靠性、数据恢复性,数据存储和传输技术都是极大的考验。

 思考题

1. 移动地理信息系统从产生到发展经历了怎样的发展阶段?
2. 移动地理信息系统由哪几个部分组成?
3. 移动地理信息系统所采用的关键技术包括哪些?
4. 无线网络通信技术如何应用于移动地理信息系统?
5. 列举生活中你所接触到的移动地理信息系统实例。

第11章 云地理信息系统

11.1 云 计 算

11.1.1 云计算的概念

云是互联网的一种比喻说法,云计算通常通过互联网来提供动态性、扩展性、虚拟化的资源和服务,是基于互联网的相关服务的增加、使用和交付模式。

美国国家标准与技术研究院(National Institute of Standards and Technology,NIST)对云计算的定义为:云计算提供便捷的、按需使用的、可配置计算资源的共享池,可以快速地提供网络、服务器、存储器、应用程序、服务等资源,是一种按用量付费的、可伸缩的资源共享模式,用户只需进行少量的管理工作,大量的资源环境配置工作由托管服务供应商完成。

总结云计算的定义,包含两方面的含义:第一,云计算描述了应用程序所需要的基础设施;第二,云计算描述了基于这种基础设施的应用。可以说,云计算是把力量联合起来,给其中的每一个成员使用。在云计算当中,每个终端既是资源的提供者,也是资源的使用者。

11.1.2 云计算的特点

1. 按需部署

用户根据要上传和共享的资源量和实现功能所需的计算能力在云平台上进行部署,无需多花成本,也可以节省公共资源。

2. 超大规模

云计算平台是整合多台服务器而形成的服务器集群,其服务器数量和计算能力都是超大规模的。

3. 虚拟化

云计算平台提供一个与地理位置无关的资源池,通过虚拟化技术将不同地理位置的资源和应用聚合,使空间资源实现灵活的虚拟化。这是云计算的一个核心特点。

4. 通用性

同一个云上可以支持多种应用和服务,支持广泛的网络访问,而且访问的灵活性和移动性高,是通用性很强的一种资源共享和服务模式。

5. 高可靠性

云计算平台采用了冗余容错机制和错误恢复机制。同一个资源有多个备份,提高了资源和服务的安全性和可靠性。就像是在银行的体系机制逐渐建立健全之后,把钱存在银行的可靠性要比拿在自己手里更安全、更方便。

6. 可扩展性

由于云的硬件平台是由多台并行的服务器聚合的结果,服务器之间的相互联系也相互独立,当需要额外补充空间时,可以通过增加服务器来实现;而空间闲置时,也可以通过减少服务器数量来缩小云的规模。所以,云本身的规模可以动态伸缩。用户也可以根据所托管的数据和服务量的变化来调节租用的云服务空间。

7. 计费服务

云计算使得企业无须购买和部署自己的庞大硬件结构,而是将自己的数据和服务托管到云端。在使用相应的云服务时,根据所使用的空间大小进行付费,这个成本比自己单独部署要小很多。

11.1.3　云计算的发展现状与趋势

2006 年 3 月,亚马逊(Amazon)公司推出弹性计算云(Elastic Compute Cloud,EC2)服务;同年 8 月,Google 公司首席执行官埃里克·施密特(Eric Schmidt)在搜索引擎大会(SES San Jose 2006)首次提出"云计算"(Cloud Computing)的概念。从此,翻开了云计算时代的篇章。

2007 年 10 月,Google 公司与 IBM 公司开始在美国大学校园推广云计算的计划。这项计划希望降低分布式计算技术在学术研究方面的成本,并为这些大学提供相关的软件和硬件设备及技术支持,使学生可以通过网络开发各项以大规模计算为基础的研究计划。

此后,Google 公司和 IBM 公司作为这个领域的领军企业,在高校、高新科技园区等进行云计算的推广;Sun 公司、苹果公司、雅虎公司、惠普公司、Intel 公司等也先后进行云计算领域的实验和推广;美国专利商标局网站信息显示,Dell 公司在 2008 年 8 月正在申请"云计算"(Cloud Computing)商标,使得云计算这一技术在 2008 年之后得到很大的发展。

2010 年 3 月,Novell 公司与云安全联盟共同宣布"可信任云计算计划"(Trusted Cloud Initiative)。同年 7 月,美国国家航空航天局与多家厂商宣布"OpenStack"开放源代码计划,Microsoft 公司与 Ubuntu 公司先后将其集成到相应版本中。2011 年,Cisco 公司加入"OpenStack"开放源代码开放计划,重点研究网络服务。

目前,云计算总体在向开放、互通、安全方向发展。各国政府、社会各界对云计算给予了非常大的关注,将云计算作为新一代信息技术的发展方向。云计算被看作个人计算机变革与互联网变革之后的第三次信息产业的浪潮。作为一种商业计算模式,云计算具有低成本、高性能、低维护、无限存储容量、高计算能力等特点。云计算还解决了操作系统和文件的兼容性问题,消除了设备依赖性。云计算将与大数据、物联网等进行融合,发挥其更大的作用。

云计算的发展趋势是越来越标准化,PaaS(Platform As A Service,平台即服务)发展前景广阔,且混合云将成为用户的首选。

11.1.4　云地理信息系统概述

云计算的发展带动了地理信息系统领域研究的进一步扩展。随着空间数据量的增加和地理信息系统需求的不断扩大,地理信息系统和云计算的结合是目前地理信息系统领域的研究热点和必然趋势,也将是很长一段时间的研究方向。

空间数据的数据量逐渐增加,但传统地理信息系统由于数据格式的差异和一些组织内部对数据的保密性要求,导致地理信息系统在组织内部自成体系,相对独立封闭,共享性差。空间数据传输的多源性、复杂性以及数据格式没有统一标准等现阶段情况,对地理信息系统的发展和普及产生了一定的影响。

云地理信息系统是通过云计算功能为 Web 用户提供的地理信息系统服务,是一种跨平台、跨系统、跨硬件设施的异构整合。云地理信息系统的建立基于互联网的发展,主要面向服务。在信息产业从个人计算机,到互联网,再到云计算的发展趋势下,云地理信息系统是云计算技术和地理信息系统领域的有机结合和应用,是地理信息系统今后的发展方向。本章将围绕云地理信息系统展开,介绍云地理信息系统的体系架构、关键技术、优缺点、部署模式及应用等方面的内容。

在国外,基于大型云计算平台所提供的空间信息数据和服务,云地理信息系统在产品架构和商业模式上都有了比较好的实践。ESRI 公司是全球第一家推出真正支持云架构地理信息系统的厂商,实现了地理信息系统在云中的部署,在亚马逊(Amazon)弹性云的平台上搭建了"云地理信息系统"。Google 等公司也相继推出了云地理信息系统功能。但由于国内云地理信息系统刚刚起步,发展相对落后,真正使用云计算功能实现的云地理信息系统还很有限。

　　传统地理信息系统中的属性数据随着时间的推移,数据量越来越大,会形成结构化的大数据;非结构化的空间数据本身就是一种大数据;遥感技术的普遍使用为地理信息系统提供了丰富的数据来源。而云计算技术和云地理信息系统可以降低地理信息系统海量数据的存储和处理成本,成为今后地理信息系统发展的必然趋势。云地理信息系统在未来将进一步向公有云、私有云、混合云的方向发展。同时,在云数据安全、云地理信息系统平台标准,以及云计算技术与地理信息系统功能的有效结合等方面将会有进一步的发展与实践。

11.2　云地理信息系统的基本架构

　　云地理信息系统是将云计算的各种特征用于地理空间信息的要素上,包括建模、存储、处理等,从而改变用户传统的地理信息系统应用方法和建设模式,以一种更加友好的方式,高效率、低成本地使用和共享地理信息资源。

　　云地理信息系统是一种面向服务的体系结构(Service Oriented Architecture,SOA),通过在各层架构上提供服务接口实现 GIS 服务。其架构主要包括物理层、云平台层、服务层和应用层,最终用户享用应用层经过服务聚合提供的 GIS 服务。云地理信息系统架构如图 11-1 所示。

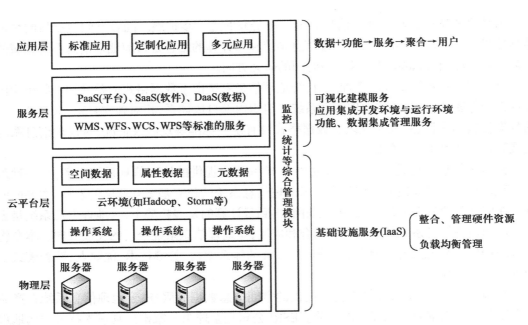

图 11-1　云地理信息系统平台架构

11.2.1 物理 / 硬件层

物理 / 硬件层是指依靠虚拟化技术将信息资源中的硬件基础设施,如个人计算机中的闲置的计算能力、集群服务器、网络设施、数据中心等整合在一起进行统一管理,并且实现资源管理优化及其内部任务流程的自动化。

物理 / 硬件层属于基础设施服务,也就是 IaaS(Infrastructure As A Service,基础设施即服务)。它是指将网络资源、服务器等硬件设施、存储、计算等一体化的基础设施,以服务而不是硬件 / 基础设施本身的形式提供给用户,同时它也是云地理信息系统中提供硬件支撑的基础层面。

作为 IaaS 在实际应用中的实例,《纽约时报》使用成百上千台 Amazon EC2 虚拟机实例在 36 小时内完成了 TB 级的文档数据处理。但它也存在一定的安全漏洞,在一个共享的基础设施服务中,用户之间的服务并不是完全隔离的,使得一旦被攻击就会造成一连串的危机,需要供应商提供安全的分区和强大的防御策略,并且保证监控力度。

11.2.2 云平台层

云平台层是云地理信息系统平台架构的核心部分,包括操作系统、云环境、空间数据和协调管理部分等。其中,云环境是基于云计算的分布式存储、分布式计算环境,主要包括海量空间数据的分布式存储、分布式管理和分布式处理等。常用的云环境包括 Hadoop、Storm 等,可以通过 Zookeeper 等来协调服务。空间数据包括多分辨率影像数据、矢量数据、空间元数据及其他相关业务数据等。多分辨率影像数据可以选择不同的存储方式。例如,在 Hadoop 应用中可以将分辨率不同的影像瓦片数据、数据量相对较小的矢量数据等存储在 HBase 表中,而未经分割的、数据量较大的影像数据则直接存储到 Hadoop 分布式文件系统(HDFS)中,对分布式数据存储进行高效合理的分配。协调管理需要提供数据分布式存储接口、高性能分布式计算管理接口以及云平台功能聚合接口等调度管理服务。其中,分布式存储接口包括各类空间数据的存储接口,高性能分布式计算管理接口则主要通过分布式并行计算架构,将空间数据的处理与分析任务分散到云中的各结点上进行处理,以降低数据运算时间。

11.2.3 服务层

根据云计算的四种服务模式,云地理信息系统也提出了四种地理信息系统服务模式,从下层到上层依次为地理信息基础设施即服务(IaaS)、地理信息平台即服务(PaaS)、地理信息软件即服务(Software As A Service,SaaS)、地理信息数据即服务(Data As A Service,DaaS)。其中,前三种服务模式是美国国家标准与技术研究院(NIST)权威定义的云计算服务模式;而地理信息数据即服务是最基础的地理信息系统服务。这四种服务模式是云计算及云地理信息系统的重点服务功能,其中 IaaS 已经在前面进行了说明,以下分别对其他三种服务模式进行介绍。

1. PaaS

PaaS 是把服务器、数据库等平台作为一种服务提供给用户的一种服务模式,用户可以在云端进行快速的二次开发和应用部署等定制化功能,或使用一些应用模板编辑自己的应用,并在该平台上发布或者下载到本地发布。

在一定意义上,PaaS 是 SaaS 模式的一种应用,因为开发用户最终会将产品以 SaaS 的模式提交给用户。同时,PaaS 的出现加快和促进了 SaaS 的发展,许多 PaaS 应用是由 SaaS 厂商推出的,它可以更好地搭建基于面向服务的体系结构的企业级应用。例如,以搜索引擎和新的广告模式而闻名的 Google 公司,使用自己的技术和强有力的中间件,装备出了强大的数据中心,以及超高性能的并行计算群,在 2008 年发布的 PaaS 应用 Google App Engine 和 Amazon 的 EC2、SimpleDB 等服务拥有相似的功能;以其 SaaS 应用成功的 Salesforce 从 2007 年开始进入 PaaS 业务,让更多的独立软件开发商(Independent Software Vendors,ISV)成为其平台的客户。

2. SaaS

SaaS 又称为软件即服务,是一种通过 Internet 提供软件的模式,以服务的方式向用户提供应用,代替了用户在本地下载和使用静态的、固定软件的形式。

SaaS 经过多年发展,已经从 SaaS 1.0 阶段开始向 SaaS 2.0 阶段过渡。具体来讲,服务供应商将应用软件统一部署在自己的服务器上,用户根据实际需求,通过 Internet 向供应商租用所需的应用软件服务,按订购的服务多少和时间长短向供应商支付费用,并获得相应的服务。企业可以按需增减使用账号,且无须对软件维护等工作付出多余的成本,服务商提供对软件的管理和维护,以及安全、保密性等全套服务。

广义上讲,一些浏览器应用是早期 SaaS 的代表。SaaS 还广泛应用于客户关系管理、物流业务、企业邮箱等系统的应用服务。

3. DaaS

DaaS 是前三种服务模式之后的一个新的服务模式,却是地理信息系统不可或缺的基础功能。它是以服务的形式向最终用户提供各种空间数据、地图等内容,用户无须对数据进行管理和维护工作,只要对服务按需付费即可。

随着空间数据量越来越大,在本地存储海量空间数据将成为一种负担。DaaS 将数据作为一种服务,供用户通过 Internet 按需使用,为空间分析处理和决策提供数据服务。

11.2.4 应用层

云地理信息系统应用服务是指针对特定行业或领域开发的地理信息系统应用,这些应用一般通过网络以服务的形式提供给最终用户使用。用户可以通过云地理信息系统提供的客户端或者网页来访问此类服务。

应用层直接面向最终用户,将各种空间数据和地理信息系统功能聚合成一站式服务,提供给用户。为了支持不同客户端的云地理信息系统功能,它提供了可以输出到桌面、Web、移动终端设备等不同客户端的服务。所提供的服务包括面向大众的地理信息系统基础应用服务、面向研究的地理信息系统专业应用服务、面向企业的地理信息系统行业应用服务等,以不同粒度的组合形成不同功能和用途的应用服务。

11.3 云地理信息系统的关键技术

云地理信息系统的关键技术在于对异构资源进行集成和整合,包括数据资源、功能、工作流,以及最基础的硬件设施的虚拟化聚合等。其实质是包括 Hadoop、Storm 等的大数据系统和地理信息系统功能的结合。

11.3.1 虚拟化技术

虚拟化是指通过虚拟化技术将一台计算机虚拟为多台逻辑计算机同时运行,每台逻辑计算机可以运行不同的操作系统。虚拟化技术是指计算机元件在虚拟的基础上而不是在真实的基础上运行,它将计算机的各种实体资源,如服务器、网络、内存及存储等予以抽象、转换后呈现出来,是一种资源管理技术。

虚拟化技术可以扩大硬件的容量,简化软件的重新配置过程。中央处理器(CPU)的虚拟化技术可以将单 CPU 模拟多 CPU 并行,允许一个平台同时运行多个操作系统,并且应用程序都可以在相互独立的空间内运行而互不影响,从而显著提高计算机的工作效率。常用的虚拟化软件包括完全虚拟化的 RedHat KVM、VmWare ESX 等,多种虚拟化方式的 Citrix XenServer,半虚拟化的 Microsoft Hyper-V 等。

云计算中的虚拟化技术主要包括计算虚拟化、平台虚拟化、资源虚拟化、应用程序虚拟化等。云地理信息系统中的虚拟化主要包括资源虚拟化和应用虚拟化。资源虚拟化包括内存、存储、网络等特定系统资源的虚拟化。云地理信息系统中的虚拟层,采用将单个资源划分为多个逻辑表示的裂分模式,以及将多个资源整合成一个逻辑资源的聚合模式等,通过抽象可以为系统提供多台可用的"虚拟机"——它们是独立可用的硬件资源的逻辑集合。

分布式的 GIS 应用服务器集群是云地理信息系统的核心。为了便于在各个服务器之间进行动态切换、相互替代,服务器集群应该有统一的标准。应用虚拟化是对一个服务器实例要运行哪些应用实例进行监控和分配,同时将云端的数据处理和应用程序的运行迁移到本地,并实现交互和显示。它主要完成人机交互、数据编辑、拓扑关系生成、投影、格式转换、影像处理与信息提取、地图生成和发布等地理信息系统专业应用。

11.3.2 并行计算

并行计算是相对于串行计算来说的。它是一种一次可执行多个指令的算法,目的是提高计算速度和处理能力,通过扩大问题求解规模,解决大型而复杂的计算问题。并行计算可以分为时间上的并行和空间上的并行。时间上的并行指的是流水线技术;空间上的并行则是指多个处理器并发的执行计算,即通过网络将两个或两个以上的处理机连接起来,同时计算同一个任务的不同部分。云地理信息系统中使用的并行计算功能是指在空间上进行的并行计算。

计算机领域的并行计算分为数据并行和任务并行。云地理信息系统的并行空间分析技术需要具有并行的数据处理能力以及空间分析能力。数据处理能力包括:面向任务的异步空间数据处理架构;大型集群的并发处理和流程控制;支持长时间运行和事务处理;支持移动终端设备处理大型空间数据库;可以对运行状态进行实时监控;可以跨平台、跨地域整合空间数据的处理流程等性能。空间分析能力包括:统一的空间分析框架;丰富而标准化的空间分析模型库;支持空间分析流程的快速构建和自动化运行;能够实时将处理结果进行发布等。

并行空间分析方法是地理信息系统空间分析方法和并行计算的结合,目的在于通过空间分析的并行化来解决空间数据处理的速度和质量问题。根据数据类型的差异,并行空间分析方法可以分为并行矢量算法和并行栅格算法,分别解决矢量数据和栅格数据的并行存取和分析应用。

MapReduce 是并行计算的一个常见实例,是 Google 公司的重要技术之一。这一编程模型可以让用户在没有过多分布式开发经验的情况下,将自己的并行程序运行在分布式系统上。它可以拆分为 Map 和 Reduce 两部分。其中,Map 是对一个任务进行多任务分解,把一组键值对映射成一组新的键值对——这一操作是可以高度并行的,这对高性能要求的应用以及并行计算领域的需求非常有用;Reduce 则是归并(归约)分析,为被分解的多任务指定并发的 Reduce 函数,并进行归并。在大规模的运算中,每一个 Reduce 操作相对独立,也适用于并行环境。在云地理信息系统中,MapReduce 技术得到了广泛的应用。

11.3.3 分布式技术

云地理信息系统中的分布式技术主要体现于空间数据的分布式计算和分布式存储。

分布式计算是和集中式计算相对的一种计算方式。随着计算需求的增大以及计算机技术的发展,许多大批量的计算任务需要分解成许多小的部分、分配给多台计算机进行处理,以节省整体时间和提高效率。所以,分布式计算可以广泛地应用于大数据量和大计算量的应用之中。

分布式空间数据存储的原则是要采用合理的数据分割或划分策略,以提高分布式环境下空间数据的访问和操作性能。其存储方式包括分布式文件系统(用来针对结构复杂、数据量较大的空间数据、栅格映像文件等),分布式数据库(通过设计分布式空间数据索引来提高空间数据的操作效率)等。如表 11–1 所示,各公司有各自不同的分布式策略和产品。空间数据在分布式文件系统中分散存储,空间分析计算由各存储结点完成。在执行空间分析任务时,采用自适应和负载均衡的调度策略完成数据的存取和空间计算。在空间数据存储时,选择剩余空间最多的云结点部分完成空间数据的存储和备份。在空间数据提取和空间分析计算时,选择当前 CPU 利用率和内存使用量低、计算能力强的一个或多个结点完成。

表 11–1　各公司的分布式策略

公司	大文件存储	结构化、小文件存储
Google 公司	GFS(Google File System)	Big Tabel
Microsoft 公司	TidyFS	SQL Server
Hadoop 公司	HDFS(Hadoop Distributed File System)	HBase

分布式计算和并行计算是相互对应、相辅相成的关系,并行计算需要建立在分布式技术的硬件基础上,而分布式计算就是为了合理利用分布的资源,通过并行的方式提高应用效率。

11.3.4　网格计算

网格计算是分布式计算的一种,产生于 20 世纪 90 年代,是人们对方便使用分布在网络上的数据、功能、计算、存储等资源的一种期许,常用来执行一些大型任务。它是由一群分散在不同地理位置的、松散耦合的计算机、数据库、输入输出设备等通过高速互联网互联,组成的一个超级虚拟计算机,使用标准的、通用的、开放的协议和接口来实现网格结点上的计算、存储、通信等操作,目的在于为用户提供在多个组织之间共享资源和协同工作的途径。

网格地理信息系统将地理上分布、系统异构的各种计算机、存储设备、检索系统、空间数据库、地理信息系统和虚拟现实系统等,通过高速互联网连接并集成起来,形成对用户透明的、虚拟的空间信息资源超级处理环境,从而为全球范围内的用户提供空间信息服务和智能决策支持等功能,重点体现了分布式的功能和应用水平。

并行计算、分布式计算和网格计算这三种方法有一定的关联性,也有一定的差异,云地理信息系统当中除了云计算、虚拟化技术外,这三种技术也是它使用的关键技术。

11.3.5 异构资源技术

云地理信息系统环境下,如果想要充分利用空间数据,就必须要解决多源异构空间数据的有效集成管理的问题。云地理信息系统当中的空间数据中心、分布式多空间的数据库系统、无缝空间数据集成技术等都是分布异构环境下空间数据的集成技术。图 11-2 所示的为异构空间数据的集成模型。

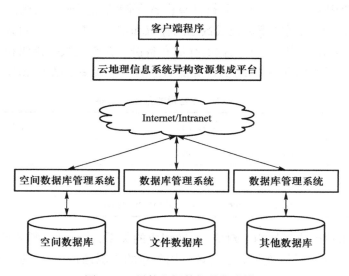

图 11-2 异构空间数据的集成模型

要对空间数据库进行集成,首先,要对接入云地理信息系统的所有空间数据库建立全局的空间索引;其次,实现空间查询的优化,把全局空间查询自动转换为参与查询的空间数据所对应的局部查询,并在此基础上生成最优的查询执行计划。相关机器执行完此次查询计划后,将综合查询结果返回给全局用户;第三,需要实现云地理信息系统环境下的事务管理,将对数据的操作交由事务来实现,事务根据情况不同可以分为全局事务和局部事务;第四,多个异构自治空间数据库需要实现并发控制,并需要同步全局事务和局部事务。

11.4 云地理信息系统的功能及优缺点

云地理信息系统是对地理信息系统领域的延伸,是将云计算平台应用到了地理信息系统功能当中,或者说是将地理信息系统功能搭建在云平台上,所以其功能是地理信息系统和云计算的结合。具体包括如下功能:提供空间数据资源与服务;提供服务部署空间;实现用户的资源、服务聚合和共享;作为应用开发平台和托管平台,提供多用户并发访问的便捷使用。

11.4.1 云地理信息系统的优势

1. 同时为用户和供应商节约成本

一方面,云地理信息系统平台按需提供服务,按需收费,节约了用户的经济成本;其设施的部署、扩展等维护工作,都是在云端进行的,用户无须付出多余的时间和精力,节约了用户的人力成本和系统维护成本,降低了操作的复杂性,使得用户可以专注于业务。另一方面,提供云服务的供应商专注于云地理信息系统的部署、维护和软硬件资源的管理,这种资源的优化配置本身对于供应商来说也是节约成本的商业模式。

2. 增强共享性和定制化功能

云地理信息系统在云端提供了地理信息系统的二次开发模板、开发平台和运行环境,用户可以构建自己的地理信息系统应用,实现定制化功能;用户也可以将二次开发的地理信息系统在云端发布或使用云端的其他地理信息系统应用,增强资源的共享性。云地理信息系统提供了更加标准化的二次开发接口,无须担心兼容性,也不必受到硬件平台性能的限制。

3. 云地理信息系统可以很好地适应地理信息系统的发展需求

云地理信息系统的强大计算能力,有效解决了空间数据的复杂数据结构造成的大数据量问题和空间数据逐渐海量化的问题。同时,云地理信息系统的推出,降低了地理信息系统的使用门槛,促进了空间信息系统科学的普及。

11.4.2 云地理信息系统的局限

1. 资源和功能有限

云地理信息系统的发展还在初期阶段,云中的资源和功能并不完全,还在不断地扩充。这种新的商业模式,从现阶段发展到可以满足用户的所有应用需求,还需要一段比较长的时间。

2. 异构空间数据和功能的聚合是核心技术

异构空间数据的聚合在 21 世纪初开始被广泛研究,由于空间数据在不同的地域、应用领域以及组织上都有不同的应用方式,因此人们采用各自的数据采集方式、存储格式,形成了空间数据在平台、系统、语义等方面的巨大的异构性。现在的地理信息系统一般通过转换数据格式或者增加数据兼容性功能等来实现异构数据聚合,但没有真正意义上的高级集成和融合利用,而且大多只是在于异构数据的聚合,而对异构功能聚合的研究相对较少。

3. 安全保密性的考虑

虽然云平台具有一定的稳定性、可靠性和安全性,但有些企业或者组织出于传统思维的角度考虑,认为云地理信息系统是个公共的平台,因此其内部数据不能公开大范围共享,这是限制云地理信息系统发展的一个因素。但是,随着软件和硬件技术的进步,企业可以通过私有云等形式进行云地理信息系统的建设。

4. 人才和技术水平发展不成熟

国内的地理信息系统起步晚,而且发展速度缓慢,缺乏相关的专业人员,核心开发人才还有很大的缺口;云地理信息系统本身涉及技术多、难度大、创新性差等问题,仍需要很长时间的发展。

11.5　云地理信息系统的应用

云地理信息系统是基于 Internet 的地理信息系统应用,其发展和 WebGIS、移动地理信息系统的发展进程密切相关,是 WebGIS 发展到一定阶段之后,对空间数据和地理信息系统服务的共享性、广泛性提出了更高的需求,使得地理信息系统和云计算技术相结合,托管和扩展了 WebGIS 服务器和数据功能,从而实现了云地理信息系统服务。因此在宏观应用方面,云地理信息系统和 WebGIS 有很大的交集。

云地理信息系统由于其开放性和共享性,可以用于大规模地理信息系统数据的访问,实时的地理信息系统数据获取与分析,以及复杂的空间运算等方面。应用实践包括基于云计算的大规模地形数据处理方法,土地资源利用规划,水利、遥感影像数据存储与管理等。

根据需求的不同,云地理信息系统包含公有云、私有云和混合云三种部署模式。因为云地理信息系统的优势,国家政府和企业都对云地理信息系统有一定的研究与应用。随着云地理信息系统的发展,"云"和"端"的结合使得云地理信息系统有了更大的应用空间。

11.5.1　云地理信息系统的部署模式

1. 公有云

公有云是通过 Internet 构建的云地理信息系统服务,是云计算服务提供商为公众提供服务的云地理信息系统,其服务对象是公众,具有共享性、动态性的特点。公有云由供应商提供云端资源的安全、部署、管理、维护等,用户无须关心。

理论上任何人都可以通过授权进入公有云,提供资源或者请求所需的服务。公有云可以接受大数据量的请求,还具有数据更新维护和系统维护简单、前期投入少、自动在线升级、价格低廉等优点,因此公有云是目前最受欢迎、最流行的云计算的部署模式。公有云如图 11-3 所示。

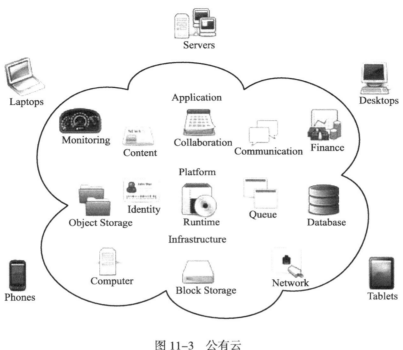

图 11-3　公有云

(图片来源:百度图片)

2. 私有云

私有云是云计算服务提供商为组织搭建的内部专有云计算系统,其服务对象是某个具体的企业、政府、研究机构等组织内部,具有相对静态和稳定的特点,且应为具有高性能、高可靠性、高扩展能力的云地理信息系统。私有云存在于企业防火墙之内,因而可以提供对数据安全和服务质量的最有效的控制。私有云如图 11-4 所示。

目前,中国市场上基于公有云的地理信息系统商业模式由于信息保密和商业利益等原因,实现起来有一定的障碍,因而私有云将会是未来企业级地理信息系统用户的主要部署模式。用户将数据和服务托管于云端,只要考虑其自身业务需求即可。

3. 混合云

混合云,即公有云和私有云混合使用,结合起来搭建的云计算平台。它兼备公有云和

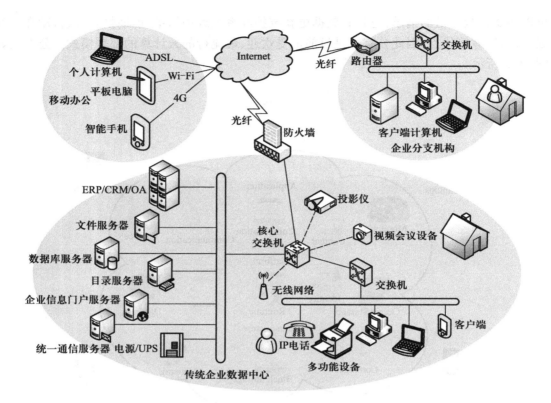

图 11-4　私有云
（图片来源：百度图片）

私有云的共同特点，一部分可以对外的业务采用公有云地理信息系统来提供服务，而另一部分内部研发或不便公开共享的数据和服务则放到私有云上。混合云如图 11-5 所示。

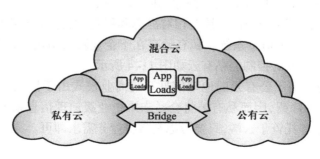

图 11-5　混合云
（图片来源：百度图片）

11.5.2 云地理信息系统的应用模式

地理信息系统解决方案与云计算的结合主要表现在两个方面:一是可以利用云计算技术与模式来构建解决方案。例如,通过地理信息系统供应商的 PaaS 来构建地理信息系统的解决方案。二是可以利用云计算的 SaaS 为用户提供服务。

下面主要从国家政府与企业两个方面介绍云地理信息系统的应用。

1. 国家政府进行的云地理信息系统相关研发工作

美国在这方面的研究和应用很多,走在了领域的前列。例如,美国国家航空航天局(National Aeronautics and Space Administration,NASA)、美国联邦地理数据委员会(Federal Geodata Commission,FGDC)、美国国家海洋和大气管理局(National Oceanic and Atmospheric Administration,NOAA)等已有基于云计算的地理信息系统研究。

以美国国防信息系统局(Defense Information System Administration,DISA)提供的全球信息栅格内容传输服务为例,它通过使用多个远程站点和重复的数据来提高传输的有效性、扩展性以及总体的表现。例如,当一个站点无法到达时,数据将会自动由下一个站点来提供;当比较偏远的站点代替一部分数据中心的工作,服务于越来越多的数据传输时,它的扩展性也就提高了。

2. 企业进行的云地理信息系统产品的研发工作

Google、ESRI、SuperMap、Microsoft、IBM、Amazon 等公司都推出了云地理信息系统的相关产品。但其中有一些公司只是声明推出了云地理信息系统产品,没有进一步说明其包含的云计算技术。

ESRI 公司推出的 ArcGIS 10 是第一个把云计算纳入地理信息系统领域的实例。它把地理信息系统的实际应用推向了云端。ESRI 公司有以下两种支持云的方式。

① ArcGIS 10 可以直接部署在云平台上,该云平台为 Amazon 云平台。ESRI 公司把对空间数据的处理、分析与管理等功能都放在了云端。

② ESRI 构建了云资源的共享平台 ArcGIS.com,在上面提供了由 ESRI 公司统一维护的在线地图服务、在线应用服务、分析功能服务和共享环境等。

ArcGIS Online 云地理信息系统,以二维和三维的方式提供了多样的底图和包括影像、地形、水位、街道、人口、云层图像、政治经济地图在内的各种专题地图服务,以及地址匹配、地名查找、路线规划等空间分析服务。通过 ESRI 公司的 ArcGIS Explorer 访问 ArcGIS online,无须启动 Web 浏览器就可以进行更换底图,添加点、线、面,建立书签等操作,而且所进行的操作都可以通过 ArcGIS.com 进行共享。

ESRI 公司还推出了物流配送车辆线路优化的 ArcLogistics Online,这是一种软件即服务。

它可以实现多点、多线路之间的线路配送,而且考虑了车辆容载率、配送时间、车辆成本、配送区域规划、调节配送等问题,解决了配送规划线路和车辆配送问题的整体解决方案。ArcGIS的公有云体系如图 11-6 所示。

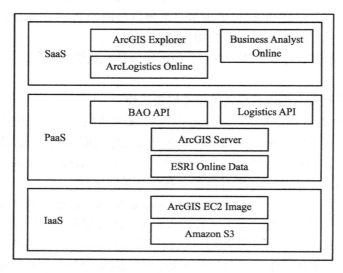

图 11-6　ArcGIS 公有云体系

11.5.3　"云 + 端"

1. "云 + 端"概述

所谓"云 + 端",云是指云计算平台和技术,这里主要讨论云地理信息系统,端是指运行了云客户端和云应用的智能移动终端设备,包括视听产品、智能家居产品、车载电子终端设备等。"云 + 端"服务模式的概念产生于 2010 年前后,不同于单纯的云计算服务模式,它将云计算和智能终端设备融合为一体化的产业链,针对移动终端设备的多元性、异构性和有限的存储计算能力,引入了云和端数据的按需访问、计算任务的按需迁移、应用界面重构和应用功能封装、基于事件的构建组装和即时验证等策略和关键技术。

简单来讲,云地理信息系统是在云端提供各种集成的服务(IaaS、PaaS、SaaS、DaaS),不考虑客户端和使用者的终端类型和模式,而由用户根据需要自行获取和共享空间数据信息与服务;而基于"云 + 端"的地理信息系统是将云和端的功能进行结合,考虑不同的客户端,来提供针对其接口和性能的相应服务(或者说,是在云和端之间建立统一的接口和连接模式),同时在过程中使云和端互相配合,并使空间数据的存储和计算能够合理利用云和端资源,达到高效操作。

2. "云 + 端"架构

"云 + 端"的服务模式在广义上的架构如图 11-7 所示。其中，"云"是指云服务提供商所提供的云计算平台,可以理解为前面所说的广义上的云服务,包括云终端接入服务器、应用服务器、资源汇聚网关、管理平台、门户五个组成部分。"管"是指网络运营商、设备商、供应商等中间监管部分。"端"如前面所述,它包括各种环境下运行云应用的智能终端设备。

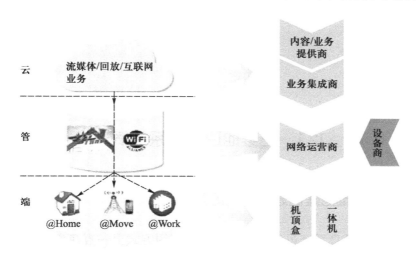

图 11-7 "云 + 端"架构
(图片来源:百度图片)

基于"云 + 端"地理信息系统的基本模式将变化少、更新周期长的工作地图以及业务数据,通过压缩后存储在智能终端设备上;简单的功能模块,如查询、检索、修改等模块,可以在智能终端设备的 APP 上实现;对存储空间比较大的数据,如大比例尺、大范围的底图,历史数据、模型数据所需要的辅助数据以及空间分析、网格分析等复杂的业务功能,均以云服务的形式提供给客户端。

 思考题

1. 什么是云计算? 什么是云地理信息系统?

2. 云地理信息系统的基本架构是怎样的?

3. 云地理信息系统当中用到哪些关键技术?

4. 简述云地理信息系统的优点和缺点,并举例说明。

5. 云地理信息系统的具体应用有哪些? 查找资料,关注动态,说说你对云地理信息系统未来发展趋势的看法。

第12章 三维地理信息系统

12.1 三维地理信息系统概述

12.1.1 传统二维地理信息系统的局限性

传统的二维地理信息系统虽然在数据存储和使用方式上一直在变,但是作为地理信息系统底层最基本的数据模型却并没有太多变化,目前所有的二维数据都是基于地图投影的原理,将三维地理空间中的信息转换到二维平面上,并以此为基础进行空间分析来满足不断增长的地理信息需求。

理论上,基于平面数据模型的二维地理信息系统在解决局部范围内的问题时,数据分析能力较强、硬件要求较低,基本能满足生产与生活的需要,因此在过去的几十年里二维地理信息系统得到了长足的发展和广泛的应用,但在解决大区域乃至全球尺度范围内的问题时却有点力不从心。例如,目前还没有任何一种已知的地图投影方式能同时解决球面投影到二维平面发生的角度、长度和面积变形的问题,而且投影误差也随着区域的增大而不断增加,很难满足高精度的测量计算需要,同时基于平面数据模型的二维地理信息系统在空间信息展示效果上不够直观,多维度空间分析功能也存在不足。

12.1.2 三维地理信息系统的优越性

如上文所说,二维地理信息系统在投影变换时会不可避免地产生变形,导致误差,难以满足高精度的测量计算,同时也不够直观。而三维地理信息系统最明显的优势在于它可以直观地向人们展示复杂的地理信息,更真实地表达客观世界。

三维地理信息系统是能够对真三维空间对象进行三维描述和分析的地理信息系统。三维地理信息系统中,空间目标通过 x、y、z 三个坐标轴定义,空间关系基于体进行划分。三维地理信息系统在具备二维地理信息系统传统功能的前提下,还应兼容一维、二维的数据,具有三维空间数据管理功能、三维空间分析功能、海量数据的分析与处理功能等。

12.1.3　三维地理信息系统的发展

我国地理信息系统经过 30 多年的发展,理论和技术都日趋成熟,在传统二维地理信息系统已不能满足当前快速发展的应用需求情况下,三维地理信息系统应运而生,并成为地理信息系统的重要发展方向之一。20 世纪 80 年代末以来,空间信息的三维可视化技术成为业界研究的热点,美国推出 Google Earth、Skyline、World Wind、ArcGIS Explorer 等三维地理信息系统产品,我国也推出 GeoGlobe(吉奥)、EV-Globe(国遥新天地)、LTEarth(灵图)等软件。

（1）Google Earth

Google 公司收购 Keyhole 公司之后,于 2005 年 6 月推出了 Google Earth 系列软件。Google Earth 把大量卫星图片、航拍照片和模拟三维图像组织在一起置于三维地球上,使用户从不同角度浏览地球。Google Earth 上的全球地貌影像分辨率较高,一般的有效分辨率至少为 100 m,通常为 30 m,大城市、著名风景区、建筑物区域会有高精度影像,分辨率为 0.5~1 m。作为一款功能强大的桌面地球浏览器,Google Earth 凭借其强大的技术实力和经验,为企业提供各种级别的解决方案,自推出以来征服了无数用户。

（2）Skyline

Skyline Globe 企业解决方案,是美国 Skyline 公司为三维地理信息的网络运营提供的企业级解决方案。用户可以根据需求定制功能,建立个性化的三维地理信息系统。Skyline 进入中国市场以来,一直积极参与三维数字城市建设和三维互联网产业服务,并得到一定的认可。成功的实例有中国数字海洋系统、数字深圳三维平台、数字烟台三维城市规划信息系统、黄河可视化防汛预案管理系统等,其中数字烟台三维城市规划信息系统获得了"2007 地理信息系统优秀工程金奖"。

（3）World Wind

World Wind 是 NASA 发布的一个开放源代码的地理科普软件,是一个可视化地球仪,将 NASA、USGS 以及其他 WMS 服务商提供的图像通过一个三维的地球模型展现。World Wind 最大的特性是卫星数据的自动更新。这一特性使 World Wind 具有在世界范围内跟踪近期事件、天气变化、火灾等情况的能力。美国国家航空航天局(NASA)提供了一系列演示动画来模拟飓风动态、季节变迁等全球活动,还提供了月球数据,可以对月球进行虚拟巡航。

（4）ArcGIS Explorer

ArcGIS Explorer 继承 ArcGIS Server 完整的地理信息系统功能,包括空间处理和三维服务,可以整合丰富的 GIS 数据集,并具有服务器空间处理的能力。它支持 OGC 的 WMS 和 Google

的 KML 数据,使数据结构开放并可以进行交互操作,用户还可以将多种数据源的数据融合、叠加显示在屏幕上,并根据需要以各种格式输出。ESRI 公司的产品具有比较强大的 GIS 空间分析能力。例如,ArcGIS Explorer 就在这方面做了大量的工作,在市场上与 Google Earth 抗衡。

（5）EV-Globe

EV-Globe 是北京国遥新天地信息技术有限公司开发的三维海量空间信息平台,广泛应用于安全监督和管理、指挥调度、资源开发整合、资源综合利用、环境保护检查等领域。在 2008 年汶川大地震后的指挥、救援工作中,基于其研发的"遨游天府——四川省三维地理空间信息管理系统"发挥了重要的作用。此外,EV-Globe 为国土资源航空物探遥感中心开发了矿山开发遥感监测信息系统,与中石油合作开发了海外应急系统,等等。实践证明,EV-Globe 在海量数据浏览效率、矢量数据查询、三维分析功能、安全性等方面与国内其他同类产品相比有着较为明显的优势。

（6）GeoGlobe

GeoGlobe 由武汉武大吉奥公司于 2006 年 4 月推出,是一款网络环境下全球海量无缝空间数据组织、管理与可视化软件。该软件由武汉大学测绘遥感信息工程国家重点实验室研发。GeoGlobe 包括三部分:GeoGlobe Server、GeoGlobe Builder 和 GeoGlobe Viewer。GeoGlobe Server 管理所有注册的空间数据,并提供实时多源空间数据的服务功能;GeoGlobe Builder 实现对海量影像数据、地形数据和三维城市模型数据的高效多级多层组织;GeoGlobe Viewer 安装在客户端,通过网络获取服务器端数据,并进行三维实时显示、查询、分析。

三维地理信息系统应用领域广泛,在城市规划、国土资源管理、军事仿真、虚拟旅游、智能交通、石油设施管理、环保监测、地下管线等领域备受青睐。目前,我国国产三维地理信息系统软件已占据了国内市场的半壁江山。

12.1.4　三维地理信息系统的应用

三维地理信息系统目前应用范围十分广泛,如天气预报、气候区划、气象服务分析等多种"空中应用",数字地球、智慧城市等"地上应用",测绘、土地利用、建筑选址、地貌分析等"地表应用",以及地质勘探、岩土工程等一些"地下应用"。相关管理部门和研究人员已经开始利用三维地理信息系统进行管理和推广。

1. 三维地理信息系统在智慧城市中的应用

经过十多年的发展,以地理信息系统为核心的数字城市成为城市信息化的主要标志之一,人们不仅生活在现实世界的物质城市中,也生活在另一个城市——数字城市中。智慧城市是数字城市的智能化发展趋势,其本质是要通过信息流控制能量流和物质流,实现资源自主优化配置,因此越来越复杂的城镇人口、资源与设施在三维立体空间的优化配置及其安全等日益严峻的问题,急需三维地理信息系统技术来解决。

以三维地理信息系统为基础的智慧城市涉及数据模型、三维建模、数据高效管理、三维可视化引擎、系统集成等很多方面的关键技术。其中,三维可视化引擎充分利用计算机图形学研究的最新成果,基于高效的三维空间数据组织管理和动态调度机制,可以实现整个城市范围三维空间数据的局部动态装载与优化、场景细节层次化(LOD)自适应计算、视域内大量复杂物体的实时遮挡剔除,以及 GPU/CPU 协同的复杂三维场景实时绘制等功能;同时支持地上地下和室内室外模型在同一流程中的高效绘制,以及大范围地理场景的实时阴影计算,满足了从精细模型到大范围景物等多种不同复杂度场景的三维地理信息系统实时可视化的需要。

2011 年,武汉市建成并投入使用了国内首个特大城市级的三维城市模型,并建立了数据采集、生产、管理、维护和应用的一体化循环体系,实现了城市三维模型属性信息、规划信息等数据的动态可持续更新,极大地促进了城市信息资源的充分利用。

2. 三维地理信息系统在电力信息系统中的应用

电力信息系统所管理的数据和地理位置紧密相关,而地理信息系统技术是集计算机图形和数据库于一体的存储和处理空间信息的系统,所需的各种数据均是建立在空间数据基础上的。在电力系统中,地理信息系统把地理位置和相关属性有机地结合起来,采用可视化技术,根据实际需要,将电力系统的部署信息准确真实、图文并茂地输出给用户,并借助地理信息系统独有的空间分析功能和可视化表达,进行各种辅助决策,以完全实现电网信息的地图化、运行数据的可视化,从而帮助企业进行高效的决策,促进电力行业的科学化管理。因此,地理信息系统在电力信息系统中有着广泛的应用。

由于电力信息系统中的输电线路和杆塔等设施是以三维空间形式存在的,各种线路在三维空间上存在着不同程度和方式的交叉和重叠,因此二维地理信息系统对于完整地描述和分析这类对象有一定的限制。而三维地理信息系统能够以其真实可视化的效果,生动地再现现实景观,并将有关电力信息系统的各种信息综合起来,建立一个虚拟环境,对输电网络、配电站等进行规划和设计,同时进行相应的专业电力分析,达到二维地理信息系统所无法达到的效果。

目前,有关三维地理信息系统在电力信息系统中的应用仍处于研究和探索阶段。

3. 三维地理信息系统在道路交通方面的应用

城市交通管理信息系统是“数字城市”的一个重要分支,涉及以公路通信系统、交通控制中心、公路监控系统等智能化设施为基础的交通管理功能。城市交通三维可视化信息系统是以多源、数字化的基础地理空间数据为基础,在计算机软硬件及网络的支持下,利用有线和无线通信传输技术、地理信息系统技术进行集成所建立的系统。该系统叠加了各种交通专题数据,可以实现日常工作中与道路交通相关的空间信息输入、处理、查询、分析等基础功能,而且可以在三维可视化环境中,更好地实现公路管理、物资调度和辅助决策功能。这一系统的建成,可以提高公路交通运输管理工作的效率和质量,增加管理工作的透明度,同时也可为城市公路交通管理部门提供更加科学、全面的决策管理依据,具有很大的社会效益和经济效益。

4. 三维地理信息系统在土地利用地类分析中的应用

我国是国土资源大国,但人均占地面积却极少,面对经济发展过程中国土资源出现的各种情况和问题,必须根据中国国情与国土资源的实际承载能力,严格保护耕地、节约集约用地、统筹各业各类用地,科学合理地利用国土资源。

随着信息化建设在各行各业的发展,信息技术在国土资源调查评价、规划、管理、保护与合理利用等环节也得到了充分应用,地理信息系统为实现国土资源信息化提供了重要的技术支撑,而三维地理信息系统以其可认知性、可表达性以及直观、逼真的优点,弥补了传统的二维国土资源管理系统的缺点,以三维地理信息系统为基础的国土资源管理系统成为发展趋势。

三维地理信息系统在土地利用地类分析的应用上,首先需要根据采样数据进行建模,生成地形地貌,并最终得到三维场景;在三维场景中进行基本地形因子或地形特性的量算;使用特定的专题图层进行叠加分析,针对不同的地类分析计算其面积,决策土地的利用方式。

随着用户对真三维体验需求的不断提升,以及三维地理信息系统技术的发展,真实世界的三维属性更多地被呈现并应用。除了以上提到的方面,三维地理信息系统在很早以前就应用于景观规划设计、二维和三维一体化校园地理信息系统等处,随着物联网、云计算等技术的兴起和发展,三维地理信息系统还将与一些新领域进行结合,应用于更加广泛的系统集成当中。

12.2 三维空间数据模型

三维空间数据模型是三维空间信息可视化的基础,也是三维地理信息系统的重点。三维数据模型按照数据存储结构,可以分为基于矢量的三维数据模型,基于栅格的三维数据模型,基于矢量、栅格混合结构的三维数据模型三类;按照模型的构建方式也可以分为基于面元的三维数据模型、基于体元的三维数据模型、基于面元和体元混合的三维数据模型三类。

按照数据存储结构划分的三维数据模型是二维矢量、栅格数据在三维空间的扩展,下面着重介绍三维空间模型常用的三种构建方式。

12.2.1 数据模型要求

1. 具有多维通用性

传统的二维地理信息系统在各个领域应用广泛,拥有完整成熟的空间分析能力,但是由于缺少对客观世界的第三维度的描述表达,其空间展示能力不足;而三维地理信息系统完善了对客观世界的描述功能,具有很好的交互性,让用户有身临其境的感觉。三维地理信息系统的模型结构比较复杂,导致其空间分析能力不足。一个实用的地理信息系统软件应能够很好地实现数据表达和空间分析功能,因此数据模型应该具有多维通用性,并能有效地融合二维和三维数据结构。

2. 比较完善的空间关系

建立空间数据模型的目的是为了更有效地组织空间数据,方便对数据进行处理分析,而空间对象之间的关系是空间数据模型中很重要的一部分。空间关系是指地理实体之间存在的与空间特性有关的关系,如度量关系、方向关系、顺序关系、拓扑关系、相似关系、相关关系等,其中拓扑关系是空间关系中最重要的一部分。空间拓扑关系在拓扑变换下不会发生改变。二维地理信息系统的拓扑关系比较简单,主要描述邻接、关联和包含三种拓扑关系,但在三维地理信息系统中,由于目前并没有一种通用的数据模型,所以针对不同的数据模型会定义不同的拓扑关系。具有代表性的有吴立新归纳的 12 种基本空间关系,即相离、相等、相连、相交、包含于、包含、交叠、覆盖、被覆盖、进入、穿越和被穿越。如果将这 12 种拓扑关系都应用到模型中,遍历和维护拓扑关系的开销会非常大。所以,目前在模型设计的过程中,通常并不将所有的拓扑关系都考虑进来,只考虑元素之间的连通、邻接和包含等基本关系,通过推衍得到其他拓扑关系。

3. 复杂对象的描述能力

针对具体领域,数据模型的设计在一定程度上要考虑到对象的复杂性。例如,在地质行业中,地质体可能存在断层、角度不整合面等情况,对体对象之间的空间关系产生破坏,同时这些被破坏的块体内部有特定的组成结构,在地学空间分析等对模型的应用中经常需要从不同尺度和层次研究体对象。因此,无论是从保证体对象在地质意义上的层次性和完整性的角度,还是从有利于模型表达的角度,都需要考虑复杂体对象的设计问题。

12.2.2 基于面元的三维数据模型

基于面元的三维数据模型侧重于三维空间实体(如地形表面、地层表面、建筑物及地下工程的轮廓和空间框架等)的表面表示。模拟的表面可能是封闭的或者非封闭的,如基于采样点的不规则三角网(TIN)模型和基于数据内插的规则格网模型通常用于非封闭的表面模拟;边界表示(B–Rep)模型和线框(Wire Frame)模型则常用于封闭表面或外部轮廓模拟;断面(Section)模型、断面–不规则三角网(Section–TIN)模型、多层数字高程模型通常用于地质建模。

通过面元表示形成的三维空间轮廓具有便于显示、便于数据更新等优点,但也因为缺少三维几何描述和内部属性记录,导致三维空间查询和分析难以进行。

1. 不规则三角网模型与规则格网模型

等高线模型、大规则三角网模型、规则格网模型等多种方法均可以用来表达物体表面,常用的是基于实际采样点构造不规则三角网。不规则三角网方法对无重复点的散乱数据点集进行三角剖分,形成连续但不重叠的不规则三角网来描述三维物体表面;规则格网方法是对非均匀分布的采样结果进行内插处理后形成规则的平面分割网格。这两种表面模型可以用于地形表面建模。

2. 边界表示模型

边界表示模型采用分级策略来表达空间对象,通过面、环、边、点来定义实体的位置和形状,可以详细记录构成实体的所有几何元素的几何信息及其相互连接的关系,便于直接存取构成实体的各个面、构成面的边界及组成边的各个顶点的定义参数,有利于以面、边、点为基础的各种几何运算和操作。边界表示模型的边界线可以是平面曲线或者空间曲线,它在描述结构简单的三维实体时比较有效,对不规则三维物体的表达则效率相对较低。这种模型空间对象的相互关系清晰,便于进行一系列的计算和操作(如拓扑完整性检验),但是缺乏对三维空间对象内部的描述。

边界表示模型的建模示例如图 12-1 所示。

3. 线框模型

线框模型的实质是把目标空间轮廓上两两相邻的采样点或特征点用直线连接起来形成一系列多边形;再将这些多边形拼接起来形成一个多边形格网来模拟三维表面或地质边界。有些系统,如 DataMine,以不规则三角网来填充线框表面,当采样点或特征点沿环线分布时,所连成的线框形成相连切片(Linked Sliced)模型。该模型简化了模型的生成过程,便于重构,但表示对象不唯一,而且没有考虑内部信息的描述。图 12-2 所示的为线框模型。

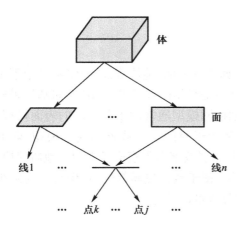

图 12-1 边界表示模型的建模示例

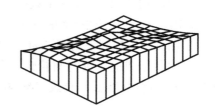

图 12-2 线框模型

(图片来源:王润怀. 矿山地质对象三维数据模型研究,2007)

4. 断面 – 不规则三角网混合模型

断面模型实质上是传统地质制图方法的计算机实现,通过平面或剖面图来描述地质信息,将三维问题二维化。由于它采用的是非原始数据,对所描述对象的表达并不完整,因此模型精度并不高,往往与其他方法配合使用。

断面 – 不规则三角网混合模型就是在断面的地层界线、地质界线等的基础上,将相邻剖面上属性相同的界线用三角面片连接,形成具有特定属性含义的三维曲面。图 12-3 所示的为断面 – 不规则三角网混合模型。

5. 多层数字高程模型

多层数字高程模型首先针对各地层的采样点按照数字高程模型方法对各地层进行插值拟合;根据各地层的属性对多层数字高程模型进行交叉划分处理,形成空间中严格按照岩性要素划分的三维地层模型的骨架结构;在此基础上,引入特殊地质现象、人工构筑物几何要素对象,完成对三维空间的完整剖分。这种模型层次清晰,结构简单,便于构建和维护,但是难以描述空间对象的内部特征,所以与断面模型一样,一般都同其他模型结合使用。图 12-4 所示的为数字高程模型。

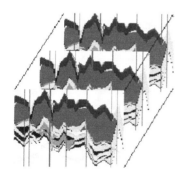

图 12-3 断面 – 不规则三角网
混合模型

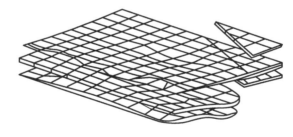

图 12-4 多层数字高程模型

(图片来源:吴立新 . 3D GIS 与 3D GMS 中的空间构模技术,2003)

12.2.3 基于体元的三维数据模型

体元模型是基于三维空间的体元分割和真三维实体的表达,体元的属性可以独立描述和存储,因而可以进行三维空间操作和分析。

体元模型的分类如下:按照体元的面数分为四面体(Tetrahedral)、六面体(Hexahedral)、棱柱体(Prismatic)和多面体(Polyhedral)共四种类型;按照体元的规整性分为规则体元和非规则体元两个大类。

1. 规则体元模型

规则体元包括构造实体几何（CSG）模型、三维体素（Voxel）模型、八叉树（OCTree）模型、针体（Needle）模型和规则块体（Regular Block）模型五种模型。通常用于水体、污染体和环境问题方面的建模，其中的 Voxel 和 OCTree 模型是一种无采样约束的、面向场物质的、连续空间的标准分割方法，而 Needle 和 Regular Block 模型则可用于简单地质建模。

（1）构造实体几何模型

构造实体几何模型的基本思想是：首先预定义规则形状的基本体元，如立方体、圆柱体、球体、圆锥及封闭样条曲面等；然后在这些规则体元之间进行几何变换和正则布尔操作（并、交、差等操作），将它们组合成复杂几何体。生成的三维几何体可以用 CSG-Tree 来表示。这种结构在描述结构简单的三维几何体时十分有效，但对于复杂的不规则实体则效率低下。图 12-5 所示的为构造实体几何模型。

（2）三维体素模型

三维体素模型的实质是二维规则格网模型在三维中的扩展，即以一组规则尺寸的三维体素来剖分所要模拟的空间和实体。其最显著的优点是在编程时具有隐含的定位技术，可以节省存储空间和运算时间；但表达空间位置的几何精度低，不适合表达和分析实体之间的空间关系。虽然可以通过缩小每个体素单元的尺寸来提高模型精度，但其空间单元数目及存储量也将以三次方增长。图 12-6 所示的为三维体素模型。

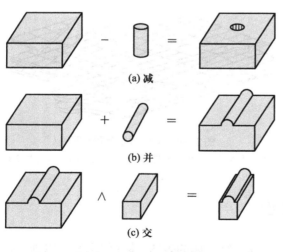

(a) 减

(b) 并

(c) 交

图 12-5　构造实体几何模型

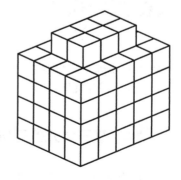

图 12-6　三维体素模型

（图片来源：吴立新，2003）

（3）八叉树模型

八叉树模型是二维地理信息系统中的四叉树的扩展，其实质是对三维体素模型的压缩改进。它是对数据场空间进行上下、左右、前后方向上的均匀剖分,形成八个子数据场空间,建立八个树结点;对每个子空间进行类似的迭代剖分,直到子空间所代表的区域都是均质体。图 12-7 所示的为八叉树模型。

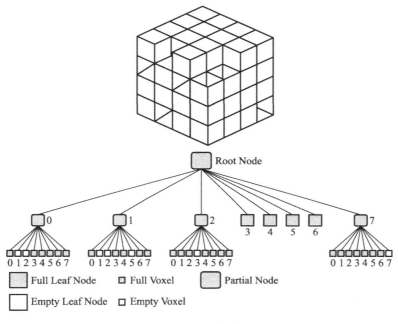

图 12-7 八叉树模型
(图片来源:Raper,1996)

(4) 针体模型

针体模型的原理类似于结晶体生长过程,是用一组具有相同截面积的不同长度的针状柱体来分割某一非规则三维空间或三维实体,并用针状柱体的集合来表达该目标三维空间或三维实体。图 12-8 所示的为针体模型。

(5) 规则块体模型

规则块体模型出现较早,是一种比较传统的地质构模方法。它的原理是把目标空间分割成规则的三维立方体网格,即块体(Block),每个块体在计算机中的存储地址与其在自然界中的位置相对应,且每个块体需要是均质同性体,由克里格法、距离加权平均等方法确定其品位及岩性参数值。该模型在渐变的三维空间建模方面比较有效,但对于有边界约束的沉积地层、地质构造等复杂空间模型,需要不断降低单元尺寸,使得数据量急剧膨胀。

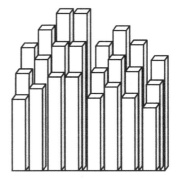

图 12-8 针体模型
(图片来源:吴立新,2003)

2. 非规则体元模型

非规则体元模型主要包括四面体格网(TEN)模型、金字塔(Pyramid)模型、三棱柱(Tri-Prism,TP)模型、地质细胞(GeoCellular)模型、非规则块体(Irregular Block)模型、实体(Solid)模型、3D–Voronoi 模型和广义三棱柱(GTP)模型八种模型。它们都是有采样约束的、基于地质地层界面和地质构造的、面向实体的三维模型。其中,常用的模型有以下几种。

(1)四面体格网模型

四面体格网模型是在三维 Delaunay 三角网研究的基础上出现的,是一个基于点的三维矢量数据模型。其基本思路是:用互不相交的直线将三维空间中不重复的散乱点两两连接形成三角面片,再由互不穿越的三角面片构成四面体格网,其中四面体网格中不包括点集中的其他点。四面体内点的属性可以通过空间插值得到,四面体格网虽然可以描述实体内部,但不能表示三维连续曲面,用四面体格网来生成空间曲面时算法复杂度较大。

(2)地质细胞模型

地质细胞模型的实质是三维体素模型的变种,即在 Oxy 平面上仍为标准的规则格网剖分,在 z 方向则依据数据场类型或地层界面变化的实际情况进行划分,从而形成逼近实际界面的三维体元空间剖分。

(3)非规则块体模型

非规则块体模型与前面提到的规则块体之间的区别在于:规则块体的每个单元在三个方向上的长度虽不相等,但其值保持常数;非规则块体单元在三个方向上的长度也不相等,且不为常数。后者的优势在于可以根据空间界面的变化趋势进行模拟,从而提高空间模型的精度。

(4)实体模型

实体模型采用多边形格网来精确描述地质实体边界,同时采用传统的块体模型来独立描述实体内部的品位或质量的分布,既可以保证边界构模的精度,又可以简化体内属性表达和体积计算。该模型适用于具有复杂内部结构的地质对象,但人工交互工作量大。

(5)广义三棱柱模型

由于三棱柱模型三条棱边相互平行,不能根据实际的偏斜钻孔来构建真三维地质对象,且难以处理复杂地质构造,故产生了广义三棱柱模型。模型由上下不一定平行的两个三角形和三个侧面空间四边形围成,广义三棱柱上下底面的三角形集合所组成的不规则三角网面可以表达不同的地层面,广义三棱柱侧面的空间四边形面用来描述层面间的空间关系,广义三棱柱柱体表达层与层之间的内部实体。基于不规则三角网边退化和面退化,可以由广义三棱柱导出金字塔模型和四面体格网模型。图 12–9 所示的为广义三棱柱模型。

图 12–9　广义三棱柱模型

12.2.4 基于混合结构的三维数据模型

基于面模型的构模方法侧重于三维空间实体的表面表示,通过表面表示形成三维目标的空间轮廓,其优点是便于显示和数据更新,缺点是难以进行空间分析。基于体模型的构模方法侧重于三维空间实体的边界与内部的整体表示,通过对体的描述实现三维目标的空间表示。其优点是易于进行空间操作和分析;缺点是存储空间大,数据结构复杂,计算速度慢。

基于混合结构的三维数据模型的目的就是综合面模型和体模型的优点,同时综合规则体元与非规则体元的优点,取长补短,构建高效精确的模型。但由于基于混合结构的三维数据模型在模型转换和不同模型的同时处理上并没有很好的方法,所以还没有成熟的基于混合结构的三维数据模型用于实际应用当中。

基于混合结构的三维数据模型主要包括 TIN–SCG 混合模型、TIN–OCTree 混合模型、Wire Frame–Block 混合模型、OCTree–TEN 混合模型和多层 TIN–GTP 模型等。这些数据模型虽然理论性良好,但均存在一定程度的缺陷,不适用于实际生产中。下面以 OCTree–TEN 混合模型、多层 TIN–GTP 模型为例介绍混合模型。

1. OCTree–TEN 模型

前面已分别介绍八叉树模型和四面体网格模型。八叉树模型存储空间小,但是不够精确,四面体格网模型能够精确表示空间对象,但是模型数据量比较大。八叉树和四面体格网混合模型综合二者的优点,其基本思想是整体用八叉树模型进行描述,而局部使用四面体格网模型进行描述。该模型也存在着存储量大的缺点,并且由于模型复杂而变得难以维护。图 12–10 所示的为 OCTree–TEN 混合数据模型。

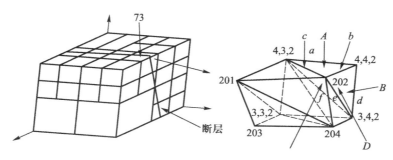

图 12–10 OCTree–TEN 混合数据模型

(图片来源:李德仁.一种三维 GIS 混合数据结构研究,1997)

2. 多层 TIN–GTP 模型

多层不规则三角网模型结构简单直观,但缺少对地质体内部属性的描述;广义三棱柱模型有对地质体内部属性的描述,但是模型相对复杂。尽管理论上出现了以多层不规则三角网模型为基础,在进行操作时动态生成广义三棱柱来进行运算的混合模型,但是该模型在处理断层、褶皱等复杂地质模型时实用性不够。图 12–11 所示的为多层 TIN–GTP 模型。

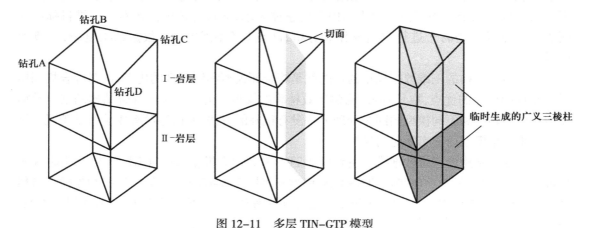

图 12–11　多层 TIN–GTP 模型

12.3　三维地理信息系统可视化

12.3.1　三维空间数据可视化的基本流程

虽然三维空间数据在数据类型、数据分布、数据连接关系上存在较大差异,但可视化的基本流程基本一致。三维数据可视化主要包括四个步骤:数据生成、数据处理、可视化映射、图像变换与显示。图 12–12 展示了三维空间数据的转换过程。

① 数据生成。三维空间数据可以由测量仪器或者计算机数值模拟产生,如数字高程模型数据、计算机数值模拟生成的数据。

② 数据处理。生成的数据不一定满足可视化要求,所以在数据可视化之前一般要先进行数据处理。数据处理方法的选择根据应用对象的不同

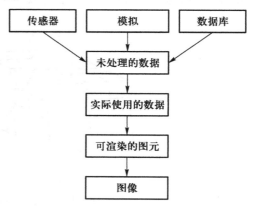

图 12–12　三维空间数据的转换过程

而不同。若原始数据量过大,则需要对数据进行提炼和选择,以减少数据量;而若数据分布得比较稀疏甚至影响可视化的效果,则需要进行有效的插值或其他有效手段的数据处理。数据点所在位置的法向量可能在后续过程中用到,而原始数据中一般不包含,需要预先处理出来。

③ 可视化映射。可视化映射就是将处理后的原始数据转换为可绘制的几何图素和属性,即需要可视化的空间数据最终以什么图像表现出来,如何表现,如何设计可视化的光亮度、颜色、其他属性等信息。可视化的基本要求是表现出原始数据中人们感兴趣的部分。

④ 图像变换和显示。将可视化映射设计的可视化方案在设备上显示出来。在实现过程中主要涉及计算机图形学的相关技术,包括图形变换、消隐技术、光照计算等。

12.3.2 三维空间数据可视化的主要方法

三维数据可视化从实现方式上分为基于面绘制的算法和直接体绘制的算法两种。

1. 基于面绘制的算法

基于面绘制的方法是从三维空间数据中抽取出数据的表面信息,用基本几何单元(线、平面多边形、曲面等)来表示物体的表面信息并进行绘制。

表面绘制是三维显示中普遍应用到的技术,绘制效果能够简洁地反映复杂物体的三维结构。基于面绘制的基本思想如下。

① 如果三维数据是采用基于面元的模型来表示的,则可以直接得到物体的表面几何单元;如果是采用实体模型进行表示的,则需要从体数据场中提取中间几何单元,构造出物体表面,中间几何单元可以是曲线、曲面、平面等。

② 利用计算机图形学技术绘制物体表面。面绘制的结果虽然不能完全反映整个原始数据场的所有细节,但可以对感兴趣的特征产生清晰的图像,如等值面。在现有的图形学技术以及图形硬件的支持下,面绘制方法的绘制速度较快,所以应用也较广泛。对于三维实体模型而言,从三维体数据中抽取几何单元并重建物体表面的算法是一个关键问题。按照表面重建过程所操作的对象来分,重建方法可以分为连接轮廓线法和体素表面重建法两类。

(1) 连接轮廓线法

连接轮廓线法是最早的面绘制方法,基本思想是:先将每层图像的轮廓线提取出来,通过轮廓线的拓扑重构和几何重构来构建某一阈值的等值面。其中,拓扑重构的目的是确定各等值线所属的实体,几何重构是根据拓扑分类图生成等值面。一条等值线由多条线段构成,按照一定的方式连接等值线上的顶点构成三角面片,从而得到由三角面片组成的等值面。该方法由于难以解决两相邻层轮廓线对应点的确定和连接问题,已逐渐被淘汰。

(2) 体素表面重构法

体素表面重构法是从三维体元空间中,根据体元内物质的密度变化等构建出三维体数据的等值表面信息。目前的主要方法有移动立方体(Marching Cubes, MC)法、移动四面体(Marching Tetrahedra, MT)法、分解立方体(Dividing Cubes, DC)法。

① MC 法。MC 法的基本思想：用户提供等值面的值，根据设定值找等值面通过的体素的位置，并求出该体素内的等值面及相关参数，最后绘制出等值面。

② MT 法。MT 法将立方体体元剖分为四面体，在四面体中构造等值面。

③ DC 法。DC 法基于体素分割的思想，将立方体分解至像素大小，并直接绘制为表面点。其基本原理是：指定扫描顺序，按顺序扫描数据场中的各个立方体单元，若某个立方体单元与等值面相交，则可以计算该体素在屏幕上的投影，当投影面积大于一个像素时，继续分割此体素，体素被递归分割为更小的子体素，直到其在屏幕上的投影区域为一个像素大小。

2. 直接体绘制算法

直接体绘制算法摆脱了传统的曲面构造体的思想，直接从体数据出发，回避了面绘制中必须解决的分割与重建难题。该方法既可以显示体数据的表面信息，也可以反映体数据的内部属性。直接体绘制算法依据视觉成像原理，先构造出理想化的物理模型，再根据体素的介质属性分配一定的光照和不透明度等要素，最终在像平面上投影图像。

体绘制的目标是在一幅图上展示空间体细节。例如，有一间房子，房子中有家具、家用电器，站在房子外只能看到外部形状，无法观察到房子的布局或者房子中的物体；假设房子和房子中的物体都是半透明的，就可以同时查看到所有的细节。这就是体绘制所要达到的效果。

最直接的体绘制算法就是光线投射法。在光线投射法中，从图像的每一个像素沿固定方向(通常是视线方向)发射一条光线，光线穿越整个体素空间，并在这个过程中对光线经过的所有体元进行采样获取颜色信息，同时依据光线吸收模型将颜色值进行累加，直至光线穿越整个图像序列，最后得到的颜色值就是渲染图像的颜色。

12.3.3　三维可视化加速策略

随着地理信息系统理论与技术的不断发展，获取的空间数据精度越来越高，数据量以海量形式增长，对海量三维空间数据的渲染和处理能力提出了更高的要求。传统的可视化技术绘制效率难以满足实际应用中实时绘制和交互处理的需求，有必要通过提升软件和硬件性能并采用可视化加速策略来适应当前的发展需要。

1. 细节层次化

细节层次化(Level of Detail, LOD)技术的基本思想是在不影响画面视觉效果的条件下，通过逐次简化景物的表面细节来减少场景的几何复杂性，从而提高绘制算法的效率。该技术通常用于为每个原始对象建立几个不同精度的几何模型。与对象相比，每个模型均保留了一定层次的细节。在绘制时,根据不同的标准选择适当的层次模型来表示物体。

在表示大地形数据时,细节层次化策略获得了广泛应用。地形模型有些部分平坦,有些部分起伏不定,可以用较少的细节近似表示模型平坦的部分,而用较多的细节表示模型起伏变化大的部分。这就是细节层次化策略的典型思想。1997 年,Duchaineauy 等提出的实时优化适应性网格(Real-Time Optimally Adapting Meshes,ROAM)算法是目前应用最广泛的一种地形绘制算法。ROAM 算法的实质是对高度图进行非均匀采样,用动态变化的屏幕误差阈值控制采样的密度。对于变化剧烈、距离视点近、朝向与观测者所成角度小的地方,采样密集;相反,采样稀疏。采样的密度根据上一帧的三角形数量跟预期的三角形数量进行比较,如果比预期的三角形数量多,则增大误差阈值,使总体采样密度降低;反之,提高误差阈值,使总体采样密度提高。

2. 并行化

串行化三维场景处理模式无法满足海量三维数据的高效、实时处理需求,三维地理信息系统平台开始利用计算机多核硬件的并行处理能力。从三维可视化流程来分析,对流程中的多任务进行有效分解,可以场景更新为主线程,以数据加载模块和场景渲染模块为主要并行模块,结合可视对象查找机制,实现三维场景绘制的整个流程。

并行化带来的问题是多线程之间的调度,对于共享数据,需要采取同步处理操作,可以采用锁机制对读、写操作进行锁定,实现并行化过程中模块之间的异步操作。

3. 图形硬件加速

基于硬件加速的体数据可视化技术,充分利用设备的存储能力和图形硬件的绘制能力。通过采取多级分块技术动态加载和剔除数据来缓解因数据量太大所带来的内存不足问题;充分利用设备的图形处理器(GPU),通过 GPU 插值进行纹理采样,减少绘制数据量。两种技术的基本思想如下。

图形硬件的缓存容量往往有限,在纹理数据的缓存阶段,需要绘制的数据往往大于图形硬件内存,导致一次性加载大规模数据受到限制。三维地理信息系统平台利用体数据分块技术,实现体数据的动态加载与剔除。当绘制新的数据块时,需要清除场景中不可见的数据,再载入需要绘制的数据块,从而实现大数据量环境下三维场景的正常显示。

在像素渲染阶段,三维地理信息系统平台可以充分利用 GPU 的加速功能,利用 GPU 插值计算进行快速纹理采样;在纹理绘制过程中采用精灵(imposters)技术。综合使用上述两种方法,在确保不影响图像质量的基础上,最大限度地减少需要绘制的数据量,可以提高体数据绘制的效率。

12.3.4　虚拟现实与地理信息系统的结合——虚拟地理环境

虚拟现实(VR)是人们通过计算机技术对复杂的数据对象进行可视化处理操作以及实时

交互的环境。它用到三种基本技术:三维计算机图形学技术、多功能传感器交互式接口技术和高清显示技术。单纯的虚拟现实缺乏一定的空间分析功能,将三维地理信息系统平台和虚拟现实相结合,实现了面向地理信息系统的虚拟现实立体平台。它不仅可以支持海量空间数据、地形影像的可视化,还可以支持地理信息系统的基础分析功能和一系列高级分析功能。

　　虚拟地理环境(Virtual Geographic Environments,VGE)是指用计算机技术生成的一个逼真的三维视觉、听觉、触觉或嗅觉融合的感觉世界,让用户可以从自己的视点出发,利用自然的技能和某些设备对生成的这一虚拟世界客体进行浏览和交互考察,强调逼真的感觉、自然的交互、个人的视点及迅速的响应。虚拟地理环境是数字化了的现实地理环境、恢复与复原的过去的地理环境、预测与预报的未来的地理环境。它以虚拟现实理念和技术为核心,基于地理信息、遥感信息、赛博空间网络信息与移动空间信息,研究现实地理环境和赛博空间的现象与规律。通过虚拟地理环境,可以促进实验地理学、地理与遥感信息科学,信息地理学,以及虚拟地理学的研究与发展。

　　随着"数字地球"的产生和发展,面向大规模的地形数据可视化需求越来越大,虚拟现实技术与三维技术的结合是三维地理信息系统和三维地理信息系统可视化的重要发展方向之一。

12.4　三维地理信息系统空间分析

12.4.1　数字地形分析

　　数字高程模型(DEM)由于引入了空间高程值,可以表示三维地形数据,所以三维地理信息系统中的数字地形分析就是基于数字高程模型进行的一种地形分析技术。

　　数字地形分析具有广泛的应用,其主要任务有两个:地形数据的基本量算,如两点之间的距离、方位、区域面积,地质体体积等;地形特征分析,包括地形走向与等高线起伏,判别山脊、山谷等地貌特征等。按照地形分析复杂度,可以将数字地形分析分为基本地形因子计算和复杂地形分析两种,基本地形因子包括坡度、坡向、地形粗糙度等参数,复杂地形分析则包括可视性分析、流域道路分析等。

　　以上内容是三维地理信息系统空间分析中的重要环节,在第 7 章已经有相关分析方法的详细介绍,在此不赘述。

12.4.2　三维缓冲区分析

　　三维缓冲区分析是将二维缓冲分析的概念扩展到三维空间来实现。利用邻近的概念,缓冲区将地图分为指定距离范围内和指定距离范围之外两个区域。

对于三维空间中的要素，其缓冲区定义如下。

① 点目标，其缓冲区是以该点为球心、以缓冲半径为半径的一个球状区域。多应用于确定点事件的影响范围，如爆炸物影响范围等。图 12-13 所示的为二维和三维点目标缓冲区示意图。

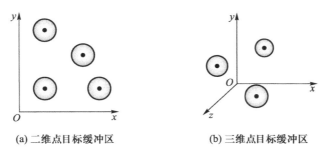

(a) 二维点目标缓冲区 (b) 三维点目标缓冲区

图 12-13　点目标缓冲区
(图片来源：邱华，2011)

② 对于三维空间中的线目标，其缓冲区域是以该线目标为轴，以缓冲半径向外缘延伸的不规则筒状区域。线目标的三维缓冲区分析在管道路径管理方面有重要作用。图 12-14 所示的为二维和三维线目标缓冲区示意图。

③ 三维空间中的面目标缓冲区，是以该面目标为基准，首先在二维平面上延展生成一个二维的面多边形，然后再以该多边形为横截面，在 z 轴方向上下延伸缓冲半径，所形成的空间范围多在城市规划等方面发挥作用。图 12-15 所示的为二维和三维面目标缓冲区示意图。

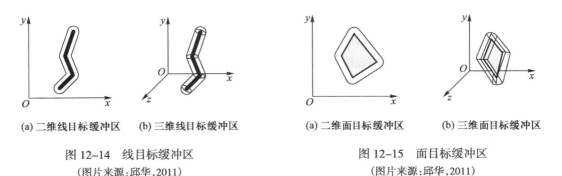

(a) 二维线目标缓冲区　(b) 三维线目标缓冲区

图 12-14　线目标缓冲区
(图片来源：邱华，2011)

(a) 二维面目标缓冲区　(b) 三维面目标缓冲区

图 12-15　面目标缓冲区
(图片来源：邱华，2011)

④ 体缓冲区是对体的各个面的面缓冲区求交，可以得到三维空间特有物状体的缓冲区，是一个与原体形状相似、体积更大的体，如图 12-16 所示。

根据三维实体对周围空间的不同作用和性质，三维缓冲区分析可以分为静态三维缓冲区分析和动态三维缓冲区分析。静态三维缓冲区分析是指在缓冲距离内三维物体对周围空间各点的影响相等,影响程度不随距离的变化而变化;而动态三维缓冲区中的三维物体对周围空间各点的影响随距离的变化而变化,一般情况下呈衰减变化。动态三维缓冲区分析主要针对流域类、污染类等问题,一般采用与距离等元素相关的动态分析模型进行分析计算。

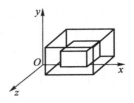

图 12-16 体缓冲区
(图片来源:邱华,2011)

三维缓冲区分析也分为三维矢量模型分析和三维栅格模型分析。三维矢量模型分析算法与二维空间的缓冲区分析类似,包括角平分线法和凸角圆弧法等方法(见 7.5.1 小节),分析结果精度高,但原理也比较复杂;针对三维栅格模型,则主要把二维中的平面栅格转换为三维体素进行分析,可以有效利用栅格中的距离变换特性进行计算,但内存开销比较大。

12.4.3 三维叠置分析

空间叠置分析就是在同一空间参照系统中,将同一地区的多个图层进行叠加来实现空间区域多重属性特征的集成和综合,形成"合成叠置分析";或通过建立地理对象之间的空间对应关系来提取特定区域内的特定专题数据,进而进行"统计叠置分析"。

三维叠置分析可以是二维图层和三维图层的叠加,也可以是三维图层和三维图层的叠加。该分析方法多用于城市规划、建筑用地规划等。例如,将二维的规划用地和城市三维建筑模型图层进行叠置等。

12.4.4 三维交互分析

三维交互是三维地理信息系统平台的基本组成部分。三维交互的意义在于用户可以操作模拟环境下的模型,并从环境中得到反馈。三维图形交互分为两种:一种是使用真正的三维交互设备来实现交互,如三维操纵杆等;另一种是通过现有的二维设备进行三维仿真。

以三维地质领域为例,三维交互主要包括:
① 模型的几何变换,如三维场景的放缩、移动、旋转等基本功能。
② 三维交互定位,定位是其他很多功能的基础,用于确定当前选择的对象。
③ 空间信息查询,一般基于交互定位,查询定位对象的空间数据、属性信息、参数信息等。
④ 模型剖切,便于地层结构的分析等。

12.4.5 其他分析

由于三维地理信息系统与实际生活空间最贴近,故三维的空间分析应用十分广泛;但由于三维数据结构的复杂性,使得三维地理信息系统的分析方法比二维空间分析方法要复杂得多。

随着三维地理信息系统在近几年的发展,目前三维空间分析技术也在不断进步,除以上介绍的经典分析方法之外,还包括地层剖切、建筑物等的阴影分析、不同情况下的水淹分析,以及各种算法和三维数据关系、构造方面的研究。

12.4.6　空间分析应用

三维地理信息系统空间分析的研究与实践已深入生产、生活的各个领域,以下通过几个领域的案例来反映三维空间分析的应用。

1. 控矿信息提取

控矿信息提取是在分析矿床地质的基础上,基于三维空间查询,提取与成矿相关的地质因素。针对三维矿床模型有一些查询方案,包括:

① 基于属性的查询,如查询所有 $m(K_2O)>2\%$ 的采样点。

② 基于距离的查询,如查询矿体周围 200 m 范围内的所有工程数据。

③ 基于体表面的查询,即查询封闭面内所有的点。

④ 对元数据的查询,如查询模型创建日期等。

⑤ 基于三维图形几何形态特征的查询,如查询穿窿、盆地等。

⑥ 基于某曲线或者曲面趋势的查询,如查询所有倾向为 $135° \pm 10°$、倾角为 $45° \pm 10°$ 的地质体。

⑦ 相交查询,如查询与钻井轨迹相交的所有断层面,查询与矿体相关的所有地质界面。

在上述七种查询方案中,融合了多种空间分析方法,如缓冲分析、空间量算、叠置分析等。

2. 航道断面分析

航道断面分析是分析航道断面形态的变化。断面形态是河流的重要特征,是决定河流输水输沙能力、河道通畅、稳定程度的重要因素。断面形态的变化从一定程度上反映了断面附近航段河床淤积情况的演变过程。航道断面包括航道横断面和航道纵断面。航道横断面是垂直于航道中心线方向的河床断面,航道纵断面是沿航道中心线剖切的航道断面。

航道断面分析主要有以下应用。

① 航道断面分析可确定航道的通航应变能力。例如,沉船、沉物均有可能影响航道的通航能力,而航道的断面分析数据,可以为应急处理提供决策支持。

② 航道断面分析可以为航道冲淤工程提供工程量估算支持。例如,要疏通一段航道,通过航道断面分析,可以初步估算该疏通工程的大致土方量,因此可以为航道冲淤工程提供估算支持。

3. 农田水利工程

三维模型的建立对于排水、灌溉渠道的布设和选线有较大参考价值。根据坡度坡势布设工程,可以保证积水沿选定的线路排出农田;蓄水池要依坡度布置在集中汇水处、低凹处,使得其可以将一部分雨水积蓄起来,用于调节局部雨水季节性分布不均;引水渠道的选线应尽量避开陡坡区,在缓坡区域和标准田块布置区域可以多布设灌溉渠道;结合坡度分级图,提取项目区现有沟渠,可以对区域内规划沟渠的布局进行模拟。

12.5 三维地理信息系统的发展和挑战

三维地理信息系统一度成为地理信息系统领域研究的热点,但在发展过程中也遇到了一些问题。例如,很多的三维地理信息系统平台仍停留在可视化和简单的空间分析层面,在大数据量处理、高端三维分析等方面还面临许多的挑战。当前,三维地理信息系统主要面临的挑战包括以下几点。

1. 数据

对于地理信息系统来说,数据是基础,缺乏实时、全面的空间数据的系统犹如摆设,所以数据的获取对地理信息系统来说至关重要。然而,与二维空间数据相比,三维空间数据的获取难度较大,尤其是大面积的三维场景建模成本更为昂贵。

同时,海量空间信息管理、分析及数据组织是地理信息系统的核心和关键问题,但随着遥感影像、数字高程模型以及大量的三维模型等空间数据的集成应用,数据量急剧增加,处理海量数据也成为三维地理信息系统所必须面对的技术难题。

2. 三维可视化

随着数据获取方式的不断改进,伴随数据而生的是三维地理信息系统可视化问题,主要瓶颈包括:地理信息系统的大部分应用以影像和地形为主;密集的矢量、密集的地名注记及大规模的城市模型使得显示效率降低。

3. 缺乏高端的三维分析功能

由于三维空间的复杂性,三维空间数据的分析和处理难度较大,目前的三维地理信息系统平台仍主要停留在可视化层面,仅具有比较基本的三维空间分析能力,并不能满足实际复杂的分析需求,三维地理信息系统相关技术总体上仍处于探索阶段。大数据时代,海量的地理信息系统数据量以及复杂的三维结构,更是增加了高端空间分析的难度。

思考题

1. 目前国内外比较流行的三维地理信息系统软件有哪些?

2. 三维空间数据模型分为哪几种? 各有什么特点?

3. 什么是基于面元的三维数据模型? 常见的基于面元的三维数据模型有哪些?

4. 什么是基于体元的三维数据模型? 常见的基于体元的三维数据模型有哪些?

5. 基于二维地理信息系统数据如何构建三维地理信息系统模型?

6. 说明三维空间数据可视化的基本流程。

7. 三维空间数据可视化从实现角度看分为哪几种? 说明其各自的特点。

8. 提高三维空间数据可视化效率的方式有哪些?

9. 说明空间分析在三维地理信息系统平台上的作用,并列举空间分析的方法。

10. 举例说明三维地理信息系统在生产、生活中的实际应用。

第13章 时态地理信息系统

13.1 时态地理信息系统概述

时态地理信息系统(Temporal GIS,TGIS)的概念是与传统的静态地理信息系统相区别而言的。静态地理信息系统忽略了空间信息的三种基本成分(空间、时间和属性)中的时间性,它虽然有很强的空间分析能力,但只能描述数据的瞬时状态,如果数据在时间维度发生变化,就用新数据代替旧数据,旧数据被删除或孤立地备份。随着地理信息系统应用的深入,人们要求在传统地理信息系统中增加时间维信息,进而观测和分析空间信息随时间的变化和发展,这就出现了时态地理信息系统。

13.1.1 时态地理信息系统的发展历程

综观国内外时态地理信息系统发展进程,可以将其发展过程概括为以下几个阶段,如表13-1所示。

表 13-1　时态地理信息系统的发展历程

时间	阶段	发展标志
20世纪80年代初期	预备阶段	出现时态数据库,实现对纯属性数据的时间管理和分析
20世纪80年代中后期	萌芽阶段(雏形期)	开始基于现有地理信息系统平台研究时空数据库模型
20世纪90年代	正式研究阶段	以 Gail Langran 为代表的科学家正式提出时态地理信息系统的概念,开始时态地理信息系统研究
2000—2010年	飞速发展阶段(繁荣期)	各种时态地理信息系统模型的提出和系统研发,时态地理信息系统理论研究走向成熟

时间	阶段	发展标志
2010 年至今	实践和应用阶段	ArcGIS 等大型地理信息商业软件融合实现时态地理信息系统功能

20 世纪 80 年代,数据库技术的日渐成熟和大容量高速存储设备的发展为时态数据库技术和空间数据库技术的融合创造了条件,为时态地理信息系统的出现和发展做好了大量预备工作。20 世纪 80 年代后期,国外开始尝试把时间引入空间信息系统,并在已有的地理信息系统平台上研究时空数据库组织方法和模型。1992 年以 Gail Langran 为代表的科学家正式提出时态地理信息系统这个概念,标志着时态地理信息系统研究的正式开始。20 世纪 90 年代至 2010 年,随着面向对象的时态地理信息系统模型、基于事件的时态地理信息系统模型、四维时空数据模型等众多数据模型的提出和对相应系统的研究及开发,促使时态地理信息系统从理论研究逐渐走向应用。

近几年来,ArcGIS 等成熟的商业平台推出了时态地理信息系统软件。例如,ArcGIS 9.2 针对时态地理信息系统的数据组织需求以及功能需求,提供了相应的解决方案,包括时间数据的存储格式 NetCDF、时空数据建模、历史数据归档、多维数据图表分析、时间动画、追踪分析、实时数据获取等功能。

13.1.2 时态地理信息系统的基本功能

时态地理信息系统除了应该具备静态地理信息系统的所有功能外,还应该具有跟踪和分析空间信息变化的功能。时态地理信息系统的主要功能包括时空数据库管理、时空数据更新、时空查询和分析、时空数据显示和输出等。

1. 时空数据库管理

时空数据库管理是建立时态地理信息系统的基础。在时态地理信息系统中,不仅要对常规地理信息系统数据进行管理,还要对不同时态的数据,包括历史数据、现势数据和预测数据进行管理,具体包括以下内容。

① 时空数据库的定义:设计合理的时空数据模型,并利用数据库组织实现。

② 时空数据库的基本操作:包括时空数据输入、复制、删除等一般数据库操作。

③ 时间管理:包括一般性时间管理和时空对象的时间逻辑一致性管理。一般性时间管理包括时间格式转换、时间系统转换和时间匹配等功能;时空对象的时间逻辑一致性管理包括时空对象的两种时间(有效时间和事务时间)的语义管理和时空对象时间拓扑关系管理功能。

④ 数据归档:时态地理信息系统需要记载很多随时间演变的信息,实现数据的历史回溯。

⑤ 数据交换：实现与其他一般数据库、地理信息系统数据库及时空数据库的数据交换。

2. 时空数据更新

时态地理信息系统必须实现与时间有关的时空对象的创建、分割、合并、收缩、扩张和终止等操作。为了保持地理信息系统的数据现势性，延长服务期，数据更新是非常重要的。通常的数据更新方法是简单地用新数据更换旧数据。时态地理信息系统中，过期数据属于有用资源，不应删除或覆盖，因此必须考虑一个合理的更新机制，将新旧数据组织在统一的时空结构中。

3. 时空查询和分析

① 时空查询模块。除了传统的属性查询、空间查询外，还需要提供时间查询及其联合查询。这需要增加时间查询操作符，包括时间连接操作、时间拓扑关系操作、时间距离操作、时空拓扑关系操作等查询操作符。

② 时空分析模块。空间分析是传统地理信息系统的核心，而时空分析是时态地理信息系统的核心。时空分析模块应包括时空数据的分类、时间量测、基于时间的平滑和综合、变化的统计分析、时空叠加、时间序列分析以及预测分析等。

4. 时空数据显示和输出

有效显示并输出时空数据是时态地理信息系统应用成果的具体表现形式，包括以下内容。

① 时空数据显示。传统的静态地理信息系统用图和表回答用户关于"何处""怎样"的询问，时态地理信息系统则还要回答有关"何时"的问题，以反映地理过程和状态的变化。目前，时态地理信息系统已经使用了动画地图、不同符号和颜色显示、立体显示等多种可视化手段来有效地显示时空数据。时空可视化是时态地理信息系统目前的研究热点之一。

② 时空数据的输出。如矿产预测应用领域的结果输出等。

基于以上基本功能，目前对时态地理信息系统的研究主要包括时空数据模型、时空数据库管理系统、时空分析和推理、时空数据的可视化等方面。时空数据模型是属性、空间和时间语义更完整的地理数据模型，作为研究和开发时态地理信息系统的理论基础，模型的好坏不但决定了时态地理信息系统的操作灵活性，而且影响和制约着时态地理信息系统其他方面的研究和发展；时空数据库是时态地理信息系统的组织核心，主要涉及时空数据库的定义，时空数据库的基本操作（包括增加、删除、修改、查询等一般数据库操作）以及数据交换（包括与其他数据库、传统地理信息系统数据库及其他时空数据库的数据交换）等方面的内容；时空分析和推理是根据数据库中的大量时间序列数据和空间数据进行包括时间推理和空间推理在内的数据分析，主要包括时空数据的分类、时间量测、基于时间的平滑和综合、变化的统计分析、时空叠加、时间序列分析以及预测分析等模块；时空数据的可视化是对不同时间数据的显示、制图和符号化，包括实现不同符号和颜色显示、立体显示以及动画显示，其发展方向是借助动画技术表述地理数据时间维。

13.1.3 时态地理信息系统的应用方向

20 世纪 90 年代以来,随着地理信息系统应用的深入,在很多应用领域(如地籍变更、资源监测、环境监测、抢险救灾、交通管理、地质矿山、海洋监测等)都要求地理信息系统能够提供时间分析功能,以高效地回答与时间相关各类问题,这就推动了时态地理信息系统应用的发展。

1. 环境变迁研究

地理环境及其要素会随时间变化,如海岸带变化、沙漠化变化、陆地水文变化、动植物群的演变等。环境变迁研究主要研究地理环境及其要素在时间上的变化规律和变化原因,以预测未来的变化趋势,为经济、社会可持续发展服务。例如,通过对海岸线变化存储管理分析,了解海洋和陆地的相互关系,有助于发现地球板块构造规律。美国国家海洋服务机构(National Ocean Service,NOS)利用 Intergraph 公司的自动制图系统 ANCS 制作航海地图就是时态地理信息系统应用的一个典型实例。NOS 每年要对已生产的航海地图做大约 180 万处修改,而且被取代的信息必须保留。过去,只能用人工方法完成这些繁重的工作,1992 年使用自动制图系统 ANCS 后,就用改进的时空数据结构处理有关海岸线、航海辅助设施等每年的变化情况,取代了人工方法。

2. 土地利用/土地覆盖变化研究

基于时态地理信息系统,利用积累的各种遥感对地观测资料,编制土地利用/覆盖变化图,并在此基础上,建立区域土地利用覆盖动态变化数据库,进行动态研究,已经成为可能。例如,美国地质勘探局机构(USGS)负责执行"国家制图计划",提供覆盖美国国土的地理信息资料。由于其中的土地利用图必须经常更新,且许多用户要求使用历史资料,现行的保存方法已不能满足应用需要,因此 USGS 建立了国家数字地图数据库(NDCDB),实现对经常更新的国土利用图的管理。

3. 地籍管理

地籍管理对城镇规划乃至区域经济发展都很重要。地籍管理系统应该是一种典型的时态地理信息系统。初始地籍建立以后,极其频繁的变更处理是地籍管理的主要内容之一,其关键技术就是用适当的时空模型来组织地籍数据库。作为重要的档案资料,变更前后的数据都要妥善保存,并可用于土地利用变化的统计、监测和预报,为政府部门的决策提供依据。

4. 行政区域管理

行政区是国家为便于行政管理而分级划分的区域,表示一定的地区范围,人们通常对区域内各种数据进行定时统计(如定期进行人口普查),期间行政区的边界可能发生变化。为了进行纵向的研究,常需要与行政区对应的有关统计数据的历史版本。因此,要求信息系统包含行政区历史空间数据。

5. 路网变化管理

在城市交通地位日益突出的今天,对道路新建、旧路废弃、道路改线、路面材料更换、路面加宽加长等道路随时间变化的数据进行存储,将便于对道路的管理与规划。因此,利用时态地理信息系统进行智能化交通管理和规划,已经成为一种趋势。

6. 森林资源管理

森林资源在自然状态下是一种动态变化资源,同时由于人类的经营活动或自然灾害等原因,森林资源变化更加复杂。因此,森林资源数据的时空特征明显,既有同一时间不同空间的数据系列,也有同一空间不同时间序列的数据。在森林资源管理中,涉及大量的数据(空间数据、属性数据、时间数据)更新,而时态地理信息系统的方法和技术,将是森林资源动态管理这一传统难题的较好解决方案,可以实现森林资源多期历史数据的存储和归档,以及对森林资源现状、变化和动态、分布格局和发展趋势的有效管理和应用。

13.2　时空关系和时空数据模型

时空数据模型是时态地理信息系统研究的核心问题,是实现不同尺度、不同时序空间数据互动与融合的基础。时态地理信息系统强调的是利用时空分析的工具和技术来模拟动态过程,挖掘隐含于时空数据中的信息和规律。这就必须建立规范化的时空数据模型,提高时空查询和分析的效率。一般认为,一个合理的时空数据模型必须考虑如下几个方面的因素:节省存储空间,数据存取和更新简便快速,较快的查询分析响应速度,以及相应的图形化表现能力。

13.2.1　时间特性的表示

准确定义和表示时间特性是时态地理信息系统的基本问题和首要问题。

1. 时间结构类型

时间结构包括线性时间结构、分支时间结构和周期时间结构三种基本类型,如图 13-1所示。

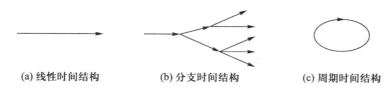

(a) 线性时间结构　　　　(b) 分支时间结构　　　　(c) 周期时间结构

图 13-1　基本时间结构类型

(1) 线性时间结构

线性时间结构中,时间是一条没有端点,向过去和将来无限延伸的线。线性时间结构最常用,也最简单,如图 13-1(a) 所示。

(2) 分支时间结构

在某些主题中,事件发生的先后是一个偏序关系,这种时间结构称为分支时间结构,如图 13-1(b) 所示。分支时间结构有两种情况,一种是时间从过去到现在是线性递增的,而从现在到未来有多种可能;另一种是时间从过去到现在有许多种可能,而从现在到将来的变化是单调递增的。对于分支时间模型,相同的事件能在不同的分支发生,而且不需要连接分支。分支时间结构不仅可以用来进行未来行动的规划,还可以用来分析导致目前状况的过去行动的可能顺序。

(3) 周期时间结构

空间和时间的一些过程是循环的,典型的范例是天体的宇宙运动。在通常定义的循环时间中,点的次序关系是无意义的,任何点都在其他任意点之前和之后。

在线性和分支时间结构中,旧对象和新对象不会重复,而在周期时间结构(如图 13-1(c) 所示)中,对象在一个周期内将返回为原来状态。

2. 时间粒度

由于计算机的数字化特点,在计算机中时间不可能被存储为一个连续的实体,而必须用离散形式来表示,这就产生了"时间粒度"的概念。

时间粒度,也称为时间分辨率,是对时间离散化程度的度量。当以固定时间粒度对实体状态采样时,粒度越小表示越精确,但太小的粒度又会增加内存开销。实际工作中,往往在两者间折中权衡,当系统以状态改变的方式来记录信息时,时间粒度是变化的,或者说时间粒度的语义由不同应用的需要而定。理想的时态地理信息系统应该支持用户选择各类时间粒度,并提供方便灵活的不同粒度间的转换机制,如年、月、日之间的转换。

3. 有效时间和事务时间

时态地理信息系统中通常需要表示两类时间,即有效时间和事务时间。

(1) 有效时间

有效时间又称为逻辑时间、事件时间。有效时间是一个对象从产生到消亡的整个过程中在现实世界中存在的时间区间,也称为寿命。它描述对象的历史状态、现在状态和将来状态。对象的历史数据是指过去时间里对象的状态信息;对象的现时数据是指对象在当前有效时间里的状态信息;而对象的预期数据则是指对象在将来某一时间段里可能出现的状态信息。

(2) 事务时间

事务时间又称为物理时间、数据库时间或系统时间,指对象作为数据被记录在数据库里的时间,它表示数据在数据库中的状态。事务时间是对象在入库时由系统自动产生的,它不能由用户修改。

有效时间和事务时间在应用中是相关的。由于事件常是在发生后才被记录在库中,所以有效时间一般要早于事务时间;若两者相等,就可以认为现实事件就是数据库事务;而有效时间亦可能晚于事务时间,这意味着系统可以包括未来事件的信息,这在一些应用中是很有意义的。

4. 时间戳

把时间看作事件的一个属性,通常存在两种事件处理方法:一种方法是只用一个时间戳标记事件发生的时间。这种方法可以节省内存,免去冗余数据和空值(不考虑循环情况时),但对有关时间区段的查询,系统的应答时间较长;另一种方法是每个状态以两个时间戳 Since 和 Until 来标记,表明状态的一段区间。这种机制便于时间区段查询,但时间戳有时会出现空值或伪值,导致操作和计算上的复杂化。

5. 应答时间

应答时间是地理信息系统响应用户查询和分析要求的时间,也是时态地理信息系统中需要考虑的一个重要概念。由于地理信息系统要处理大量的时空属性数据,就会出现查询效率与有限存储空间之间的矛盾。时态地理信息系统只能在两者间权衡,在提高时空查询应答时间的同时尽可能控制数据冗余,从而增加数据库的信息容量。

6. "现在"与基态

在时态地理信息系统中,通常规定一个名义时间——"现在",作为在时间轴上区分"过去"和"将来"的参考点;系统在"现在"的数据状态称为"基态",是指最后更新的数据状态(未必反映现实世界的当前状态)。

传统地图描述的就是基态,相当于语言学中的"现在时"。以此类推,统计分析工作是"过去时",预测分析则是"将来时"。

13.2.2　时空基本变化类型

变化是地理实体和现象的基本特征之一。对地理空间实体变化的认知是时空数据处理与时空分析的基础。按照国际地理信息系统界比较公认的分类方法，单个实体的变化包括出现（Appearance）、消失（Disappearance）、稳定（Stability）、移动（Movement）、旋转（Rotation）、扩大（Expansion）、缩小（Contraction）和变形（Deformation）八大类，如图 13-2 所示。

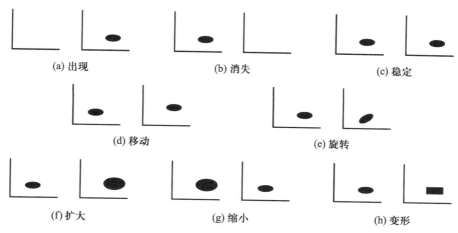

(a) 出现 　　　　　　 (b) 消失 　　　　　　 (c) 稳定

(d) 移动 　　　　　　　　　　 (e) 旋转

(f) 扩大 　　　　　　 (g) 缩小 　　　　　　 (h) 变形

图 13-2　单一实体在地理空间中的基本变化类型

上述这些基本变化类型和变化类型的组合基本可以描述地理实体的所有变化，但这仅仅是对一般地理实体而言，具有通用性而不具有针对性。在实际时态地理信息系统应用中，需要结合各个应用领域地理实体变更的具体特点，确定适合于本行业的地理实体时空变化类型。例如，在森林资源管理工作中，对于森林资源管理和经营的基本单位小班来说，鉴于"小班地块是地球表面上一块有边界、有确定权属和经营类型的林地"，林地地块一般不包括移动、旋转情况，因此小班的单一实体变化类型包括出现、消失、属性变化、扩大、缩小、变形六种基本类型。

以上只考虑单个空间实体的变化类型，而在实际变化中，往往不仅仅是单个实体自身的变化，而是两个或两个以上实体共同作用，产生一些相对复杂的变化类型，如地理实体分割、地理实体之间合并等。

13.2.3　时空概念数据模型

在目前众多的时空数据模型研究中，绝大多数是从用户的观点来对数据建模，属于概念层次的数据模型。以下简要分析几种典型的时空概念数据模型。

1. 时空立方体模型

Hagerstrand 最早于 1970 年提出了时空立方体模型（Space-Time Cube Model）。这个三维

立方体由两个空间维和一个时间维组成,它描述了二维空间沿时间维演变的过程。任何一个空间实体的演变历史都是时空立方体中的一个实体。

2. 序列快照模型

序列快照模型(Sequent Snapshots Model)分为矢量快照模型和栅格快照模型。该模型将一系列时间片段快照保存起来,各个切片分别对应不同时刻的状态图层,以此来反映地理现象的时空演化过程,根据需要对指定时间片段进行播放。有些地理信息系统用该方法来逼近时空特性,以反映整个空间特征的状态。

序列快照模型具有以下特点。

① 模型结构简单。该模型可以直接在当前的地理信息系统软件中应用。

② 该模型主要反映整个空间特征的状态,不表达单一的时空对象,较难处理时空对象间的时态关系,要想分析某个具体时空对象的变化,必须对两个快照进行彻底的比较。

③ 数据冗余大。由于该模型将未发生变化的地物进行重复存储,因此会产生大量的数据冗余,且当数据量较大时系统效率急剧下降。

④ 无查错能力。

因为时态地理信息系统比静态地理信息系统的数据量大很多,所以节省存储空间和提高操作效率是时态地理信息系统两个最主要的目标。而序列快照模型只是一种概念上的模型,不具备实用的开发价值。

3. 基态修正模型

为了避免连续快照模型将每张未发生变化部分的快照特征重复进行记录,科学家提出了基态修正模型(Base State with Amendments Model)。该模型按事先设定的时间间隔采样,只存储研究区过去某时刻的数据状态(基态)和相对于基态的一系列变化量。基于事件的基态修正时空数据模型(Event-Based Spatiotemporal Data Model,ESTDM)示意图如图 13-3 所示。

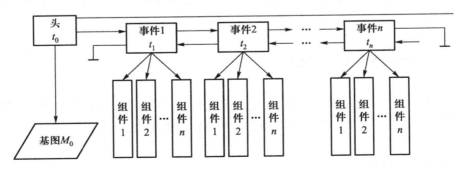

图 13-3　基于事件的基态修正时空数据模型示意图

（1）基态修正模型的优点

基态修正模型具有数据冗余少,易与现有的地理信息系统软件结合等优点。基态修正的每个对象只需存储一次,且每变化一次,只有很小的数据量需记录,同时只在有事件发生或对象发生变化时才存入系统。同时基态修正模型具有基于时间、以事件驱动、面向对象的特征,易与面向对象的关系数据库结合,能够较好地结合现有地理信息系统软件进行有效的功能扩展。由此可见,基态修正模型适用于全局数据变化较少,而局部数据变化较多的情形。该模型只存储基态和变化量的特性,能够较好地采用关系数据库来记录对象变更的亲缘继承关系,便于恢复对象在任意时刻的历史状态。

（2）基态修正模型的缺点

基态修正模型的主要缺点是获得历史较为久远的非基态数据效率较低。因为该模型只记录基态和发生变化时的变化数据,要获取非基态数据需要将基态数据和不同时刻变化数据进行叠加操作,这样对很远的过去状态进行检索时,几乎需要对整个历史状况进行阅读操作,这对于矢量模型而言效率较低,对栅格模型则比较合适。同理,基态修正模型较难处理给定时刻的时空对象间的空间关系,而且对于将整个地理区域作为处理对象时,该模型处理方法难度较大,效率较低,管理变化索引也很困难。

针对基态修正模型的薄弱环节,经扩展和改进,已能较好地解决历史久远情况下检索效率和空间分析效率低下的问题。例如,多基态的基态修正模型,可以在时空数据的整个历史状况中动态地设立多个基态,使非基态数据可以通过离它最近的基态数据和差文件叠加得到,数据存取效率得到了提高,而不受历史久远情况的影响。多基态修正模型中一个重要且需要灵活掌握的关键是基态距(基态和基态之间差文件数)阈值的确定,因为这一方法中,增加了基态的占用空间,降低了检索的时间开销,其中基态距阈值的确定是对这两方面的权衡,阈值太小会浪费存储空间,阈值太大又会降低时间效率,所以基态距阈值要根据具体情况进行选择。

4. 时空复合模型

时空复合模型(Space-Time Composite Model)的起点是一个基图,它表达了最初的实体状况,每个数据库的更新期将产生一个覆盖层。若该层经过错误检查得到认可,则该层将通过叠加操作合并入系统。新的结点和弧段形成的新多边形在属性历史上将与它的邻接多边形不同,每个实体的属性历史用一个有序的记录列表来表达,一个记录包括一个属性集和反映该属性集有效期的时间。该模型将空间变化和属性变化都映射为空间的变化,导致新实体的产生,是序列快照和基态修正的折中模型。

时空复合模型在概念上容易理解,但是实现起来非常复杂,其最大的缺点在于多边形碎化和对关系数据库的过分依赖。因为每次时空对象的变化均导致变化的部分脱离其父对象,成为具有不同历史的离散对象。随着时间的发展,表达分解成越来越小的碎片,空间对象越来越破碎,标注的修改较为复杂,涉及的关系链层次很多,因此必须对标注逐一进行回退修改。

5. 时空概念模型特点比较

时空概念模型的特点比较如表 13-2 所示。

表 13-2　时空概念模型的特点比较

时空数据模型	优点	缺点
时空立方体模型	形象直观地运用了时间维的几何特性，表现了空间实体是一个时空体的概念，对地理变化的描述简单明了，易于接受	随着数据量的增大，对时空立方体的操作越来越复杂，三维立方体的表达方面难以实现
序列快照模型	可直接在当前地理信息系统软件中实现；反映整个空间某一时刻的特征状态；当前的数据库总是处于有效状态	将未发生变化的所有特征进行存储，数据冗余大；不表达单一的时空对象，较难处理时空对象间的时态关系
基态修正模型	提高了时态分辨率；减少了数据冗余量；通过归档数据，跟踪变化的空间目标	较难处理给定时刻时空对象间的空间关系；在对较远的过去状态和对整个历史状态进行检索时，效率低；很难进行空间对象和时态属性的双向查询
时空复合模型	达到用静态的属性表来表达动态的时空变化过程的目的；实质是序列快照模型和基态修正模型的折中模型	数据库中对象标识符的修改比较复杂，涉及的关系链层次很多，必须对标识符逐一进行回退修改，不能使用现有的地理信息系统实现

上述四类数据模型中，快照模型可以很好地存储历史数据，但分析能力差；基态修正模型易于在当前地理信息系统上实现，但历史查询和分析效率低；时空复合模型包括了时间分析所需的拓扑，但结构复杂，难以在当前地理信息系统软件上实现；时空立方体模型仍然是理论上的。从时空信息表达能力和实现的可能性上看，基态修正模型有一定的优势。

13.2.4　时空逻辑数据模型

逻辑数据模型主要描述时空数据模型在数据库系统中的数据结构、数据操作以及数据完整性。当前时空逻辑数据模型主要有第一范式时空逻辑数据模型、非第一范式时空逻辑数据模型、面向对象时空逻辑数据模型等。

1. 第一范式(INF)时空逻辑数据模型

按照第一范式方法，一个时空对象的历史过程需要用几个元组表达，时空对象的属性值标记在元组中，元组中每个属性值必须具有时间标记。在时态地理信息系统中，对于一个空间单元的表达，即使未发生空间拓扑变化，而仅是一个属性值发生变化，就必须增加一个新的元组来表示。

其特点是由于利用了关系数据库的优点,有利于数据库操作,但针对数据对象的简单变化,必须增加一个新的元组进行表达,导致数据库中存在大量重复数据。

2. 非第一范式(NINF)时空逻辑数据模型

非第一范式时空逻辑数据模型中,元组采用不定长和嵌套方式,复杂时空对象变化或整个演变历史只需一个元组来描述。这种数据模型非常适合时态地理信息系统的应用,能较好地体现时间的结构和特性,减少数据冗余。

然而,非第一范式时空逻辑数据模型虽然在理论上比较完美,但在技术上却有一定难度,并受到商业数据库软件以及现有地理信息系统支持能力的制约,难以在实际中应用。

3. 面向对象的时空逻辑数据模型

面向对象的时空逻辑数据模型将目标抽象为对象,对空间对象的属性和操作进行封装,并将时间维引入对象,直接支持对象的嵌套和变长记录。利用面向对象技术把地理实体的空间、时间和属性三个组成部分处理成类。一个时空类就是一个时态单元复形,各维时态单元复形聚集成基于时空逻辑数据模型的单元元组。这种模型的优点是将时空拓扑隐含地存储,空间对象被统一处理。面向对象的时空逻辑数据模型的基本框架如图13–4所示。

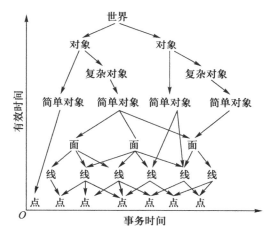

图13–4 面向对象的时空逻辑数据
模型的基本框架

该模型对整个系统和具体对象的历史都采用了动态多级索引方式的基态修正存储法,存储效率较高,数据冗余少。该模型时空数据结构简单,可以充分利用面向对象软件技术,有利于时空逻辑数据模型的扩展与时态操作,具有较高的灵活性和可维护性,但由于纯面向对象的地理信息系统较少,无法适应地理现象的时空特征和内在联系,而且仍存在理论问题有待解决。

4. 对象关系混合时空逻辑数据模型

对象关系时空逻辑数据模型是一种混合型的时空模型。该模型用面向对象的基本思想去规范化描述客观世界事物,即从客观世界事物的独立性出发,把空间世界的空间实体看作完整独立的对象,每个时空对象中封装了对象的时态性、空间(几何)特性、属性特性和相关的行为操作及其他对象的关系。这样也为空间数据、属性数据与时间数据的一体化管理提供了基础。同时,为了结合现有的数据库技术,可以用对象关系数据库(如 Oracle)去组织时空对象,并在此基础上建立时空分析基础。

13.3　时空数据库的实现和操作

时空数据库(Spatial-Temporal Database,STDB)是时态地理信息系统的组织核心。时空数据库是包括时间和空间要素的数据库系统,它管理的对象主要是地理时空数据(包括空间数据、时态数据和属性数据)。

"时空"不等于"空间"加上"时间"。由于空间数据存在几何拓扑等复杂关系,空间数据库的组织和处理方法与非空间的数据库有很大的差别,故非空间的时态数据库结构不完全适合时空数据库;同理,在空间数据库中加入时态的内容,也需要在数据库结构和理论(时态操作)方面有所突破。为了解决这个矛盾,人们开始考虑在地理信息系统中用面向对象的思想结合关系数据库模型进行空间数据管理,如 GeoDatabase 面向对象空间数据库技术。

13.3.1　时空数据库实现的主要方式

1. 基于现有的关系数据库

基于关系模型的时空数据库利用传统关系模型的丰富语义、较完善的理论和高效灵活的实现机制,在关系数据库模型中加入时间维,并扩充关系模型、关系代数及查询语言,模拟处理时态数据,直接或间接地实现时空数据的存取和管理。

2. 利用面向对象方法

面向对象概念是支持时空复杂对象建模的最有效手段,它打破了关系模型范式的限制,直接支持对象的嵌套和变长记录,是建立时空数据库最为高效和节省空间的方法。虽然面向对象数据库目前还没有像关系数据库那样成熟,但随着面向对象空间数据库技术的成熟和完善,该方法将是时空地理信息系统建模的趋势。

13.3.2　几种主要的时间标记方法

时空数据库的建立依赖于时间的表示方法。时空数据库中的时间标记方式目前主要有关系级时间标记方法(快照法)、元组级时间标记方法和属性级时间标记方法三种。

下面以一个森林资源基本经营单位小班为例,对以上三种时间标记方法进行分析。假设一个森林资源小班编号为 2298151300404,记录其从 T_0 时刻到 T_1 时刻的面积收缩变化(即通常意义上的面积减少),采用三种时间标记方法分别表达如下。

1. 时空关系级时间标记方法

在时空关系级时间标记方法中,只要某一个对象的某一个属性发生变化,就会产生一个新的关系表,所有没发生变化的属性值被重复记录。小班 2298151300404 从 T_0 到 T_1 时刻发生的面积收缩变化,按照时空关系级时间标记方式,需要基于旧的小班表生成一个新的小班表,旧小班表和新小班表的表达分别如表 13-3 和表 13-4 所示。

表 13-3　时空关系级时间标记方法的数据改变前

SID	Shape	地类	林种	优势树种	面积	有效时间
2298151300404	Polygon	有林地	用材林	针叶	32	T_0
2298151300406	Polygon	采伐迹地			28	T_0
2298151300407	Polygon	有林地	用材林	阔叶	18	T_0
2298151300408	Polygon	采伐迹地			54	T_0

表 13-4　时空关系级时间标记方法的数据改变后

SID	Shape	地类	林种	优势树种	面积	有效时间
2298151300404	Polygon	有林地	用材林	针叶	26	T_1
2298151300406	Polygon	采伐迹地			34	T_1
2298151300407	Polygon	有林地	用材林	阔叶	18	T_1
2298151300408	Polygon	采伐迹地			54	T_1

2. 元组级时间标记方法

元组级时间标记方法的时间标记作用在记录上,对变化的对象给定新版本,一旦对象的属性发生任何变化,一个新的记录就被加进关系表。小班 2298151300404 从 T_0 到 T_1 时刻发生面积收缩变化,按照元组级时间标记方式,在原来的数据表中增加一条新的记录,记录该小班最新状态,如表 13-5 所示。

表 13-5　元组级时间标记方法的数据表达

SID	Shape	地类	林种	优势树种	面积	有效时间
2298151300404	Polygon	有林地	用材林	针叶	32	$[T_0, T_1]$
2298151300406	Polygon	采伐迹地			28	$[T_0, *]$
2298151300407	Polygon	有林地	用材林	阔叶	18	$[T_0, *]$
2298151300408	Polygon	采伐迹地			54	$[T_0, *]$
2298151300404	Polygon	有林地	用材林	针叶	26	$[T_1, *]$

3. 属性级时间标记方法

在属性级时间标记方式中,元组中的每一个属性项,都附有一个相应的有效时间标记。当空间对象的某一个属性发生变化时,属性级时间标记方法仅在发生变化的属性字段处增加一个新值。小班2298151300404从T_0到T_1时刻发生面积收缩变化,按照属性级时间标记方式,在发生变化的属性处增加变化后的新值,记录该小班最新状态,如表13-6所示。

表 13-6　属性级时间标记方法的数据表达

SID	Shape	地类	林种	优势树种	面积
2298151300404	Polygon	有林地$[T_0,*]$	用材林$[T_0,*]$	针叶$[T_0,*]$	32$[T_0,T_1]$ 26$[T_1,*]$
2298151300406	Polygon	采伐迹地$[T_0,*]$			28$[T_0,*]$
2298151300407	Polygon	有林地$[T_0,*]$	用材林$[T_0,*]$	阔叶$[T_0,*]$	18$[T_0,*]$
2298151300408	Polygon	采伐迹地$[T_0,*]$			54$[T_0,*]$

4. 三种时间标记方式的比较

三种时间标记方式的比较如表13-7所示。

表 13-7　三种时间标记方式的比较

标记方式	实现方式	优点	缺点	实现方式
时空关系级	某对象,不管哪个属性发生变化,都产生一个新的关系	操作简单	所有没发生变化的对象被重复记录,冗余度大,查询效率低	可以基于关系数据库数据
元组级	某对象的某一属性发生变化时,产生一个新元组(一条新记录)	数据操作方便、处理能力强	数据冗余度居中	可以基于关系数据库数据
属性级	某对象的某一属性发生变化时,都附属一有效时间标记	数据冗余度小	需要变长字段或嵌套表,给使用已有的关系数据库带来不便	面向对象的方法

在时空关系级时间标记方式中,只要某个对象的任一属性发生变化都需要产生一个新的关系表,所有没发生变化的对象都被重复记录,造成不变对象数据的冗余存储,这将使存储空间迅速增长,影响查询的反应时间。

属性级时间标记方法表示的数据库具有最小的冗余度,而且避免了因同一对象有不同记录所带来的数据匹配和连接问题。但为了处理这种带有时间标记的属性,就必须使用变长字段值或嵌套表,这不符合关系模型的基本范式要求,难以运用关系代数进行运算。该方法不能利用现有的关系数据库,需要面向对象数据库的支撑。受到可供实际应用开发的商业数据库软件的制约,技术实现上还有一定难度。

在元组级时间标记方式中,所有属性都是原子值,遵循第一范式模型,能够方便地利用现有的地理信息系统空间数据库技术进行存储和访问,较好地记载时空对象的历史状态、事件以及当前状态。虽然存在一定程度的数据冗余,但是这个冗余是记录级的,相对元组级的冗余要小很多,用较小的存储代价换取了较高的运算和操作效率,可以获得现有空间关系数据库技术的有效支持。

13.4 时空数据库的操作

时空数据库的操作是时空数据库的核心组成部分,是实现时空数据库更新必不可少的工具。从操作的数据对象是否被改变这一角度来看,数据操作可以分为静态操作和动态操作。静态操作不改变操作对象的特征状态,如查询等;动态操作改变对象的特征状态,如插入、删除、修改等,它关系到数据变更的成败。

13.4.1 时空数据查询和回溯

1. 时空数据查询

(1) 时空数据查询的内容

时空数据查询包括空间查询、属性查询、时间查询以及它们之间的组合查询。其中,空间查询是通过要素图形间的空间关系进行查询;属性查询是将属性表中域值满足特定条件的要素查询出来,其实质是进行关系表的查询;时间查询是对单个地理对象或者全部地理对象进行时间属性查询,以得到地理对象的历史信息,为将来的走向趋势分析提供便利。

(2) 时空数据的查询操作算子

查询操作算子从操作数据对象的类型角度,可以分成四类:逻辑运算算子、空间查询操作算子、时间查询操作算子和时空查询操作算子。下面主要介绍前三类查询操作算子。

① 逻辑运算算子:并(And)、或(Or)和非(Not)。

② 空间查询操作算子:分两类。一类是空间拓扑操作算子,包括相交、包含、相接、分离、相等5个;另一类是空间量测操作算子,包括路径、距离、半径距离和缓冲区等。图13-5所示的为空间查询操作算子可视化图。

③ 时间查询操作算子:在……之前,相等,相遇,相交,在……之间,开始,结束,如图13-6所示。

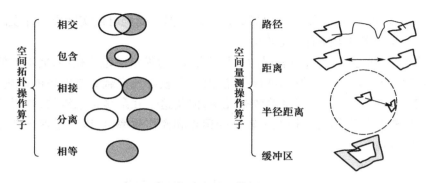

图 13-5　空间查询操作算子可视化图

2. 时空数据回溯

（1）时空数据回溯（归档）

时空数据回溯包括历史数据正向回溯和历史数据反向回溯。历史数据的正向和反向回溯是以时空数据库中的数据为依托,取任何一期数据为起点,在时间维上向前或向后一期或多期,实现空间和属性数据的获取和再现的过程。

回溯可以分为整体回溯和部分回溯。整体回溯即再现单一历史时期全部空间对象的组成方式和地图可视化;部分回溯即再现某一时空对象在各历史时期的变化过程和地图可视化。

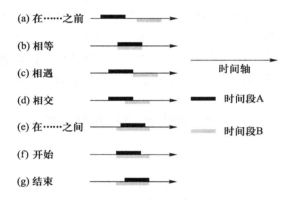

图 13-6　Allen 定义的时间查询操作算子

历史数据回溯是时态地理信息系统中实现数据动态管理的关键。

例如,在森林资源数据动态管理过程中,用户往往需要知道单个小班实体或者某一范围内的小班实体在变化过程中各个时刻的历史状况,并根据历史数据回溯情况进行总结、分析,为管理和决策部门服务。

（2）几种时空数据回溯方式

由于空间数据往往是海量数据,因此实现历史数据回溯,不仅要考虑实现方便,还要考虑实现方法的效率和数据冗余度问题。目前,在历史数据的管理和回溯方面,普遍采取以下几种方式。

① 定时或随时地备份数据,根据时间顺序回溯。该方式把不同时段的数据以"快照"的方式存储和管理,根据需要对指定时间片断的历史数据进行回溯。该方法的实现方法比较简单:根据所有不同的时间值进行排序,即可得到不同时期的历史状态。

以森林资源小班变更为例:在管理林业局的一个小范围数据时,采取该方法进行历史数据回溯时查询和统计都很快。其缺陷在于：由于"快照"将某一时段内未发生变化的所有地理实体重复进行存储，会产生大量的数据冗余，在现状数据变化频繁或者数据量较大的情况下，系统效率会急剧下降。此外，这种方式隔断了地理实体关系，不能反映单一的时空对象，不能实现按照地理实体进行的动态历史回溯。

② 记录父子关系，通过属性字段查询进行历史数据回溯。在这种方法中，历史数据采用记录时间标记的方式进行管理，然后根据时间字段通过属性查询父 ID 的方式来实现历史数据的回溯。

在森林资源小班变更的具体实现中，某一地理实体发生变更后就重新生成一个地理实体，和原来的地理实体形成父子关系（一个地理实体可能对应多个父地理实体，同时可能有多个子地理实体，这样就需要针对该地理实体记录多次）。此时可以根据 SQL 空间查询来查找一个地理实体的父 ID。以此类推，将所查找到的所有地理实体按照时间标记排序，构成单个地理实体的具体回溯情况（历史树）。

然而，森林资源小班对象的空间和属性的变迁是错综复杂的，历史数据量非常大，如果只依靠属性字段来查询单个地理实体的历史记录，每回溯一级就需要对整个数据库进行一次遍历，其执行效率将会降低。

③ 基于空间查询方式的历史数据回溯。根据地理实体变更的空间约束条件，利用子地理实体和它的父地理实体之间的相交性，通过父子关系的历史数据回溯方法，先用空间查询进行筛选，再利用属性字段进行回溯查询的方法。具体方法是：确定想要进行回溯的单个地理实体，利用它的几何形状，在历史库中进行一次空间查询（筛选），获取所有相交的地理实体，而这些筛选出来的地理实体中，包含了所有的父地理实体和所有的直系祖先。然后针对这些地理实体采用属性查询，以获取所要查询的地理实体的历史树。这样，在用户允许的范围内，可以在一定程度上减少查询的次数，提高效率，并且也能够得到用户想要得到的历史状态。

以上三种时空数据回溯方式中，第一种方式实现方便，但数据冗余度太大，不适宜处理海量的空间数据；第二种方式数据冗余度相对较少，但面对错综复杂的空间关系和海量数据时，执行效率得不到保证；第三种空间查询方式则避免了前两种时空数据回溯方式的缺陷，具有回溯方便，索引效率高的优点。

13.4.2　时空数据动态操作算子

时空数据的更新操作是改变操作对象特征状态的操作，属于动态操作。动态操作算子是时空数据库实现空间信息的局部动态处理、数据更新必不可少的工具。通过标准、规范的动态操作算子，可以规范数据操作，确保时空数据质量，因此动态操作算子的设计成为时态地理信息系统的一项重要研究内容。

为了描述空间对象的状态变化特点，这里列举了八个当前数据动态操作算子和八个历史数据动态操作算子,用于表达空间对象的各种演变。

1. 八个当前数据动态操作算子

① 新建记录。该操作将新建立对象的时间戳定义为[start-time,*]。

② 存档。将一个当前存在的对象变为有历史的不存在对象,该对象的时间戳定义为[start-time,end-time]。

③ 语义信息修改。对当前对象语义信息的修改,将原对象的时间戳定义为[start-time,end-time],然后为该对象添加一个新的版本,即在数据库中添加一条新记录,新记录除更改的属性信息及时间变化信息外,其余内容都与原记录相同。

④ 唤醒。在原历史对象的基础上产生一条新的时空数据库记录,该记录的空间和语义信息与原历史对象相同,而时间戳定义为[start-time,*]。

⑤ 由扩大而导致的新建。在某种比例尺下,原对象在数据库中没有记录,而当它扩大到一定程度之后应该在该比例尺数据库中表达,因此应该在数据库中增加两条记录,一条记录变化前的状态,其"state"为"0"表示不表达;另一条表示变化后的状态,该记录的时间戳定义为[start-time,*]。

⑥ 由缩小而导致的存档。在某种比例尺下,在数据库中已经表达的某个对象记录,在它缩小到一定程度之后在该比例尺数据库中不再表达,因此在当前数据库中应该删除该对象的记录。该操作将原对象的时间戳定义为[start-time,end-time],然后为收缩后对象添加一个新的版本,但该记录的"state"为"0",即不显示。

⑦ 空间信息修改。指对当前对象空间信息的修改,该操作将原对象的时间戳定义为[start-time,end-time],然后为该对象添加一个新的版本,即在数据库中添加一条记录,新记录除了更改的空间信息及时间变化信息外,其余内容都与原记录相同。

⑧ 永久删除。对当前数据错误的处理,如对错误的或已表达而不应该(或不必)表达对象的彻底清除。该操作在数据库中彻底删除一条记录。

2. 八个历史数据动态操作算子

① 回忆:在历史数据中补充一条新的记录。该操作将新建立对象的时间戳定义为[start-time,end-time]。

② 历史对象存档:对有历史的不存在对象在消失时间方面的修改。该操作是对有历史的不存在对象"end-time"的修改。

③ 历史对象语义信息修改:对有历史的不存在对象语义属性变化过程的补充。该操作将原对象的时间戳定义为[start-time,end-time],然后为该对象添加一个新的版本,即在数据库中添加一条新记录,新记录除更改的属性信息及时间变化信息外,其余内容都与原记录相同。

④ 对历史对象的唤醒:在原历史对象的基础上产生一条新的时空数据历史记录,该记录

的空间和语义信息与原历史对象相同,而时间戳定义为[start-time,*]。

⑤ 由扩大而导致的历史对象新建:对历史数据中遗漏过程的补充。该操作在历史库中增加两条新的记录,扩张前一条记录(状态为不表达),扩张后一条记录(状态为表达)。

⑥ 由缩小而导致的历史对象存档:对历史数据中遗漏过程的补充。该操作在历史库中增加一条新的记录,记录缩小后的情况(状态为不表达)。

⑦ 对历史对象空间信息的修改:对历史数据中空间信息变化遗漏过程的补充。该操作将原对象的 end-time 提前,然后为该对象添加一个新的版本,即在数据库中添加一条新记录,新记录除更改的空间信息及时间变化信息外,其余内容都与原记录相同。

⑧ 忘记:对历史对象的忘却,即从历史数据中彻底清除一条记录。

13.5 时空数据的可视化

时空数据的可视化是地理信息系统可视化的重要分支。从技术上分析,时空数据可视化属于三维可视化或四维可视化,但时空数据的可视化与地形数据的三维可视化还是有重大区别的。当前,时空数据的可视化分为静态可视化和动态可视化。静态可视化指的是空间事物的位置、属性和时间信息通过地图符号表达出来。动态可视化主要是把计算机动画引入地图可视化中,使得与时间相关的地图内容随着动画进程的进行而改变。

13.5.1 时态数据的静态可视化

时空数据的静态可以视化又可以分为二维可视化和三维可视化。

1. 时空数据的二维静态可视化

时空数据的二维静态可视化更容易通过纸质载体进行传播,所以相对三维静态可视化研究更早,也更成熟。但由于地图的静态空间通常只能表达二维信息,因此时间维的表达通常有两类,一类以多个地图界面来实现;另一类是通过精巧的设计,以颜色、符号等的差异来实现,如图 13-7 所示。通过多个地图界面结合颜色差异实现对时空演变的表达,这种"两张地图"结合"不同颜色"的显示方式,直观地将某森林资源小班不同时期序列快照呈现给用户。但该方法只适用于变化序列较少的情况,当变化序列较多时,显示效果不明显,且用户不容易记住多期变化演变信息。该功能需要专题开发,多应用在专题可视化作品中。

2. 时空数据的三维静态可视化

目前,三维静态可视化最主要的方法为时空立方体,主要用于时空路径的表达。近年来,有不同的基于时空立方体的三维可视化方法出现,图 13-8 所示的为基于时空立方体的散点

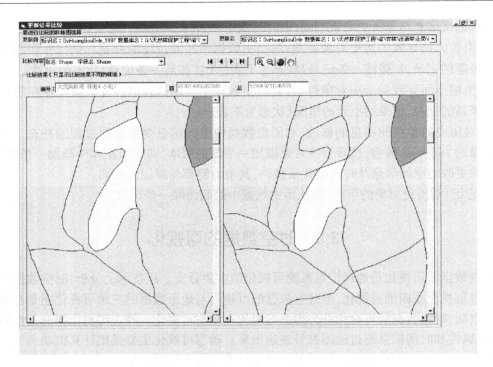

图 13-7　时空数据的二维静态可视化

图,表达的是不同时间和地点发生的事件。不同类型的事件通过点状符号的样式和大小来设置。这种方式在实践中需要对时间进行标定,否则观察者无法把握时间的尺度。类似的表达还有在时空立方体上分层,每一层为一个时间平面,并用时间平面上的点表达地物。

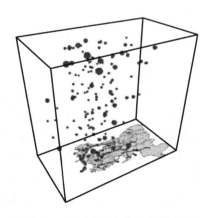

图 13-8　基于时空立方体的散点图

13.5.2　时态数据的动态可视化

动态可视化的研究是在静态可视化的基础上进行的。相对于静态可视化,动态可视化将时间维再次从空间维中移出,时间对应于现象的真实发生时间,使得时空中的各维不会发生维数上的压缩与转移,增加了表达空间的容量。动态可视化从视觉效果上主要可以分为二维图形图像法、三维图形图像法、虚拟现实等。虚拟现实由于在显示空间上是真三维并能模拟时间,从而实现了更高层次的模拟。

动态可视化的实现主要有以下三种,一是基于体素的帧动画实现法,该方法是将三维地理信息系统信息和景观依时间次序计算每帧的显示图像,然后用帧动画播放的形式表现时空数据的动态效果;二是动态地图符号法,或动态地图法,采用动态视觉变量形成地图符号;三是采用一系列时态对应的地图信息,以快照方式来表现时空变化的状态,ESRI 公司的 ArcGIS 软件即采用这种方法实现了动态可视化功能。例如,ArcGIS 中可以利用时间动画实现的历史追踪分析,将时空数据库中具有时间标记的记录按时间顺序在地图上显示,以表达地理现象的演变过程。

13.6　时态地理信息系统的发展和挑战

作为一个新的研究领域,时态地理信息系统研究中存在许多挑战,具体包括以下内容。

① 当前商业地理信息系统软件使用的数据模型和数据建模方法,在设计时主要是用来处理二维静态空间对象的,它们表达动态变化的多维空间对象是困难的,而建立多维时空数据模型需要新的理论和技术,目前这方面的研究还不够深入,还不能为新一代多维地理信息系统基础软件平台的发展提供指导和支持。

② 对于时空多维数据来说,拓扑关系的维护和数据存取比二维数据复杂,简单扩展传统处理二维数据的方法来处理多维数据很难满足新的要求。

③ 对于时空数据,需要发展新的数据内插、可视化和人机交互方法。

④ 对于时空数据的动态处理和时空分析等方面的一些关键问题和技术方法还缺乏深入的研究,难以解决和回答资源、环境、海洋、城市、矿山等应用领域对时空数据处理提出的问题。

 思考题

1. 根据空间数据的时间特性,结合实际应用,列举时态地理信息系统的基本功能。
2. 时空概念数据模型包括哪几个类型? 分别具有怎样的特点?
3. 列举主要的时间标记方法,并举例说明其标记方法。
4. 对时空数据库的操作有哪两种类型? 具体有哪些操作?
5. 时空数据的静态可视化是指什么? 举例说明。

第14章 GIS 应用系统的分析与设计

14.1 GIS 应用系统概述

GIS 应用系统是根据用户的需求和应用目的设计开发的,用来解决一类特定问题的信息系统。它通常具有自己的地理实体和解决特定空间信息的应用模型和方法。

14.1.1 GIS 应用系统的开发模式

GIS 应用系统的开发过程是用地理信息系统原理和方法,按照应用要求设计、建设、评价、优化、维护地理信息系统的过程的统称。

GIS 应用系统的种类繁多,涉及应用领域广泛,技术要求相差大,没有一成不变的模式可供使用,但无论何种 GIS 应用系统,其开发模式总体上遵循软件工程的原则和要求,具体包括以下几个方面。

(1) 完全的底层开发

地理信息系统应用系统的底层开发需要用户自己开发地理信息系统基础平台,涉及数据模型、数据结构、算法等多方面的实践技能,需要较高的开发技术,难度较大。

采用完全的底层开发进行 GIS 应用系统的开发,是由用户在自己的地理信息系统基础平台上完成系统框架搭建及开发工作,这种开发方式需求明确,开发费用低,易维护,且能培养企业自己的信息系统人才。但要求用户具有较强的系统分析、设计和编程能力。

(2) 完全的二次开发

通过成熟的地理信息系统软件商提供的地理信息系统软件组件或二次开发接口,开发和扩展适用于自身业务的地理信息系统功能。随着云技术的发展,利用云端的开发环境和开发资源可以实现地理信息系统功能的开发和共享。

进行二次开发需要具备的基础条件包括以下几个方面。

① 获取到成熟地理信息系统软件的二次开发包或接口等资源。

② 熟悉所用成熟地理信息系统软件的功能和使用方法,针对自己的需求寻找契合点和改进内容。

③ 熟悉所用成熟地理信息系统软件的系统框架、数据结构、代码结构等核心内容,为二次开发和扩展寻找切入点。

④ 具备成熟地理信息系统软件所使用的开发语言的编程基础。

(3) 组件式开发

GIS 应用系统的组件式开发模式是建立在组件技术基础上的地理信息系统功能开发,开发者只要根据自己的功能需求开发相应的模块并集成即可,其优点在于成本低、开发语言要求灵活、系统可实现无缝集成等。组件式地理信息系统的详细介绍见 15.2.2 小节。

14.1.2　GIS 应用系统的开发模型

GIS 应用系统的开发模型与一般信息系统开发模型基本相同,主要有瀑布式模型(系统生命周期开发)、原型法(迭代法)和喷泉式模型。

1. 瀑布式模型

瀑布式模型是信息系统开发的基本模型。这是一种自上而下的开发技术,它将各项活动规定为依照固定顺序连接的若干阶段,形如瀑布流水。每一个阶段以上一阶段的工作结果作为输入,对该阶段所做工作需要经过评审和确认,才能继续下一阶段的工作。整个工作包括用户需求定义、专业化功能的需求分析、细节设计和各个模块的测试、子系统分析和最终的系统测试,其流程如图 14−1 所示。

瀑布式模型定义了一系列阶段来帮助开发者完成系统开发,使开发者在每个阶段都有清晰的目标。瀑布式模型较好地支持结构化软件开发,但缺乏灵活性,无法通过软件开发活动澄清本来不够切的需求。

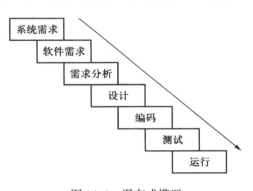

图 14−1　瀑布式模型

2. 原型法

原型法(Prototyping),也称为迭代法。它是在关系数据库系统(RDBS)、第四代程序生成语言(4th Generation Language,4GL)和各种快速系统开发工具与环境的基础上,逐步形成的一种设计思想和开发方法。

原型法在开发初期不强调全面系统地掌握用户需求,而是根据对用户需求的大致了解,通过强有力的软件环境,由开发人员快速构建新系统的原型,之后,随着用户和开发人员对系统理解的加深,再不断对这些需求进行补充和细化,快速迭代并建立最终的系统。开发期间,对原型的反复修改是不可避免的。图 14-2 显示了原型的开发步骤。

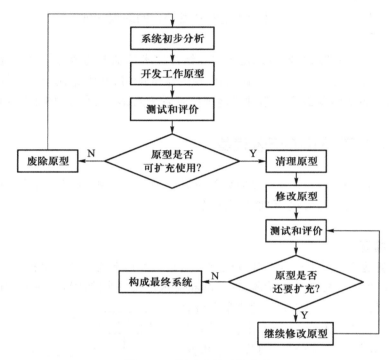

图 14-2　原型法的开发步骤

原型法容易被人们所接受,便于系统分析人员与用户的沟通,开发周期短,费用相对少,提供原型给用户,使用户参与更为实际,更富有建设性,易于用户使用,减少对用户的培训时间,用户满意度高。但是原型法开发过程管理困难,对大型系统或复杂性高的系统不适用。

原型不断的修改完善,使用户容易缺乏信心和耐心,开发人员也很容易潜意识用原型取代系统分析。通常,对于小规模系统,原型法可以替代系统生命周期法,对于较为大型的系统,常把原型法与系统生命周期法结合使用。

3. 喷泉式模型

喷泉式模型主要用于支持面向对象的开发过程。它体现了软件开发过程中所固有的迭代和无间隙的特征,表明了软件刻画活动需要多次重复。例如,在编码之前,再次进行分析和设计,并添加有关功能,使系统得以演化。同时,它还表明活动之间没有明显的间隙。例如,在分析和设计中没有明确的界限。在面向对象技术中,由于对象概念的引入,分析、设计和实现之间的表达连贯而一致,喷泉式模型得到广泛应用。图 14-3 所示的为喷泉式模型。

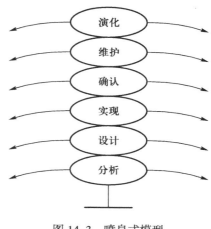

图 14-3 喷泉式模型

14.1.3 GIS 应用系统的开发方法

GIS 应用系统的开发方法主要有结构化方法、面向对象法等。各种方法各有优缺点,在实际使用中常将几种开发方法结合使用。

1. 结构化方法

结构化方法是最成熟的系统开发方法。它强调用生命周期进行新系统的开发。它按用户至上的原则将系统结构化、模块化,自顶向下地对系统进行分析与设计,自底向上地实施。

它把系统开发按照生命周期分为总体规划、系统分析、系统设计、系统实施、系统的运行维护五个阶段,并为每一阶段规定任务、工作流程、管理目标及要编制的文档,使开发工作易于管理和控制,形成一个可操作的规范。

结构化方法以数据流程图和控制流图为基础,伴以数据字典及结构化语言,适合大型系统的开发。

2. 面向对象的方法

面向对象的方法起源于面向对象的程序设计语言。它把面向对象思想用在软件开发中,从对象出发构建软件系统,强调直接以问题域中的对象为中心来认识和解决问题,关键内容是对问题的抽象和实例化。面向对象的方法符合人们对客观事物的认识规律,且具有较好的封装性和独立性,在程序开发过程中灵活、易于维护,成为目前常用的系统开发方法。

14.1.4 GIS 应用系统开发的主要阶段

GIS 应用系统开发是一项耗费大量人力、财力和时间的工程。

1. GIS 应用系统开发的特点

① 综合性强,涉及学科多,部门多,项目复杂,投资大,周期长,风险大。

② GIS 应用系统使用的数据为空间数据,数据量大,数据间关系复杂,数据具有多源性,

数据获取方法和存储格式多种多样,所以数据前期处理和后期处理工作量很大,常占系统开发工作量的 60%~70%。

③ 面向应用,以地理空间分析和地理数据的可视化为特色。

2. GIS 应用系统开发的主要阶段

GIS 应用系统开发的主要阶段包括调查规划、系统分析、系统设计、系统开发实施和系统运行维护,如图 14-4 所示。

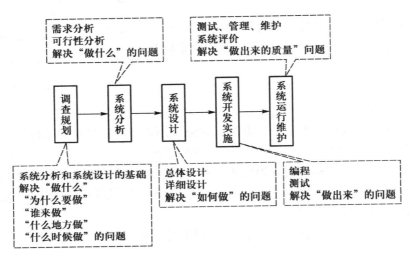

图 14-4　GIS 应用系统开发的主要阶段

14.1.5　统一建模语言

统一建模语言(Unified Modeling Language,UML)是目前面向对象技术领域内占主导地位的标准建模语言,作为一种可视化的通用建模语言和标准,它已经被国际软件界广泛认可。该方法结合了 Booch、对象建模技术、面向对象的软件工程等方法的优点,统一了符号体系,并从其他的方法和工程实践中吸收了许多经过实际检验的概念和技术,由于其定义良好、易于表达且功能强大,现已被广泛应用于软件开发建模的各阶段及商业建模等方面。

对于 UML 的定义包括 UML 语义和 UML 表示法两部分。UML 语义是对基于 UML 的精确元模型的描述,目的在于使用简单通用的定义性说明,使开发者能在语义上取得一致,UML 支持的各类语义包括表达式、列表、阶、名字、坐标、字符串、时间和用户自定义类型等。UML 表示法则为开发者或开发工具在系统建模时使用图形符号和文本语法提供了标准。UML 主要由以下几部分构成。

1. 视图

一个系统可以从不同的角度进行描述,每一个描述系统的角度就是一个视图,视图是在某一个抽象层面上对系统的抽象表示。一个系统的完整的模型图,通常包括多个视图,不同的视图将建模语言同系统开发时选择的方法连接起来。常用的视图包括用例视图、设计视图、实现视图、配置视图、过程视图等。

2. 图

图是 UML 建模的主要表现形式。UML 定义了五种类型共九种不同的图,将各种图有机结合使用,就构成了描述系统的所有视图。五种类型如下。

（1）用例图

用例图是从用户的角度来描述系统的功能,在宏观上给出系统的总体轮廓。用例是指系统或系统某个模块的一个独立完整的功能,在 UML 中,若干用例及其执行者是用例图的元素,用例、执行者及它们之间的关系构成了用例图。

用例图可以使开发者有效了解用户需求,创建用例图包括根据需求定义系统、确定执行者和用例、描述用例、定义用例之间的关系等步骤。地理信息系统数据采集模块用例图如图14-5 所示。

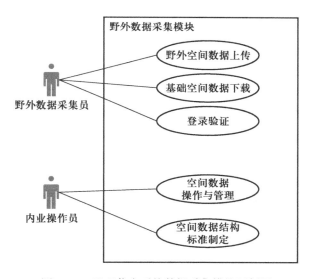

图 14-5　地理信息系统数据采集模块用例图

（2）静态图

静态图用来描述系统的静态结构,包括类图和对象图。广义上,用例图也是静态图的一种。其中,类图是指一组类、接口、协作及它们之间的关系,是构建其他图的基础;对象图,顾名思义,是指系统中的一组对象及它们之间的关系,对象图是类图的实例化。类图和对象图的对比如表 14–1 所示。

表 14–1　类图与对象图的对比

类图	对象图
有三个分栏:名称、属性和操作	有两个分栏:名称和属性
名称分栏中只有类名	名称形式为"对象名:类名",匿名对象的名称形式为":类名"
属性分栏定义了所有属性的特征	只定义了属性的当前值,以便用于测试用例或例子中
类中列出了操作	对象图中不包括操作,因为对于同属于同一个类的对象而言,其操作是相同的
类使用关联连接,关联使用名称、角色、多重性以及约束等特征定义。类代表的是对对象的分类,所以必须说明可以参与关联的对象的数目	对象使用链连接,链拥有名称、角色,但是没有多重性。对象代表的是单独的实体,所有的链都是一对一的,因此不涉及多重性

（3）行为图

行为图又称为动态图,是用系统运转的不同状态来描述系统的动态模型,主要包括状态图和活动图。其中,状态图强调的是对象按照事件流程所进行的行为;活动图则描述系统为完成某项活动所进行的操作序列,强调系统中从一个活动到另一个活动的流动。空间数据采集活动图实例如图 14–6 所示。

（4）交互图

交互图用来描述对象间的交互关系,也是动态图的一种,包括顺序图和合作图。其中,顺序图是基于消息的时间顺序的一个交互;合作图又称为协作图,描述消息在发送和接收过程中对象的结构组织。

（5）实现图

实现图用来描述系统的物理架构及硬件上的实现,主要包括构件图和部署图。

3. 模型元素

模型元素代表面向对象中的类、对象、关系和消息等内容,是构成图的最基本、最常用的元素。模型元素之间的关系包括关联、泛化、依赖、聚合等,分别使用不同的符号表示。UML 中的模型元素具有通用性,可以用于多个不同的图中。

4. 通用机制

通用机制是表示 UML 中的注释、模型元素的语义及适应用户需求的扩展机制等,它定义

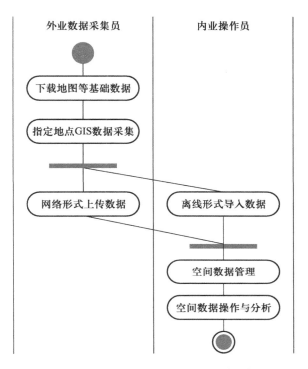

图 14-6　空间数据采集活动图简单实例

了 UML 中的标记、约束等信息,使得 UML 能够适应用户或组织的特殊系统过程。

14.2　GIS 应用系统开发

14.2.1　GIS 应用系统分析

系统的分析是按照系统论的观点对事物进行分析和综合,找出各种可行的方案,为系统设计提供依据。其主要任务是明确系统"做什么"的问题。

需求分析是 GIS 应用系统开发的基础,其主要任务是通过对用户的需求进行调查,使 GIS 应用系统设计者了解用户对系统的期望和要求。

需求调查主要是调查用户对系统的总体及各个子系统的功能需求和具体要求,以确定系统的边界,建立系统的概念模型并获得现行状况的有关资料。需求调查主要包括以下内容。

① 用户基本情况及业务流程调查。

② 系统目的和任务调查。

③ 数据源调查和评价。

④ 软件和硬件的性能、权属及共享性评价。

在上述调查结束后,要做出规范详尽的表和清单,并对系统的组织结构、功能和业务流程进行分析。分析结果最终通常使用功能结构图、数据流程图(Data Flow Diagram,DFD)、数据字典等描述性工具进行呈现。其中,功能结构图是指按照系统功能分解,以功能从属关系表示的系统结构图,图中用一个框表示一个功能模块,从上层到下层是对功能从抽象到具体、复杂到简单的划分过程;数据流程图由外部实体、处理过程、数据流、数据存储组成,以图解的方式描述系统中数据流动、存储、处理的逻辑关系,是系统的业务流程框架;数据字典包括数据元素、数据结构、数据流、数据存储和数据处理五部分,通过对数据元素和数据结构的定义来描述数据流、数据存储的逻辑内容等细节内容。

14.2.2　GIS 应用系统设计

GIS 应用系统设计是 GIS 应用系统开发过程中的一个重要阶段,其主要任务是明确系统"如何做"的问题,它根据的是系统分析的结果。

系统设计的优劣直接影响整个系统的质量及获得的经济效益,为使设计的系统最大限度地满足用户需求,使系统具有较强的生命力,在系统设计时应遵循一定的原则。

① 保证系统的简单、实用性。

② 代码、标准、语言的整体性和系统性。

③ 安全可靠性。

④ 良好的系统扩展性。

⑤ 对环境的适应性和良好的兼容性。

⑥ 经济性。

1. GIS 应用系统的总体设计

GIS 应用系统的总体设计是根据系统分析的要求,结合实际情况,对 GIS 应用系统的总体结构形式和可利用的资源进行大致设计,它是一种宏观、总体上的设计和规划。系统总体设计的主要内容包括子系统的划分、总体结构设计、网络设计、设备的配置和选型等。

2. GIS 应用系统的功能设计

GIS 应用系统的重点是要解决用户所需要的特定功能。一个地理信息系统相关的应用系统需要包括以下功能。

① 空间数据的录入与数据库更新。

②空间信息的专业查询与统计。

③该系统所在领域的相关分析、预测。

④空间信息与资源使用的规划与评价。

⑤信息发布和统计结果呈现。

因此,GIS 应用系统不只提供地理信息系统的基本功能,更重要的是具有富有专业特色的功能。

3. GIS 应用系统的数据库设计

由于空间数据结构的复杂性和特殊性,GIS 应用系统中空间数据库设计的好坏成为衡量 GIS 应用系统开发工作好坏的主要指标之一。一个良好的空间数据库能迅速、方便、准确地调用和管理所需的空间数据。

数据库设计就是把现实世界中一定范围内存在着的数据抽象成一个数据库的具体结构的过程。数据库设计首先要确定空间数据模型、空间数据与属性数据的管理模式(如集中式或分布式建库方案)、采用的数据结构类型、数据分类、选用的数据库管理系统等一系列问题。

通过空间数据库的概念设计形成独立于计算机的、与数据库管理系统无关的概念模型,用实体 – 关系图来表示;通过空间数据库的逻辑设计得到可处理的空间数据的逻辑结构,包括关系表、数据项、记录及记录间关系等;通过空间数据库的物理设计决定系统采取的文件结构和数据存取方式,将数据库的逻辑结构在物理设备上实现;最后,对建立好的空间数据库进行调试运行和维护。

4. GIS 应用系统中的输入输出设计

(1) GIS 应用系统中的输入设计

由于空间数据的多源性和复杂性,使 GIS 应用系统中的输入设计所占的比重较大。输入设计主要包括输入方式设计、用户界面设计、输入类型与记录格式设计及数据校验等。

(2) GIS 应用系统中的输出设计

输出设计是将系统分析处理后的信息,通过各种输出设备,以一定的格式提供给用户的过程,所以输出形式需要与用户进行充分协商。

地理信息经分析处理,其结果常以地图、图形、图像、报表、文字报告等形式,通过输出设备(如显示终端、打印机、绘图仪及多媒体设备),在输出介质(包括纸张、磁带、磁盘、光盘等)上按一定格式输出。

14.2.3　GIS 应用系统的实施和评价

GIS 应用系统的实施是指在系统设计的原则指导下,按照详细设计方案确定的目标、内容和方法,分阶段、分步骤完成系统开发,最终将纸面上的系统方案转换成可执行的应用软件系统。系统实施阶段的工作直接影响着系统质量。

GIS 应用系统的实施和评价包括具体的编程、分阶段分块的测试、系统的运行和维护以及系统的评价和更新等操作。其中,具体的编程涉及针对用户需求选择高效的编程语言和编程环境,在达到系统功能、性能的原则下进行程序开发;分阶段分块的测试包括在系统开发过程中的单元测试、集成测试、系统测试、验收测试等各个阶段,使用白盒测试、黑盒测试等测试方法;系统的运行和维护是指在变化的外部环境和内部环境中执行系统功能,并对系统、数据、代码、硬件等进行操作和维护;系统的评价与更新包括在系统运行一段时间后对系统进行检查,并与系统要求的预期目标进行对比;以及对系统中的数据、功能等进行更新。

14.3　地理信息系统标准化

14.3.1　地理信息系统标准化的内容

GIS 应用系统分析设计中自始至终都必须注意标准化。它是地理信息系统发展规范化的基础,也是 GIS 应用系统走向实用化、社会化的保障。地理信息系统的标准化主要包括信息技术的标准化和空间数据的标准化,其中主要是空间数据的标准化。GIS 应用系统中空间数据的标准常涉及专业数据标准。空间数据的标准是实现空间数据共享,指导和保证高效率、高质量地理信息交流不可缺少的部分。目前,有关地理信息系统标准的研究仍然落后于地理信息系统的发展。

地理信息系统标准化是一个综合而复杂的概念,它的内容非常广泛,涉及几乎所有与地理信息系统有关的领域。

1. 统一的数据采集原则

在数据采集时,必须遵照已经颁布的规范标准。例如,我国制定的 1∶500~1∶2 000 地形图航空摄影规范;1∶5 000~1∶100 000 地形图航空摄影规范;GPS 的测量规范等。

2. 统一的空间定位框架

统一的空间定位框架指共同的地理坐标基础,用于各种数据信息的输入、输出和匹配处理。这种坐标基础分地理坐标、网格坐标和投影坐标。各种数据源必须具有共同的地理坐标基础。

3. 统一的数据分类标准

数据分类标准直接影响地理信息系统数据的组织、系统间数据的连接、传输和共享,以及地理信息系统软件的质量。因此,它是系统设计和数据库建立的一项极为重要的基础工作。

国家规范研究组建议,数据分类体系采用宏观的全国分类系统与详细的专业系统之间相递归的分类方案,即低一级的分类系统必须能归并和综合到高一级的分类系统之中。第一层包括社会环境、自然环境、资源与能源三大类;第二层按环境因素和资源类别的主要特征与基本差异,再划分为十四个二级类;第三层指每一个二级类包括的最主要的内容;最后,按照各个区域的地理特点和用户的需求,拟订区域的分类系统和每一专业类型的具体分类标准。

4. 统一的数据编码系统

统一的数据编码系统指制定统一的编码标准实现地理要素的计算机输入、存储,以及系统间数据的交换和共享。我国现有的信息编码系统有《中华人民共和国行政区划代码》(GB/T 2260–2013)、《世界各国和地区名称代码》(GB/T 2659–2000)等。

地理信息及其属性的编码系统和标准要求如下。

① 凡国家已施行的编码规范和标准,均按国家规定的执行。

② 编码系统的设计必须便于可靠识别,代码结构便于数据逻辑推理和判别。

③ 编码不宜过长,一般为 4~7 位,以减少出错的可能性和节省存储空间。对于多要素的数据信息,通过设置特征位来有效压缩码位的长度。

④ 编码标准化,包括统一的码位长度、一致的码位格式、明确的代码含义等。

5. 统一的数据组织结构

统一的数据组织结构指地理实体的数据组织形式及其相互关系的抽象描述。描述地理实体的空间数据包含空间位置、拓扑关系和属性三个方面的内容。其组织结构分矢量和栅格数据结构。

6. 统一的数据记录格式

地理信息系统采用的数据记录格式包括矢量、影像和格网三种数据及其元数据的记录格式,其数据类型及文件扩展名如表 14–2 所示。

表 14–2　空间数据记录格式的文件扩展名

数据类型	文件扩展名	数据类型	文件扩展名
矢量数据	vct	网格数据	grd
影像数据	tif/bmp	元数据	mat
影像数据的附加信息	img		

矢量数据文件由四部分组成。

第一部分为文件头,包含该文件的基本特征数据,如图幅范围、坐标维数、比例尺等。

第二部分为地物类型参数及属性数据结构。地物类型参数包括地物类型代码、地物类型名称、几何类型、属性表名等。属性数据结构包括属性表定义、属性项个数、属性项名、字段描述等。

第三部分为几何图形数据及注记,包含目标标识码、地物类型代码、层名、坐标数据等。注记包含了字体、颜色、字形、尺寸、间隔等。

第四部分为属性数据,包含属性表、属性项等。

影像数据文件原则上采用国际工业标准无压缩的 TIFF 或 BMP 格式,但需要将大地坐标及地面分辨率等信息添加到 TIFF 或 BMP 文件中。

格网数据文件由文件头和数据体组成。文件头包含该数据交换格式的版本号、坐标单位(米或经纬度)、左上角原点坐标、格网间距、行列数、格网值的类型等;数据体包含该格网的地物类型代码或高程值等。

元数据文件应为纯文本文件,其记录格式包含元数据项和元数据值。

7. 统一的数据质量

地理信息系统数据质量是指该数据对特定用途的分析、操作和应用的适宜程度。因此,数据质量的好坏是一个相对的概念。

在我国,与地理信息系统有关的 GB 系列标准主要是一些地理编码标准,包括《中华人民共和国行政区划代码》(GB/T 2260—2013)、《基础地理信息要素分类与代码》(GB/T 13923—2006)、《1：500、1：1 000、1：2 000 地形图要素分类与代码》(GB/T 14804—1997)、《1：5 000、1：10 000、1：25 000、1：50 000、1：100 000 地形图要素分类与代码》(GB/T 15660—1995)等。

目前,地理信息系统标准主要集中在空间数据模型和空间服务模型以及相关领域。很多国际组织和一些国家制定了地理信息系统标准,其中比较重要的是开放式地理数据互操作规范(Open GIS)和 ISO/TC 211 标准。

14.3.2　开放式地理数据互操作规范

开放式地理数据互操作规范是由美国开放式地理信息系统协会(OGC)提出的。其目标是制定一个能提供地理数据和地理操作的交互性和开放性软件开发规范,使软件开发者可以在单一的环境和单一的工作流中使用分布于网上的任何地理数据和地理处理,从而消除地理信息应用(如地理信息系统、遥感、土地信息系统、旅游管理信息系统等)之间以及地理应用与其他信息技术应用之间的障碍,建立一个无边界的、分布的、基于构件的地理数据互操作环境。该规范包括以下三部分。

1. 开放式地理数据模型

开放式地理数据模型（Open Geodata Model，OGM）是一个以数学和概念化方法来表示地球及地球现象的通用数字化方法。它定义了一系列通用的基本地理空间信息类型，基于这些基本空间信息类型，可以使用基于对象的程序设计方法或其他常用的程序设计方法，为不同应用领域的地理空间数据建模。

2. Open GIS 服务模型

Open GIS 服务模型（OGIS Services Model，OSM）是一个在不同的信息团体之间实现地理数据获取、管理、操纵、表达以及共享服务的通用规范模型。它定义了一系列服务，这些服务可以获取和处理开放式地理数据模型中定义的地理空间信息类型，为使用同一种地理特征定义的用户团体提供地理数据共享能力，同时为使用不同地理特征定义的用户团体之间提供地理数据转换能力。

3. 信息团体模型

信息团体模型（Information Communities Model，ICM）是一个使用开放式地理数据模型和 Open GIS 服务模型来解决技术性的非互操作能力问题，以及公共团体的非互操作能力问题的框架。该模型为使用开放式地理数据模型和 Open GIS 服务模型拟订了一个方案。该方案可以为使用同一种地理特征定义的地理数据生产者和用户团体提供一种方法，以有效地管理其地理特征定义，并对使用这种定义的数据集进行编目和共享管理。此外，该方案还为使用不同地理数据的生产者和用户团体提供一种有效、精确的地理空间信息共享方法。

14.3.3 ISO/TC 211 标准

ISO/TC 211 标准是由国际标准化组织地理信息技术委员会制定的地理信息／地球信息科学标准，是与地球上位置直接或间接相关的物体或现象信息的结构化标准。与开放式地理数据互操作规范相比，ISO/TC 211 标准更为全面，更注重标准本身的定义，可以指导地理信息系统开发和使用的各个方面。而开放式地理数据互操作规范由于有许多著名的地理信息系统软件商参与，因而更加注重软件的实现。这些标准由 10 个工作组分别制定，已先后制定了 50 多项国际标准项目（截至 2013 年），这些项目主要针对地理信息的内容和相关的方法，各种数据管理的工具和服务及有关的请求、处理、分析、获取、表达，以及在不同的用户、系统平台和位置上进行数据的转换。

有关 ISO/TC 211 标准的详细内容请参考相关文献。

思考题

1. 什么是 GIS 应用系统？它的开发模式有哪几种？

2. 组件式地理信息系统同地理信息系统应用系统间的关系是什么？

3. 论述地理信息系统应用系统开发的主要过程。

4. UML 是什么？UML 包括哪几种图？每一种 UML 图的作用是什么？进一步查找资料，根据所做的系统画出其 UML 系列图。

5. 为什么地理信息系统标准化工作受到关注？目前从事地理信息系统标准化的国际标准化组织有哪些？

第15章 地理信息系统在现代社会中的应用

15.1 地理信息系统应用简介

随着信息技术的发展和地理信息系统理论、技术与方法的进步,地理信息系统的应用早已渗透到人类社会的许多方面,形成多层次、不同尺度的应用格局。

15.1.1 地理信息系统应用的特点

地理信息系统应用既包括专业化应用、社会化应用,还包括地理信息系统与其他技术的集成和渗透。

1. 地理信息系统的专业化应用

地理信息系统在各专业领域中的应用涉及各行各业,包括地理信息系统空间数据管理在各专业中的应用,如利用空间数据和属性数据的一体化管理,实现空间数据的查询等;地理信息系统制图功能在地图、专题地图制作中的应用,如利用空间数据库制作各类专题地图并实现可视化分析等;地理信息系统中基础空间分析模型在各专业中的应用,如缓冲区分析、最短路径分析、叠置分析在城市建设、资源环境、军事领域、行业信息化等中的应用;地理信息系统专用空间分析模型在各专业分析、评价、模拟、预测中的应用,如数字地面模型在预测洪水灾害损失、工程计算中的应用,专业模型在森林防火模拟、荒漠化模拟中的应用。

2. 地理信息系统的社会化应用

地理信息系统的社会化应用大到数字地球,小到家庭社区。随着 Internet 的发展以及地理信息系统的网络化,尤其是无线通信的广泛应用,社会公众对空间信息需求发生了很大的变化,地理信息系统不再是行业的专利。

3. 地理信息系统与其他技术的集成和渗透

实际应用中,用户需要把地理信息系统与其他技术相互集成和渗透。组件式地理信息系统的发展和产生,为地理信息系统渗透到各行各业提供了技术条件。在系统集成中,地理信息系统扮演了越来越重要的角色,它与其他技术的集成和渗透日益增多,形成了以数据和应用需求为驱动,以地理信息系统平台为核心的各种应用系统。其中,采用的集成包括 3S 集成、地理信息系统和管理信息系统集成、地理信息系统和办公自动化系统集成、地理信息系统和计算机辅助设计集成、地理信息系统和虚拟现实集成、地理信息系统和多媒体集成、地理信息系统和通信技术集成及综合集成等。

15.1.2　地理信息系统的主要应用市场

地理信息系统是一个以应用为目的的信息产业,其应用已深入各行各业。但总的来说,相当一段时间内,我国地理信息系统应用的三大主体市场是政府部门、企业应用和公众信息服务。

1. 政府地理信息系统(Government GIS,GGIS)

政府部门是地理信息系统的重要用户,是地理信息系统应用的主体。它既是地理信息系统的主要用户,也是城市空间数据的主要生产、使用和管理者。据统计,政府机关管理、分析和决策所用的政务信息中,有 85% 以上的信息与空间有关。这意味地理信息系统在政府信息化中具有巨大潜力。

目前,在我国各中央部委(如水利、交通、农林、地矿、环保部门)纷纷建立了为领导提供信息咨询和辅助决策的综合信息系统。许多城市中,在城市建设规划、城市管理、土地管理、房产管理部门都建立了 GIS 应用系统。部分城市的城市规划、土地管理等部门,已将 GIS 应用系统作为日常办公的业务系统。

电子政务与地理信息系统关系非常密切,表现在电子政务需要空间数据的支撑,需要地理信息系统技术的支持。随着各地电子政务建设的启动,给地理信息系统应用带来了更多的机遇。在我国,电子政务与地理信息系统结合的代表工程是"国务院综合国情地理信息系统",用来作为国务院系统的业务管理和宏观分析决策的辅助工具。

当然,政府地理信息系统的建立和应用需要广域网环境的支持、权威的国家空间信息基础设施的支持、高安全保密机制及各种业务技术系统的支持等。

2. 军事地理信息系统(Military GIS,MGIS)

军事地理信息系统属于政府地理信息系统范畴,但为满足军事需求,它具有很多特殊性。军事行动都是在一定的地理环境中进行的,地理环境对军事行动有着极其重要的影响与作用。随着信息技术的发展,高技术战争中信息对抗的含量将越来越高,指挥决策智能化、作战指挥自动化、武器装备信息化成为未来战争取胜的关键。在这种需求下,出现了数字化战场。数字化战场建设已成为未来战场发展的主流,建设数字化战场和数字化部队已成为21世纪军队发展的大趋势,受到各国的普遍关注。数字化的地理环境信息已成为指挥决策的必要条件之一,因此军事地理信息系统已成为现代化军事斗争的一项重要内容。

地理信息系统在军事方面的应用,是指在计算机软硬件的支持下,对军事地形、资源与环境等空间信息进行采集、存储、检索、分析、显示和输出的技术系统。

海湾战争以后,各国军方普遍重视军事地理信息系统,世界上大部分国家都建立了用途不同、规模大小不等的军事地理信息系统。报道较多的是美国、俄罗斯、英国、澳大利亚等国家。

军事地理信息系统的应用主要包括用数字式地图代替了笨重的模拟地图,并利用各种数字地图,实现地理查询;以地形分析为代表的空间分析的广泛应用,包括距离量测、面积量测、武器打击轨迹分析、战场模拟、行军路线、应急线路分析、越野机动、涉水分析、通视点分析等;地理信息系统与其他系统集成的应用,如军事地理信息系统和遥感、全球定位系统、通信情报等紧密地联系在一起,形成一个多功能的统一军事指挥系统。

3. 企业地理信息系统(Enterprise GIS,EGIS)

企业地理信息系统最先在国外有较多的应用,并形成了商业地理分析这门技术。目前,企业地理信息系统应用主要指企业设施管理、商业管理与决策问题等。

企业设施管理从空间分布的角度了解企业设施的状况,以提高企业的工作效率,优化服务,节约成本,从而产生经济效益。在我国的自来水、煤气、电力、电信、油田、制造业等大型工厂企业纷纷启动地理信息系统项目用于设施管理。

地理信息系统在商业管理与决策中,主要用在商业网点布设、物流管理、客户关系管理、电子商务处理中,以便企业了解客户、合作伙伴、资源、商业竞争对手的空间分布及规律。

4. 公众地理信息系统及地理信息系统在公众信息服务中的应用

信息服务业是21世纪具有发展潜力的产业之一。通常将直接为公众提供信息服务,辅助公众进行行为决策的地理信息系统称为公众地理信息系统。随着网络地理信息系统、计算机技术和通信技术的发展,尤其是无线通信的广泛应用,在公众信息服务中出现了为公众提供空间信息服务的公众地理信息系统、移动地理信息系统。

公众地理信息系统的主要特点是数据采集具有全面性和现势性;数据传输以无线通信为主;数据表现除了使用电子地图外,大量采用多媒体形式,以减少操作难度,增加友好性。

从发展的角度看,在公众地理信息系统的诸多应用中,最引人注目的是提供城市公共信息服务,如汽车导航服务、智能交通、城市紧急呼叫、城市交通管理、公安部门及个性化服务等。

地理信息系统公众信息服务体系的建立需要有公众地理信息系统平台的支持。其中无线接入方式是信息服务的主要方式；无线移动定位是其定位的主要方式；手机、平板电脑、笔记本电脑是空间信息服务终端。总之，地理信息系统在面向公众的公众信息服务中，小到改变个人生活质量，大到保障国家安全等方面，具有宽广的前景。

15.2　地理信息系统集成与 3S

15.2.1　地理信息系统集成

信息系统集成是为了实现某个应用目标而进行的，基于计算机硬件平台、网络设备、系统软件及应用软件，组合成具有良好性能价格比的计算机应用系统的全过程。美国信息技术协会对信息系统集成的定义是：根据一个复杂的信息系统或子系统的要求，对多种产品和技术进行验证后，把它们组织成一个完整的解决方案的过程。

信息系统集成已逐渐从硬件、软件和服务行业中分离出来，形成一个独立的业务，成为提供配套设备、整体解决方案及全方位服务的重要手段。在信息时代，用系统集成的思想建立相应的集成系统已成为建立信息系统的基本模式，信息系统集成包括如下内容。

① 功能集成是系统集成的目标。

② 技术集成是实现系统集成的保证。

③ 数据集成是系统集成的基础。

④ 支持系统集成为系统集成提供工具。

⑤ 产品集成是系统集成的外在表现形式。

1. 地理信息系统集成概述

随着地理信息系统应用的深入和普及，地理信息系统集成日益为人们所关注，形成了多种地理信息系统集成的认知理论和技术方法，各种 GIS 应用系统的构建正在从低层次的软件开发发展到高层次的集成化，这对地理信息系统的发展，以及地理信息系统融入 IT 主流有重要意义。在地理信息系统的支持下，按用户需求进行系统集成，已成为地理信息系统应用中最具活力的增长点。

地理信息系统集成主要分为以下两种。

（1）纵向的系统内集成

系统内集成主要关注地理信息系统内部功能优化和重用。这种集成往往从地理信息系统中某一个关键点着手，通过引入其他系统的技术、功能和方法，来进一步完善地理信息系统,如多源空间数据的集成、基于元数据的地理信息系统集成、地理信息系统与知识规则库的集成等。

(2) 横向的系统间集成

系统间的集成主要关注地理信息系统和其他地理信息系统或非地理信息系统之间的数据共享和功能互补,并实现系统间数据的无缝访问,如地理信息系统和计算机网络及现代通信技术的集成、3S集成、地理信息系统和办公自动化系统的集成、地理信息系统应用平台的集成等。横向系统间集成可以采用内集成模式(通过系统开发,把具有不同功能的、可以独立运行的分系统的所有功能集成在一个大的系统之内)和外集成模式(把可以独立运行的分系统,仅仅通过开发统一界面集成起来,系统间的数据结合通过外部数据交换模式、标准数据格式变换模式、OLE技术的模式或客户 – 服务器的模式实现)。以3S数据集成为例,如果以地理信息系统为基础将全球定位系统数据、遥感数据和地理信息系统数据集成在一个系统之内,就构成了一个内集成系统;而如果以地理信息系统为基础开发统一界面,将全球导航卫星系统数据、遥感数据和地理信息系统数据通过数据之间的转换集成在一起,就构成了外集成系统。

在实际应用中,常同时涉及系统间集成和系统内集成,且有时两者之间的界线并不明显。从系统的主从关系看,地理信息系统集成可以是其他系统集成到地理信息系统中,也可以是地理信息系统集成到其他系统中。

2. 常用的地理信息系统集成方式

地理信息系统集成方式很多,为了便于理解可以将其分为数据集成、应用集成和平台集成。图15-1所示的为地理信息系统集成框架示意图。

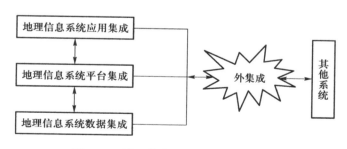

图 15-1 地理信息系统集成框架示意图

(1) 地理信息系统数据集成

地理信息系统数据集成包括地理空间数据和属性数据的集成,不同分辨率、不同比例尺、不同数据格式等的多源空间数据的集成,以及基于空间元数据的集成等。

(2) 地理信息系统应用集成

地理信息系统应用集成包括地理信息系统与应用模型的集成、地理信息系统与知识规则库的集成,以及地理信息系统与超媒体的集成等。

地理信息系统与应用模型集成是将地理信息系统的功能与专业应用模型相结合,扩展地理信息系统应用功能,提高地理信息系统分析能力。这种以数据为中心的地理信息系统集成是为了把应用模型、各种数据和地理信息系统软件协调统一管理。根据地理信息系统与应用模型集成时系统之间数据交换或共享方式的不同,常分为松散型集成和紧密型集成两种。集成模式主要包括并列结构、嵌入结构、动态链接结构和组件结构,其中以基于组件地理信息系统的组件结构应用最广。

地理信息系统与知识规则库的集成,是从空间数据库中挖掘知识,应用认知与知识发现技术(Knowledge Discovery in Databases,KDD)从地理信息系统数据库中发掘知识,并与专家系统技术相结合,成为智能化的空间信息系统。

地理信息系统与超媒体的集成,是将图形、图像、声音、视频、动画等现代社会主流的多媒体信息和空间信息相集成,使得地理信息系统的表现形式更灵活、更丰富。随着技术的发展和网络速度的提升,这种集成正越来越广泛地使用于各种新的领域中,对地理信息系统的发展和传播起到了重要作用。

(3) 地理信息系统的平台集成

通过地理信息系统平台集成建立地理信息系统共享平台的目的在于,形成一个物理上分布、逻辑上集中的分布式空间数据库,为集成系统提供统一的地理视图,将各种应用和数据整合到一个平台,使管理者得以进行有效管理,实现数据和功能的互操作,消除"信息孤岛"。这一集成运用了 Internet、数据库、地理信息系统等多种技术,涉及很多和空间数据相关的应用领域,如地理信息系统和管理信息系统的集成、地理信息系统和办公自动化系统的集成、3S集成、地理信息系统和企业资源计划(Enterprise Resource Planning,ERP)的集成、地理信息系统和虚拟现实的集成等。

"数字地球"是最早于 1998 年由美国前副总统戈尔提出的。它是指以地球为对象,在全球范围内建立一个以空间位置为主线,把各种相关多维信息组织起来的,数字化、空间化、网络化、智能化、可视化的技术系统。建立数字地球可以对真实地球及其相关现象有统一的数字化的认识,是地理信息系统集成与 3S 应用的重要实例,具有长远的发展前景。

15.2.2　地理信息系统组件和组件化

组件技术是继面向对象技术之后发展起来的一种新的软件工程技术。在组件技术的概念模式下,软件系统可以被视为相互协同工作的对象集合,其中每个对象都会提供特定的服务,发出特定的消息,并且以标准形式公布出来,以便其他对象了解和调用。相对于早期类库的源代码重用,组件封装得更加彻底,更易于使用,可以在各种开发语言和开发环境中使用。

组件技术的实质是以控件、组件的形式将不同的功能模块，通过接口调用等方式集成到系统中，是系统集成(应用集成模式)中使用较为广泛的一种二次开发方式。组件技术的出现，极大地提高了软件产业的生产效率，改变了软件产业的生产形式。

1. 地理信息系统组件与组件式地理信息系统

地理信息系统组件是以组件形式提供给用户的地理信息系统软件功能模块。它基于某种组件对象平台，具有标准通信接口，允许跨语言调用。地理信息系统组件的基本思想是把地理信息系统的各种功能模块进行分类，划分为不同类型的控件，每个控件完成地理信息系统中各自的功能。各个地理信息系统控件之间，以及地理信息系统控件与其他非地理信息系统控件之间，可以方便地通过可视化的软件开发工具集成起来，形成满足用户特定功能需求的 GIS 应用系统。

组件式地理信息系统由地理信息系统与一系列地理信息系统组件构成，是具有完整地理信息系统功能体系的软件平台，是当今软件技术的潮流之一。2000 年前后，ESRI 公司推出的 ArcObjects、ArcGIS Engine 和超图公司推出的 SuperMapObjects 把组件式地理信息系统平台发展到一个新的阶段，庞大的地理信息系统组件群包含了数据管理、格式转换、地图编辑、排版制图、空间分析、二三维可视化等地理信息系统的几乎全部功能，并引领了此后近十年的地理信息系统二次开发方式。

基于组件构建 GIS 应用系统具有以下优点。

(1) 小巧灵活，价格便宜

GIS 应用系统的开发者，利用通用开发工具，根据需要调用地理信息系统组件提供的功能，可以方便地组建自己的 GIS 应用系统，并获得较好的性能价格比。

(2) 开发简捷，使用方便

传统地理信息系统需要专门的开发工具，给用户增加了负担，而地理信息系统组件可以用目前流行的各种开发工具直接调用。例如，Visual C++、Delphi、Java 等都可以直接成为优秀的地理信息系统开发工具。这与传统地理信息系统专门性开发环境相比，是一种质的飞跃。例如，地理信息系统组件可以直接嵌入管理信息系统开发工具，使开发人员可以像管理数据库表一样地管理空间数据，从而使大量的管理信息系统开发人员能够较快地过渡到地理信息系统开发工作中。

(3) 无缝集成

应用地理信息系统组件构造的 GIS 应用系统，只需实现地理信息系统自身的功能，其他非地理信息系统特色的功能则可以利用其他组件实现。通过组件之间的消息传递、互相调用、协同工作，实现了系统之间的高效、无缝集成。

(4) 有利于地理信息系统的推广

组件技术已经成为计算机软件开发的标准。由于用户可以像使用其他 ActiveX 控件一样使用地理信息系统组件,便于开发和集成 GIS 应用系统,使地理信息系统不仅是专家们的专业分析工具,也是普通用户对地理数据进行管理的可视化工具,这就推动了地理信息系统大众化进程。

2. 地理信息系统组件的体系结构

地理信息系统组件通常有三层体系结构。

（1）基础组件

基础组件面向空间数据管理,提供基本的交互过程,处于平台的最底层。

（2）高级通用组件

高级通用组件由基础组件构成,面向通用功能,组件之间的协同控制消息都被封装起来,使二次开发更为简单。

（3）行业性组件

行业性组件将行业应用的特定算法抽象出来,将其固化到组件中,以加速开发过程。例如,以地理信息系统为基础的水利等专业领域中,除了一般的地理信息系统功能外,需要将专业的计算模型、算法等应用功能封装起来,以实现专业应用。

组件如同一堆各式各样的积木,分别实现不同的功能,根据需要把实现各种功能的"积木"搭建起来,就构成了应用系统。

15.2.3　3S 集成系统

1. 3S 概述

3S 是英文 RS（遥感）、GIS（地理信息系统）、GNSS（全球导航卫星系统）这三个技术名词中最后一个单词词头的缩写。3S 技术是以遥感、地理信息系统、全球导航卫星系统为基础,将遥感、地理信息系统、全球导航卫星系统三种独立技术领域中的有关部分,与空间数据库和网络数据库等高新技术融合,有机构成的综合技术领域,其畅通的信息流贯穿于信息获取、信息处理、信息应用的全过程。

（1）遥感

"遥感"是从不同高度的平台（Platform）上,使用各种传感器（Sensor）,接收来自地球表层的各种电磁波信息并对其进行加工处理,从而对不同的地物及其特征进行远距离探测和识别的综合技术。由于地球上每一个物体都在不停地吸收、发射和反射电磁波信息和能量,且因吸收和反射的能量不同而具有不同的波谱特性,遥感就是利用不同地物的波谱特性,远距离识别物体。

遥感技术的四个要素是:对象、传感器、信息传播媒介和平台。通过平台上的传感器,借助信息传播媒介来感测遥远事物（对象）的过程称为"遥感"。遥感技术使用的运载工具,可以是卫星、航天飞机、飞机、气球、汽车、照相机的三脚架等,通过在不同高度上使用遥感技术,可以实现不同目的的服务,常用的包括不同用途的卫星遥感和航空遥感等。

(2) 全球导航卫星系统

全球导航卫星系统是由一系列卫星组成的导航系统,对地面、海面、空中物体的三维位置、三维速度和一维时间进行实时、连续、全天候精确测量的技术系统。它主要包括美国的全球导航卫星系统、俄罗斯的"格洛纳斯"、欧盟的伽利略导航卫星系统以及中国的北斗导航卫星系统。

全球导航卫星系统由空间导航卫星、地面监测系统、用户接收机三部分组成。由于它可以全天候提供快速、精确、高效的可移动定位和导航信息,且在全球的覆盖率高,不容易受到天气影响,被广泛应用。

(3) 地理信息系统

地理信息系统在3S集成系统中起核心作用。3S集成系统中对数据的加工、处理、分析和结果输出都由地理信息系统来完成,并可以通过地理信息系统来建立分析、决策模型,并为管理、规划和决策等服务。

在3S中,遥感是信息采集(提取)的主力,它为数据的动态更新和综合分析提供有效条件;全球导航卫星系统是3S技术中采用空-地定位方式的基础,全球导航卫星系统组合技术可获取已互相精确匹配的数字高程模型和地学编码图像,使总体定位速度大大提高;地理信息系统是3S的核心技术,作为信息的"大管家",它对信息进行存储、检索、输出等。三者的有机结合构成了对空间数据实时采集、更新、处理、分析及为各种实际应用提供科学决策的强大技术体系。

随着计算机技术的飞速发展,3S集成系统经历了从低级到高级的发展和完善过程。在低级阶段,系统之间通过互相调用一些功能来联系;在高级阶段,三者之间不只是相互调用功能,而是直接共同作用,形成有机的一体化系统,以快速准确地获取定位的现势信息,对数据进行动态更新,实现实时、实地的现场查询和分析判断。3S集成系统根据实际应用的需要,在地学领域有着广阔的应用前景。

2. 地理信息系统和遥感的集成

地理信息系统和遥感是独立发展起来的支撑现代地学的空间技术工具。其中,地理信息系统是管理与分析空间数据的有效工具,遥感是空间数据采集和分类的有效工具,它们的研究对象都是地理实体,两者关系十分密切。利用它们之间的互补性,相互结合,成为空间信息科学发展的热点之一。

地理信息系统和遥感的结合主要表现在遥感为地理信息系统动态地提供和更新各种数据,而地理信息系统作为空间数据处理分析的技术工具,用于提高遥感的空间数据分析能力及分析精度。具体来讲:

(1) 遥感数据是地理信息系统的信息源

遥感数据作为地理信息系统的信息源,及时、正确、综合地提供各种数据,有助于多时相动态更新 GIS 数据库。

遥感为地理信息系统提供数据源的形式经历了以下发展过程:早期阶段,利用航空航天影像,经过目视判读,编制出各种专题地图,利用这些专题地图,经过数字化仪把所需信息输入地理信息系统。这种将遥感形成专题系列图提供给地理信息系统的方式是地理信息系统和遥感结合的主要方式。由于专题系列图的各专题要素来自同一信息源,保证了时相和图幅位置配准,因而很适合地理信息系统中进行多重信息的综合分析,从而派生出综合性数据及图件。但是将使用人工判读和转绘取得的专题地图作为遥感和地理信息系统结合的起点,这实际上降低了综合分析的精度及效用,后发展为遥感数据自动提取专题地图的形式。在遥感数据进入计算机后,经自动识别分类,编辑处理成专题地图,直接进入 GIS 数据库,达到高效快速获取数据的目的。整个过程在“全数字化”环境下进行,包括遥感图像预处理→遥感图像识别分类→后处理(按照实际情况进行图像的增强、平滑等操作)→数据格式转换→放入 GIS 数据库等步骤。

(2) 地理信息系统为遥感提供空间数据管理和分析的技术手段

由于遥感信息主要来源于地物对太阳辐射的反射作用,识别地物主要依靠它们对光谱特性的差异,难免出现“同物异谱”和“异物同谱”问题,导致地物信息错误。这就需要地理信息系统的空间数据管理和分析能力,对遥感影像进行几何纠正,或利用 GIS 数据库中的数字地面模型等数据对遥感数据进行对比匹配,从而提高对遥感数据的识别精度和效率。

在空间多元分析中,已广泛地把遥感图像和地图、数字地面模型等地理信息系统功能相结合,以提供分析手段。

(3) 地理信息系统和遥感图像的结合方式

地理信息系统和遥感的结合主要有以下三种技术途径。

① 地理信息系统和遥感图像的简单结合。这种方式只是单纯地将遥感图像获取的专题地图数据作为地理信息系统的数据源。

② 地理信息系统和遥感的软件接口结合。这种结合的实质是通过建立统一的中间数据格式标准,解决地理信息系统和遥感图像处理系统之间的数据转换、数据传输和配准问题。通常这种结合是将一种技术作为以另一种技术为主的系统的子系统或功能补充,虽然具有唯一的用户界面,但却使用各自的数据库和工具库。

③ 地理信息系统和遥感处理系统相互结合形成一个完整的系统。要求具有更有效的数据结构模型及空间数据的管理系统,即能对矢量数据和栅格数据进行协调管理,实现空间数据的综合查询及模型分析。面对遥感所提供的海量空间数据,地理信息系统和遥感的结合是一种必然。NASA 在多年以前就实现了这一系统。目前,ESRI 公司等大的地理信息系统软件商也研发出相关产品,实现地理信息系统与遥感的进一步整体结合。

3. 地理信息系统和 GNSS 的集成

全球导航卫星系统和遥感既分别具有独立的功能,又可以互相补充完善对方,这是全球导航卫星系统和遥感结合的基础。从地理信息系统的角度看,全球导航卫星系统和遥感都可以被看作数据源获取系统。

(1) 全球导航卫星系统作为地理信息系统数据源,为地理信息系统和遥感提供定位和测量数据

全球导航卫星系统的精确定位功能克服了遥感定位困难的问题,其快速定位为遥感数据实时、快速进入地理信息系统提供了可能。也就是说,全球导航卫星系统保证了遥感数据及地面同步监测数据获取的动态配准、动态进入 GIS 数据库。利用全球导航卫星系统的定位功能,还可实现遥感数据的定位查询。同时,全球导航卫星系统和遥感结合形成的全球导航卫星系统气象遥感技术在气象等领域的应用中发挥着重要作用。

(2) 地理信息系统为全球导航卫星系统提供地形显示、空间分析功能

将全球导航卫星系统采集的实时数据,通过计算机标准接口进入地理信息系统软件,可在电子地图上实时定位显示;计算和显示区域的面积、路径长度、体积;在资源环境调查中,还可以利用全球导航卫星系统作为补测和补绘手段,实现地图数据的实时更新;利用地理信息系统中的电子地图和 GNSS 接收机的实时定位差分技术集成的各种电子导航系统,可以对车辆、船舶、飞机进行动态监控和实时定位。

4. 3S 与其他技术的集成及应用

3S 集成应用中涉及多个技术环节,主要包括多维信息复合分析,遥感图像的实时空 - 地定位,语义 / 非语义信息的自动提取,遥感影像的数字化智能系统对 GIS 数据库的快速更新方法,实时数据通信与交换,集成系统的可视化及分布式网络集成环境等。随着集成技术的发展,3S 集成主要应用于以下方面。

(1) 3S 和通信技术集成

为了实现 3S 技术的集成,现代通信技术和网络技术是重要保证。以通信技术为纽带,3S 技术应用进入日常生活,如带有各大城市电子地图的全球导航卫星系统与手机的集成,使手机集通信、定位、导航于一体,给人们的出行带来了极大的方便,通过移动终端设备上的地理信息系统,可以使全球导航卫星系统的定位信息在电子地图上获得实时、准确、形象地反映及漫游查询。同时,全球导航卫星系统接收机和电子地图相配合,利用实时定位差分技术,加上相应的通信手段组成各种电子导航和监控系统,可以广泛用于交通、公安侦破、车船自动驾驶、科学种田和海上捕鱼等方面。目前常说的基于位置的服务就是地理信息系统和通信技术集成后形成的移动定位服务应用技术,也是这一应用将地理信息系统推上了提供地理空间信息服务的新高度。

(2) 3S 一体化在土地利用和林业中的综合应用

长期以来,落后的土地管理技术手段一直是制约我国土地管理事业发展的瓶颈因素,特

别是缺少现势性的实时动态信息,不能实时地进行土地利用信息变更和规划方案调整。随着遥感、地理信息系统、全球导航卫星系统技术的发展并日益呈现出集成化、智能化、自动化的 3S 一体化发展趋势,建立基于 3S 一体化技术的土地利用动态管理信息系统成为可能。基于 3S 一体化的土地利用动态管理信息系统通常包括基础数据库、空间数据分析、土地资源分类、土地需求量预测、土地评价分析、土地潜力、土地利用结构优化、土地利用动态仿真及成果输出等功能子系统。它可以实现信息的实时更新和土地利用的动态监测,进而实现地理信息系统数据库的快速更新和在分析决策模型支持下,快速完成多维、多元复合分析,从而为土地资源调查、土地利用动态监测、分析与评价、预测与预警、决策与支持提供技术保证。

随着社会经济对可持续发展的需求,森林资源监测和管理更加重要。在 3S 技术中,作为单项的全球导航卫星系统、遥感、地理信息系统在林业中早已各自取得很大的成就,全球导航卫星系统对于林业辅助导航、遥感对于林地资源调查、地理信息系统作为森林资源信息管理工具都发挥了巨大作用。同时,利用 3S 技术建立森林资源监测体系,可动态监测森林资源的空间分布信息,从宏观和局部对森林资源数量进行动态、实时监测,在森林防火管理等方面得到广泛的应用。

15.3　地理信息系统集成与 3S 的应用实例——在森林防火中的应用

以地理信息系统为核心的 3S 技术是实现森林防火管理现代化的重要手段,建立森林防火信息系统已成为我国森林防火体系建设的核心内容之一。森林防火信息系统是以 3S 技术、网络传输技术、卫星通信等现代高新技术为支撑的数字化管理体系,它集林区地理空间位置、林地特征、各项森林防火要素等信息于一体,是实现森林火灾预测预报、森林火灾监测、森林火灾扑救辅助决策、森林火灾信息发布、评估火灾损失等功能的信息管理平台。

地理信息系统在森林防火中处于十分重要的位置。它贯穿于森林防火建设中从森林火险瞭望塔的选址到森林火灾的损失评估的整个过程,主要包括森林防火建设设计、森林火险等级预报、卫星森林火灾监测的图像定位校正、重大森林火灾的林火势态图制作、火场三维仿真模型及动态显示、森林火灾信息查询分析、森林防火指挥调度、森林火灾的损失评估与森林火灾扑救的辅助决策等。在实际中,将这些功能组合,形成了具有不同功能的森林防火信息系统。

1. 3S 技术在森林防火中的应用

森林防火信息系统以 3S、通信、网络等技术的集成作为基础技术。其中:

① 遥感技术可获取气象卫星影像和 TM 图像,用来对过火区进行识别和对森林火灾进行判读和监测,为森林火灾监测实时地提供各种数据源。

② 全球导航卫星系统可以进行全方位、全天候连续观测,在森林防火管理中为扑火人员进行导向和定位,为巡护飞机导航,灾情发生后测定火场边界和计算火场面积。由于其操作简便,精度高,在森林防火中发挥的作用越来越重要。

③ 地理信息系统是实现森林防火管理的核心工具。利用地理信息系统进行森林防火管理,可以合理布局规划森林火险瞭望塔,使森林火灾监测、森林火灾火警预报、森林火灾信息查询分析等得以全面应用。

④ 3S 技术和通信网络技术的集成是森林防火管理工作的纽带。上级森林防火管理部门需要与基层森林防火管理部门及时沟通、救火现场和林火扑救指挥中心要不间断地保持联系。当发生森林火灾灾情,日常通信手段中断时,可以借助于国际海事卫星通信系统进行通信,及时沟通森林火灾信息。

⑤ Web 技术、网络数据库、空间数据库技术的发展,使得森林防火信息系统在进行森林火灾信息的保存、发布、传送时变得越来越方便、快捷。

2. 森林防火应用模型

森林防火应用模型是实现森林火灾的林火行为模拟、预测预报及损失评估的关键。影响森林火灾发生和蔓延的因子有可燃物、地形、气象及人为因素。森林火灾周围的可燃物分布、地形和气象对森林火灾的传播和蔓延方式、强度、速度、面积、方向影响很大。描述森林火灾行为的主要参数是森林火灾蔓延速度、火焰高度、火强度、火线宽度、火线长度、火烧面积等。

(1) 森林火灾蔓延模型

森林火灾蔓延模型是指在各种简化条件下,导出森林火灾行为与各种参数间的定量关系式,使人们可以利用这些关系式去预测将要发生或正在发生的森林火灾行为。常见的森林火灾蔓延模型包括基于能量守恒定律的 Rothermel 模型、Rothermel 模型的修正模型、中国王海晖等人提出的矢量叠加修正模型、澳大利亚的 McArthur 模型、加拿大森林火灾蔓延模型、王正非的森林火灾蔓延模型、元胞自动机模型等。

由于森林火灾行为的复杂性,目前还没有一个统一的通用森林火灾蔓延模型。因此,在实际应用中,需要根据模型实现的功能、模型适用的地区及植被类型、模型自身的假设条件、模型检验频数等因素进行选择。

(2) 森林火灾蔓延的计算机模拟及可视化

森林火灾蔓延模拟是指森林可燃物在点燃后所产生的火焰、火蔓延的发展过程,亦即森林火灾发生、发展,直至熄灭的全过程中,对着火、蔓延、能量释放、火强度、火灾种类等特征的综合模拟。

森林火灾蔓延模拟的主要内容如图 15-2 所示。在森林火灾蔓延模拟过程中,首先要选择火场和森林火灾蔓延模拟模型;然后根据风速、风向和模拟时间参数值的变化,得到动态变化的森林火灾蔓延模拟的结果边界图形,在计算机上实现;最后根据森林火灾行为模拟结

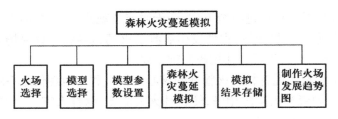

图 15-2 森林火灾蔓延的模拟内容

果,制作火场发展趋势图。

由于森林火灾蔓延是一种连续数据,在地理信息系统中采用基于栅格数据的场模型进行模拟。模拟所需要的可燃物类型可以从林相图中获取;地形数据可以从地形图中获取;气象因子可以文件形式提供,或在需要时以交互方式输入。

(3)森林火险预报模型

森林火险预报模型主要根据气象、可燃物、地形等数据划分森林火险等级,并进行预报。森林火险等级同气象因子、地形因子、植被因子以及人为因子相关。1993 年,我国国家气象局和林业局正式发文规定了森林火险五级标准:一级为没有危险,林内可燃物不能燃烧;二级为低度危险,林内可燃物难以燃烧;三级为中度危险,林内可燃物较易燃烧;四级为高度危险,林内可燃物容易燃烧;五级为极高度危险,林内可燃物极易燃烧。

国外的森林火灾预报方法和模型有苏联的"综合指标法"、日本的"实效湿度法"、法国的"土壤湿度法"、美国的"干燥指标和蔓延指标法"、加拿大的"火险天气指标法",等等。实际上,这些方法在我国都有应用。

森林火灾趋势预测主要使用灰色静态 GM(1.1)模型、回归分析法、指数平滑法和季节性指数平滑法等。

3. 森林火灾损失评估模型

森林火灾损失包括经济、社会和生态三个方面,分为直接损失和间接损失两大部分。直接经济损失是指在森林火灾中直接被烧损的林木资产、固定资产、流动资产、林产品及农牧业产品的经济损失。间接经济损失是指森林火灾现场施救费用和因森林火灾而引起的停工、停产、停业损失以及人员伤亡费用、森林环境资源损失。

森林火灾损失评估通常要使用地理信息系统中的叠置分析,即把受灾后的遥感图与该地区的林相图配准、叠置、解译、重新分类,形成被烧毁的植被分布图,计算不同种类植被、不同过火程度的林地面积损失、蓄积损失。

森林火灾经济损失总额由直接经济损失额和间接经济损失额两部分构成。林业发达国家如美国、澳大利亚等对森林火灾损失用直接损失和间接损失评估。我国现阶段的主要损失评估内容如图 15-3 所示。

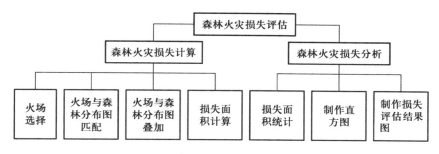

图 15-3　火场损失评估内容

从森林火灾损失评估工作,可以迅速地计算森林火灾损失总面积,并按林分类型进行分组统计,生成森林火灾损失评估结果报告。

4. 森林防火信息系统

根据以上模型及森林防火管理所需的功能,森林防火信息系统包括森林火灾监测功能、森林防火辅助决策功能,以及随着 WebGIS 发展而产生的 Web 发布功能等。

(1) 森林火灾监测子系统

森林火灾监测子系统主要涉及 3S 技术。3S 技术在森林防火监测中的一体化应用模式如图 15-4 所示。

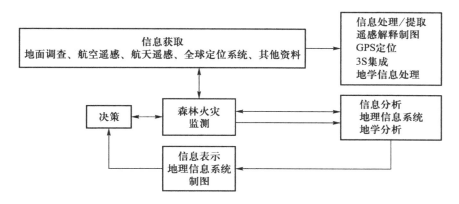

图 15-4　3S 技术在森林防火监测中的一体化应用模式

(2) 森林防火辅助决策功能

森林防火辅助决策以现有数据库提供的数据(包括森林火灾数据、气象数据等)为基础,以森林防火监测得到的火场为工作目标,通过灾时的森林火灾行为模拟、灾后的损失评估、扑火指挥调度(扑火路径分析)等,对已发生的森林火灾发展趋势进行科学预测,提出有效的扑救方案,辅助防火部门进行扑火决策。

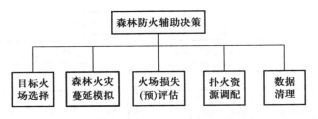

图 15-5 森林防火辅助决策系统功能图

森林防火辅助决策系统功能如图 15-5 所示。其主要功能包括目标火场选择、森林火灾蔓延模拟、火场损失(预)评估、扑火资源调配和数据清理等。

(3) 森林防火信息系统的 Web 发布

WebGIS 是 Internet 与地理信息系统相结合的产物,利用 WebGIS 可以在 Internet 上发布空间数据,供用户浏览、查询和分析用。在森林防火信息系统中,采用 WebGIS 技术,在 Internet 上发布与森林火灾有关的基础地理信息及带有空间特征的森林火灾专题信息,真正实现森林火灾信息的实时传输,及时地对航空影像(火场照片)、卫星影像进行采集和传输,最大限度地为指挥中心和数据处理中心提供各类火场影像及信息,便于群众参与,辅助森林防火管理部门进行及时、有效的决策。

15.4 地理信息系统专业化应用实例——在地学中的应用

地理信息系统起源于地学领域的应用。目前,在地学及其相关领域,地理信息系统已得到广泛应用,并出现了许多以地理信息系统为主要支撑技术的信息系统,如自然资源信息系统(Natural Resources Information System)、资源与环境信息系统(Resources and Environment Information System)、土地资源信息系统(Land Resources Information System)、地理相关信息系统(Georelational Information System)、地球科学或地质信息系统(Geoscience/Geological Information System)、空间信息系统(Spatial Information System)、空间数据分析系统(Spatial Data Analysis System)、空间数据处理系统(Spatial Data Processing System)等。

地理信息系统在地学领域的应用面很广泛,涉及经济、社会、资源、环境、管理等因素。从区域范围来讲,大到全球、全国,小到乡村;从专业领域来讲,涉及农业、林业、水利水土保持、环境、生态、土地、城市、园林等众多与地学相关的领域;从解决的问题来讲,涉及管理、评价、规划决策、监测等各个环节;从地理信息系统功能来讲,涉及空间数据的可视化、空间数据管理、空间分析;从技术方法上讲,涉及地理信息系统技术、地理信息系统和其他技术集成,尤其是地理信息系统和专业模型的集成。下面详细说明地理信息系统在森林资源管理中的应用情况。

森林资源是林木、林地及所在空间范围内一切植物、动物、微生物以及这些生命体赖以生存并对其有重要影响的自然环境的总称。森林是生态环境的重要组成部分,是林业的基础。森林资源信息是一种十分复杂的信息,表现在它的时空性、模糊性、多样性等方面。其中时空性是最主要的特点,它对信息管理的技术和方法产生了很大的影响。

森林资源信息的时空性,反映在森林资源信息具有水平结构、垂直结构和时间结构。其水平结构表现在森林资源分布在地球表面不同地理位置上;垂直结构表现在森林资源分布受地球表面海拔高度影响上,也表现在生物多样性上;时间结构反映森林资源的水平结构、垂直结构都是随时间动态变化的。

总之,森林资源分布区域广大,地形复杂,生长周期长,树木种类繁多,经营目标多种多样。科学有效地管理和利用森林资源是社会可持续发展的需要,是发展先进生产力的必然要求。

1. 森林资源信息管理中的信息技术

森林资源信息管理技术,是指在对森林资源信息进行获取、组织存储、检索、分析、传输和显示的过程中所用的各种技术。

森林资源信息管理系统是实现森林资源信息管理的平台,它涉及的主要技术如下。

① 系统集成技术。它为森林资源信息管理提供了一个全面解决方案,其中 3S 集成技术及其应用尤为重要。

② 多源数据融合技术。多源数据融合技术是多源数据的一种处理方法,用于解决来自不同数据源的空间数据存在的各种差异,最终实现多数据源的信息共享。

③ 空间元数据和数据标准。其为森林资源信息管理系统提供一体化的管理对象。

④ 系统的网络化管理技术。网络化是信息时代的特征,森林资源地域分布性,决定了构建森林资源信息管理系统必须网络化。

总之,以系统集成思想为指导,从数据集成、功能集成、系统集成等方面构建森林资源信息集成系统平台是时代的潮流。

2. 地理信息系统和森林资源信息管理

传统的森林资源信息管理采用数据库管理系统,仅对森林资源的属性数据进行管理,忽略森林资源的空间性和动态性,造成森林资源的属性数据和空间数据的隔离,致使专题地图只是孤立地描述地物,无法建立信息之间的联系,更不能分析信息之间的内在规律。

由于地理信息系统是管理和分析空间信息的有力工具,故以地理信息系统为核心的 3S 技术、网络通信技术、计算机技术已成为现代森林资源信息管理中不可缺少的技术手段,并出现了很多 GIS 应用系统。

应该指出,地理信息系统在森林资源信息管理中的应用,也有从管理型到分析型再到决策型的发展过程。

① 管理型地理信息系统主要用于森林资源调查和管理,指利用地理信息系统建立地理信息库、绘制林相图和森林分布图、产生各种报表、实现信息查询。

② 分析型地理信息系统主要用于森林资源分析,主要以图形及属性数据的综合分析为特征,用于分析各种目标和推导出新的信息。例如,利用缓冲区分析确定采伐区域,利用最短路径分析决定森林防火中的抢险路线。

③ 决策型地理信息系统主要用于森林资源经营决策,主要以建立各种专业模型,拟定经营方案,直接用于决策过程。例如,利用预测、规划模型确定造林规划等。

3. 地理信息系统在森林资源管理中的主要应用类型

(1) 地理信息系统在森林资源档案管理中的应用

森林资源档案是林业生产的重要数据资料,是安排和指导林业生产的重要依据。森林资源档案包括林业调查图、调查卡片和统计报表等。森林资源档案数据的特点是信息量大、内容丰富、数据形式多样、结构关系复杂、数据本身具有时空性。用地理信息系统进行森林资源档案管理可以提高资源管理水平和生产效率。地理信息系统在森林资源档案管理中主要用于森林资源数据一体化管理及查询、森林资源专题地图输出,以及森林资源数据的动态更新。

(2) 地理信息系统在森林资源动态监测中的应用

森林资源动态监测是制定林业生产方针的一个重要依据。森林资源的林地面积、蓄积、地类和林分状态总是处于不断的动态变化中,了解和掌握森林资源现状和变化过程,有助于制定林业生产方案、方针、对策、政策等。森林资源动态化监测主要包括林业土地利用变化监测和林分变化监测。

(3) 地理信息系统在森林资源分析和评价中的应用

地理信息系统在森林资源分析和评价中的应用相当广泛,包括对森林资源的空间分布格局评价、森林资源区域结构的评价、森林资源生态效益的评价、环境与生态系统的相互作用评价、森林资源动态发展变化评价、森林资源潜力的评价等。

(4) 地理信息系统在森林经营决策中的应用

森林经营问题大多数同空间位置有关,如采伐地点和采伐木的选择、生物多样性保护地的确定、林和树种的空间变化等。

地理信息系统借助所拥有的数据库和数据管理功能,以及建立的生长、预测、经营、决策模型,可以为林业生产提供对策支持,对各种经营过程进行模拟、比较和评价,选择出最优经营方案,并形成综合报告或专题报告供决策者参考。同时,用地理信息系统进行辅助设计,不仅实现对空间数据的图形设计,还能对工程进行分析和计算,获得道路网的最佳布设,并在此基础上进行修改设计,提供设计结果和报告数据,最后为项目方案的确定和实施提供辅助决策。

(5) 地理信息系统与林业电子政务

电子政务是利用电子信息技术进行的政务活动。地理信息系统与林业电子政务的关系非常密切，主要体现为以下几个方面。

① 地理信息系统为电子政务提供了全国林业资源环境综合业务管理和分析辅助决策的工具。

② 地理信息系统支持基于空间数据的政府办公综合资源数据库。

③ 林业电子政务需要多源、多尺度、多品种和现势性好的空间数据的支持。

④ 为了适应电子政务对基础地理数据和 3S 等技术的需求，还需要加强地理信息系统理论和新技术的研究与开发。

此外，地理信息系统在很多林业专题分析中得到应用，如森林病虫害预测预报、森林现状分析、森林环境条件分析等。

15.5　地理信息系统的社会化应用发展

15.5.1　地理信息系统在空间决策支持中的应用

空间数据信息量正呈海量增长，而且类型日趋复杂，结构越来越多样。由于空间数据所特有的空间特性使得以空间数据为基础的空间信息分析和决策与一般的数据分析相比更加复杂，形成了空间数据丰富但空间知识贫乏的情况。由此产生了针对空间数据挖掘、空间知识发现和空间决策支持的研究。

根据空间分析智能化程度和过程，将空间决策支持分为四部分：空间数据挖掘和空间数据仓库、一般性的空间分析、空间决策支持以及智能地理信息系统。四部分的关系如图 15-6 所示。

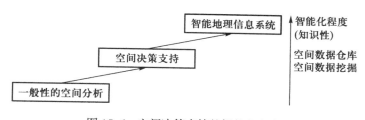

图 15-6　空间决策支持的智能化程度

1. 空间数据挖掘与空间数据仓库

空间数据挖掘是指从空间数据库中提取所需的空间模式和特征、空间与非空间数据的普遍关系及其他隐含在数据库中的普遍数据特征的过程。空间数据挖掘需要综合数据挖掘、空间数据库、空间信息科学、计算机科学等多种技术，来发现空间信息中的几何知识、空间分布规律、空间关联规则、空间特征及空间演变规则等内容。

（1）空间数据仓库

数据仓库的概念产生于 20 世纪 90 年代，根据公认的数据仓库之父 Inmon 对于数据仓库的定义，"数据仓库是一个面向主题的、集成的、非易失性的数据集合，用来支持管理者的决策"。其特点体现在定义中的几个关键词上。

空间数据仓库是空间信息科学技术和数据仓库技术相结合的产物，是数据仓库的一种特殊形式，用于进行空间数据挖掘和进行空间辅助决策。由于加上了空间数据所特有的空间特性，空间数据仓库具有以下特征。

① 空间数据仓库面向主题。传统的 GIS 数据库系统大多是面向应用的，数据结构针对单一的工作流程最优。空间数据仓库继承了传统数据仓库面向主题的特性，在一个较高的层次将数据归类，针对一个宏观的分析领域划分主题，具有知识性和综合性，从而能够更好地为决策支持提供服务。

② 空间数据仓库是集成的。地理信息系统为空间数据仓库提供重要的数据源。空间数据仓库以各种面向应用的地理信息系统为基础，通过元数据将它们集成起来，通过采用一致的命名规则、编码结构，从中获取有用的数据。其中的数据应是尽可能全面、及时、准确的。

③ 数据增值和变换。空间数据仓库中的数据来自不同的地理信息系统，由于数据冗余及其格式、标准存在异构性，需要对这些数据进行必要的抽取、清理等操作，即通过数据的增值和变换提高数据的可用性。

④ 时间序列的历史数据和空间序列的方位数据。为了满足趋势分析、演变分析的需要，空间数据仓库中的数据需要具有时间的概念，即每一个数据都包含时间属性。传统的数据仓库由于不具有空间维数据，不能进行空间分析，不能反映空间变化趋势；空间数据是表现自然界这一立体空间中的信息，空间数据仓库中的空间数据具有空间位置属性及空间关系。

（2）空间数据挖掘方法

空间数据挖掘和知识发现是多学科、多技术的交叉领域，涉及机器学习、数据库、专家系统、统计学、管理信息系统、模式识别、可视化等多个领域的技术，而且其中的许多技术已经在地理信息系统、地学数据分析、地图数据处理和可视化中被广泛使用。目前，主要的空间数据挖掘和知识发现的方法有以下几种。

① 空间统计方法。

② 空间分析方法。

③ 归纳学习方法。

④ 空间聚类分析。

⑤ 空间分类分析。

⑥ 粗糙集理论。

⑦ 概念格理论。

⑧ 云模型。

⑨ 其他机器学习方法，包括神经网络方法、遗传算法（Genetic Algorithm，GA）、支持向量机（Support Vector Machine，SVM）等比较经典和常用的机器学习／知识学习方法。

（3）空间数据挖掘过程

广义上的空间数据挖掘过程包括空间数据获取和预处理、空间数据挖掘、空间数据评价和可视化解析这三个阶段，其中每个阶段又涉及许多详细的方法和步骤。

① 空间数据获取和预处理。这一阶段包括数据准备、数据选择、数据预处理等过程。其中最重要的是在选择所需数据的基础上对数据进行消除噪声、统一格式、填补空缺等操作，以确保数据的完整性和一致性。

② 空间数据挖掘。这一阶段作为数据挖掘的核心，包括以下步骤：

a. 根据空间数据挖掘的不同要求确定目标。

b. 选择合适的数据挖掘算法，建立空间数据挖掘模型，使模型和结果的评判标准一致。

c. 运用选定算法，提取所需的知识。

③ 空间数据的评价和可视化解析。这一阶段需要对数据挖掘的模式进行解释，并通过反复提取获得所需的有效知识；同时，将挖掘到的知识进行检查评价，使它不与相关领域的已有知识发生冲突；最后，通过地理信息系统中的空间可视化等方法对数据挖掘结果进行展示。

2. 智能地理信息系统

智能地理信息系统是空间决策支持在知识化、智能化水平上的进一步提升，是地理信息系统与专家系统、人工神经网络、遗传算法等人工智能技术的结合。目前，对智能地理信息系统的理解包括两个方面：一方面是在地理信息系统中应用人工智能技术，建立智能化时空数据处理分析模型，使用人工智能技术对空间信息进行处理和分析；另一方面是将地理信息系统作为一种处理分析空间数据的通用技术应用到某个领域，使该实际应用领域的管理和决策系统功能实现智能化。

智能地理信息系统的结构与空间决策支持系统（Spatial Decision Support System，SDSS）类似，也包括数据、模型、知识等资源及其相关的管理系统，同时智能地理信息系统作为一个基于知识的专家系统，其核心是知识库和推理机。

（1）知识库

知识库中存储的事实、规则等是通过领域专家提供、机器学习手段获得或者归纳类比得到的解决问题所需的专业知识，通过动态数据库存放已有知识和推理结果，主要涉及知识的表示形式、精确程度两个具体问题。

（2）推理机

推理机通过控制专家系统的求解过程来完成对知识的搜索和推理。推理过程包括：根据上下文信息，识别知识库中的匹配规则；根据领域问题和知识的表达、组织方式，选择并启用一条规则进行推理等。

目前，智能地理信息系统的发展还处在初级阶段，地理信息系统在空间决策方面的应用大多体现在空间决策系统中，智能地理信息系统在具体构造方面还有待进一步发展。

15.5.2　物联网地理信息系统

"物联网"是最近几年发展起来的一项新技术，是通过射频识别（Radio Frequency Identification，RFID）、红外感应、全球导航卫星系统、激光扫描等信息传感设备，按照约定的协议，把现实世界的物体与互联网连接起来进行信息交换和通信，由此来实现智能化的识别、定位、跟踪、监测和管理功能。这种"物物相连的互联网"模式的核心和基础依然是互联网，是将网络用户端延伸和扩展到了物物之间。

物联网地理信息系统是物联网技术和地理信息系统的集成，目的在于充分发挥地理信息系统空间管理和分析的优势，并结合物联网快速识别目标身份的特点，形成一个高效管理实时、空间相关信息的地理信息系统平台。这一平台通常包括以下几个部分。

① 硬件层，即"物联网"中的"物"，主要包括监测设备、网络设备、服务器及应用终端等硬件设施。

② 物联层，主要包括传感器中间件、协同信息处理系统、短距离传输机制等。

③ 数据层，涉及的数据包括各种地理信息系统空间数据和物联数据，数据层是各种数据集成和交换的平台，实现多元异构空间数据的统一化、层次化管理和集成共享。

④ 物联网地理信息系统服务层，包括对基础设施数据库的管理、维护和更新，提供地理信息系统基础服务、空间分析服务、动态监测和辅助决策等服务功能，是整个体系的核心。

随着物联网技术的发展及各种基础设施建设的推进，物联网地理信息系统可以应用于社会生活中的多个领域，包括政府相关的智慧城市、智能交通、智能应急工作，日常生活相关的健康护理跟踪、平安家居等服务。

 思考题

1. 通过地理信息系统在森林防火管理中的应用实例，理解 GIS 应用系统中应用模型的作用。

2. 通过地理信息系统在森林资源信息管理中的应用实例，理解 GIS 应用系统的开发技术。

3. 结合自己的专业设计一个简单的 GIS 应用系统。

4. 你见过的地理信息系统实际应用有哪些？列举并比较它们的不同。

5. 谈谈你对智能地理信息系统的理解。

6. 如何认识地理信息系统产业的发展前景？

参考文献

［1］陆守一,唐小明,等.地理信息系统实用教程［M］.北京:中国林业出版社,1998.

［2］胡鹏,黄杏元,等.地理信息系统教程［M］.武汉:武汉大学出版社,2002.

［3］黄杏元,等.地理信息系统概论［M］.北京:高等教育出版社,2001.

［4］邬伦,等.地理信息系统原理、方法和应用［M］.北京:科学出版社,2001.

［5］龚健雅.地理信息系统基础［M］,北京:科学出版社,2001.

［6］王家耀.空间信息系统原理［M］.北京:科学出版社,2001.

［7］李德仁,关泽群.空间信息系统的集成与实现［M］.武汉:武汉测绘科技大学出版社,2000.

［8］陈述彭,鲁学军,等.地理信息系统导论［M］.北京:科学出版社,2000.

［9］朱德海,严泰来,等.土地管理信息系统［M］.北京:中国农业大学出版社,2000.

［10］宋小冬,叶嘉安.地理信息系统及其在城市规划与管理中的应用［M］.北京:科学出版社,2000.

［11］陈军.Voronoi 动态空间数据模型［M］.北京:测绘出版社,2002.

［12］郭仁忠.空间分析［M］.北京:高等教育出版社,2001.

［13］刘南,等.地理信息系统［M］.北京:高等教育出版社,2002.

［14］闾国年,等.地理信息系统集成原理与方法［M］.北京:科学出版社,2003.

［15］承继成,等.数字地球导论［M］.北京:科学出版社.2000.

［16］游先祥.遥感原理及在资源环境中的应用［M］.北京:中国林业出版社,2003.

［17］岳彩荣.3"S"集成技术研究现状及其在林业上的应用与展望［J］.西南林学院学报.1999,19(1):67-72.

［18］蔡孟裔,等.新编地图学教程［M］.北京:高等教育出版社,2000.

［19］王建华.空间信息可视化［M］.北京:测绘出版社,2002.

［20］张燕燕,胡毓钜.地图可视化［J］.测绘工程,2001,10(1):27-29.

［21］秦建新,张青年,王全科,等.地图可视化研究［J］.地理研究,2000,19(1):15-21.

［22］王卉,等.可视化技术在地图学中的应用［J］.测绘学院学报,2001:18(1):59-62.

［23］江斌,等.GIS 环境下的空间分析和地学视觉化［J］.北京:高等教育出版社,2002.

［24］舒立福,等.3S 集成技术在林火管理中的应用研究［J］.火灾科学,1999(1):46-51.

［25］施伯乐,丁宝康.数据库技术［M］.北京:科学出版社,2002.

［26］阮家栋,等.Web 数据库技术［M］.北京:科学出版社,2002.

［27］Mishra J,et al.现代信息系统设计方法［M］.司光亚,等,译.北京:电子工业出版社,2002.

［28］俞能海,等.RS 与 GIS 一体化数据结构的研究［J］.武汉大学学报:信息科学版,2000,25(4):305–311.

［29］李琦,等.WebGIS 中的地理关系数据库模型研究［J］.中国图像图形学报,2000,5(2):119–123.

［30］李满春,等.基于空间数据引擎的企业化 GIS 数据组织与处理［J］.中国图像图形学报,2000,5(3):179–185.

［31］黄波,林珲.GeoSQL:一种可视化空间扩展 SQL 查询语言［J］.武汉测绘科技大学学报,1999,24(3):199–203.

［32］陈军,蒋捷.多维动态 GIS 的空间数据建模、处理与分析［J］.武汉测绘科技大学学报,2000,25(3):189–195.

［33］邸凯昌,等.基于空间数据发掘的遥感图像分类方法研究［J］.武汉大学学报:信息科学版,2000,25(1):42–48.

［34］许云涛,等.面向对象的多媒体空间数据库系统设计［J］.武汉大学学报:信息科学版,1999,24(3):268–271.

［35］朱焱.浅论数据抽取、净化和转换工具［J］.计算机应用,2000,20(4):1–3.

［36］龚健雅.GIS 中面向对象时空数据模型［J］.测绘学报,1997(4):289–298.

［37］唐新明,吴岚.时空数据库模型和时间地理信息系统框架［J］.遥感信息,1999(2):8–11.

［38］崔铁军,等.空间数据库引擎的研究［C］.中国地理信息系统协会年会论文集,2003.

［39］张明波,等.空间数据库管理平台核心技术分析与评述［C］.中国地理信息系统协会年会论文集,2003.

［40］吴信才,等.地理信息系统设计与实现［M］.北京:电子工业出版社,2002.

［41］汤国安,赵牡丹.地理信息系统［M］.北京:科学出版社,2000.

［42］Demers M N.地理信息系统基本原理［M］.武法东,付宗堂,王小牛,等,译.2 版.北京:电子工业出版社,2001.

［43］McLeod R.管理信息系统［M］.张成洪,等,译.8 版.北京:电子工业出版社,2002.

［44］黎连业,等.管理信息系统设计与实施［M］.北京:清华大学出版社,1998.

［45］薛华成.管理信息系统［M］.3 版.北京:清华大学出版社,2003.

［46］陈常松.地理信息共享的理论与政策研究［M］.北京:科学出版社,2002.

［47］周枫,等.软件工程［M］.重庆:重庆大学出版社,2001.

［48］柴邦衡,等.设计控制［M］.北京:机械出版社,2002.

［49］浦江.网络计算模式的演变与发展［J］.电子技术,2001,28(1):15–19.

［50］谢希仁.计算机网络［M］.4 版.大连:大连理工大学出版社,2010.

［51］边学工,李德仁.分布式 GIS 分层体系结构模型的研究［J］.武汉测绘科技大学学报:信息科学版,2000,25(5):443–448.

［52］刘南,刘仁义.WebGIS 原理及其应用［M］.北京:科学出版社,2002.

［53］张述清,黄伟昌.网络地理信息系统(Net Work GIS)关键问题综述［J］.地矿测绘,2001,17(3):6–7.

［54］张葵阳,李见为.组件技术在 WebGIS 中的应用［J］.重庆大学学报:自然科学版,2002:25(7):69–71.

［55］唐丽华,陆守一,等.WebGIS 及其在森林资源信息管理中的应用与前景［J］.浙江林学院学报,2004:21(1):104–109.

［56］方陆明.信息时代的森林资源信息管理［M］.北京:中国水利水电出版社,2003.

［57］朱磊.基于 ORDB 的 WebGIS 系统的研究和实现［D］.北京:北京大学,1998.

［58］张军,陆守一,程燕妮.网络化森林资源信息管理集成系统解决方案［J］.林业资源管理,2002(3):75–77.

［59］张军,陆守一.从森林资源数据特点试论现代森林资源信息管理技术［J］.林业资源管理,2002(2):64–68.

［60］陈军,邬伦.数字中国–地理空间基础框架［M］.科学出版社,2003.

［61］Pressman R S.软件工程——实践者的研究方法［M］.黄柏素,梅宏,译.4th ed.北京:机械工业出版社,1999.

［62］高显连,王庆杰.防灾/森林防火信息系统的主要技术［J］.林业资源管理,2003(4):51–55.

［63］高金萍,李应国.基于ArcGIS技术的森林防火辅助决策系统的研制［J］.林业资源管理,2003(2):54–57.

［64］徐爱俊李清泉,等.基于GIS的森林火灾预报预测模型的研究与探讨［J］.浙江林学院学报,2003,20(3):285–288.

［65］储菊香.基于Web的森林火灾预测预报系统的设计与开发［J］.林业资源管理,2003(5):58–60.

［66］唐晓燕,孟宪宇,等.基于栅格结构的林火蔓延模拟研究及其实现［J］.北京林业大学学报,2003,2(1)53–57.

［67］唐晓燕,孟宪宇,等.林火蔓延模型及蔓延模拟的研究进展［J］.北京林业大学学报,2002,24(1):87–91.

［68］张洪亮,王人潮.三"S"一体化技术在林火灾害监测中的应用初探［J］.灾害学,1997(2):1–5.

［69］万鲁河,刘万宇,等.森林防火辅助决策支持系统的设计与实现［J］.管理科学,2003,16(3):24–24.

［70］李应国.森林防火信息系统中GIS数据库的建立［J］.林业资源管理,2003(1):55–57.

［71］张军.时态GIS中对象关系时空数据模型和时空数据仓库的研究［D］.北京:北京林业大学,2002.

［72］段峥嵘.基于组件技术的MIS和GIS集成系统的研究与开发［D］.北京:北京林业大学,2003.

［73］高金萍.基于组件的森林防火辅助决策系统的研建［D］.北京:北京林业大学,2002.

［74］唐晓燕.林火动态规律的研究及其信息系统的研建［D］.北京:北京林业大学,2002.

［75］史明昌,姜德文.3S技术在水土保持中的应用［J］.中国水土保持,2002(5):42–43.

［76］蒋景瞳,刘若梅.ISO 19100地理信息系列标准特点及其本土化［J］.地理信息世界,2003,1(1):34–40.

［77］朱庆.三维GIS及其在智慧城市中的应用［J］.地球信息科学学报,2014,16(2):151–157.

［78］郭文才.试论现阶段三维GIS的发展［J］.科技信息,2010(36):226–228.

［79］李青.基于NoSQL的大数据处理的研究［D］,西安:西安电子科技大学,2014.

［80］申德荣,于戈等.支持大数据管理的NoSQL系统研究综述［J］.软件学报,2013,24(8):1786–1803.

［81］马林兵.Web GIS技术原理与应用开发［M］.2版.北京:科学出版社,2012.

［82］陈时远.基于HDFS的分布式海量遥感影像数据存储技术研究［D］.中国科学院大学,2013.

［83］黄梦龙.瓦片地图技术在桌面端GIS中的应用［J］.地理空间信息,2011:9(4):149–151.

［84］付品德,等.WebGIS——原理与应用［M］.北京:高等教育出版社,2012.

［85］原发杰.一种新的海量遥感瓦片影像数据存储检索策略［D］.电子科技大学,2013.

［86］高皓亮.基于Google Map的空间数据整合技术［EB/OL］.中国科技论文在线.

［87］周强,宋志峰,等.一种适用于多移动终端的地图瓦片格式的研究与应用［J］.测绘与空间地理信息,2013(S1):70–76.

［88］胡志明.基于ArcGIS for iOS的移动GIS开发研究［D］.上海:华东师范大学,2012.

［89］戴连君.基于北斗卫星系统的列车定位方法研究［D］.北京:北京交通大学,2013.

［90］董莹莹.WiFi 网络下的三维空间定位技术研究［D］.北京:北京邮电大学,2012.

［91］李海艳.移动 GIS 的概念体系研究［D］.西安:长安大学,2006.

［92］李晓玲.移动 GIS 应用中的通信技术研究［D］.成都:成都理工大学,2005.

［93］贺军政.基于智能手机的移动 GIS 的研究与实现［C］//广东省城市测量与测量工程学术经验交流会论文集.广州:广东省测绘学会,2010.

［94］陈飞翔,杨崇俊,等.基于 LBS 的移动 GIS 研究［J］.计算机工程与应用,2006,42(2):200-202.

［95］陈高锋.常用无线通信技术简介［J］.电脑知识与技术,2012,8(5):1062-1064.

［96］李德仁,李清泉,等.论空间信息与移动通信的集成应用［J］.武汉大学学报:信息科学版,2002,27(1):1-8.

［97］李成名,王继周,等.移动 GIS 的原理、方法与实践［J］.武汉大学学报:信息科学版,2004,29(11):990-993.

［98］龚健雅.当代地理信息系统进展综述［J］.测绘与空间地理信息,2004,27(1):5-11.

［99］王方雄,吴边,等.移动 GIS 的体系结构与关键技术［J］.测绘与空间地理信息,2007,30(6):12-14.

［100］许颖,魏峰远.移动 GIS 关键技术及开发模式探讨［J］.测绘与空间地理信息,2008:31(4):45-47.

［101］杨乃,等.基于 Flex 和 ArcGISServer 的室内 GIS 实现方法［J］.测绘工程,2015,24(1):6-12.

［102］王柯,等.基于 P2P 和 QoS 的移动 GIS 地图服务模型研究［J］.地理信息世界,2015,22(1):22-26.

［103］赵新.基于移动 GIS 的 Dijkstra 算法的优化及应用研究［D］.成都:成都理工大学,2012.

［104］董颖.基于 Android 平台的移动 GIS 旅游信息服务应用研究［D］.上海:上海师范大学,2014.

［105］吴鹏.移动终端和互联网卫星影像在林业生产中的应用［J］.林业调查规划,2014,39(6):10-15.

［106］吴边,吴信才.Cloud GIS 关键技术研究［J］.计算机工程与设计,2011,32(4):1342-1346.

［107］杨洋.云计算的现状及发展趋势［J］.电脑开发与应用,2012,25(2):61-63.

［108］徐保民,倪旭光.云计算发展态势与关键技术进展［J］.中国科学院院刊,2015,30(2):170-180.

［109］李少丹."云 GIS"的发展趋势分析［J］.电脑知识与技术,2011,7(16):3824-3826.

［110］贾萍,刘聚海,等.基于云计算及物联网的 GIS 综述［J］.国土资源信息化,2012(6):11-14.

［111］彭义春,王云鹏.云 GIS 及其关键技术［J］.计算机系统应用,2014,28(8):10-17.

［112］范建永,龙明,等.基于 Hadoop 的云 GIS 体系结构研究［J］.测绘通报,2013(11):93-97.

［113］王结臣,王豹,等.并行空间分析算法研究进展及评述［J］.地理与地理信息科学,2011,27(6):1-5.

［114］霍旭光.基于云计算的大规模地形数据处理方法的研究［D］.北京:中国地质大学,2013.

［115］康俊锋.云计算环境下高分辨率遥感影像存储与高效管理技术研究［D］.杭州:浙江大学,2011.

［116］陈军.基于 G/S 模式的空间分析云服务关键技术研究［D］.成都:成都理工大学,2012.

［117］郭建忠,谢耕等.网格 GIS 与云 GIS 辨析［J］.测绘科学技术学报,2014,31(2):111-114.

［118］全思湘.基于 GML 的多源异构空间数据集成技术研究［D］.昆明:昆明理工大学,2011.

［119］张福勇.基于网格的分布式异构空间数据访问与集成［D］.昆明:昆明理工大学,2007.

［120］胡茂胜.基于数据中心模式的分布式异构空间数据无缝集成技术研究［D］.武汉:中国地质大学,2009.

［121］李刚,王旭刚,等.云 GIS 环境下负载均衡算法研究［J］.测绘工程,2013,22(3):36-40.

［122］童丽闺.基于云 GIS 与大数据的区划地名云服务平台设计［J］.测绘与空间地理信息,2014,37(7):80-81.

［123］方雷.基于云计算的土地资源服务高效处理平台关键技术探索与研究［D］.浙江大学,2011.

［124］肖晴.移动互联网业务"云＋端"架构的探索与实践［J］.电信科学,2011(S1):80-85.

［125］黄罡,刘譞哲,等.面向云－端融合的移动互联网应用运行平台［J］.中国科学:信息科学,2013,43(1):24-44.

［126］罗明胜.基于"云＋端"模式的移动GIS平台架构设计研究［J］.科技创新导报,2013(19):33-34.

［127］曾文华,鲍志雄,等.基于"云＋端"的移动GIS道路养护巡查系统［J］.测绘通报,2013(12):81-84.

［128］吴立新,史文中,等.3D GIS与3D GMS中的空间构模技术［J］.地理与地理信息科学,2003,19(1):5-11.

［129］顾杰,王建弟,等.三维GIS技术在景观规划设计中的应用——以杭州"西湖西进"后景观区域为例［J］.地域研究与开发,2003,22(5):10-13.

［130］单楠.基于SketchUp和ArcGIS的三维GIS开发技术研究［D］.重庆:西南大学,2009.

［131］魏祖宽,蒋楠,等.电力信息系统中三维GIS关键技术的应用研究［J］.计算机与现代化,2010(5):83-88.

［132］徐卫亚,孟永东,等.复杂岩质高边坡三维地质建模及虚拟现实可视化［J］.岩石力学与工程学报,2010,29(12):2385-2397.

［133］许妙忠.虚拟现实中三维地形建模和可视化技术及算法研究［D］.武汉:武汉大学,2003.

［134］邱华.三维体数据生成及三维缓冲区分析［D］.长沙:中南大学,2011.

［135］谢亮.三维GIS的应用研究［D］.成都:西南石油大学,2006.

［136］李闽泉.基于Skyline的三维GIS在测绘行业中的应用研究［D］.厦门:厦门大学,2014.

［137］刘洋.三维GIS在土地利用地类分析中的应用［D］.成都:西南交通大学,2011.

［138］刘海飞.基于SuperMap的二、三维一体化校园GIS系统构建［D］.咸阳:西北农林科技大学,2013.

［139］吴信才.大型三维GIS平台技术及实践［M］.北京:电子工业出版社,2013.

［140］吴信才.地理信息系统原理与方法［M］.3版.北京:电子工业出版社,2014.

［141］秦昆,GIS空间分析理论与方法［M］.2版.武汉:武汉大学出版社,2010.

［142］马川.基于单幅高分辨率遥感影像的城市建筑物三维几何建模［D］.成都:西南交通大学,2012.

［143］赵增玉,等.三维矿产资源潜力评价中GIS空间分析的应用研究［J］,地质学刊,2012,36(4):366-372.

［144］于丽娜.三维空间分析技术在数字航道中的应用研究［D］.南京:南京理工大学,2012.

［145］杨俊,等.三维模型与空间分析在丘陵山区土地整理工程布局中的应用［J］.中国农学通报,2012,28(23):196-201.

［146］边馥苓,张燕江.基于空间查询的历史数据回溯［J］.测绘与空间地理信息,2004,27(3):3-6.

［147］蔡砥,徐建华.基于Kevin-Lan 3D模型的紧致时空数据模型［J］.测绘学报,2002,31(1):77-81.

［148］曹志月,刘岳.地理信息的时态性分析及时空数据模型的研究［J］.北京测绘,2001(3):3-8.

［149］陈志泊,陆守一.TGIS中的时空数据模型的研究进展［J］.河北林果研究,2003,18(4):395-400.

［150］程昌秀,周成虎,等.对象关系型GIS中改进基态修正时空数据模型的实现［J］.中国图象图形学报,2003,8(6):697-702.

［151］冯德俊,申京诗,等.土地利用遥感动态监测多时相数据管理［J］.武汉大学学报:工学版,2003,36(3):125-128.

［152］高金萍.基于时态GIS的森林资源基础空间数据更新管理技术的研究［D］.北京:北京林业大学,2006.

［153］龚健雅,朱欣焰,等.面向对象集成化空间数据库管理系统的设计与实现［J］.武汉测绘科技大学学报,2000,25(4):289-235.

［154］黄明智，张祖勋 .N1NF 时态数据库及其更新操作［J］.武汉测绘科技大学学报，1996：21（2）：139-144.

［155］欧阳斯达 .时空数据的三维动态可视化技术研究［D］.北京：中国测绘科学研究院，2011.

［156］罗年学，潘正风 .地籍信息系统中的时态问题研究［J］.测绘信息与工程，2001（3）：23-26.

［157］邵黎霞 .更新式时空数据模型的扩展及实现［J］.宁波大学学报：理工版，2000：13（2）：92-95.

［158］沈陈华 .地籍变更的时态数据结构模型研究［J］.南京师大学报：自然科学版，2000，23（2）：105-108.

［159］史培军，宫鹏，等 .土地利用／覆盖变化研究的方法与实践［M］.北京：科学出版社，2000.

［160］舒红，陈军，等 .面向对象的时空数据模型［J］.武汉测绘科技大学学报，1997，22（3）：229-233.

［161］夏凯 .森林小班数据的时空建模、更新及表达研究［D］.杭州：浙江大学，2014.

［162］王劲峰，等 .地理学时空数据分析方法［J］.地理学报，2014，69（9）：1326-1345.

［163］杨平，唐新明，等 .基于时空数据库的动态可视化研究［J］.测绘科学，2006，31（3）：111-113.

［164］袁峰，周涛发，等 .时态 GIS 初探［J］.地质与勘探，2003，39（1）：54-57.

［165］余志文，张利田等 .城市交通网络面向对象的时空数据模型［J］.中山大学学报：自然科学版，2002，41（5）：98-101.

［166］张山山 .地理信息系统时空数据建模研究及应用［D］.成都：西南交通大学，2001.

［167］张祖勋，黄明智 .时态 GIS 的概念、功能和应用［J］.测绘通报，1995（2）：12-14.

［168］张丰，刘南，等 .面向对象的地籍时空过程表达与数据更新模型研究［J］.测绘学报，2010，39（3）：303-309.

［169］赵玉梅 .时态拓扑关系及其在地籍管理信息系统中的应用研究［D］.山东科技大学，2003.

［170］郑扣根，余青怡 .基于事件对象的时空数据模型的扩展与实现［J］.计算机工程与应用，2001，37（3）：45-47.

［171］Shekhar S，Chawla S. Spatial Database：A Tour ［M］. NJ：Prentice Hall，2003.

［172］Su Y，Slottow J，Mozes A. Distributing Proprietary Geographic Data on the World Wide Web——UCLA GIS Database and Map Server ［J］. Computer & Geosciences，2000，26（7）：741-749.

［173］Renolen A. Temporal Maps and Temporal Geographical Information Systems ［D］. Trondheim：Deaprtment of Surveying and Mapping，The Norwegian Institute of Technology，1997.

［174］Donna J. Peuquet，NiuDuan. An Event-Based Spatiotemporal Data Model（ESTDM）for Temporal Analysis of Geographical Data ［J］. International Journal of Geographical Information Systems，1995，9（1）：7-24.

［175］Langran G. Time in Geographic Information Systems ［M］. London：Taylor & Francis，1992.

［176］Langran G. States，Events，and Evidence：The Principle Entities of a Temporal GIS ［C］//Proceedings of GIS/LIS，San Jose，California，1992.

［177］Langran G. Issues of Implementing a Spatiotemporal System ［J］. International Journal of Geographical Information Systems，1993，7（7）：305-314.

［178］Worboys M F. Object-Oriented Models of Spatiotemporal Information ［C］//Proceedings of GIS/LIS，San Jose，California，1992.

［179］Worboys M F，Object-Oriented Approaches to Geo-Referenced Information ［J］. Geographical Information Systems，1994，8（4）：225-245.

［180］Armstrong M P. Temporality in Spatial Databases ［C］//Proceedings of GIS/LIS，San Antonio，Texas，1988.

［181］Wachowicz M，Healey R G. Towards Temporality in GIS ［M］. London：Taylor & Francis，1994.